U0255641

21世纪高等教育环境工程系列规划教材

固体废物资源化利用技术

主　编　李　颖

副主编　周文娟　李　英

参　编　李盼盼　赵泉宇　李敬一

　　　　周　晶　董素清

主　审　屈志云

机 械 工 业 出 版 社

本书系统介绍了城市生活垃圾的收集、运输、处置、管理和资源化处理技术，工业固体废物——粉煤灰、煤矸石和磷石膏的来源、组成、危害、特性和资源化处理技术，农村固体废物的收集、运输、管理和资源化处理技术，电子废弃物的组成、特性、危害、管理和资源化处理技术，废旧橡胶的组成、来源、特性、危害和资源化处理技术，废旧塑料的分类、管理和资源化处理技术，建筑废物的来源、收集和运输、管理和资源化处理技术。

本书在基本理论介绍的基础上，引用大量工程设计方案和工程实际应用案例，使固体废物资源化处理技术的理论和实践应用有机地结合起来，应用性强。本书可作为高等院校环境工程专业的教材，也可作为环境工程相关科技人员和工程管理人员的参考书。

图书在版编目（CIP）数据

固体废物资源化利用技术/李颖主编. —北京：机械工业出版社，2012.10
21世纪高等教育环境工程系列规划教材
ISBN 978-7-111-39841-7

Ⅰ.①固… Ⅱ.①李… Ⅲ.①固体废物利用—高等学校—教材
Ⅳ.①X705

中国版本图书馆CIP数据核字（2012）第226204号

机械工业出版社（北京市百万庄大街22号 邮政编码100037）
策划编辑：马军平 责任编辑：马军平 林 辉
版式设计：霍永明 责任校对：张 薇
封面设计：路恩中 责任印制：杨 曦
北京中兴印刷有限公司印刷
2013年7月第1版第1次印刷
184mm×260mm · 17.5印张 · 431千字
标准书号：ISBN 978-7-111-39841-7
定价：37.00元

凡购本书，如有缺页、倒页、脱页，由本社发行部调换

电话服务 网络服务
社服务中心：(010) 88361066 教材网：http://www.cmpedu.com
销售一部：(010) 68326294 机工官网：http://www.cmpbook.com
销售二部：(010) 88379649 机工官博：http://weibo.com/cmp1952
读者购书热线：(010) 88379203 封面无防伪标均为盗版

前言

随着经济持续高速增长，城市化进程不断加快，生产、消费过程中产生的各种固体废弃物不断增加。大量固体废物占用了大量土地资源，污染了地下水、大气，加重了城市的环境压力，城市生态环境问题日趋复杂，严重危害了人们的生产、生活。

为了解决固体废物存在的现实问题，本书以固体废物资源化处理为指导思想，在充分分析国内外研究现状的基础上，坚持固体废物处理以资源的高效利用和循环利用为核心，以“减量化、再利用、资源化”为原则，以低消耗、低排放、高效率为基本特征，达到缓解社会资源的消耗，减轻环境污染，变废为宝，促进清洁生产，降低生产成本，提高社会的经济效益和综合竞争能力等目的。同时，本书为固体废弃物处理及资源化利用水平，固体废弃物处理及资源化利用领域的技术储备，节约资源，保护环境，促进社会的可持续发展等都提供了一定的基础。

本书由北京建筑大学李颖任主编，周文娟和李英任副主编，李盼盼、赵泉宇、李敬一、周晶、董素清参与了本书的编写。屈志云教授审阅了本书，并提出了许多建设性的意见和建议，在此深表感谢。感谢“城市雨水系统与水环境省部共建教育部重点实验室（北京建筑大学），北京，100044”给予本书的资助，感谢机械工业出版社协助出版本教材。

由于笔者水平所限，书中不当和疏漏之处，敬请专家、同行和广大读者批评指正。

编　者

目 录

第 1 章 绪论

1

1.1 固体废物及其特性

1995 年我国首次发布实施的《中华人民共和国固体废物污染环境防治法》（以下简称《固废法》）中明确了固体废物是指在生产建设、日常生活和其他活动中产生的污染环境的固态、半固态废物质。2004 年修订并于 2005 年 4 月 1 日起实施的《固废法》中明确提出固体废物是指在生产、生活和其他活动中产生的丧失原有利用价值或者未丧失利用价值但被抛弃的或者放弃的固态、半固态和置于容器中的气态物品、物质以及法律、行政法规规定纳入固体废物管理的物品、物质。

从《固废法》中对固体废物法律的定义看，固体废物主要来源于人类的生产和消费活动，人类在开发资源和制造产品的过程中，必然产生废物，如生产活动主要包括基本建设、工农业，以及矿山、交通运输、邮政电信等各种工矿企业的生产建设活动；生活活动主要包括居民的日常生活活动，以及为保障居民生活所提供的各种社会服务及设施，如商业、医疗、园林等；其他活动主要包括国家各级事业及管理机关、各级学校、各种研究机构等非生产性质单位的日常活动。任何产品经过使用和消耗后，最终将变成废物，如固态的废石、炉渣、玻璃等；半固态的污泥、浮渣、底泥等；置于容器中的气态粉尘、废物堆积产生的沼气、钢厂产生的尾气等。但是固体废物不包括放射性废物，不经过贮存而在现场直接返回到原生产过程或返回到其产生的过程的物质或物品，任何用于其原始用途的物质和物品，实验室用样品，国务院环境保护行政主管部门批准其他可不按固体废物管理的物质或物品等。

从哲学角度看，废与不废是相对于所有者而言的，对甲是废物的东西，对乙不一定是废物，甚至可能是资源。废与不废只是相对的，世界上只有暂时没有被认识和利用的物质，而没有不可认识的物质，废与不废具有很强的空间性和时间性。随着人类认识的逐步提高和科学技术的不断发展，被认识和利用的物质越来越多，昨天的废物有可能成为今天的资源，他处的废物在另外的空间或时间就是资源和财富；一个时空领域的废物在另一个时空领域也许就是宝贵的资源，因此，固体废物又称为在时空上错位的资源。例如，高炉渣可作为水泥生产的原料，电镀污泥可以回收高附加值的重金属产品，城市生活垃圾中的可燃性部分经焚烧后可以发电，废旧塑料通过热解可以制油，有机垃圾可以作为生物质废物进行再利用等。

固体废物一般具有如下特性：

1）无主性。固体废物在丢弃以后，不再属于固体废物的产生者，也不属于其他人。

2）分散性。固体废物分散在不同的地方，需要进行收集。

3）危害性。固体废物对人类的生产和生活带来不利的影响，对生态环境和人类健康造成不同程度的危害。

4）错位性。在一个时空领域的废物是另外一个时空领域的可用资源。

1.2 固体废物的分类

固体废物分类方法很多，具体如下：

1）按其化学性质可分为有机固体废物和无机固体废物。其中有机固体废物包括农业固体废物、食物残渣、剩余污泥等；无机固体废物包括废石、尾矿等。该种分类方法是判断固体废物能否采用堆肥处理的依据。

2）按其形态可分为固态废物、半固态废物和气态废物。其中固态废物包括陶瓷、农用塑料、瓜果皮等；半固态废物包括炉渣、污泥等；气态废物包括烟尘、汞蒸气、苯、硫酸蒸气等。

3）按其来源可分为矿业固体废物、工业固体废物、城市垃圾和农业废弃物四类。其中矿业固体废物包括尾矿、废矿石、煤矸石等；工业固体废物包括涂料、木料、橡胶等；城市垃圾包括厨余、废纸、废塑料等；农业废弃物包括麦秸、畜禽粪便、农膜等。

4）按其危害状况可分为一般固体废物、危险固体废物和放射性固体废物。其中危险固体废物包括化学药剂（酸和碱）、废弃农药、炸药等；放射性固体废物指放射性废渣。

5）按其毒性固体废物还可分为有毒废物和无毒废物两类。其中有毒废物包括具有毒性、易燃性、腐蚀性、反应性、放射性和传染性的固体、半固体废物，如医疗垃圾、废树脂等。

6）按其可燃性可将其分为可燃废物和不可燃废物。可燃废物是指1000℃以下可燃烧废物，如废纸、废塑料、废机油等；不可燃废物是指在1000℃焚烧炉内仍无法燃烧的废物，如金属、玻璃、砖石等。该种分类方法是判断固体废物能否采用焚烧处理的依据。

7）按固体废物产生或收集来源划分为8类。①食品垃圾（厨房垃圾），居民住户排出垃圾的主要成分；②普通垃圾（零散垃圾），纸类、废旧塑料、罐头盒等（是城市垃圾可回收利用的主要对象）；③庭院垃圾，包括植物残余、树叶及其他清扫杂物；④清扫垃圾，指城市道路、桥梁、广场、公园及其露天公共场所由环卫系统清扫收集的垃圾；⑤商业垃圾，指城市商业、服务网点、营业场所产生的垃圾；⑥建筑废物，指建筑物、构筑物新建、改建、扩建，维修施工现场、拆除等产生的废物；⑦危险垃圾，指医院传染病房、放射治疗系统、实验室等场所排放的各种废物；⑧其他垃圾，以上所列以外的场所排放的垃圾，该种分类方法是城市垃圾分类收集、加工转化、资源回收及选择合适的处理处置方法的依据。

8）按《固废法》可将其分成3类，即城市垃圾、工业废物和危险废物（但危险废物中不包括放射性废物）。城市垃圾包括衣物、纸屑、废器具等；工业废物包括酸洗剂、导线、旧汽车等；危险废物包括废弃农药、废油、制药厂药渣等。具体固体废物的分类、来源和主要组成物见表1-1。

表 1-1 固体废物的分类、来源和主要组成物

分类	来源	主要组成物
城市生活垃圾	居民生活	家庭日常生活中产生的废物。如食物垃圾、纸屑、衣物、庭院修剪物、金属、玻璃、塑料、陶瓷、炉渣、灰渣、碎砖瓦、器具、粪便、杂品、废旧电器等
	商业、机关	商业、机关日常工作过程中产生的废物。如废纸、食物、管道、砌体、沥青及其他建筑材料、废汽车、废电器、器具，含有易燃、易爆、腐蚀性、放射性的废物，以及类似居民生活垃圾的各种废物
	市政维护与管理	市政设施维护和管理过程中产生的废物。如碎砖瓦、树叶、死畜禽、金属、锅炉灰渣、污泥、脏土等
工业固体废物	冶金工业	各种金属冶炼和加工过程中产生的废物。如高炉渣、钢渣、铜铬铅汞渣、赤泥、废矿石、烟尘、各种废旧建筑材料等
	矿业	各类矿物开发、加工利用过程中产生的废物。如废矿石、煤矸石、粉煤灰、烟道灰、炉渣等
	石油与化学工业	石油炼制及其产品加工、化学工业产生的固体废物。如废油、浮渣、含油污泥、炉渣、碱渣、塑料、橡胶、陶瓷、纤维、沥青、油毡、石棉、涂料、化学药剂、催化剂和农药等
	轻工业	食品工业、造纸印刷、纺织服装、木材加工等轻工部门产生的废物。指各类食品糟渣、废纸、金属、皮革、塑料、橡胶、布头、线、纤维、染料、刨花、锯末、碎木、化学药剂、金属填料、塑料填料等
	机械电子工业	机械加工、电器制造及其使用过程中产生的废物：如金属碎料、铁屑、炉渣、模具、砂芯、润滑剂、酸洗剂、导线、玻璃、木材、橡胶、塑料、化学药剂、研磨料、陶瓷、其他绝缘材料以及废旧汽车、冰箱、微波炉、电视和电扇等
	建筑工业	建筑施工、建材生产和使用过程中产生的废物：如钢筋、水泥、黏土、陶瓷、石膏、石棉、沙石、砖瓦、纤维板等
	电力工业	电力生产和使用过程中产生的废物。如煤渣、粉煤灰、烟道灰等
农业固体废物	种植业	农作物种植生产过程中产生的废物。如稻草、麦秸、玉米秸、根茎、落叶、烂菜、农膜、农用塑料、农药等
	养殖业	动物养殖生产过程中产生的废物。如畜禽粪便、死畜禽、死鱼虾、脱落的羽毛等
	农副产品加工业	农副产品加工过程中产生的废物。如畜禽内容物、鱼虾内容物、未被利用的菜叶、菜梗和菜根、秕糠、稻壳、玉米芯、瓜皮、果核、贝壳、羽毛、皮毛等
危险废物	核工业、化学工业、医疗单位、科研单位等	主要来自于核工业、核电站、化学工业、医疗单位、制药业、科研单位等产生的废物。如放射性废渣、粉尘、污泥等，医院使用过的器械和产生的废物，化学药剂、制药厂药渣、农药、炸药、废油等

注：引自聂永丰《三废处理工程技术手册：固体废物卷》，2000。

1.3 固体废物污染

固体废物污染体现在以下几个方面：

（1）侵占土地 固体废物不像废水、废气那样比较容易地迁移和扩散，固体废物产生后必须占有大量土地进行堆积。据估算，每堆积 1 万 t 固体废物，约占地 $1hm^2$（$1hm^2=666.67m^2$）。我国许多城市利用市郊设置固体废物堆放场，侵占了大量土地。由于固体废物

产生量不断增长，固体废物占地现象越来越严重，目前我国有 2/3 的城市陷入垃圾围城中。大量固体废物的堆积严重地破坏了城市的地貌、植被和自然景观。

（2）污染土壤　固体废物，固体废物淋洗液以及固体废物自身分解产生的渗滤液等中所含有的有害物质渗入到土壤中，会使土壤毒化、酸化和碱化，从而改变了土壤的性质和结构；严重影响土壤中微生物的活动，破坏土壤内部生态平衡；有害物质的大量积累，也会妨碍植物根系的生长，严重时甚至导致植物死亡；有害物质还会通过植物根系的吸收，被转移到植物体内，通过食物链影响人体健康；此外，固体废物携带的病菌还会传播疾病，对环境形成生物污染。

（3）污染水体　固体废物若被直接排入水体，不仅会造成水体污染，还会淤塞河道，减少湖泊面积，使水体黑臭，将导致水体直接污染；固体废物经过降雨淋湿、浸泡以及自身分解产生的渗滤液流入河流、湖泊和海洋，会造成水资源的水质型短缺，同时渗滤液也会渗入地下，污染地下水。污染后的水体会直接影响和危害水生生物的生存和水资源的利用，对环境和人体健康造成威胁。

（4）污染大气　露天堆放的固体废物受风吹日晒，逐步风化，其中的细微颗粒和粉尘等会可随风飞扬，从而对大气环境造成污染；固体废物的装卸也会产生臭气和粉尘；一些有机固体废物在适宜的温度和湿度下被微生物分解，释放出有害气体和臭气；固体废物在焚烧处理过程中会产生 SO_2、二恶英等有害气体；固体废物在填埋处理过程中会产生 CH_4 和 H_2S 等对环境有不利影响的气体；某些固体废物（如煤矸石等）自燃会散发出大量的 SO_2、CO_2、NH_3 等气体，造成大气污染。

（5）影响环境卫生　我国工业固体废物的综合利用率目前还比较低，相当一部分未经处理的工业废渣露天堆放在厂区、城市街区的角落处，它们除了导致直接的环境污染外，还严重影响了厂区、城市的容貌和景观。住房和城乡建设部（以下简称建设部）《中国城市建设统计年报》显示，截至 2005 年底，我国垃圾填埋、堆肥和焚烧的无害化处理固体废物的能力所占比例分别为 82.4%、4.7%和 12.9%。未经无害化处理的垃圾进入环境，严重影响人们的居住环境和卫生状况，导致转染病菌繁殖，对人们的健康构成潜在威胁。

1.4　固体废物污染的类型

固体废物露天存放或处置不当，其中的有害成分和化学物质可通过环境介质（大气、土壤、地表或地下水体等）直接或间接传入人体，威胁人体健康，传染疾病，给人类造成潜在的、近期的和长期的危害。

固体废物污染途径有以下几种类型：

1）化学物质污染，主要是工矿业固体废物所含化学成分形成的，如图 1-1 所示。

2）病原体型污染，主要是人畜粪便和生活垃圾是各种病原微生物的滋生地和繁殖场，如图 1-2 所示。

3）呼吸型污染，主要是垃圾焚烧产生的粉尘会影响人们的呼吸系统。如产生的二恶英有剧毒，不经处理或处理未达标时过量排放可直接致人死亡等。

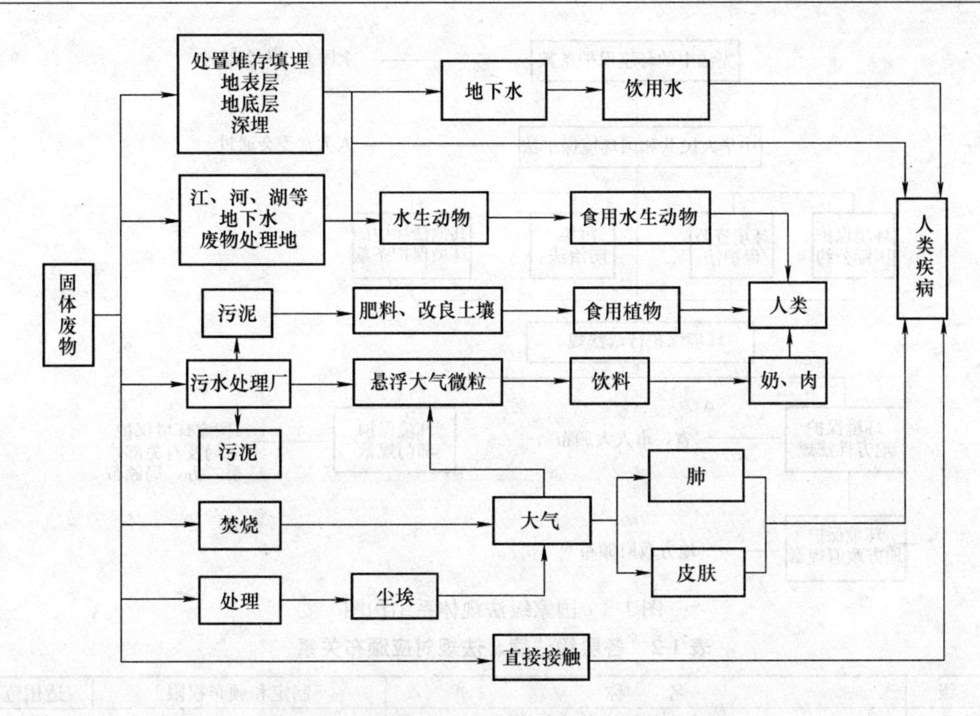

图 1-1 固体废物中化学物质致人疾病的途径

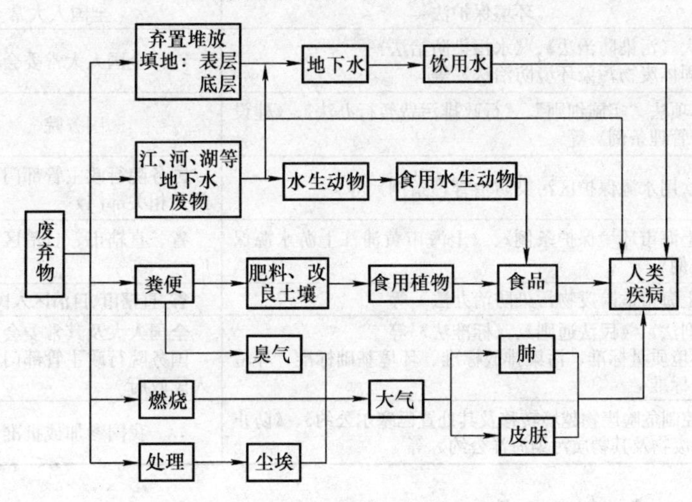

图 1-2 病原体型微生物传播疾病的途径

1.5 固体废物环境污染防治的法规体系

1. 环境保护法体系

目前我国已建成了较为完善的环境保护法规体系，如图 1-3 所示。从图 1-3 可以看出，环境保护法规体系由四个层次组成，各层次间的法律、法规的效力关系见表 1-2。具体运用环境法时，应当首先执行层级较高的环境法律、法规，然后是环境规章，最后是其他环境保护规范性文件。

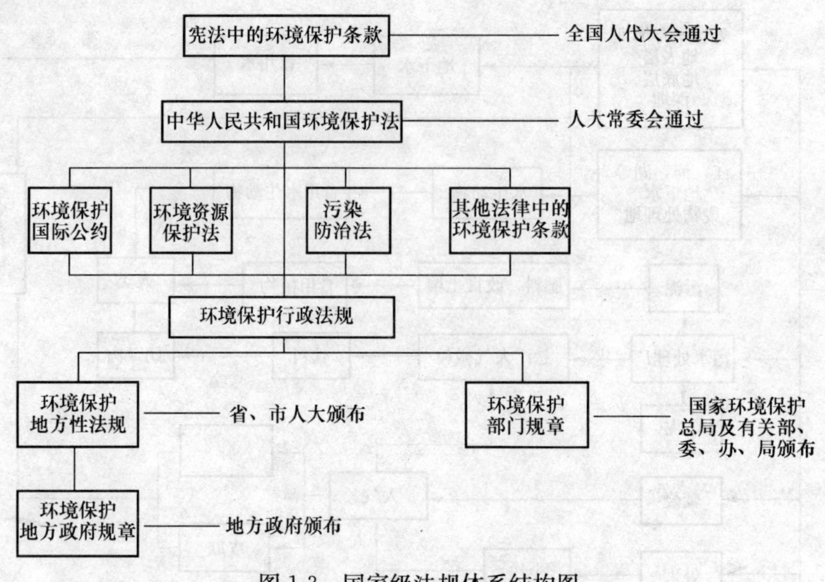

图 1-3　国家级法规体系结构图

表 1-2　各层级法律、法规对应颁布关系

层　级	名　称	制定和颁布权限	适用范围
根本大法	《宪法》中有关环境保护条款	全国人民代表大会	全国
基本法	《环境保护法》	全国人大常委会	全国
单项法律	《大气污染防治法》、《水污染防治法》《固体废物污染环境防治法》等	全国人大常委会	全国
行政法规	单项法“实施细则”、《行政排污费暂行办法》、《建设项目管理条例》等	国务院	全国
部门规章	《饮用水源保护区污染防治管理条例》等	国务院行政主管部门（环保部及相关部门）	全国
地方性法规	《上海市环境保护条例》、《上海市黄浦江上游水源保护条例》等	省、直辖市、自治区人民政府	本辖区
地方政府规章	《上海市危险废物污染防治办法》等	省、直辖市、自治区人民政府	本辖区
其他　有关法律法规环境标准	《刑法》、《民法通则》、《标准法》等 环境质量标准、污染排放标准、环境基础标准、环境方法标准	全国人大及其常委会 国务院行政主管部门、地方人民政府	全国 全国或本辖区
其他　国际条约或协定	《控制危险废物越境转移及其处置巴塞尔公约》、《防止倾倒废物及其物质污染海洋公约》等	我国参加或批准	全国

2. 固体废物环境污染防治的法规体系

固体废物环境污染防治法规体系是环境保护法规体系中不可缺少的组成部分，是一个子系统。在该子系统中，由固体废物污染防治及管理方面的专门性法律规范和其他有关的法律规范，组成了具有四个层次的有机的统一体，如图 1-4 所示。

3. 环境保护立法的权限规定

国家环境法与地方环境法的权限规定为：国家环境法的权限高于地方性环境法的权限，法律高于行政法规，行政法规高于行政规章，即上一层次的权限高于下一层次的权限。我国参加和批准的国际环境法的效力高于国内环境法的效力，特别法的效力高于普通法的效力，新法的效力高于旧法的效力，但严于国家污染物排放标准的地方污染物排放标准的效力高于国家污染物排放标准。

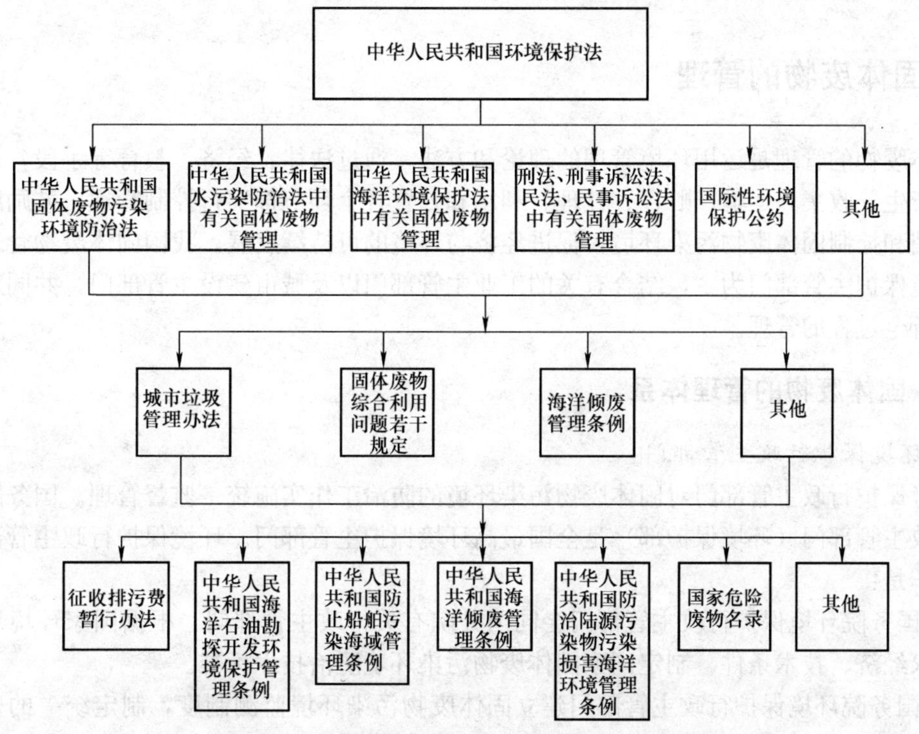

图 1-4 固体废物环境污染防治法规体系的组成

4. 环境保护立法程序

各种法规的制定是受一定的权限限制的，并且具有一定的立法程序。我国的环境保护立法的简明程序如图 1-5 所示。

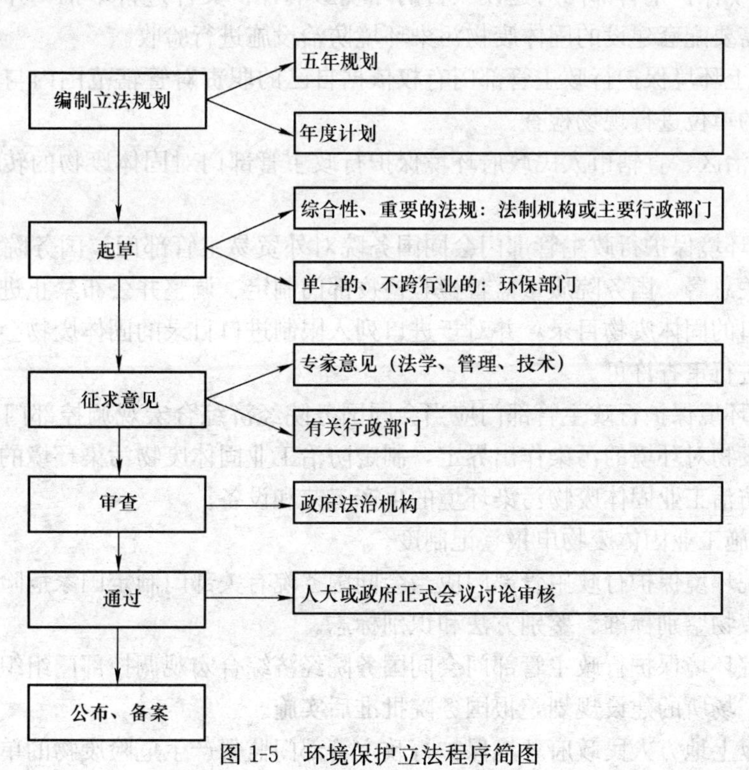

图 1-5 环境保护立法程序简图

1.6 固体废物的管理

固体废物的管理是运用环境管理的理论和方法，通过法律、经济、教育等手段，对固体废物的产生、收集、运输、贮存、处理、利用和处置各个环节都实行控制管理，鼓励废物资源化利用和控制固体废物污染环境，促进经济与环境的可持续发展。我国固体废物管理体系是以环境保护主管部门为主，结合有关的工业主管部门以及城市建设主管部门，共同对固体废物进行全过程的管理。

1.6.1 固体废物的管理体系

1. 环境保护行政主管部门

环境保护行政主管部门对固体废物污染环境的防治工作实施统一监督管理。国务院环境保护行政主管部门（环境保护部）是全国最高环境保护主管部门。环境保护行政主管部门的主要工作是：

1）国务院环境保护行政主管部门会同国务院有关行政主管部门，根据国家环境质量标准和国家经济、技术条件，制定国家固体废物污染环境防治技术标准。

2）国务院环境保护行政主管部门建立固体废物污染环境监测制度，制定统一的监测规范，并会同有关部门组织监测网络。

3）大、中城市环境保护行政主管部门应当定期发布固体废物的种类、产生量、处置状况等信息。

4）各级环境保护主管部门对建设项目的环境影响评价文件进行审批，并对环境影响评价文件确定的需要配套建设的固体废物污染环境防治设施进行验收。

5）县级以上环境保护行政主管部门有权依据自己的职责对管辖范围内与固体废物污染环境防治有关的单位进行现场检查。

6）省、自治区、直辖市人民政府环境保护行政主管部门对固体废物的转移、处置进行审批、监督。

7）国务院环境保护行政主管部门会同国务院对外贸易主管部门、国务院经济综合宏观调控部门、海关总署、国务院质量监督检验检疫部门制定、调整并公布禁止进口、限制进口和自动许可进口的固体废物目录，并对于进口列入限制进口目录的固体废物会同国务院对外贸易主管部门进行审查许可。

8）国务院环境保护行政主管部门应当会同国务院经济综合宏观调控部门和其他有关部门就工业固体废物对环境的污染作出界定，制定防治工业固体废物污染环境的技术政策，组织推广先进的防治工业固体废物污染环境的生产工艺和设备。

9）组织实施工业固体废物申报登记制度。

10）国务院环境保护行政主管部门应当会同国务院有关部门制定国家危险废物名录，规定统一的危险废物鉴别标准、鉴别方法和识别标志。

11）国务院环境保护行政主管部门会同国务院经济综合宏观调控部门组织编制危险废物集中处置设施、场所的建设规划，报国务院批准后实施。

12）县级以上地方人民政府环境保护行政主管部门监督产生危险废物的单位，必须按照国家有关规定处置危险废物，对不按要求进行处理的单位进行处理。

13）审批、颁发危险废物经营许可证。对固体废物污染事故进行监督、调查和处理，对违反《固废法》的单位和个人进行依法制裁。

2. 国务院、地方人民政府有关行政主管部门

国务院、地方人民政府有关行政主管部门指的是国务院及各地方人民政府下属有关部门，如工业、农业、交通等部门，这些主管部门负责本部门职责范围内的固体废物污染环境的监督管理工作，主要工作如下：

1）各级人民政府应当加强防治固体废物污染环境的宣传教育，倡导有利于环境保护的生产方式和生活方式，并对在固体废物污染环境防治工作以及相关的综合利用活动中作出显著成绩的单位和个人给予奖励。

2）各级人民政府应当组织研究、开发和推广减少工业固体废物产生量和危害性的生产工艺和设备，公布限期淘汰产生严重污染环境的工业固体废物的落后生产工艺、落后设备的名录。

3）县级以上人民政府有关部门制定工业固体废物污染环境防治工作规划，推广能够减少工业固体废物产生量和危害性的先进生产工艺和设备，推动工业固体废物污染环境防治工作。

4）县级以上人民政府统筹安排建设城乡生活垃圾收集、运输、处置设施，提高生活垃圾的利用率和无害化处置率，促进生活垃圾收集、处置的产业化发展，逐步建立和完善生活垃圾污染环境防治的社会服务体系。

5）城市人民政府应当有计划地改进燃料结构，发展城市煤气、天然气、液化气和其他清洁能源。城市人民政府有关部门应当组织净菜进城，减少城市生活垃圾；统筹规划，合理安排收购网点，促进生活垃圾的回收利用工作。

6）县级以上地方人民政府应当依据危险废物集中处置设施、场所的建设规划等，组织建设危险废物集中处置设施、场所。

7）县级以上人民政府监督管理各级环境保护行政主管部门或者其他固体废物污染环境防治工作的监督管理部门有无违反《固废法》的规定，对违反法律规定的责任人员依法追究法律责任或给予行政处分。

8）制定农村生活垃圾污染环境防治的具体办法。

3. 国务院、各级人民政府环境卫生行政主管部门

由于城市生活垃圾是普遍存在的固体废物，与人民生活密切相关。因此，各级人民政府通常都设有专门负责城市生活垃圾管理工作的环境卫生行政主管部门，简称“环卫局”。其主要工作如下：

1）组织对城市生活垃圾进行清扫、收集、运输和处置，也可以通过招标等方式选择具备条件的单位从事生活垃圾的清扫、收集、运输和处置。

2）组织制定有关城市生活垃圾管理的规定和环境卫生标准。

3）对城市生活垃圾的清扫、收集、运输和处置经营单位进行统一管理。

根据《固废法》中各个主管部门的主要工作内容，固体废物的管理应该包括以下内容：

1）产生者。对于固体废物产生者，要求其按照有关规定将所产生的废物分类，并用符合法定标准的容积包装，做好标记，登记记录，建立废物清单，以待收集运输者运出。

2）容器。对不同的固体废物要求采用不同容器包装。为了防止暂存过程中产生污染，容器的质量、材质、形状应能满足所装废物的标准要求。

3）贮存。贮存管理是指对固体废物进行处理处置前的贮存过程实行严格控制。

4）收集运输。收集管理是指各厂家对固体废物的收集实行管理。运输管理是指收集过程中的运输和收集后运送到中间贮存处或处理处置场的过程所需实行的污染控制。

5）综合利用。综合利用管理包括农业、建材工业、回收资源和能源过程中对于废物污染的控制。

6）处理处置。处理处置管理包括有控堆放、卫生填埋、安全填埋、深地层处置、深海投弃、焚烧、生化解毒和物化解毒等过程的管理。

1.6.2 固体废物管理的法规标准

法律法规是固体废物管理的依据和手段，经过多年努力，我国初步形成了包括国家法律、行政法规、签署的国际公约三个方面的固体废物管理的法规和标准体系。

1. 国家法律

《固废法》是我国固体废物管理方面最重要的国家法律，自 2005 年 4 月 1 日起施行。《固废法》全文共分 6 章，即总则、固体废物污染环境防治的监督管理、固体废物污染环境的防治、危险废物污染环境防治的特别规定、法律责任和附则。修订后的《固废法》仍然为 6 章，主要的变化在于将“维护生态安全”首次写入中国的环境资源立法；明确提出国家促进循环经济发展的原则，倡导绿色生产、绿色生活；全面落实污染者责任，保障公民环境权益，公平享有和使用环境；将限期治理决定权明确赋予环境保护部门，合理配置权力；农村固体废物防治纳入法律规制范围，关注保护与改善农村环境；完善管理措施，严格防治危险废物污染环境；加强固体废物进口分类管理，体现了中国加入世界贸易组织（WTO）所作的承诺和 WTO 的规则要求。

2. 行政法规

除《固废法》外，原国家环境保护总局和有关部门还单独或联合颁布了一系列行政法规。例如，《城市市容和环境卫生管理条例》、《城市生活垃圾管理办法》、《关于严格控制境外有害废物转移到我国的通知》、《防治尾矿污染环境管理规定》、《关于防治铬化合物生产建设中环境污染的若干规定》等。这些行政法规都以《固废法》中确定的原则为指导，结合具体情况，针对某些特定污染物而制定，是《固废法》在实际工作中的具体应用。

3. 国际公约

目前，环境污染已经成为全球性的问题。随着我国加入 WTO，我国将越来越多地参与国际范围内的环境保护工作，已签署并将继续签署越来越多的国际公约。在固体废物方面，在 1990 年 3 月，我国就签署了《控制危险废物越境转移及其处置的巴塞尔公约》。

1.6.3 固体废物管理的技术标准

我国固体废物国家标准基本由环境保护部（原国家环境保护总局）和建设部在各自的管理范围内制定。建设部主要制定有关垃圾清运、处理处置方面的标准；环境保护部负责制定有关废物分类。污染控制、环境监测和废物利用等方面的标准。经过多年的努力，我国已初步建立了固体废物标准体系，这些标准可以分为固体废物分类标准、固体废物监测标准、固体废物污染控制标准和固体废物综合利用标准四类。

1. 固体废物分类标准

这类标准主要用于对固体废物进行分类，如《固体废物鉴别导则》（试行）（2006）、HJ/T 154—2004《新化学物质危害评估导则》、GB 5085.1～7—2007《危险废物鉴别标准》、《国家危险废物名录》（2008）、CJ/T 368—2011《生活垃圾产生源分类及其排放》、HJ/T 153—2004《化学品测试导则》、GB 16486.1～13—2005《进口可用作原料的固体废物环境保护控制标准》等。

2. 固体废物监测标准

固体废物监测标准主要用于对固体废物环境污染进行监测，主要包括固体废物样品采制、样品处理以及样品分析标准等。该标准具有统一测定标准，达到标准化，为行政执行和约束提供依据的作用，固体废物监测标准如HJ/T 20—1998《工业固体废物采样制样技术规范》、GB/T 15555.1～12—1995《固体废物浸出毒性测定方法》、GB 5086.1—1997《固体废物　浸出毒性浸出方法　翻转法》、HJ 557—2010《固体废物　浸出毒性浸出方法　水平振荡法》、CJ/T313—2009《生活垃圾采样和物理分析方法》、GB/T18772—2008《生活垃圾卫生填埋场环境监测技术要求》等。

3. 固体废物污染控制标准

这类标准是对固体废物污染环境进行控制的标准；它是进行环境影响评价、环境治理、排污收费等一系列管理制度的基础，因而是所有固体废物标准中最重要的标准。

我国固体废物污染控制标准分为两大类，一大类是废物处置控制标准，即规定对某种特定废物的处理、处置标准要求。固体废物处置控制标准具体如下：CJ/T 106—1999《城市生活垃圾产量计算及预测方法》、《中国禁止或严格限制的有毒化学品名录》（第一批）(1998)、《中国禁止或严格限制的有毒化学品目录》（第二批）（2005)、HJ/T 23—1998《低、中水平放射性废物近地表处置设施的选址》、GB 16933—1997《放射性废物近地表处置的废物接收准则》、GBZ 133—2009《医用放射性废物的卫生防护管理》、GB13015—1991《含多氯联苯废物污染控制标准》、GB 8173—1987《农用粉煤灰中污染物控制标准》、GB 4284—1984《农用污泥中污染物控制标准》等。

另一类标准是设施控制标准，即规定了各种处置设施的选址、设计和施工、入场、运行、封场的技术要求和释放物的排放标准以及监测要求。固体废物设施控制标准具体如下：HJ/T 176—2005《危险废物集中焚烧处置工程建设技术规范》、《危险废物和医疗废物处置设施建设项目环境影响评价技术原则》（试行）（2004)、GB 18596—2001《危险废物贮存污染控制标准》、GB 18598—2001《危险废物填埋污染控制标准》、GB 18484—2001《危险废物焚烧污染控制标准》、HJ/T 276—2006《医疗废物高温蒸气集中处理工程技术规范》、HJ/T 228—2006《医疗废物化学消毒集中处理工程技术规范》、HJ/T 177—2005《医疗废物集中焚烧处置工程建设技术规范》、HJ/T 229—2006《医疗废物微波消毒集中处理工程技术规范》、HJ 421—2008《医疗废物专用包装袋、容器和警示标志标准》、GB 19217—2003《医疗废物转运车技术要求》、GB 19218—2003《医疗废物焚烧炉技术要求（试行)》、GB/T 18773—2008《医疗废弃物焚烧环境卫生标准》、CJ 3083—1999《医疗废弃物焚烧设备技术要求》、GB 18599—2001《一般工业固体废物贮存、处置场污染控制标准》、GB 50337—2003《城市环境卫生设施规划规范》、CJJ 93—2003《城市生活垃圾卫生填埋场运行维护技术规程》、CJJ/T 86—2000《城市生活垃圾堆肥处理厂运行、维护及其安全技术规程》、GB 16889—2008《生活垃圾填埋场污染控制标准》、CJJ 17—2004《生活垃圾卫生填埋技术规范》、CJJ 90—2009《生活垃圾焚烧处理工程技术规范》、GB 18485—2001《生活垃圾焚烧污染控制标准》、GB/T 18750—2008《生活垃圾焚烧炉及余热锅炉》、HJ/T 181—2005《废弃机电产品集中拆解利用处置区环境保护技术规范》（试行）、GB 15562.2—1995《环境保护图形标志—固体废物贮存（处置）场》、CJ/T 5013.1—1995《垃圾分选机垃圾滚筒筛》、CJ/T 3051—1995《锤式垃圾粉碎机》、HJ/T 85—2005《长江三峡水库库底固体废物清理技术规范》、CJ 3025—1993《城市污水处理厂污水污泥排放标准》等。

如 GB 18484—2001《危险废物焚烧污染控制标准》中规定了集中式危险焚烧厂不得建在自然保护区、风景名胜区，要避开人口密集区、商业区和文化区；焚烧厂不允许建在居民区的上风向区；同时，焚烧炉排气筒周围 200m 内有建筑物时，其高度必须高出最高建筑物 5m 以上；对于焚烧过程中产生的二恶英类等有毒气体的排放作出了限制，并首先在北京、上海、广州三城市执行。

4. 固体废物综合利用标准

固体废物综合利用标准是国家对我国垃圾处理处置技术进行总体规划和指导的总纲，在一定程度上指导着处理处置技术的发展方向。它为大力推行固体废物的综合利用技术并避免在综合利用过程中产生二次污染，环境保护部今后将制定一系列有关固体废物综合利用的规范、标准。已经制定的有电镀污泥、含铬废渣、磷石膏等废物综合利用的规范和技术标准，固体废物综合利用标准如《资源综合利用目录》（2003）、GB 18455—2010《包装回收标志》、GB/T 17145—1997《废润滑油回收与再生利用技术导则》、GB/T 16716.1—2008《包装与包装废弃物的处理和利用通则》、GB 18006.1—2009《塑料一次性餐饮具通用技术要求》等。

1.6.4 固体废物管理的经济政策

我国目前在用经济手段管理固体废物方面的力度不大，但随着我国社会主义市场经济的建立和逐渐完善，利用经济手段对固体废物进行管理的工作必将大力加强。固体废物管理的经济政策有多种，一般依据各国的国情不同来制定，主要包括“排污收费”“生产者责任制”“押金返还”“税收信贷优惠”“垃圾填埋费”政策等，其中部分已经开始在我国实施。

1.“排污收费”政策

“排污收费”是根据固体废物的特点，征收总量排污费和超标排污费。排污收费制度是国内外环境保护最基本的经济政策之一。我国实行的是“谁污染，谁治理”的环境保护政策，也就是说，谁排放的污染物污染了环境，谁就必须承担相应的社会责任，自己花钱治理，或交纳一定的费用由专门的环境保护企业治理。固体废物产生者除了需要承担正常的排污费外，对于超标排放废物，还需额外负担超标排污费，以促使企业加强废物管理，减少废物产生，减轻对环境的污染。我国从 2002 年起开始实行垃圾收费制度，征收标准为：冶炼渣 25 元/t，炉渣 25 元/t，煤矸石 5 元/t，尾矿 15 元/t，其他渣（含液态、半固态废物）25 元/t。对以填埋方式处置危险废物不符合国家有关规定的危险废物排污费征收标准为 100 元/t。

2.“生产者责任制”政策

“生产者责任制”是指产品的生产者（或销售者）对其产品被消费后所产生的废物的管

理负有责任。发达国家一般都制定再生利用的专项法规或强制回收政策，对易回收废物和有害废物等进行管理。例如，对包装废物，规定生产者首先必须对其商品所用包装的数量或质量进行限制，尽量减少包装材料的用量；其次，生产者必须对包装材料进行回收和再生利用。由于发达国家城市生活垃圾中废弃包装物所占比例较大（占30%～40%），通过生产者负责对包装物用量的限制和对废弃包装物的回收利用，可大大减少废弃包装物的产生和节约资源，效果非常显著。

3.“押金返还”政策

“押金返还”政策是指消费者在购买产品时，除了需要支付产品本身的价格外，还需要支付一定数量的押金，产品被消费后，其产生的废物返回到指定地点时，可赎回已支付的押金。“押金返还”政策是国外广泛采用的经济管理手段之一。对于易回收物质、有害物质等，采取“押金返还”政策可鼓励消费者参与物质的循环利用、减少废物的产生量和避免有害废物对环境的危害。

4.“税收信贷优惠”政策

“税收信贷优惠”政策就是通过税收的减免、信贷的优惠，鼓励和支持从事固体废物管理的企业，促进环境保护产业长期稳定的发展。由于固体废物的管理带来的更多是社会效益和环境效益，经济效益相对较低，因此，就需要国家在税收和信贷等方面给予一定的政策优惠，以支持相关企业和鼓励更多的企业从事这方面的工作。例如，对回收废物和资源化产品的出售减免增值税，对垃圾的清运、处理、处置，已封闭垃圾处置场地的地产开发等实行财政补贴，对固体废物处理处置工程项目给予低息或无息优惠贷款等。

5.“垃圾填埋费”政策

“垃圾填埋费”又称“垃圾填埋税”，它是指对进入填埋场最终处置的垃圾进行再次收费，其目的在于鼓励废物的回收利用，提高废物的综合利用率，以减少废物的最终处置量，同时也是为了解决填埋土地短缺的问题。“垃圾填埋费”政策是“排污收费”政策的延续，它是对垃圾采用填埋方式进行限制的一种有效的经济管理手段。这种政策在欧洲国家使用较为普遍。

1.6.5 固体废物的管理制度

根据固体废物的特点以及我国国情，《固废法》对我国固体废物的管理规定了一系列有效的制度。这些管理制度包括：

（1）将循环经济理念融入相关政府责任 《固废法》规定“国家促进循环经济发展、鼓励、支持开展清洁生产，减少固体废物的产生量”（第四条）。在政府责任方面，法律规定“国务院有关部门、县级以上地方人民政府及其有关部门编制城乡建设、土地利用、区域开发、产业发展等规划，应当统筹考虑固体废物的综合利用和无害化处置”（第六条第二款），“国家鼓励单位和个人优先购买再生产品和可重复利用产品”（第八条）。此外，针对报废产品、包装的回收，《固废法》还规定了生产者责任。

（2）污染者付费原则和相关付费规定 污染者付费原则是我国环境保护的一项基本制度。《中华人民共和国环境保护法》第二十八条明确规定：“排放污染物超过国家或者地方规定的污染物排放标准的企业事业单位，依照国家规定缴纳超标准排污费，并负责治理。”因此，该项制度的建立对促进排污单位加强经营管理、节约和综合利用资源、治理污染等方面起着十分重要的作用。由污染者承担污染治理的费用，已经是当代环境保护的一项关键原则。尽管不同地区、不同时期对不同类型的废物处置可能采取不同收费方法和支出渠道，但根本依据都出于这项原则。《固废法》总则中在原基础上增加了“国家对固体废物处置实行污染者付费原则”（第五条）。对于生活垃圾处置，草案规定“省、自治区、直辖市人民政府可以根据本地区社会经济发展水平、固体废物污染环境防治现状等实际情况，对生活垃圾的产生者征收生活垃圾处置费。具体办法由省、自治区、直辖市制定”“生活垃圾处置费专项用于生活垃圾的运输、贮存和处置，不得挪作他用”（第四十二条），对于危险废物处置，在原有排污收费的基础上增加了“危险废物贮存、处置设施、场所退役费用和危险废物处置费用应当预提，列入投资概算或者生产成本。具体提取和管理办法，由国务院财政部门、价格主管部门会同国务院环境保护行政主管部门规定”（第六十二条）。

（3）产品、包装的生产者责任制度 《固废法》在《清洁生产促进法》企业责任的基础上，明确规定“国家对部分产品、包装的回收、处置实行生产者责任制度”“生产、销售被列入强制回收目录的产品和包装物的企业，必须在产品报废和包装物使用后，对该产品和包装物进行回收、处置，也可以委托有关机构进行回收、处置”（第二十条），明确确立了生产者责任制度。同时，《固废法》进一步强调“产品和包装物的设计，应当选用无毒、无害、易于降解或者便于回收利用的方案，防止其在生命周期中对人类健康和环境造成不良影响”“生产者应当对产品进行合理包装，减少包装材料的过度使用和包装性废物的产生”“生产者应当在产品说明或者产品及包装标志上标明材料成分、有毒物质成分、回收或者处置方法提示、回收押金等信息”（第十九条）。

（4）工业固体废物和危险废物申报登记制度 《固废法》对工业固体废物和危险废物的申报登记进行了规定，第三十一条规定“国家实行工业固体废物申报登记制度”，第四十五条规定“产生危险废物的单位，必须按照国家有关规定申报登记”。申报登记制度是国家带有强制性的规定，通过申报登记制度的实施，可以使环境保护主管部门掌握工业固体废物和危险废物的种类、产生量、流向以及对环境的影响等情况，有助于防止工业固体废物和危险废物对环境的污染。

（5）固体废物建设项目环境影响评价制度 为了实施可持续发展战略，预防因规划和建设项目实施后对环境造成不良影响，促进经济、社会和环境的协调发展，必须对建设项目进行环境影响评价，为此，我国于2003年颁布实施了《中华人民共和国环境影响评价法》。为加强固体废物建设项目的管理，《固废法》第十二条明确规定：“建设项目的环境影响报告书，必须对建设项目产生的固体废物对环境的污染和影响作出评价，规定防治环境污染的措施，并按照国家规定的程序报环境保护行政主管部门批准。环境影响报告书经批准后，审批建设项目的主管部门方可批准该建设项目的可行性研究报告或者设计任务书。”

（6）固体废物污染防治设施的“三同时”制度 《固废法》明确规定：“建设项目的环境影响报告书确定需要配套建设的固体废物污染环境防治设施，必须与主体工程同时设计、同时施工、同时投产使用。固体废物污染环境防治设施必须经原审批环境影响报告书的环境保护行政主管部门验收合格后，该建设项目方可投入生产或者使用。对固体废物污染环境防治设施的验收应当与对主体工程的验收同时进行。”

（7）固体废物环境污染限期治理制度 《固废法》规定：“本法施行前产生工业固体废物的单位，没有依照本法第三十二条规定建设工业固体废物贮存或者处置的设施、场所，或者工业固体废物贮存、处置的设施、场所不符合环境保护标准的，必须限期建成或者履行。”实行“固体废物环境污染限期治理制度”是为了解决重点污染源污染环境问题，是一种有效防治固体废物污染环境的措施。限期治理就是抓住重点污染源，集中有限的人力、财力和物力，解决最突出的问题。对经限期治理逾期未完成治理任务的企事业单位，除依照国家规定加收超标准排污费外，可以根据所造成的危害后果处以罚款，或者责令停业、关闭。

（8）固体废物进口审批制度 《固废法》第二十四条、第二十五条和第五十八条都明确规定：“禁止中国境外的固体废物进境倾倒、堆放、处置”“国家禁止进口不能用作原料的固体废物，限制进口可以用作原料的固体废物”“禁止经中华人民共和国过境转移危险废物”。为此，我国于1996年颁布了《废物进口环境保护管理暂行规定》、《国家限制进口的可用作原料的废物名录》。《废物进口环境保护管理暂行规定》规定了废物进口的三级审批制度、风险评价制度和加工利用单位定点制度；在其补充规定中，又规定了废物进口的装运前检验制度。废物进口审批制度的实施，有效地遏制了曾受到国内外瞩目的“洋垃圾入境”的势头，维护了国家尊严和主权，防止了境外固体废物对我国的污染。

（9）危险废物行政代执行制度 《固废法》第四十六条规定：“产生危险废物的单位，必须按照国家有关规定处置；不处置的，由所在地县以上地方人民政府环境保护行政主管部门责令限期改正；逾期不处置或者处置不符合国家有关规定的，由所在地县以上地方人民政府环境保护行政主管部门指定单位按照国家有关规定代为处置，处置费由产生危险废物的单位承担。”本规定中所指的“行政代执行制度”是一种行政强制执行措施，以确保危险废物能得到妥善和适当的处置，而处置所涉及的费用则由危险废物产生者承担，也符合“谁污染谁治理”的基本原则。

（10）危险废物经营单位许可制度 为提高我国危险废物管理和技术水平的提高，保证危险废物的严格控制，避免危险废物污染环境的事故发生，《固废法》第四十九条规定：“从事收集、贮存、处置危险废物经营活动的单位，必须向县级以上人民政府环境保护行政主管部门申请领取经营许可证”。这一规定说明并非任何单位和个人都能从事危险废物的收集、贮存、处理、处置等经营活动，必须具备达到一定要求的设施、设备，又要有相应的专业技术能力等条件的单位，才能从事危险废物的收集、贮存、处理、处置活动。

（11）危险废物转移报告单制度 为保证危险废物的运输安全，防止危险废物的非法转移和非法处置，保证危险废物的安全监控，防止危险废物污染事故的发生，需要建立危险废物转移报告单制度。为此，《固废法》第五十一条规定：“转移危险废物的，必须按照国家有关规定填写危险废物转移联单，并向危险废物移出地和接受地的县级以上地方人民政府环境保护行政主管部门报告”。

（12）危险废物从业人员培训与考核制度 由于危险废物的有害特性，需要对从事危险废物处理处置的人员进行专业的培训和考核。以防止产生难以预料的环境污染和人身健康危害，因此，《固废法》第五十四条规定：“直接从事收集、贮存、运输、利用、处置危险废物的人员，应当接受专业培训，经考核合格，方可从事该项工作”。

1.6.6 固体废物管理的基本原则

在《中华人民共和国固体废物污染环境防治法》中首先确立了固体废物污染防治的“减量化、资源化、无害化”的基本原则和“全过程”管理原则。

（1）减量化　指通过合适的技术手段减少固体废物的数量和体积。如要达到固体废物减量化的目的，首先，要尽量减少和避免固体废物的产生，从源头上解决问题，这也就是通常所说的“源削减”；其次，要对产生的废物进行有效的处理和最大限度地回收利用，以减少固体废物的最终处置量。例如，通过采取清洁生产工艺可有效地减少生产过程中废物的产生；固体废物经粉碎、压缩处理后，体积会大大减少；垃圾经焚烧处理后，体积可减少80%～90%，需要处置的灰渣量也大大减少。需要注意的是，减量化不只是减少固体废物的数量和体积，还包括尽可能地减少其种类、降低危险废物中有害成分的含量、减轻或清除其危险特性等。减量化是对固体废物的数量、体积、种类、有害性质的全面管理。同时，减量化也是防止固体废物污染环境优先考虑的措施。对我国而言，应当改变粗放经营的发展模式，鼓励和支持开展清洁生产，开发和推广先进的生产技术和设备，充分合理地利用原材料、能源和其他资源等，通过这些政策措施的实施，达到固体废物“减量化”的目的。

（2）资源化　指采取管理和技术措施从固体废物中回收有用的物质和能源。通过资源化，可回收有用物质和能源，在创造经济价值的同时节约资源，并减少固体废物的产生量。固体废物资源化包括以下三个方面的内容：①物质回收，即从废弃物中分类收集、分选和回收，如从垃圾中回收纸张、玻璃、金属等；②物质转换，即通过一定技术，利用废物中的某些组分制取新形态的物质，如利用废玻璃生产铺路材料，利用炉渣生产水泥和其他建筑材料，通过堆肥化处理把城市生活垃圾转化成有机肥料，用废塑料裂解生产汽油或柴油等；③能量转换，是通过化学或生物转换，释放废物中蕴藏的能量，即从废物处理过程中回收能量，生产热能或电能，如通过有机废物的焚烧处理回收热量或进一步发电，利用垃圾厌氧发酵生产沼气，并作为能源向居民和企业供热或发电等。

（3）无害化　通过适宜的工程措施处置后的固体废物不再对生态环境构成威胁，不再对土壤、水体、大气等周围自然环境（包括原生环境和次生环境）产生污染，并不危害人体健康的垃圾处理过程。固体废物的无害化处理需要多种工程技术，如物理技术、化学技术和生物技术等。目前已有多种技术在固体废物无害化处理中得到了广泛的应用，如垃圾焚烧、垃圾卫生填埋、有机物热解气化、有害废物的热处理和解毒处理技术等。在对固体废物进行“三化”处理时，必须认识到各种处理工程技术的通用性是有限的，它们的优劣程度往往不是由技术、设备条件本身所决定的。以生活垃圾处理为例，焚烧处理不失为一种先进的无害化处理方法，但它必须以垃圾含有高热值和可能的经济投入为条件，否则便没有实用意义，焚烧也会产生致癌物质。卫生填埋处理量大、投资少、见效快，但需要占用大量的土地，填埋产生的垃圾渗滤液会污染地下水。高温堆肥可生产有机复合肥料，但对垃圾的有机物和有害物质的含量有较高的要求。各城市究竟选择何种处理方式，应根据当地的经济发展水平、垃圾的组成成分等因素，因地制宜地综合考虑。

（4）“全过程”管理　人们越来越意识到对固体废物实行“源头”控制的重要性，出现了“从摇篮到坟墓”的固体废物各过程管理，即对固体废物产生—收集—运输—综合利用—处理—贮存—处置实行全过程管理，在每一环节都将其作为污染源进行严格的控制。目前，解决固体废物污染控制的基本对策是避免产生（Clean）、综合利用（Cycle）、妥善处置（Control）的所谓“3C”原则。另外，随着循环经济、生态工业园及清洁生产理论和实践的发展，有人提出了“3R”原则，即通过对固体废物实施减少产生（Reduce）、再利用（Reuse）、再循环（Recycle）策略实现节约资源，降低环境污染及资源永续利用的目的。

第 2 章

2

城市生活垃圾的资源化处理

2.1 城市生活垃圾

城市生活垃圾是指在城市日常生活中或者为日常生活提供服务的活动中产生的固体废物以及法律、行政法规规定视为生活垃圾的固体废物以及建筑施工活动中产生的垃圾。60%以上的城市生活垃圾主要是由小区居民制造的有机垃圾，即小区有机垃圾的不断增多是城市生活垃圾不断增加的源头。近年来，随着各大城市人口的不断增长，城市生活垃圾产生量也随之增长，城市生活垃圾的污染问题也越来越突出，据统计，至 2008 年全国年垃圾清运总量已超过 2.4 亿 t，并按每年 8%的幅度增长。历年全国无序堆放的垃圾总量多达 80 亿 t，占用土地 5 亿 m^2，严重污染大气和地下水资源，更有可能引发气体爆炸事故的发生。

根据《中华人民共和国固体废物污染环境防治法》的定义，城市生活垃圾除包括居民生活垃圾外，还包括为城市居民生活服务的商业垃圾、建筑废物、园林垃圾、粪便等，这些垃圾的收集大都分别由某一个部门作为经常性工作加以管理。如商业垃圾与建筑废物由产生单位自行清运，园林垃圾和粪便由环卫部门负责定期清运，而居民生活产生的生活垃圾，由于产生源分散、总产生量大、成分冗杂、收集工作十分复杂和困难。据统计，垃圾的收运费用占整个垃圾处理系统费用的 60%～80%，因此，必须科学合理地制定收运计划并提高收运效率。

2.1.1 城市生活垃圾的组成

城市生活垃圾主要组成为厨余物、废纸屑、废塑料、废橡胶制品、废编织物、废金属、玻璃陶瓷碎片、庭院废物、废旧办公用品、废日杂用品等。据统计，我国城市生活垃圾中，有机垃圾占 60%～70%，塑料占 8%～9%，玻璃占 3%～5%，纸张占 2%～3%，其他（含废金属制品）占 13%～27%。我国城市生活垃圾在总量迅速增长的同时，成分也发生了很大变化，生活垃圾中无机物含量持续下降，有机物含量不断增加，可燃物增多，可利用价值也日益增大。国内主要城市生活垃圾的组成见表 2-1。

表 2-1 国内主要城市生活垃圾的组成 （湿基，质量分数%）

地区	南方					北方				
城市	南宁	南京	上海	重庆	成都	太原	吉林	天津	沈阳	哈尔滨
有机物	46.0/17.0	64.8/26.3	80.3/32.0	69.9/16.8	69.0/—	83.2/10.9	62.0/4.8	79.0/22.3	86.9/38.0	63.9/30.9

（续）

地区	南方					北方				
城市	南宁	南京	上海	重庆	成都	太原	吉林	天津	沈阳	哈尔滨
无机物	45.8/78.6	18.3/68.2	7.5/60.7	19.9/79.9	17.8/—	4.1/86.3	27.3/93.1	5.9/68.6	9.4/61.0	20.2/66.0
废品	8.2/4.4	16.9/5.5	12.2/7.3	10.2/3.7	13.2/—	12.7/2.8	10.7/2.1	15.1/9.1	3.7/1.0	15.9/3.1

注：1. 燃气区/燃煤区。

2. 废品——纸类、金属、塑料、玻璃、布类等。

从表 2-1 可看出城市生活垃圾中的有机物含量要比无机物的含量高很多。垃圾中的有机可燃物含量大、热值高。每燃烧 2t 垃圾可获得相当于燃烧 1t 煤的热量，若利用得当，1t 垃圾可获得约 300～400kW 的电力。据此，若将我国 1.4 亿 t 垃圾的 1/3 有效地利用发电，相当于每年可节约 2333.3 万 t 煤。由此不仅可以节约因开采煤炭消耗的大量人力、物力、财力，而且能减少燃煤带来的环境污染问题。近年来，利用生活垃圾中的有机腐殖质进行堆肥生产复合肥料，正成为垃圾处理技术发展的新方向。对有机垃圾的资源化处理，其意义不仅在于减少环境污染、保护人类生存环境，而且还在于增加资源和财富以及节约能源，缓解全球资源短缺矛盾，从而有助于城市的可持续发展。

与国内相比，在世界发达国家，城市垃圾中有机物和可燃物含量较高，其产量呈上升趋势。国外城市垃圾组成及人均垃圾产量见表 2-2。

表 2-2 国外主要国家生活垃圾的组成 （质量分数%）

国家		英国	法国	荷兰	德国	瑞士	意大利	美国
组成	食品有机物	27	22	21	15	20	25	12
	纸屑	38	34	25	28	45	20	50
	灰渣	11	20	20	28	20	25	7
	金属	9	8	3	7	5	3	9
	玻璃	9	8	10	9	5	7	9
	塑料	2.5	4	4	3	3	5	5
	其他	3.5	4	17	10	2	15	8
平均含水率（%）		25	35	25	35	35	30	25
人均排放量/（kg/a）		320	270	210	350	250	210	820

2.1.2 城市生活垃圾的产生量预测

1980～2005 年我国城市生活垃圾清运和处理量统计表见表 2-3。

表 2-3 1980～2005 年我国城市生活垃圾清运和处理量统计表

项目＼年份	1980	1985	1990	1995	1996	2000	2001	2002	2003	2004	2005
垃圾清运量/万 t	3132	5008.7	6766.8	10748	10825	11819	13470	13650	14857	15234	15601
垃圾无害化处理量/万 t	—	70	212	6014	5568	7255	7840	7404	7545	7852	8108

（续）

项目＼年份	1980	1985	1990	1995	1996	2000	2001	2002	2003	2004	2005
垃圾无害化处理能力/(万 t/日)①	—	—	—	18.4	15.6	21.0	22.5	21.6	22.0	23.9	25.7
垃圾处理厂（场）/座②	17	14	66	932	655	660	741	651	575	559	—
垃圾无害化处理率（%）③	—	0.9	2.3	44.1	51.4	61.38	57.20	54.24	50.00	51.5	51.97

① 1996年前数据含粪便处理。

② 1996年前数据含粪便处理场。

③ 1996年前为垃圾粪便无害化处理率。

城市生活垃圾产生量随社会经济的发展、物质生活水平的提高、能源结构的变化以及城市人口的增加而增加，准确预测城市生活垃圾产生量在固体废物管理中占有十分重要的地位，它是保证生活垃圾收集、运输、处理、处置以及综合利用等后续管理能够得以正常实施和运行的依据，对制定城市生活垃圾处理、处置政策有重要的指导作用。

（1）经验公式法　估算城市生活垃圾产生量的通用公式为

$$Y_n = y_n P_n \times 10^{-3} \times 365 \tag{2-1}$$

式中，Y_n 为第 n 年城市生活垃圾产生量（t/a）；y_n 为第 n 年城市生活垃圾的产率或产出系数［kg/（人·d）］；P_n 为第 n 年城市人口数（人）。

从式（2-1）中不难看出，影响城市生活垃圾产生量的主要因素是城市垃圾产率和城市人口数。其中，城市垃圾产率受多种因素的影响，包括收入水平、能源结构、消费习惯等。城市人口的变化要同时考虑机械增长率（如移民、城市化等）和自然增长率的影响，机械增长率可以根据当地的规划进行计算，而自然增长率的预测有不同的方法。图2-1所示为典型应用于工程规划时，通过城市人口数与垃圾产率对垃圾产生量进行预测的流程图。

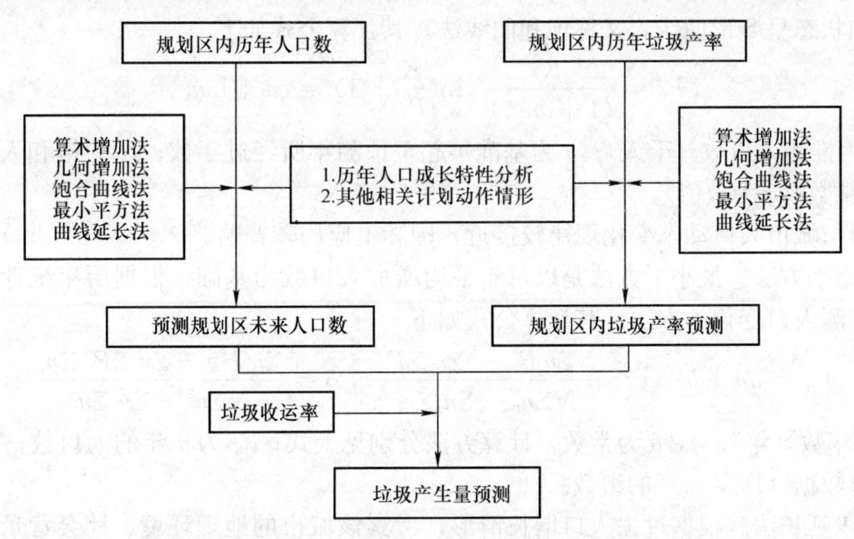

图2-1　利用人口数与垃圾产率预测垃圾产生量流程图

（2）统计与数理法　一般而言，运用统计与数理法对人口数进行预测主要有算术增加法、几何增加法、饱和曲线法、最小平方法以及曲线延长法共五种预测模式。五种预测模式的特性见表2-4。

表 2-4 统计与数理法预测模式的特性

方法	说 明	适 用 状 况
算术增加法	假设人口增长呈一定的比例常数直线增加	适用于短期预测（1～5 年），其结果常有偏低的趋势
几何增加法	假设未来人口增长率与过去人口几何增加率相等	适用于在短期（1～5 年）或新兴城市，若预测时间过长常有偏高现象
饱和曲线法	假设人口增长过程中：初期较快，中期平缓，终期饱和。如将整个增长过程以曲线表示，则呈S形曲线	适用于较长期的预测，也是目前较常用的方法
最小平方法	以每年平均增加人口数为基础，根据历史资料以最小平方法进行预测	本法与算术增加法略同，但该法较精确
曲线延长法	根据历史人口增长情形配合未来城市发展条件，并参考上述方法以延长原有人口增长曲线	适用于新兴城市

1）算术增加法。假定未来每年人口增加率与过去每年人口增加率的平均值相等；据此以等差级数推算未来人口，适用于较古老的城市，预测结果常有偏低的现象，其计算公式如下

$$P_n = P_0 \times nr,\ r = (P_0 - P_t)/t \tag{2-2}$$

式中，P_n 为第 n 年后的人口数（人）；P_0 为现在的人口数（人）；n 为预测年数（年）；r 为每年增加人口数（人/年）；P_t 为现在起年前人口数（人）；t 为年数。

2）几何增加法。假定未来每年人口增加率与过去每年人口几何增加率相等。据此以等比级数推算未来人口，适用于新兴城市，但若预测时间过长常会偏高。其计算公式如下

$$P_n = P_0 \exp(kn),\ k = (\ln P_0 - \ln P_t)/t \tag{2-3}$$

式中，P_n、P_0、P_t、t、n 同上式；k 为集合增加常数。

3）饱和曲线法。假定城市人口数不可能无止境地增加，一定时间后将达到饱和状态，其人口增加状态呈S形曲线，又称饱和曲线法。其计算公式如下

$$P_n = \frac{K}{(1 + me^{qn})},\ \ln\left(\frac{K}{P_n} - 1\right) = qn + \ln m \tag{2-4}$$

式中，P_n 为推测人口数（千人）；n 为基准年起至预测年所经过年数；K 为饱和人口数（千人）；m 为常数（q 为负值）。

本法因与城市人口动态变化规律较接近，国际上应用较普遍。

4）最小平方法。最小平方法是以每年平均增加人口数为基础，根据历年统计资料以最小平方法推测人口变化的方法。其计算公式如下

$$P_n = an + b,\ a = \frac{N\Sigma n_i P_{ni} - \Sigma n_i \Sigma P_{ni}}{N\Sigma n_i^2 - \Sigma n_i \Sigma n_i},\ b = \frac{\Sigma n_i^2 P_{ni} - \Sigma n_i \Sigma P_{ni} \Sigma n_i}{N\Sigma n_i^2 - \Sigma n_i \Sigma n_i} \tag{2-5}$$

式中，n 为年数（年）；a，b 为常数，计算方法分别见上式；P_n 为 n 年的人口数；N 为用以分析的人口数据（P_{ni}，n_i）的组数。

5）曲线延长法。根据过去人口增长情形，考察该城市的地理环境、社会背景、经济状况以及将来可能出现的发展趋势，并参考其他相关城市的变化情形进行预测，将历史人口记录的变化曲线进行延长，并求出预测年度的人口。

例 2-1 设某城市历年人口数和垃圾产率统计见表 2-5，试利用最小平方法，回归垃圾产率［kg/(人·d)］与年份的关系，以此推估至2006 年各年的垃圾产率，并预测至2011 年

该城市每日垃圾产生量。

表 2-5　某城市历年人口数和垃圾产率统计

年份	垃圾产率/[kg/(人・d)]	人口数/人	年份	垃圾产率/[kg/(人・d)]	人口数/人
1991	0.75	11875	1996	1.03	11289
1992	0.81	11899	1997	1.05	11280
1993	0.85	11603	1998	1.08	11218
1994	0.93	11450	1999	1.09	11126
1995	0.98	11293			

解： 1）该城市采用曲线延长法预测的人口变化见表 2-6，按照最小平方法计算垃圾产率，公式如下

$$W = aY + b \tag{2-6}$$

式中，W 为人均每日垃圾产率［kg/（人・d）］；Y 为年份；a 和 b 为常数，计算方法如下

$$a = \frac{N\Sigma Y_i W_i - \Sigma Y_i \Sigma W_i}{N\Sigma Y_i^2 - \Sigma Y_i \Sigma Y_i}, \ b = \frac{N\Sigma Y_i^2 W_i - \Sigma W_i Y_i \Sigma Y_i}{N\Sigma Y_i^2 - \Sigma Y_i \Sigma Y_i} \tag{2-7}$$

代入已知数据（N= 9），可得 a=0.0445，b=−2.563。

即 W=0.0445Y−2.563，代入 Y_i=2000～2011（分别减 1910），求得各年的 W_i 结果，见表 2-7。

2）表 2-6 与表 2-7 所预测的人均垃圾产率相乘即为所求结果，见表 2-8。

表 2-6　该城市人口统计预测

年度	算术增加法	几何增加法	饱和曲线法	最小平方法	曲线延长法
1991	11875	11875	11875	11875	11875
1992	11899	11899	11899	11899	11899
1993	11603	11603	11603	11603	11603
1994	11450	11450	11450	11450	11450
1995	11293	11293	11293	11293	11293
1996	11289	11289	11289	11289	11289
1997	11280	11280	11280	11280	11280
1998	11218	11218	11218	11218	11218
1999	11126	11010	11712	10997	11211
2000	11034	10906	11603	10886	11107
2001	10942	10802	11507	10776	11007
2002	10850	10700	11422	10665	10909
2003	10758	10599	11347	10554	11814
2004	10665	10499	11280	10444	10722
2005	10573	10400	11221	10333	10632
2006	10481	10301	11168	10223	10543
2007	10389	10204	11122	10112	10457
2008	10297	10107	11080	10002	10371
2009	10205	10012	11043	9891	12288
2010	10113	9917	11010	9780	10205
2011	10021	9823	10980	9670	10124

表 2-7 该城市每人每日垃圾产率

年度	每人每日垃圾产率/[kg/(人·d)]	年度	每人每日垃圾产率/[kg/(人·d)]	年度	每人每日垃圾产率/[kg/(人·d)]
1991	0.75	1998	1.08	2005	1.39
1992	0.81	1999	1.09	2006	1.44
1993	0.85	2000	1.17	2007	1.49
1994	0.93	2001	1.22	2008	1.53
1995	0.98	2002	1.26	2009	1.57
1996	1.03	2003	1.31	2010	1.62
1997	1.05	2004	1.35	2011	1.66

注：本表垃圾产率的预测没有考虑推广源头减量（如垃圾分类等）的因素。

表 2-8 该城市每日垃圾产生量预测

年度	人口值/人①	垃圾产率/[kg/(人·d)]	产生量/(t/d)	年度	人口值/人①	垃圾产率/[kg/(人·d)]	产生量/(t/d)
1991	11899	0.75	8.92	2002	10814	1.26	13.62
1992	11603	0.81	8.40	2003	10722	1.31	14.04
1993	11450	0.85	9.73	2004	10632	1.35	14.35
1994	11293	0.93	8.50	2005	10543	1.39	14.65
1995	11289	0.98	11.06	2006	10457	1.44	15.05
1996	11280	1.03	11.62	2007	10371	1.49	15.45
1997	11218	1.05	11.78	2008	10288	1.53	15.74
1998	11211	1.08	12.10	2009	10205	1.57	16.02
1999	11107	1.09	12.10	2010	10124	1.62	
2000	11007	1.17	12.87	2011	10043	1.66	
2001	10909	1.22	13.30				

注：若推动资源回收措施、预估值将随其落实程度而减少。

①人口值采用曲线延长法进行预测。

2.2 城市生活垃圾的特性

城市生活垃圾的特性一般包括物理性质、化学性质和生物特性。

2.2.1 物理性质

由于城市生活垃圾是多种物质的混合体，无自己特定的内部结构，也就不存在其特定的物理性质。它的物理性质随着城市生活垃圾组成的比例不同而变化。在城市生活垃圾管理中，常涉及的物理性质有：密度、孔隙率、含水率、粒度及粒度分布等。

1. 密度

密度是指单位体积垃圾的质量。垃圾密度是垃圾运输或垃圾贮存容积等设计计算的重要参数，一般按下式计算

$$D=\frac{W_2-W_1}{V} \tag{2-8}$$

式中，D 为垃圾密度（kg/L 或 kg/m^3）；W_1 为容器质量（kg）；W_2 为装有试样的容器总质量（kg）；V 为容器体积（L 或 m^3）。

我国环卫系统现场测定密度采用“多次称量平均法”。测定三个以上试样，用平均值来求得垃圾的密度。此法是用一定体积的容器，在1年12个月内，每月抽样一次，在年终时，将各次称得的质量相加除以称量次数，得到年平均城市生活垃圾的质量，再除以容器体积，得到垃圾的密度，其表达式为

$$D=\frac{(a_1+a_2+a_3+\cdots+a_n)/n}{V} \tag{2-9}$$

式中，a_n 为每次称得的垃圾质量（kg）；n 为称量的次数；V 为称量容器的体积（m^3）。

例 2-2 某城市生活垃圾的组成和基本特性见表 2-9，求该城市生活垃圾的密度。

表 2-9 某城市生活垃圾的组成和基本特性

废物组成	质量/kg	密度(kg/m^3)	体积/m^3	废物组成	质量/kg	密度(kg/m^3)	体积/m^3
食品废物	150	290	0.52	庭园修剪物	100	105	0.95
纸张	450	85	5.29	木材	50	240	0.21
纸板	100	50	2.00	金属空罐	50	90	0.56
塑料	100	65	1.54				

解： 该垃圾的密度为：$D=1000\text{kg}/11.07\text{m}^3=90.33\text{kg/m}^3$

表 2-10 列出各类废物的密度。

表 2-10 各类废物的密度

成分	密度/(kg/m^3)		成分	密度/(kg/m^3)	
	范围	典型		范围	典型
食品废物	130～480	300	玻璃	160～480	200
纸张	30～130	80	金属、罐头	50～160	90
纸板	30～80	50	非铁金属	60～240	160
塑料	30～130	60	铁金属	130～1120	320
纺织品	30～100	60	泥头、灰烬、石砖	320～1000	480
橡皮	100～200	120	都市垃圾 未压缩	90～180	130
皮鞋	100～260	160	都市垃圾 已压缩	180～450	300
庭园修剪物	60～220	100	污泥	1000～1200	1050
木材	130～320	240	废酸碱液	1000	1000

垃圾密度随着垃圾的构成、生化降解的程度以及清运处理方式的不同而变化。因此，垃圾密度又分为自然密度、垃圾车装载密度和填埋密度等。

自然密度是垃圾在自然状态下单位体积垃圾的质量，该指标常用于垃圾调查分析。垃圾车装载密度是指在对垃圾进行装填作业时，由于人为的压实作用使垃圾密度增加，此时的垃圾密度就用垃圾车装载密度来表示。填埋密度是指在垃圾填埋过程中，由于人为的压实所产生的密度，填埋密度随着不同的填埋压实比和垃圾自然沉降过程也会发生变化。

通过分析1990年我国12个城市提供的垃圾密度调查数据得出：垃圾自然密度为(0.53±0.26) t/m^3，垃圾车装载密度为0.8t/m^3左右，垃圾填埋密度为1.0t/m^3。一般而言，经济发达、居民生活水平较高的大城市由于垃圾中轻质有机物含量高，自然密度偏低，约为0.45t/m^3，而中小城市，特别是北方城市，由于垃圾中重质无机物（主要为炉灰渣）含量高，自然密度偏高，为0.6～0.8t/m^3，个别北方中小城市垃圾自然密度甚至达1.0 t/m^3。工业发达国家的垃圾自然密度为0.10～0.15t/m^3，中等收入国家为0.2～0.4t/m^3，低收入国家为0.25～0.50t/m^3。

2. 含水率

含水率是指单位质量垃圾含有的水分量。含水率测定方法一般是将垃圾在(105± 1)℃温度下烘干2h（依水分含量而定）后所失去的水分量，烘干至恒重或最后两次称量的误差小于规定值，否则须再烘干。垃圾含水率计算公式为

$$W=\frac{A-B}{A}\times 100\% \tag{2-10}$$

式中，A为鲜垃圾（或湿垃圾）试样原始质量（kg）；B为试样烘干后的质量（kg）。

垃圾含水率随垃圾成分、季节、气候等条件变化，变化幅度一般为11%～53%。西方国家垃圾含水率一般为30%～35%，而我国一般为55%～65%，一些南方城市在夏季高达70%。我国典型城市垃圾中主要组分的含水率见表2-11。

表2-11 我国典型城市垃圾中主要组分的含水率

成分	含水率(%)		成分	含水率(%)	
	范围	典型		范围	典型
食品废物（Food wastes）	50～80	70	木材（Wood）	15～40	20
纸张（Paper）	4～10	6	玻璃（Glass）	1～4	2
纸板（Cardboard）	4～8	5	金属罐头（Tin cans）	2～4	3
塑料（Plastics）	1～4	2	非铁金属（Nonferrous metals）	2～4	2
纺织品（Textiles）	6～15	10	铁金属（Ferrous metals）	2～6	3
橡胶（Rubber）	1～4	2	泥头、灰烬、砖（Dirt，ashes，brick）	6～12	8
皮革（Leather）	8～12	10	都市固体废物（Municipal solid waste）	15～40	20
庭园修剪物（Gardens trimmings）	30～80	60			

据调查，影响垃圾含水率的主要因素是垃圾中动植物含量和无机物含量。当垃圾动植物的含量高、无机物含量低时，垃圾含水率就高；反之含水率就低。此外，垃圾含水率还受到收运方式，如不同收集容器、贮存时间、收集时间等因素的影响。

例2-3 设某固体废物的经检测单位采样分析后得知其物理组成及含水率见表2-12，试计算此固体废物的水分；密度。

表2-12 某固体废物物理组成及含水率

成分	质量分数(%)	含水率(%)	成分	质量分数(%)	含水率(%)
食品废物	17.13	85	玻璃	8.69	2
纸张	12.15	20	金属罐头	5.34	3
塑料类	26.35	3	泥土、灰渣等	7.99	9
木材	21.35	25			

解：固体废物的水分质量计算见表 2-13：

表 2-13 废物的水分质量计算表

成分	质量分数(%)	含水率(%)	水分质量/kg	成分	质量分数(%)	含水率(%)	水分质量/kg
食品废物	17.13	85	15.4	玻璃	8.69	2	0.17
纸张	12.15	20	2.43	金属罐头	5.34	3	0.16
塑料类	26.35	3	0.79	泥土、灰渣等	7.99	9	0.72
木材	21.35	25	5.33	总质量＝100kg　水分质量＝25.00kg			

从表 2-13 计算的固体废物的水分约为 25%（质量分数）。据此固体废物的密度计算见表 2-14。

表 2-14 固体废物的密度计算表

组分	质量分数(%)	容积密度/(kg/m³)	体积/m³	组分	质量分数(%)	容积密度/(kg/m³)	体积/m³
食品废物	17.13	300	0.0604	玻璃	8.69	200	0.043
纸张	12.15	50	0.243	金属罐头	5.34	90	0.059
塑料类	26.35	60	0.439	泥土、灰渣等	7.99	480	0.0166
木材	21.35	240	0.089	总质量＝100kg　体积＝0.95m³			

该固体废物的密度 $= 100\text{kg}/0.95\text{m}^3 = 105.3\ (\text{kg/m}^3)$。

3. 孔隙率

孔隙率是垃圾中物料之间的空隙占垃圾堆积容积的比例，它是垃圾通风间隙的表征系数，并与垃圾密度具有关联性。密度越小，垃圾的孔隙率一般越大，物料之间的空隙越大，物料的通风断面积也越大，空气的流动阻力相应越小，越有利于垃圾的通风。因此，孔隙率广泛用于堆肥供氧通风、焚烧炉内垃圾强制通风的阻力计算和通风风机参数的选取。

影响孔隙率的因素主要有物料尺寸、物料强度及含水率。物料尺寸越小，空隙数就越多，物料结构强度越好，空隙平均容积就越大，这就导致空隙总容积和孔隙率的增加。含水率对空隙率的影响在于，水会占据物料之间的空隙并影响物料结构强度，最终导致孔隙率减少。

4. 粒径

城市生活垃圾的尺寸对垃圾的处理和利用会产生非常大的影响，特别是对筛分和分选（磁选、电选等），垃圾粒径往往是非常重要的参数，它决定了使用设备规格或容量，尤其对于可回收资源再利用的物质，垃圾粒径显得更为重要。

城市生活垃圾的尺寸用其在空间范围内所占据的线性尺寸表示。球形颗粒的直径就是粒径。非球形颗粒的粒径则可用球体、立方体或长方体的代表尺寸表示，以规则物体（如球体）直径表示不规则颗粒的粒径，称为当量直径。通常采用粒径分布来表征混合垃圾的粒径，即垃圾中各平均粒径的物料占整个垃圾的质量分数。粒径是以粒径分布（PSD）表示，因垃圾组成复杂且大小不等，很难以单一大小来表示，况且几何形状也不一样，因此，只能通过筛网的网“目”代表其大小。“目”指颗粒大小和孔的直径，一般用在 1in^2（1in＝25.4mm）筛网面积内有多少个孔来表示。如 120 目筛，也就是说在 1in^2 面积内有 120 个孔。

图 2-2 与图 2-3 所示为废物粒径分布。

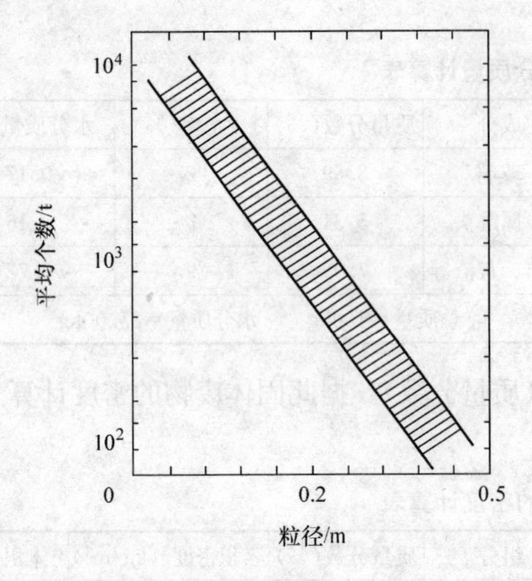

图 2-2 废物粒径分布（个数）

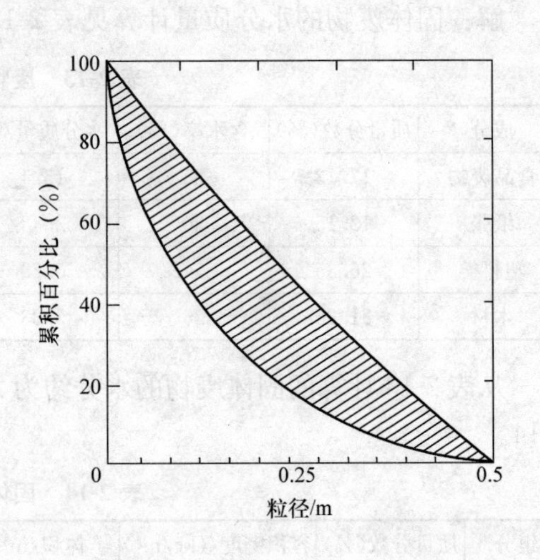

图 2-3 废物粒径分布（百分比）

2.2.2 化学性质

1. *挥发分*

挥发分又称挥发性固体含量，指垃圾在隔绝空气加热至一定温度时，分解析出的气体或蒸汽的量，用 V_s（%）表示，它是近似反映垃圾中有机物含量多少的参数，一般以垃圾在(600±20)℃温度下的灼烧减量来衡量。挥发分主要成分是由气态碳氢化合物（甲烷和非饱和烷烃）、H_2、CO、H_2S 等组成的可燃混合气体。

垃圾中的各种组成物由于分子结构不同、断键条件不同，决定了它们析出挥发分的初始温度不同。但常见的四种有机物（塑料、橡胶、木屑、纸张）的挥发分的初始温度都在200℃左右。

2. *灰分及灰分熔点*

灰分是垃圾中不能燃烧也不挥发的物质，它是反映垃圾中无机物含量多少的参数，其值是灼烧残留量（%）。

对垃圾进行分类，将各组分破碎至 2mm 以下，取一定量在（105±5)°C 下干燥 2h，冷却后称重（m_0），再将干燥后的样品放入电炉中，在 800°C 下灼烧 2h，冷却后在（105±5)°C 下干燥 2h，冷却后称重（m_1），即各组分的灰分

$$I_i = \frac{m_1}{m_0} \times 100\% \tag{2-11}$$

典型垃圾灰分见表 2-15。

表 2-15 典型垃圾灰分

成分	灰分（%）		成分	灰分（%）	
	范围	平均		范围	平均
食品废物（Food wastes）	2～8	5	稻壳（Rice hull）	5～15	13
纸张（Paper）	4～8	6	玻璃（Glass）	96～99	98
纸板（Cardboard）	3～6	5	金属罐头（Tin cans）	96～99	98

（续）

成分	灰分（%）		成分	灰分（%）	
	范围	平均		范围	平均
塑料（Plastics）	6～20	10	非铁金属（Nonferrous metals）	90～99	96
纺织品（Textiles）	2～4	2.5	铁金属（Ferrous metals）	94～99	98
橡胶（Rubber）	8～20	10	泥头、灰烬、砖（Dirt，ashes，brick）	60～80	70
皮革（Leather）	8～20	10	城市固体废物（Municipal solid waste）	10～20	17
庭园修剪物（Gardens trimmings）	2～6	4.5	污泥（干）（Sludge）	20～35	23
木材（Wood）	0.6～2	1.5	废油（Waste oil）	0～0.8	0.2

一般垃圾灰分可分为下列三种形态：非熔融性；熔融性；含有金属成分。

灰分熔点是灰分熔解的温度，其温度高低受灰分的化学组成影响。

测定垃圾灰分可预估可能产生的熔渣量及排气中粒状物含量，并可依灰分的形态类别选择垃圾适用的焚烧炉类型。若垃圾所含的Na、K、Mg、P、S、Fe、Al、Ca等，在焚烧过程中的高温氧化环境下极易发生化学反应，而产生复杂的熔渣，如Na_2CO_3、Na_2SO_4、NaCl等。这些熔渣的熔点（MP）分别为：$MP(Na_2CO_3)=851℃$；$MP(Na_2SO_4)=884℃$；$MP(NaCl)=800℃$。以上三种化合物，任两种或三种在某些比例下结合，则可形成熔点较低的混合物，如：

$MP(47\%Na_2SO_4+53\%Na_2CO_3)=845℃$；$MP(62\%Na_2CO_3+38\%NaCl)=633℃$

$MP(65\%Na_2SO_4+35\%NaCl)=633℃$；$MP(NaCl+Na_2CO_3+Na_2SO_4)=612℃$

由于形成不同化合物而导致熔渣熔点降低，这会使垃圾在焚烧时在炉排上熔融，从而阻碍排灰。若熔渣中含Na_2SO_4，在流化床焚烧炉内处理时，由于炉内采用石英砂作为载体，则两者在高温下反应会形成黏稠状的硅酸钠玻璃，更会降低流化现象而破坏原有焚烧效果。

3. 固定碳

固定碳是除去水分、挥发性物质及灰分后的可燃烧物，即

$$固定碳=100\%-(含水率+灰分+挥发分) \tag{2-12}$$

固定碳反映垃圾中有机质特征，高固定碳含量的垃圾具有热值高（热值大于32700kJ/kg）、着火温度高、与氧气充分接触难、燃尽时间长等特点，故该垃圾一般难于着火和燃尽。

例2-4　某垃圾经过标准采样混配后，置于烘炉内称得有关质量（不包含坩埚）如下：原始样品质量为25.00g；105℃加热后质量为23.78g；以上样品加热至600℃后质量为15.34g；600℃加热后的样品继续加热至800℃后质量为4.38g。试求此垃圾的水分、灰分、挥发分与固定碳各为多少？

解：灰分=[初重－加热(105℃)后重]/初重=(25.00－23.78)×100%/25.00=4.88%

挥发分=[原来重－加热(600℃后重]=(23.78－15.34)×100%/25.00=33.76%

灰分=加热(800℃)后残余的质量/初重= 4.38×100%/25.00=16.46%

固定碳=100%－(含水率+灰分+挥发性物质)=100%－(4.88%+ 33.76%+16.46%)=43.80%

4. 元素组成

垃圾元素成分是很重要的特性参数，它是判断垃圾化学性质，确定垃圾处理工艺，垃圾生化处理的生化需氧量，垃圾发热值，焚烧后二次污染物预测，有害成分判断等依据的。废

物的元素成分测定常采用化学分析仪器和仪器分析方法，有时还采用先进的精密仪器测定。一般测定的元素成分包括C、H、O、N、S、Cl与重金属（如Pb、Cr、Hg等）。表2-16所示为不同来源的典型垃圾元素组成及其热值。表2-17所示是美国典型城市生活垃圾物理组分的元素组成及其热值。

表2-16　不同来源的典型垃圾元素组成（湿基）及其热值

项目 \ 来源		城市垃圾		医院垃圾		工业区废物		
		A	B	A	B	A	B	C
组成(%)	水分	54.0	39.9	28.3	42.2	39.0	35.0	39.7
	灰分	16.9	8.5	33.6	5.22	17.8	8.8	11.9
	可燃分	28.1	29.8	36.1	52.6	47.2	56.3	27.2
	C	14.9	12.3	20.9	23.9	26.6	26.9	13.9
	H	2.0	2.0	2.77	4.45	5.67	4.8	2.3
	O	11.5	14.7	13.1	23.2	15.5	23.1	11.4
	N	0.4	0.4	0.36	0.66	0.34	0.78	0.5
	S	0.2	0.2	0.04	0.37	0.06	0.52	0.1
	有机氯	0.1	0.2	0.00	0.08	0.00	0.10	0.1
	碳氮比(C/N)	57	42	58	40	78	35	47
热值/(kcal/kg)	高位热值	2035	1785	2294	3863	2696	3965	1861
	低位热值	1732	1523	1968	3370	2156	3494	1603

表2-17　美国典型城市生活垃圾物理组分的元素组成（湿基）及其热值

物　质	C（%）	H（%）	O（%）	N（%）	Cl（%）	S（%）	水分(%)	灰分(%)	高位热值/(kcal/kg)
混合垃圾（Mixed waste）	26.4	3.7	20.6	0.45	0.5	0.83	23.2	23.4	2684
瓦楞纸（Corrugated）	36.79	5.08	35.41	0.11	0.12	0.23	20	2.26	2513
新闻报纸（Newspaper）	36.62	4.66	31.76	0.11	0.11	0.19	25	1.55	3163
杂志（Magazines）	32.93	4.64	32.86	0.11	0.13	0.21	1	13.13	3037
其他纸（Other paper）	32.41	4.51	29.91	0.31	0.61	0.19	23	9.06	3046
塑料（Plastics）	56.43	7.79	8.05	0.85	3.00	0.29	15	8.59	6438
橡胶（Rubber/leather）	43.09	5.37	11.57	1.34	4.97	1.17	10	22.49	4686
木（Wood）	41.20	5.03	34.55	0.24	0.09	0.07	16	2.82	3852
织物（Textiles）	36.23	5.02	26.11	3.11	0.27	0.28	25	1.98	3665
庭院垃圾（Yard waste）	23.29	2.93	16.44	0.89	0.13	0.15	45	10.07	2225
食品垃圾（Food waste）	17.93	2.55	12.85	1.13	0.38	0.06	60	5.10	1814

注：1cal=4.1868J。

5. 闪火点与燃点

缓慢加热垃圾至某一温度，如出现火苗，即闪火而燃烧，但瞬间熄灭，此温度就称为闪火点。但如果温度继续升高，其所发生的挥发组分足以继续维持燃烧，而火焰不再熄灭，此时的最低温度称为着火点或燃点。有两种测定垃圾闪火点的方法：

① Tag闭杯法（ASTM-D56）。利用Tag闪火点试验装置所测闪火点，称为Tag闪火点，简称为TCC。此法适用于闪火点低于80℃的废物。

② P-M闭杯法（CNS-41-K18或ASTM-E502，ASTM-D93）。此为测定较高闪火点的方法，称为Pensky-Martens闭杯法，简称P-M法。

表2-18所示为常见可燃物的闪火点与燃点。

表2-18 一般常见可燃物的闪火点与燃点

可燃物质	闪火点/℃	燃点/℃	可燃物质	闪火点/℃	燃点/℃
硫黄	68～79	245	汽油	37.2	425～480
碳	85～103	345	酒精	17.6	422±5
固定碳（烟煤）	92～125	410	天然气	—	682～748
固定碳（亚烟煤）	95～173	465	乙炔类	—	305～600
固定碳（无烟煤）	89～188	450～601	乙烷类	—	440～530
纸类	40～65	420～500	乙烯类	—	470～630
木材	55～90	320～380	氢气	—	575～590
塑料类	75～115	530～820	甲烷	—	630～750
橡胶类	89～102	730～950	一氧化碳	—	610～660
煤油	37.8	460～590			

6. 热值

热值（或发热值）是垃圾燃烧时所放出的热量，它是分析垃圾燃烧性能、计算焚烧炉的能量平衡及估算辅助燃料所需量、设计焚烧设备、选用焚烧处理工艺的重要依据。发热值与垃圾的元素组成有密切的关系。垃圾的热值与有机物含量、含水率等关系密切，通常有机物含量越高，热值越高；含水率越高，则热值越低。垃圾的热值又分为高位热值（H_H）和低位热值（H_L）。高位热值是垃圾单位干重的发热量，燃烧产物的水为液态；低位热值是单位新鲜垃圾燃烧时的发热量，燃烧产物的水为水蒸气，又称有效发热量或净发热值。低位热值＝高位热值－水分凝结热。典型垃圾热值如表2-19所示。

表2-19 典型垃圾热值

成分	单位热值/(kcal/kg)	成分	单位热值/(kcal/kg)
食品废物（Food wastes）	1100	庭园修剪物（Garden trimmings）	1600
纸张（Paper）	4000	木材（Wood）	4500
纸板（Cardboard）	3900	玻璃（Glass）	40
塑料（Plastics）	7800	金属罐头（Tin cans）	200
纺织品（Textiles）	4200	非铁金属（Nonferrous metals）	—
橡胶（Rubber）	5600	铁金属（Ferrous metals）	—
皮革（Leather）	4200	泥土、灰烬、砖（Dirt，ashes，brick）	—

注：若为混合物，则取平均值。

垃圾热值的测定方法有仪器测量法、理论估算法（废物的组分）和元素组成计算法等，具体方法如下。

① 仪器测量法。它是利用热值测定仪进行测量。当垃圾在有氧条件下加热至氧弹计外围的水槽温度不再上升时，此时固定体积水所增加的热量即为定量垃圾燃烧所放出的热量。

② 理论估算法。它是利用燃烧热的计算原理估算垃圾热值。只要知道垃圾的化学组成（如丙烯或己糖等），就可以利用元素组成（如碳、氢、氧等）从理论上估算垃圾的 H_H 或 H_L。设反应式：

$$aA + bB \rightarrow cC + dD$$

上述反应式的反应热为产物热焓与反应物热焓之差：

$$\Delta H^0 = cH_C^0 + dH_D^0 - aH_A^0 - bH_B^0$$

ΔH^0 为标准状态下的反应热；H_A^0、H_B^0、H_C^0、H_D^0 为化合物 A、B、C 及 D 在标准状态下的热焓。

一般元素的热焓在 25℃（或 298K）时设定为零，因此，一个化合物的热焓即等于其生成热：

$$(\Delta H_f^0)_{i,298} = H_{i,298}^0$$

故标准状态下的反应热即为：

$$\Delta H_{298}^0 = c(\Delta H_f^0)_C + d(\Delta H_f^0)_D - a(\Delta H_f^0)_A - b(\Delta H_f^0)_B$$

由此可见，只要得到反应物及产物在标准状态下的生成热，即可求得标准状态下的反应热。如果反应物超过两个，可以用下式求得

$$H = \Delta H_{298}^0 - \sum_p n_p(\Delta H_f^0)_p - \sum_r n_r(\Delta H_f^0)_r \tag{2-13}$$

式中 r，p——分别表示反应物与产物。

若焚烧温度为 T 时，则燃烧反应热为

$$H = \Delta H_T^0 - \Delta H_{298}^0 + \int_{298}^{T} \Delta C_p \mathrm{d}T$$

式中 T——热力学温度（K）；

ΔC_p——产物及反应物的热容量之差，$\Delta C_p = \Sigma n_p Cp_p - \Sigma n_r Cp_r$

如果反应物及产物的热容量皆以 $\alpha + \beta T + \gamma T^2$ 表示，则 ΔCp 为：

$$\Delta C_p = \Delta\alpha + (\Delta\beta)T + (\Delta\gamma)T^2 \tag{2-14}$$

式中 $\Delta\alpha = \Sigma n_p\alpha_p - \Sigma n_r\alpha_\gamma$；$\Delta\beta = \Sigma n_p\beta_p - \Sigma n_r\beta_\gamma$；$\Delta\gamma = \Sigma n_p\gamma_p - \Sigma n_r\gamma_\gamma$。

温度 T 的反应热则变成

$$H = \Delta H_I^0 - \Delta H_{298}^0 + \Delta\alpha(T - 298) + \frac{1}{2}\Delta\beta(T^2 - 298^2) + \frac{1}{3}\Delta\gamma(T^3 - 298^3) \tag{2-15}$$

③ 元素组成计算法。利用元素组成计算垃圾热值的方法。这类计算方法较多，其中以 Dulong 公式最普遍与简单，但由于这种方法估算垃圾热值的误差过大，故工业界常改以 Wilson 式估算低位热值或高位热值（kcal/kg）

$$H_L = 81C + 342.5\left(H - \frac{O}{8}\right) + 22.5S - 5.85(9H + W) \tag{2-16}$$

式中 C、H、O、S——垃圾元素组成（kg/kg）；

W——垃圾含水率（kg/kg）。

$$H_H = 7831m_{C1} + 35932\left(m_H - \frac{m_O}{8}\right) + 2212m_S - 3546m_{C2} + 1187m_O - 578m_N \tag{2-17}$$

式中 m_{C1}和m_{C2}——分别为有机碳及无机碳的质量分数，此式误差在5%左右。

部分有害垃圾中氯的含量很高，也必须考虑氯的影响，则

$$H_H = 7831m_{C2} + 35932\left(m_H - \frac{m_O}{8} - \frac{m_{C2}}{35.5}\right) + 2212m_S - 3546m_{C2} + 1187m_O - 578m_N - 620m_{C2} \tag{2-18}$$

净（低）热值可由下列公式求得

$$H_L = H_H - 583 \times \left[m_{H_2O} + 9\left(m_H - \frac{m_{C1}}{35.5}\right)\right] \tag{2-19}$$

式中 H_L——净（低）热值（kcal/kg）；

m_{H_2O}——水分的质量分数。

例2-5 某废液的化学组成为含摩尔分数30%的甲醇（CH_3OH）与70%的正已烷（C_6H_{14}），且由相关手册查得有关成分的生成热与比容系数为：$CH_3OH(L) = -57.04$kcal/mol；$C_6H_{14}(L) = -46.42$kcal/mol；$H_2O(g) = -57.80$kcal/mol；$CO_2(g) = -94.05$kcal/mol。试估算该废液于25℃时的燃烧热（或热值）。

解： 假设垃圾焚烧后产生的水为水蒸气，且

$$CH_3OH + \frac{3}{2}O_2 \rightarrow CO_2 + 2H_2O \qquad \Delta H_1 = -152.61\text{kcal/mol}$$

$$C_6H_{14} + \frac{19}{2}O_2 \rightarrow 6CO_2 + 7H_2O \qquad \Delta H_2 = -921.38\text{kcal/mol}$$

$$\Delta H_1 = \Delta H_{CO_2} + 2\Delta H_{H_2O} - \Delta H_{CH_3OH} = [(-94.05) + 2\times(-57.04) - (-57.80)]\text{kcal/mol} = -152.61\text{kcal/mol}$$

$$\Delta H_2 = 6\Delta H_{CO_2} + 7\Delta H_{H_2O} - \Delta H_{C_6H_{14}} = [6\times(-94.05) + 7\times(-57.80) - (-46.42)]\text{kcal/mol} = -921.38\text{ kcal/mol}$$

又$(152.61\times0.3 + 921.38\times0.7)$kcal/mol$=690.75$ kcal/mol

且该垃圾的平均相对分子质量为：$0.3\times32 + 0.7\times86 = 69.8$

换算成以质量表示的发热值为：$690.75\times10^3/69.8$kcal/kg$=9896$kcal/kg

例2-6 设某城市垃圾元素组成分析结果如下：碳15.6%（其中含有机碳为12.4%，无机碳3.2%），氢6.5%，氧14.7%，氮0.4%，硫0.2%，氯0.2%，水分39.9%，灰分22.5%。试根据其元素组成估算该垃圾的高位热值和低位热值。

解：

$$\begin{aligned} H_H &= 7831m_{C1} + 35932\left(m_H - \frac{m_O}{8}\right) + 2212m_S - 3546m_{C2} + 1187m_O - 578m_N \\ &= \frac{1}{100}\times\left[7831\times12.4 + 35932\times\left(6.5 - \frac{14.7}{8}\right) + 2212\times0.2 - 3546\times3.2 + 1187\times14.7 - 578\times0.4\right]\text{kcal/kg} = 2712.3\text{kcal/kg} \end{aligned}$$

$$\begin{aligned} H_L &= H_H - 583\times\left[m_{H_2O} + 9\left(m_H - \frac{m_{C1}}{35.5}\right)\right] \\ &= \left\{2712.38 - \frac{583}{100}\times\left[39.9 + 9\times\left(6.5 - \frac{0.2}{35.5}\right)\right]\right\}\text{kcal/kg} \\ &= 2139.0\text{kcal/kg} \end{aligned}$$

7. 灼烧损失量

灼烧损失量通常作为检测垃圾焚烧后灰渣（也是一种废物）品质的指标，它与焚烧炉的燃烧性能有关。测定方法是将灰渣样品置于（800±25）℃高温下加热3h，称其前后质量，并根据下式计算

$$灼烧损失量(\%)=\frac{加热前质量-加热后质量}{加热前质量}\times100\%$$

一般设计优良的焚烧炉灼烧损失量约在5%以下。

2.2.3 生物特性

1. 垃圾的生物性污染

垃圾中含有大量的有机物，故具有生物性污染。城市垃圾中腐化的有机物不但含有各种有害病原微生物，还含有植物害虫、草籽、昆虫和昆虫卵等，易对环境造成生物性污染。在生活污泥与粪便污泥中会发现更多病原细菌、病毒、原生动物及后生动物，尤其是肠道病原生物体。未经处理的粪便污染可进入水体，造成水体的生物性污染，有可能引起传染病的爆发流行并能传播多种疾病。据报道，70%的疾病原因在于粪便没有经过无害化处理造成水体的生物性污染。

2. 垃圾的可生化性

垃圾生物处理的可行性与垃圾组成及微生物的生活条件密切关系。垃圾中有机物的可生化降解性能如何、生物处理过程微生物所要求的环境条件及营养物质是否得到满足，都关系到城市垃圾生物处理的可行性。

组成城市垃圾的有机物大致可以分为碳水化合物、脂肪和蛋白质，它能提供给生物体碳源和能源，是进行生物处理的物质基础。判断垃圾可生化性程度一般是根据BOD_5/COD比值大小，具体如表2-20所示。垃圾可生化性程度判断有时也可以用瓦勃呼吸仪测定微生物降解垃圾的呼吸耗氧量的数值大小判断。

表2-20 垃圾可生化性程度判断依据

BOD_5/COD比值	>0.45	>0.30	<0.30	<0.25
可生化性难易程度	较好	可以	较难	不宜

2.3 城市生活垃圾的收集与运输

由于产生城市生活垃圾的地点分散在每个街道、每幢住宅和每个家庭，并且城市生活垃圾的产生不仅有固定源，也有移动源，因此，城市生活垃圾的收集与运输工作是相当困难和复杂的。此外，城市生活垃圾的收集与运输也是城市垃圾处理系统中相当重要的一个环节，其耗资最大，据统计，垃圾收集与运输费用要占整个垃圾处理系统费用的60%～80%。

随着城市居民生活水平的提高，社会经济的发展，生活节奏的加快，对生活垃圾收集方式的要求也越来越高，既要求收集设施与环境协调，又要求收集方式方便、清洁、高

效。同时对生活垃圾的短途运输也要求做到封闭化、无污水渗漏运输、低噪声作业，外形清洁、美观，提高车辆的装载量，以实现满载、清洁、无污染的垃圾收集和运输。

城市垃圾收运的原则：首先满足环境卫生要求；其次考虑在达到各项卫生目标的同时，费用最低，并有助于降低后续处理阶段的费用。因此，科学地制订合理的收运计划，以此来提高收运效率是非常必要的。

2.3.1 城市生活垃圾的收集

1. 城市生活垃圾的收集方式

现行的生活垃圾收集方式主要分为混合收集和分类收集两种类型。

(1) 混合收集　混合收集是指各种城市生活垃圾未经过任何处理，混杂在一起收集的一种方式。该种收集方式应用广泛，历史悠久。其优点是不需要全民参与垃圾分类，方便垃圾产出者；各种垃圾混在一起，集中方便；不受时间限制，任何时间都可倾倒；一次性投入、运行成本低；对人员职业素质和技术的要求低。其缺点是增加了垃圾无害化处理的难度，如废电池的混入有可能增加垃圾中的重金属含量；降低了垃圾中有用物质的纯度和再利用的价值，如废纸会与湿垃圾粘连在一起；增加了为处理垃圾（如堆肥）而做的后续分拣工作，浪费人力、物力和财力。因此，混合收集被分类收集所取代是收运方式发展的趋势之一。

(2) 分类收集　分类收集是指按城市生活垃圾的组成成分进行分类的收集方式。这种方式可以提高回收物资的纯度和数量，减少需要处理的垃圾量，有利于生活垃圾的资源化和减量化，并能够较大幅度地降低废物的运输及处理费用。

国外垃圾分类起步较早，分类措施和要求比较完善，如纽约市生活垃圾一直实行分类收集，到1999年，纽约市的垃圾再循环率已达17.2%。我国现阶段，垃圾分类收集方法主要是将可直接回收的有用物质和其他废物分类存放（产生源分类收集法）。分类回收的废金属、废纸、废塑料、废玻璃等可以直接出售给有关厂家作为二次利用的原料，然后再把其他有机垃圾和无机垃圾分类收集，使其经过不同的工艺处理后得到综合利用。除分类收集有用废物之外，还要单独收集废电池、废药品、废漆、染料等特殊废物，严禁这类废物进入混合收集过程。

推行分类收集是一个相当复杂艰难的工作，要在具有一定经济实力的前提下，依靠有效的宣传教育、立法以及提供必要的垃圾分类收集的条件，在实行有用物质分类存放、回收和利用的基础上，积极鼓励城市居民主动将垃圾分类存放。在一个城市推行分类收集，首先要依靠严密的组织，其次要采取有效的措施，使分类收集的推广实施能够持续下去。

我国目前大多数城市的垃圾收集均采用的是传统的混合收集方式，主要有以下几种方式。

1）车辆流动收集是利用收集车辆（如后装垃圾车、侧装垃圾车等，如图2-4所示）对分散于各收集点的垃圾（桶装、袋装或散装）进行收集的一种方法。收集后的垃圾直接或经转运后运往垃圾处理厂。车辆流动收集方式适用于人口密度低、车辆可方便进出的地区。车辆流动收集方式的优点是其灵活性较大，垃圾的收集点可随时变更，但由于车辆必须到收集点进行收集作业，对收集点周围环境造成影响（如噪声、粉尘等）。

图 2-4　流动收集车辆

2）收集站收集是利用设立于垃圾产生区域的固定站点来进行垃圾收集的一种方法。产生源的垃圾一般通过人力或机动小车运至收集站，收集站中安装有垃圾从小车向运输车集装箱体转移的设施，如图 2-5 所示。收集站收集方式适用于人口密度高、道路窄小的城区，而一些对噪声等污染控制要求较高及实行上门或分类收集的地区也适用于该收集方式。

图 2-5　收集站收集车辆和工作示意图

收集站收集方式在我国采用广泛，20 世纪 70～80 年代普遍采用非压缩式收集（中转）方式，90 年代，特别是近几年，随着垃圾成分的变化及收集（中转）技术的发展，开始全面转向压缩收集（中转）方式。收集站收集的一般流程如图 2-6 所示。垃圾通过收集站收集后直接由车辆运至垃圾处理厂（场）或垃圾转运站。

3）动力管道收集是一种技术难度较大的收集方式，输送动力多采用气力，也有采用螺旋输送的。动力管道收集主要应用于居住密度较大的高层住宅群，如图 2-7 所示。由于这种系统投资较大，日常运行费用也高，因此，只在少数发达国家使用。

2. 城市生活垃圾的搬运

在生活垃圾收集运输前，垃圾制造者必须将产生的生活垃圾进行短距离搬运和暂时贮存，这是整个垃圾收运管理系统的第一步。从改善垃圾收运管理系统的整体效益考虑，有必要对垃圾搬运和贮存进行科学的管理，这不仅有利于居民的健康，还能改善城市环境卫生及城市容貌，也为后续阶段操作打下好的基础。

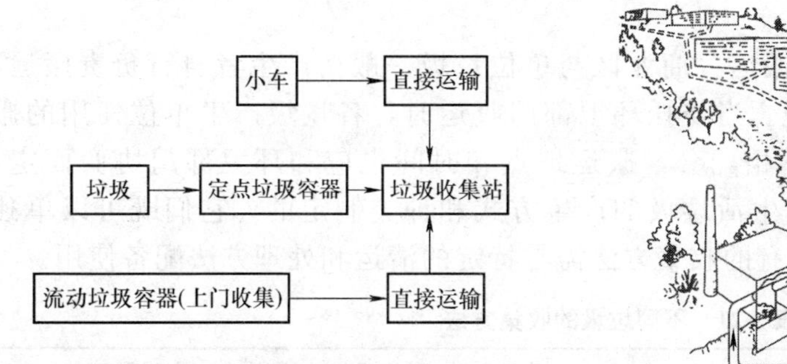

图 2-6　收集站收集的一般流程

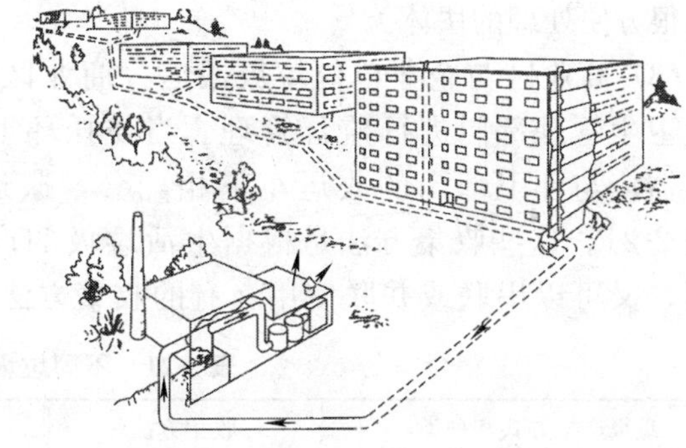

图 2-7　动力管道收集示意图

(1) 生活垃圾收集方法　不管是混合收集方式还是分类收集方式都要通过不同的收集方法来实现。

1) 袋装收集方式。生活垃圾收集方法分为散装收集和封闭化收集，由于散装收集过程带来撒、漏、扬尘等严重污染问题，因此，散装收集方式逐步被淘汰，取而代之的是封闭化收集，其中封闭化收集方式中尤以袋装收集最为普遍。

2) 按时间和地点收集方式。生活垃圾的收集方法又可分为上门收集、定点收集和定时收集方式。上门收集分居民家上门收集和管道收集两种。定点收集包括垃圾房收集、集装箱垃圾收集站收集。定时收集是一种以垃圾定时收集为基本特征的垃圾收集方式。这种方式主要存在于早期建成的住宅区，特点是取消固定式垃圾箱，在一定程度上消除了垃圾收集过程中的二次污染。

(2) 居民住宅区垃圾搬运

1) 低层居民住宅区垃圾。搬运低层居民住宅区垃圾一般有两种搬运方式。①由居民自行负责将产生的生活垃圾自备容器搬运至公共贮存容器、垃圾集装点或垃圾收集车内。优点：居民可以自觉实施，随时方便地进行操作，垃圾收集人员不必挨家挨户地进行垃圾收集工作，节省了大量的人力和物力；缺点：如果住宅区内物业管理不善或环卫部门收集不及时，垃圾将会影响居民区内的环境卫生。②由收集工人负责从家门口或后院搬运垃圾至集装点或收集车。居民只需支付一定的费用即可将家中的垃圾清运出去，但环卫部门却要耗费大量的人力和作业时间。因此，该法目前在国内尚难推广，一般在发达国家的单户住宅区使用较多。

2) 中高层公寓垃圾搬运。一些老式中层公寓或无垃圾通道的公寓楼房垃圾搬运方式类似于低层住宅区，对于居民来说搬运垃圾很是不便。为方便中高层建筑居民搬运生活垃圾，这些建筑内常设垃圾通道。住户只需将垃圾搬运至通道投入口内，垃圾靠重力落入通道底层的垃圾间。粗大垃圾需由居民自行送入底层垃圾间或附近的垃圾集装点。垃圾通道由投入口（倒口）、通道（圆形或矩形截面）、垃圾间（或大型接受容器）等组成。这种方式需要注意避免垃圾通道内发生起拱、堵塞现象。目前，城市已采取封闭垃圾通道。近年来，在国外正逐步推广使用小型家用垃圾磨碎机，该方法适合处理厨余物，可将其卫生而迅速地磨碎后随水流排入下水道系统，减少了家庭垃圾的搬运量（约可以少15%），此外也有国家设置家庭压实器，这种装置通常放在厨房灶台下面，它能将大约9kg的废物压入到一个专用袋内，成为很方便处理的块体。

(3) 商业区与企业单位垃圾搬运　商业区与单位垃圾一般由产生者自行负责搬运，环境卫生管理部门进行监督管理。当委托环卫部门收运时，各垃圾产生单位使用的搬运容器应与环卫部门的收运车辆相配套，搬运地点和时间也应和环卫部门协商而定，见表2-21。这些收集方法是根据生活垃圾的产生方式和种类制定的。它们既可以单独使用，又可以串联或并联使用，有的收集方法需与特定的清运和处理方法配备使用。

表2-21　不同垃圾的收集方法

垃圾产生方式和种类	收集方法	垃圾产生方式和种类	收集方法
家庭、单位、行人产生的垃圾	容器收集	水面漂浮垃圾	打捞收集
抛弃在路面的垃圾	清扫收集	建筑废物、粗大垃圾、危险垃圾	单独容器或车辆收集
低层建筑居民区产生的垃圾	小型收集车或容器收集	家庭厨房垃圾和可裂解垃圾	水送系统或容器收集
中高层建筑产生的垃圾	垃圾通道或容器收集	—	—

2.3.2　城市生活垃圾的运输

城市生活垃圾的运输是垃圾从收集点运到转运站或中转站的卸料、返回的全过程。城市生活垃圾运输规划主要涉及城市生活垃圾的运输计划、运输模式、运输车辆选择和垃圾运输路线等问题。目前，我国的生活垃圾普遍采取混合收运模式：由各街道或小区物业的保洁队就近运至各类清洁站或垃圾收集车，然后，由环境卫生服务中心的车辆运至密闭式垃圾转运站，经压缩后再通过大型转运车运至垃圾综合处理场。国内现有的城市生活垃圾收运的主要模式如图2-8所示。

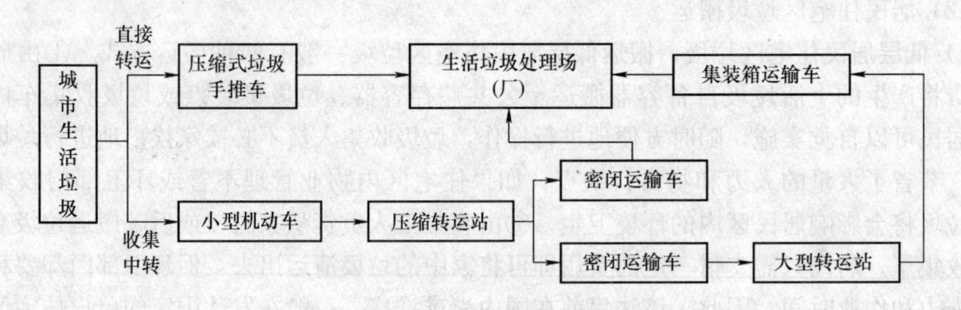

图2-8　城市生活垃圾收运系统主要模式

1. 城市生活垃圾运输计划

城市生活垃圾收运计划的设计必须是在以下条件下进行的，即按照可持续发展要求确定了生活垃圾处理的方针、政策；对生活垃圾的产量及成分作了预测；已经确定了生活垃圾处理方法及选定了处理地点。

城市生活垃圾运输计划包括：确定采用有中转收运模式或无中转收运模式；确定生活垃圾收集方式，即流动车辆收集或收集站收集；配置系统硬件（包括车辆、中转站布点及设备等）；制订作业规程。

2. 城市生活垃圾运输模式、运输车辆选择

不同的城市和地区由于经济发展水平不同，城市生活垃圾运输模式和运输车辆都有所不同。国内主要的运输模式如下：

1）普通翻斗车运输模式。车型技术成熟、价格低廉、维修方便，配备专门的装车工人或设备，但运输过程中易造成二次污染，卫生条件差，亏载问题严重，适合不发达的中、小城市使用。

2）自装密封垃圾车运输模式。自装密封垃圾车具有自动装卸功能，装车速度快，但成本较高，配套的垃圾桶容易丢失且周围卫生条件差，亏载问题严重，仅适合卫生条件好的大、中城市使用。

3）普通垃圾压缩车运输模式。普通垃圾压缩车采用压缩装置，解决了垃圾运输亏载和垃圾减容等问题，也解决了运输过程中易造成二次污染的问题，但其故障率高，成本也较高，适合大、中型城市使用。

4）大容量垃圾压缩车运输模式。大容量垃圾压缩车在普通垃圾压缩车的基础上，提高了车的技术性能和有效荷载。虽然车的成本高，但由于单车垃圾运输量大，使需要的车辆减少，总清运费用反而下降，适合大、中型城市在垃圾转运时使用。

5）小型普通垃圾中转站-普通翻斗车运输模式。配备小型普通垃圾中转站，用普通翻斗车和集装箱运送垃圾。由于集装箱是自动吊装，装车速度快，卫生条件好，在运输过程中克服了二次污染，适合中、小型城市使用。

6）垃圾压缩中转站-普通翻斗车运输模式。采用垃圾压缩中转站，集装箱自动装卸，不但使垃圾减容，运输费用降低，克服了二次污染，而且改善了垃圾中转站的卫生面貌和工人的工作环境，是国内外垃圾清运的发展方向。

城市生活垃圾常用车辆进行运输，为了满足垃圾收集运输的卫生操作要求，减轻工人劳动强度，改善作业条件，减少垃圾收集运输过程中对环境的污染，避免由于垃圾收集而带来的交通拥挤，一般采用垃圾车作为城市垃圾收集运输车。由于垃圾运输车运输服务范围和运输距离等因素不同，各转运站的生活垃圾转运量和运输单价不尽相同。通常情况下，一定地区配套的转运站及其生活垃圾转运量和车辆配备是相对固定的，如何合理地调度有限的车辆，使其在完成生活垃圾运输的前提下实现总运输成本最低，从而达到资源的最优化配置，是当前亟待解决的一个重要问题。常见的城市生活垃圾运输车的使用情况如图2-9所示。

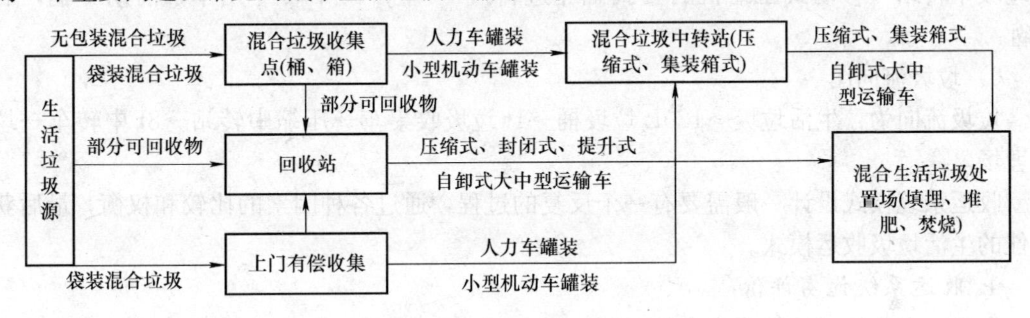

图2-9 常见的城市生活垃圾运输车的使用情况

3. 收集系统模式设计步骤

1）进行城市生活垃圾产量、成分统计及预测，生活垃圾分布及预测。

2）按可持续发展要求，制定城市生活垃圾处理规划，包括处理工艺的确定、处理厂（场）布点及处理能力的确定。

3）按整洁、卫生、经济、方便、协调原则确定生活垃圾收集方式。

4）按经济、协调原则确定是否采用中转。

5）根据经济、协调原则及城市基本情况（如道路情况）配置系统硬件。

6）根据经济、协调及系统硬件的特性制定作业规程。

以某市国家旅游度假区生活垃圾收运系统模式设计为例，进一步说明本设计方法。

某市国家旅游度假区位于市区的南侧，整个度假区占地面积约 $10km^2$，日产生活垃圾约20t（高峰期（旅游旺季）为35t左右），按规划建成后生活垃圾将达到80～100t/d。受某市国家旅游度假区管委会的委托，我们对度假区的生活垃圾收运系统进行了设计，设计的主要步骤简述如下：

1）生活垃圾产量。目前，日产生活垃圾20～35t，预测按规划建成后可达80～100t/d，垃圾产生源分布于各功能区内（康复区、游乐区、别墅区、娱乐区等）。

2）生活垃圾处理。生活垃圾处理由市环卫局统一进行，近中期主要运至×××填埋场进行卫生填埋。度假区至填埋场单程运距约25km。

3）收集方式。由于度假区各功能区分布相对分散，宜采用流动车辆收集方式。但考虑到区内道路情况（别墅区道路较窄，部分路段坡度较大）及区内对噪声控制等要求，不宜采用大型压缩车或人力车。

4）是否采用中转。可计算直接运输和采用中转情况下的运输成本（运输每吨垃圾的全部费用），运输量按未来预测垃圾量的80%计算，即约70t/d。

直接运输时的成本计算：设配3t压缩车，每车每日收集、运输两次（每次3h），则需车12辆，收集和运输成本约为：40元/t（详细计算过程从略）；采用转运时的成本计算：设由1t车收集、8t车转运，1t车每日收集10次，需配备7辆，8t车每日转运5次，需配备2辆，另加转运设备一套，可计算收集和运输成本约为：26元/t（详细计算从略）；由运输成本可知，当使用小型车收集时，由于运输路程较大（大于20km），采用中转较为经济。

5）收运系统硬件配套。根据上述分析，为此度假区配置了如下硬件设施（备）：垃圾盛放容器（120L塑料桶），若干；1t垃圾收集车（可二侧倾倒），前期2辆，逐步增加；压缩式垃圾中转站（移动式压缩机后置式翻斗进料），一座；8t中转专用车，前期1辆，后期2辆。

6）垃圾流向图

垃圾流向为：生活垃圾→120L垃圾桶→1t垃圾收集车→压缩中转站→8t中转车→垃圾填埋场

收运系统模式设计一般需要有一个反复的过程，通过各种因素的比较和权衡，最后获得最佳的生活垃圾收运模式。

4. 收运系统优劣评价

衡量一个收运系统的优劣应从以下几个方面进行：

（1）与系统前后环节的配合　收运系统的前部环节为垃圾的产生源，如居民家庭、企事业单位、饭店、食堂等，合理的收运系统应有利于垃圾从产生源向系统的转移，而且具有卫生、方便、省力的优点。收运系统的后续环节为垃圾的处理。

收运系统与垃圾处理之间的协调包括以下内容：

1）工艺协调。常用的垃圾处理工艺有焚烧、堆肥和填埋，其他形式的具有资源化、能源化的处理方法也在迅速发展，由于垃圾成分的多样化，没有一种处理工艺能对所有的垃圾达到最佳的处理效果，因此，综合处理仍是目前最为推崇的处理办法。工艺协调的含义是收集系统与垃圾处理工艺的协调。若一个城市采用综合处理方式，则在收运系统的设计上应考虑分类收集的可能性，而单一的填埋处理显然无需进行分类收集。

2）接合点的协调。收运系统与垃圾处理厂（场）接合点的协调通常为垃圾运输（或中转）车辆与处理厂（场）卸料点的配合。这种配合决定了垃圾处理场（厂）卸料点的条件及垃圾运输（或转运）车辆的形式（包括卸料方式）。

（2）对环境的影响　垃圾收运系统对环境的影响有对外部环境的影响和内部环境的影响之分。应严格避免系统对外部环境的影响，包括垃圾的二次污染（如垃圾在运输途中的散落、污水泄漏等）、嗅觉污染（如散发臭气）、噪声污染（主要由机械设备产生）和视觉污染（如不整洁的车容车貌）等；对系统内部环境的影响主要是指作业环境不良。

（3）劳动条件的改善　一个合理的收运系统应最大限度地解放劳动力，降低人的劳动强度，改善劳动条件。因此，合理的收运系统应具有较高的机械化、自动化和智能化程度。

（4）经济性　经济性是衡量一个收运系统优劣的重要指标，其量化的综合评价指标是收运单位量垃圾的费用，简称单位收运费。影响单位收运费的因素很多，主要有收运方式、运输距离、收运系统设备的配置情况及管理体系等。单位收运费由两部分组成，即固定投资的折旧费和日常运行费。固定投资为收运系统中的硬件设施投资，而折旧费的计算又与设施的折旧年限呈线性关系。在通常的计算中，折旧年限按某种约定确定，而对于收运系统，由于其前后环节的变化或者在一个经济发展较快的城市中，其本身发生变革的可能性较大，从而会大大缩短其折旧年限，导致单位收运费的增加。因此，一个技术先进、适应未来发展要求的收运系统可能比投资较少，但只满足当前要求的收运系统更为经济。

2.4 城市生活垃圾的管理

城市生活垃圾管理是环境保护的重要内容，是社会文明程度的重要标志，关系人民群众的切身利益。

2.4.1 城市生活垃圾管理体系

以科学发展观为指导，按照全面建设小康社会和构建社会主义和谐社会的总体要求，把城市生活垃圾管理作为维护群众利益的重要工作和城市管理的重要内容，作为政府公共服务的一项重要职责，切实加强全过程控制和管理，突出重点工作环节，综合运用法律、行政、经济和技术等手段，不断提高城市生活垃圾处理水平。

我国城市生活垃圾管理机构示意图如图2-10所示。

我国现有的城市生活垃圾管理体系中，还存在一些需要完善和改进的地方，如环境卫生管理法规有待于完善；现有的管理体制需改进；垃圾治理所需费用待落实；垃圾分选制定要

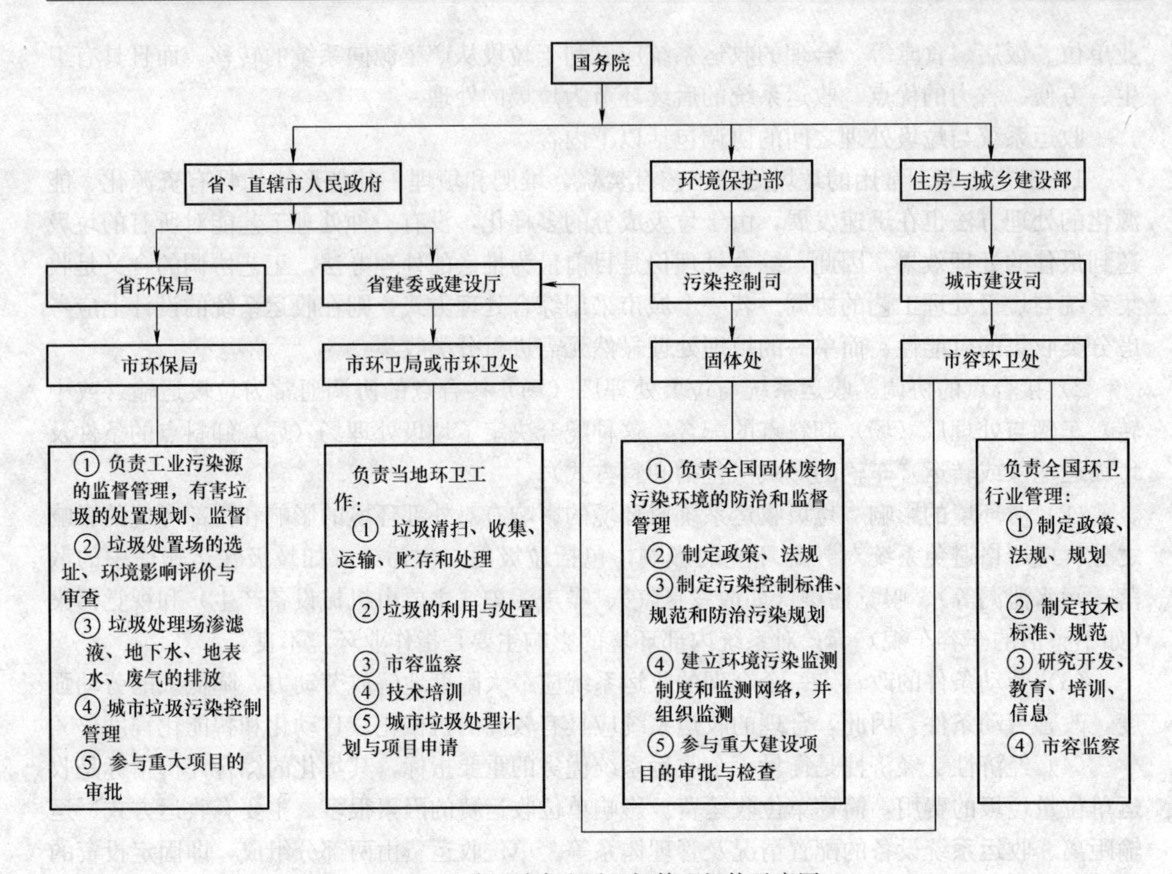

图 2-10 我国城市生活垃圾管理机构示意图

落到实处，提高垃圾回收利用率；加快无害化处置设施的建设；普及和提高全民的环保意识等。随着我国综合国力的不断增强和公民环保意识的逐步提高，我国的城市生活垃圾管理体系在不断完善的同时，将会得到更有效地落实，使我国城市生活垃圾管理水平不断得到提升，使城镇居民的生活环境不断得到改善，促进城镇经济和环境的和谐发展。

2.4.2 城市生活垃圾管理规定

20 世纪 50 年代以前，各国对城市生活垃圾的管理几乎没有系统的法律条文，个别国家虽然有些规定，但大都不够完善。随着城市的发展，人们日益认识到有必要把城市生活垃圾的管理纳入城市管理机制，并用法律的形式将城市生活垃圾的管理列入城市建设计划之中。1954 年日本修改制定了《清扫法》；1970 年美国联邦政府与议会通过了《资源保护回收法》；1974 年英国制定了《污染控制法》；1976 年法国颁布了关于废弃物处置和回收的 75—633 号法令；1972 年原联邦德国通过了《废弃物管理法》，1986 年又通过了《垃圾法》等。城市生活垃圾的管理经历了了解废弃物的来源和质量阶段、加强废弃物的处理阶段和从数量上控制废弃物的阶段。

我国《城市生活垃圾管理办法》于 2007 年 4 月 10 日经住房和城乡建设部第 123 次常务会议讨论通过，自 2007 年 7 月 1 日起施行。《城市生活垃圾管理办法》的颁布和实施，是我国环境卫生行业贯彻落实科学发展观，落实党中央、国务院关于建设资源节约型、环境友好型社会精神的又一项重大举措，对各地加强生活垃圾管理，提高城市生活垃圾无害化处理水平和城市管理水平，起到积极的推动作用。修订后的《城市生活垃圾管理办法》较1993年颁布实施的《城市生活垃圾管理办法》更完善、更科学、更具操作性和前瞻性。《城市生活垃圾管理办法》具体宗旨如下：

1. 明确了城市生活垃圾治理的责任主体及权利义务，系统考虑了有关生活垃圾治理发展趋势和新问题

《城市生活垃圾管理办法》的第三条明确规定：城市生活垃圾的治理实行谁产生、谁依法负责的原则，并在第二十条、二十八条中，规定了城市生活垃圾经营性清扫、收集、运输和处置企业应当履行的义务。此外，还明确规定了环境卫生部门的监督管理责任。明确居民、企业以及环卫管理部门生活垃圾治理和管理工作的权利和义务，这将大大促进我国生活垃圾管理工作的制度化、规范化。《城市生活垃圾管理办法》对目前有关生活垃圾治理中的发展趋势和新问题进行了系统考虑，充分强调了对垃圾分类的要求，第十五条明确要求：城市生活垃圾应当实行分类投放、收集和运输，具体办法由各地根据实际制定，体现了大力发展循环经济、建设资源节约型社会的要求。另外，《城市生活垃圾管理办法》针对目前社会上餐厨垃圾管理上存在的种种问题，对餐厨垃圾收集、运输和处理作出了明确规定，具有一定的前瞻性和适应性。

2. 增加了对城市生活垃圾治理规划编制、垃圾收集、处置设施建设的规定

为避免区域性生活垃圾处理设施空缺或重复建设，造成垃圾处理服务不足和资金浪费，《城市生活垃圾管理办法》细化了有关生活垃圾治理规划的相关规定，即生活垃圾治理专项规划的制定要统筹安排城市生活垃圾收集、处置设施的布局、用地和规模。《城市生活垃圾管理办法》就城市生活垃圾治理规划与设施建设也作了规定：一方面增加了“从事新区开发、旧区改建和住宅小区开发建设的单位，以及机场、码头、车站、公园等公共设施、场所的经营管理单位，应当按照城市生活垃圾治理规划和环境卫生设施的设置标准，配套建设城市生活垃圾收集设施”的规定；另一方面规定了“任何单位和个人不得擅自关闭、闲置或者拆除城市生活垃圾处置设施、场所”，这将有效规范公共场所环卫收集设施的设置，避免因擅自关闭、闲置和拆除生活垃圾处理设施、场所，造成环境污染现象的发生。

3. 增加了城市生活垃圾处理收费的条款，突出了生活垃圾处理费缴纳义务和必要性

实行垃圾处理收费制度可以减轻地方财政的压力，也有利于推进垃圾处理产业的良性循环，实现投资主体多元化、运营主体企业化、运行管理市场化，还能提高居民对环境保护重要意义的认识，可以从源头减少垃圾产生量。2002年部委下发了生活垃圾处理收费文件，明确要求全面推行垃圾处理收费制度，积极推进垃圾处理产业化进程。但是由于垃圾处理收费机制不健全、手段不完善，居民意识不到位、缺乏处罚依据等原因，垃圾处理费收取情况不乐观。2005年底，全国661个设市城市中只有266个收取垃圾处理费，有近60%的城市尚未开征垃圾处理费，而且已开征处理费的城市也由于缺少收费载体和有效的收费方式，收缴率不高。

为解决目前垃圾处理收费工作中存在的问题，《城市生活垃圾管理办法》在总则中设立了生活垃圾处理费缴纳条款（第四条），明确规定：“产生城市生活垃圾的单位和个人应当按照城市人民政府确定的生活垃圾处理费收费标准和有关规定缴纳生活垃圾处理费。城市生活垃圾处理费应当专项用于城市生活垃圾收集、运输和处置，严禁挪作他用”。

4. 明确建立特许经营制度，同时规定了从事城市生活垃圾经营性清扫、收集、运

输、处置企业的市场准入条件、许可程序、应履行的义务等

近几年来，我国的生活垃圾治理已逐步形成了开放式、竞争性的建设、运营格局。《城市生活垃圾管理办法》中明确了政府要建立特许经营制度，通过招投标等公平竞争方式作出城市生活垃圾经营性清扫、收集、运输许可的决定，并向企业颁发许可证，与企业签订特许经营协议。《城市生活垃圾管理办法》还对从事城市生活垃圾经营性清扫、收集、运输、处置企业的市场准入条件、许可程序、应履行的义务做出了规定。《城市生活垃圾管理办法》考虑到目前在许多城市，环境卫生部门既是监督管理者，又具体承担清扫、收集、运输、处置活动，对承担非经营性清扫、收集、运输、处置活动的环境卫生部门，没有要求必须办理许可手续。新颁《城市生活垃圾管理办法》第四十九条规定：本办法的规定适用于从事城市生活垃圾非经营性清扫、收集、运输、处置的单位；但是，有关行政许可的规定除外。

5. 进一步完善了城市生活垃圾监督管理机制

《城市生活垃圾管理办法》明确要求，环境卫生主管部门应当建立监督管理制度，相应的规定了行使监督检查职能时可以采取的检查措施和手段，如可向城市生活垃圾经营性处置企业派驻监督员；明确经营许可的延续、撤销、注销及企业停业、歇业等有关制度，确保了特许经营活动的公平性、公正性和延续性。

为防止生活垃圾治理过程中的二次污染，《城市生活垃圾管理办法》增加了必须严格执行生活垃圾治理污染防治政策、标准和技术规范等内容，并对处理过程中产生的二次污染物的防治提出了要求；为了快速、安全、有效地应对各种与生活垃圾污染防治有关的突发事件，规定了城市生活垃圾清扫、收集、运输、处置的应急机制。

6. 明确法律责任，加大了处罚力度

参照已颁布实施的《中华人民共和国固体废物污染环境防治法》（以下简称《固废法》）中的相关章节内容，新颁《城市生活垃圾管理办法》根据违规行为的性质和危害程度，明确规定了处罚额度，并加大了对违规行为的处罚力度。

2.4.3 城市生活垃圾管理原则

城市生活垃圾管理要坚持以下原则：

（1）全民动员，科学引导　在切实提高生活垃圾无害化处理能力的基础上，加强产品生产和流通过程管理，减少过度包装，倡导节约和低碳的消费模式，从源头控制生活垃圾产生。

（2）综合利用，变废为宝　坚持发展循环经济，推动生活垃圾分类工作，提高生活垃圾中废纸、废塑料、废金属等材料回收利用率，提高生活垃圾中有机成分和热能的利用水平，全面提升生活垃圾资源化利用工作。

（3）统筹规划，合理布局　城市生活垃圾处理要与经济社会发展水平协调，注重城乡统筹、区域规划、设施共享，集中处理与分散处理相结合，提高设施利用效率，扩大服务覆盖面。要科学制定标准，注重技术创新，因地制宜地选择先进适用的生活垃圾处理技术。

（4）政府主导，社会参与　明确城市人民政府责任，在加大公共财政对城市生活垃圾处理投入的同时，采取有效的支持政策，引入市场机制，充分调动社会资金参与城市生活垃圾处理设施建设和运营的积极性。

城市生活垃圾管理包括垃圾的产生、收集、运输、贮存、处理及最终处置等全过程，即

在每一个环节都将其当做污染源进行严格的控制，固体废物管理的原则为减量化、资源化和无害化，其运行过程如图 2-11 所示。

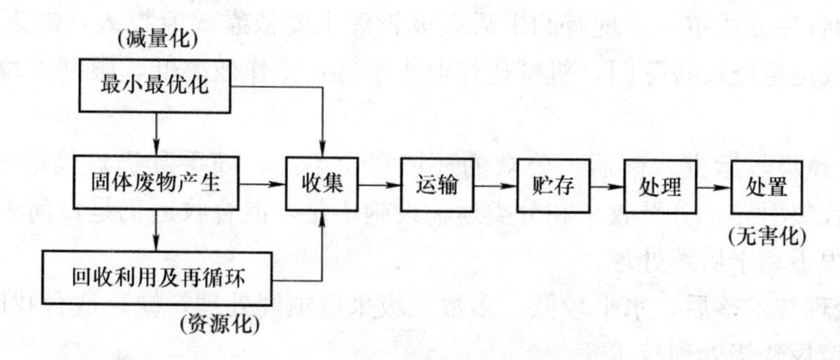

图 2-11　城市生活垃圾管理原则示意图

（5）垃圾最终处置最小量化　垃圾最终处置最小量化过程如图 2-12 所示。

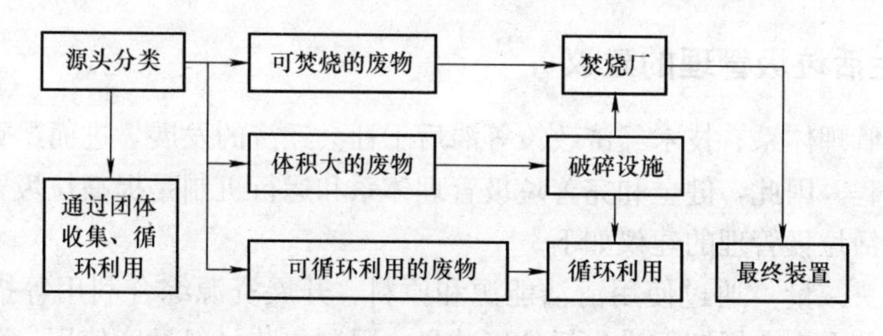

图 2-12　垃圾处置最小量化过程图

（6）环境友好性　城市生活垃圾管理及其环境边界如图 2-13 所示。

按照上述城市生活垃圾管理原则，预计到 2015 年，全国城市生活垃圾无害化处理率达到 80%以上，直辖市、省会城市和计划单列市生活垃圾全部实现无害化处理。每个省（区）建成一个以上生活垃圾分类示范城市。50%的设区城市初步实现餐厨垃圾分类收运处理。城市生活垃圾资源化利用比例达到 30%，直辖市、省会城市和计划单列市达到 50%。建立完善的城市生活垃圾处理监管体制机制。到 2030 年，全国城市生活垃圾基本实现无害化处理，全面实行生活垃圾分类收集、处置。城市生活垃圾处理设施和服务向小城镇和乡村延伸，城乡生活垃圾处理接近发达国家平均水平。

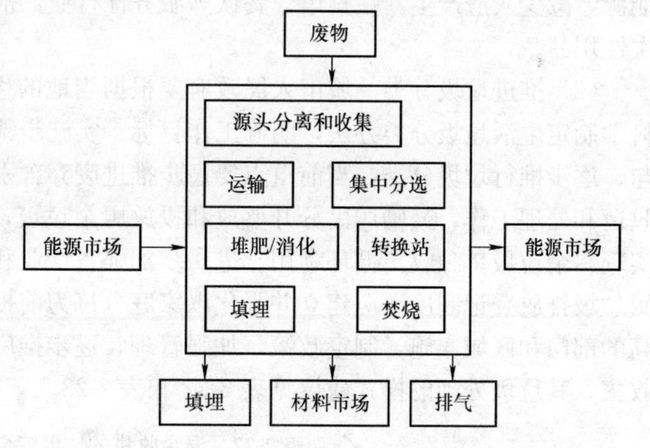

图 2-13　城市生活垃圾管理及其环境边界示意图

2.4.4　城市生活垃圾管理中存在的问题

我国的垃圾处理起步晚，技术的成熟性、完整性尚需深化，成套设备应系列化、标准化和国产化。我国垃圾成分特点：“两高两低”——无机类高、含水量高；可燃物低、热值低。

随着经济发展和生活水平的提高，垃圾成分将发生变化，综合处理技术将逐步推广。现在城市生活垃圾管理中存在的问题主要有以下几点：

1）现有的管理方式单一。现有的生活垃圾管理主要依靠政府投入，缺乏管理活力；资金短缺；垃圾收运机械设备陈旧，机械化作业水平低，工作效率低，限制了垃圾收运、处理技术的发展。

2）现在的垃圾收运方式落后。公众的环境意识不高，随手乱扔垃圾的现象普遍存在，加之缺乏分类收集引导，分类收集和分类运输设施不足，混合收运仍是目前主要的生活垃圾收运方式，这很不利于后续处理。

3）垃圾处理技术落后，水平较低。多数垃圾采取填埋处理，缺乏适合我国国情的可靠、实用的国产化垃圾焚烧处理技术。

4）缺乏优惠的废品回收政策。由于没有有利的政策，废旧物资回收行业正处于萎缩状态，严重影响了城市生活垃圾中可再生资源的回收利用。

2.4.5 城市生活垃圾管理的建议

我国的垃圾管理体系、技术经济政策等滞后于社会经济的发展，进而严重影响了我国垃圾处理的发展进程。因此，健全和完善垃圾管理体系和运行机制是提高垃圾资源化的有效措施之一，城市生活垃圾管理的建议如下。

（1）促进源头减量　通过使用清洁能源和原料、开展资源综合利用等措施，在产品生产、流通和使用等全生命周期促进生活垃圾减量。限制包装材料过度使用，减少包装性废物产生，探索建立包装物强制回收制度，促进包装物回收再利用。组织净菜和洁净农副产品进城，推广使用菜篮子、布袋子。有计划地改进燃料结构，推广使用城市燃气、太阳能等清洁能源，减少灰渣产生。在宾馆、餐饮等服务性行业，推广使用可循环利用物品，限制使用一次性用品。

（2）推进垃圾分类　城市人民政府要根据当地的生活垃圾特性、处理方式和管理水平，科学制定生活垃圾分类办法，明确工作目标、实施步骤和政策措施，动员社区及家庭积极参与，逐步推行垃圾分类。当前重点要稳步推进废弃含汞荧光灯、废弃温度计等有害垃圾单独收运和处理工作，鼓励居民分开盛放和投放厨余垃圾，建立高水分有机生活垃圾收运系统，实现厨余垃圾单独收集循环利用。进一步加强餐饮业和单位餐厨垃圾分类收集管理，建立餐厨垃圾排放登记制度。应建立并强化以家庭分拣为前提的社会收集系统，首先在人员素质较高的部门和区域实施，制定政策，加强管理，逐步推广。针对目前现阶段的混合收集和分类收集，其垃圾处理的模式建议见表2-22和表2-23。

表2-22　混合收集的垃圾综合治理模式

序号	模式名称	模式定义
1	分选回收＋填埋	先分选出纸张、塑料、玻璃、金属等有用组分，不能回收利用的垃圾直接填埋
2	分选回收＋生化处理＋填埋	先分选出纸张、塑料、玻璃、金属等有用组分，易腐垃圾经生化处理产生肥料，残渣填埋
3	分选回收＋焚烧＋填埋	先分选出纸张、塑料、玻璃、金属等有用组分，然后将剩余物焚烧，残渣填埋
4	分选回收＋生化处理＋焚烧＋填埋	先分选出纸张、塑料、玻璃、金属等有用组分，易腐垃圾经生化处理产生肥料，易燃垃圾焚烧，残渣填埋

表 2-23 分类收集的垃圾综合治理模式

序号	模式名称	模式定义
1	无机垃圾分选回收＋填埋	无机垃圾中的有用组分回收，其余不能回收利用的垃圾直接填埋
2	有机垃圾生化处理＋填埋	有机垃圾生化处理产生肥料，剩余的无机垃圾和残渣填埋
3	可燃垃圾焚烧＋填埋	可燃垃圾焚烧，不可燃垃圾和焚烧后残渣填埋
4	有机垃圾生化处理＋无机垃圾分选回收＋填埋	有机垃圾生化处理产生肥料，无机垃圾中的有用组分回收，剩余的残渣填埋
5	可燃垃圾焚烧＋不可燃垃圾分选回收＋填埋	可燃垃圾焚烧，不可燃垃圾中的有用组分回收，剩余残渣填埋
6	有机垃圾生化处理＋无机垃圾分选回收＋可燃物焚烧＋填埋	有机垃圾生化处理产生肥料，无机垃圾中的有用组分回收，剩余的可燃物焚烧，焚烧残渣和分选后无机残渣填埋

虽然我国目前普遍采用生活垃圾混合收集模式，但分类收集对于垃圾处理、资源回收等的重要意义已经得到了广泛认知，全国很多大中城市开展了分类收集的试点工作，并制定了城市生活垃圾分类收集规划。随着经济实力的增强，生活垃圾收运处理设施的完善，分类收集和综合处理系统将互相促进，得到更为广泛的推广。

(3) 加强资源利用 全面推广废旧商品回收利用、焚烧发电、生物处理等生活垃圾资源化利用方式。加强可降解有机垃圾资源化利用工作，组织开展城市餐厨垃圾资源化利用试点，统筹餐厨垃圾、园林垃圾、粪便等无害化处理和资源化利用，确保工业油脂、生物柴油、肥料等资源化利用产品的质量和使用安全。加快生物质能源回收利用工作，提高生活垃圾焚烧发电和填埋气体发电的能源利用效率。建立城市垃圾产业链，即垃圾分类—收集—运输—处置“产业链”，将垃圾收集、中转、运输、资源化处理和处置项目等公开招标，并将城市垃圾产业作为重点支持的新兴产业。依靠技术创新，加强垃圾综合利用，提高规模化水平，完善和强化垃圾处理体系，减少中间环节及成本，提高经济效益。市政建设环卫管理机构负责为垃圾的收集、中转、运输和处置项目提供适量的资金，但不参与具体的垃圾清运、处置等工作。

(4) 强化规划引导 要抓紧编制全国和各省（区、市）生活垃圾处理设施建设规划，推进城市生活垃圾处理设施一体化建设和网络化发展，基本实现每县都建有生活垃圾处理设施。各城市要编制生活垃圾处理设施规划，统筹安排城市生活垃圾收集、处置设施的布局、用地和规模，并纳入土地利用总体规划、城市总体规划和近期建设规划。编制城市生活垃圾处理设施规划，应当广泛征求公众意见，健全设施周边居民诉求表达机制。生活垃圾处理设施用地纳入城市黄线保护范围，禁止擅自占用或者改变用途，同时要严格控制设施周边的开发建设活动。

(5) 完善收运网络 建立与垃圾分类、资源化利用以及无害化处理相衔接的生活垃圾收运网络，加大生活垃圾收集力度，扩大收集覆盖面。推广密闭、环保、高效的生活垃圾收集、中转和运输系统，逐步淘汰敞开式收运方式。要对现有生活垃圾收运设施实施升级改造，推广压缩式收运设备，解决垃圾收集、中转和运输过程中的脏、臭、噪声和遗撒等问题。研究运用物联网技术，探索线路优化、成本合理、高效环保的收运新模式。

(6) 选择适用技术 建立生活垃圾处理技术评估制度，新的生活垃圾处理技术经评估后方可推广使用。城市人民政府要按照生活垃圾处理技术指南，因地制宜地选择先进适用，符合节约、集约用地要求的无害化生活垃圾处理技术。土地资源紧缺、人口密度高的城市要优先采用焚烧处理技术，生活垃圾管理水平较高的城市可采用生物处理技术，土地资源和污染控制条件较好的城市可采用填埋处理技术。鼓励有条件的城市集成多种处理技术，统筹解决生活垃圾处理问题。

（7）加快设施建设　城市人民政府要把生活垃圾处理设施作为基础设施建设的重点，切实加大组织协调力度，确保有关设施建设顺利进行。要简化程序，加快生活垃圾处理设施立项、建设用地、环境影响评价、可行性研究、初步设计等环节的审批速度。已经开工建设的项目要抓紧施工，保证进度，争取早日发挥效用。要进一步加强监管，切实落实项目法人责任制、招标投标制、质量监督制、合同管理制、工程监理制、工程竣工验收制等管理制度，确保工程质量安全。

（8）提高运行水平　生活垃圾处理设施运营单位要严格执行各项工程技术规范和操作规程，切实提高设施运行水平。填埋设施运营单位要制订作业计划和方案，实行分区域逐层填埋作业，缩小作业面，控制设施周边的垃圾异味，防止废液渗漏和填埋气体的无序排放。焚烧设施运营单位要足额使用石灰、活性炭等辅助材料，去除烟气中的酸性物质、重金属离子、二恶英等污染物，保证达标排放。新建生活垃圾焚烧设施，应安装排放自动监测系统和超标报警装置。运营单位要制订应急预案，有效应对设施故障、事故、进场垃圾量剧增等突发事件。切实加大人力、财力、物力的投入，解决设施、设备长期超负荷运行问题，确保安全、高质量运行。建立污染物排放日常监测制度，按月向所在地住房城乡建设（市容环卫）和环境保护主管部门报告监测结果。

（9）加快存量治理　各省（区、市）要开展非正规生活垃圾堆放点和不达标生活垃圾处理设施排查和环境风险评估，并制订治理计划。要优先开展水源地等重点区域生活垃圾堆放场所的生态修复工作，加快对城乡结合部等卫生死角长期积存生活垃圾的清理，限期改造不达标生活垃圾处理设施。

（10）完善法规标准　研究修订《城市市容和环境卫生管理条例》，加强生活垃圾全过程管理。建立健全生活垃圾处理标准规范体系，制定和完善生活垃圾分类、回收利用、工程验收、污染防治和评价等标准。进一步完善生活垃圾分类标志，使群众易于识别、便于投放。改进城市生活垃圾处理统计指标体系，做好与废旧商品回收利用指标体系的衔接。

（11）严格准入制度　加强市场准入管理，严格设定城市生活垃圾处理企业资金、技术、人员、业绩等准入条件，建立和完善市场退出机制，进一步规范城市生活垃圾处理特许经营权招标投标管理。

（12）建立评价制度　加强对全国已建成运行的生活垃圾处理设施运营状况和处理效果的监管，开展年度考核评价，公开评价结果，接受社会监督。对未通过考核评价的生活垃圾处理设施，要责成运营单位限期整改。要加快信用体系建设，建立城市生活垃圾处理运营单位失信惩戒机制和黑名单制度，坚决将不能合格运营以及不能履行特许经营合同的企业清出市场。

（13）加大监管力度　国家立法机构负责垃圾管理法律、法规的制定与监督实施。在国家层次，由全国人大统一监督管理，负责制定与垃圾有关的法律、法规。在省、自治区、直辖市层次，由地方政府根据国家法律负责制定相应的地方性法规，并负责具体监督实施。当地的建设部门、市容部门、环境卫生部门、环境保护部门等相关机构协助配合，切实加强各级住房城乡建设（市容环卫）和环境保护部门生活垃圾处理监管队伍建设。研究建立城市生活垃圾处理工作督察巡视制度，加强对地方政府生活垃圾处理工作以及设施建设和运营的监管。建立城市生活垃圾处理节能减排量化指标，落实节能减排目标责任。探索引入第三方专业机构实施监管，提高监管的科学水平。完善全国生活垃圾处理设施建设和运营监控系统，定期开展生活垃圾处理设施排放物监测，常规污染物排放情况每季度至少监测一次，二恶英排放情况每年至少监测一次，必要时加密监测，主要监测数据和结果向社会公示。

（14）拓宽投入渠道　城市生活垃圾处理投入以地方为主，中央以适当方式给予支持。地方政府要加大投入力度，加快生活垃圾分类体系、处理设施和监管能力建设。鼓励社会资金参与生活垃圾处理设施建设和运营。开展生活垃圾管理示范城市和生活垃圾处理设施示范项目活动，支持北京等城市先行先试。改善工作环境，完善环卫用工制度和保险救助制度，落实环卫职工的工资和福利待遇，保障职工合法权益。

（15）建立激励机制　严格执行并不断完善城市生活垃圾处理税收优惠政策。研究制定生活垃圾分类收集和减量激励政策，建立利益导向机制，引导群众分类盛放和投放生活垃圾，鼓励对生活垃圾实行就地、就近充分回收和合理利用。研究建立有机垃圾资源化处理推进机制和废品回收补贴机制。

（16）健全收费制度　按照“谁产生，谁付费”的原则，推行城市生活垃圾处理收费制度。产生生活垃圾的单位和个人应当按规定缴纳垃圾处理费，具体收费标准由城市人民政府根据城市生活垃圾处理成本和居民收入水平等因素合理确定。探索改进城市生活垃圾处理收费方式，降低收费成本。城市生活垃圾处理费应当用于城市生活垃圾处理，不得挪作他用。同时，生活垃圾处理收费实行政府、居民共同负担，除政府补贴外，本着简便、有效、易操作的原则，按不同的收费对象采取不同的计费方法，按月或按季计收，对下岗职工、失业人员及低保对象，可以实行收费减免政策。推行城市生活垃圾处理收费制度，可以补偿垃圾处理设施投资和运营费用的不足，也可以增强人们的“环境消费”意识。

（17）保障设施建设　在城市新区建设和旧城区改造中要优先配套建设生活垃圾处理设施，确保建设用地供应，并纳入土地利用年度计划和建设用地供应计划。符合《划拨用地目录》的项目，应当以划拨方式供应建设用地。城市生活垃圾处理设施建设前要严格执行建设项目环境影响评价制度。

（18）提高创新能力　加大对生活垃圾处理技术研发的支持力度，加快国家级和区域性生活垃圾处理技术研究中心建设，加强生活垃圾处理基础性技术研究，重点突破清洁焚烧、二恶英控制、飞灰无害化处置、填埋气收集利用、渗沥液处理、臭气控制、非正规生活垃圾堆放点治理等关键性技术，鼓励地方采用低碳技术处理生活垃圾。重点支持生活垃圾生物质燃气利用成套技术装备和大型生活垃圾焚烧设备研发，努力实现生活垃圾处理装备自主化。开展城市生活垃圾处理技术应用示范工程和资源化利用产业基地建设，带动市场需求，促进先进适用技术推广应用和装备自主化。

（19）实施人才计划　在高校设立城市生活垃圾处理相关专业，大力发展职业教育，建立从业人员职业资格制度，加强岗前和岗中职业培训，提高从业人员的文化水平和专业技能。

（20）落实地方责任　城市生活垃圾处理工作实行省（区、市）人民政府负总责、城市人民政府抓落实的工作责任制。省（区、市）人民政府要对所属城市人民政府实行目标责任制管理，加强监督指导。城市人民政府要把城市生活垃圾处理纳入重要议事日程，加强领导，切实抓好各项工作。住房和城乡建设部、发展和改革委员会、环境保护部、监察部等部门要对省（区、市）人民政府的相关工作加强指导和监督检查，对推进生活垃圾处理工作不力，影响社会发展和稳定的，要追究责任。

（21）明确部门分工　住房和城乡建设部负责城市生活垃圾处理行业管理，牵头建立城市生活垃圾处理部际联席会议制度，协调解决工作中的重大问题，健全监管考核指标体系，并纳入节能减排考核工作。环境保护部负责生活垃圾处理设施环境影响评价，制定污染控制标准，监管污染物排放和有害垃圾处理处置。发展和改革委员会同住房和城乡建设部、环境保护部编制全国性规划，协调综合性政策。科技部会同有关部门负责生活垃圾处理技术创新工作。工业和信息化部负责生活垃圾处理装备自主化工作。财政部负责研究支持城市生活垃圾处理的财税政策。国土资源部负责制定生活垃圾处理设施用地标准，保障建设用地供应。农业部负责生活垃圾肥料资源化处理利用标准制定和肥料登记工作。商务部负责生活垃圾中可再生资源回收管理工作。

（22）加强宣传教育　要开展多种形式的主题宣传活动，倡导绿色健康的生活方式，促进垃圾源头减量和回收利用。要将生活垃圾处理知识纳入中小学教材和课外读物，引导全民树立“垃圾减量和垃圾管理从我做起、人人有责”的观念。新闻媒体要加强正面引导，大力宣传城市生活垃圾处理的各项政策措施及其成效，全面客观报道有关信息，形成有利于推进城市生活垃圾处理工作的舆论氛围。

2.5　城市生活垃圾的处置

（1）弃置法　将垃圾投弃于离百姓生活聚居地远的地方。这是最原始的最古老的方法，也是最不可取的，百害而无一利，属于取缔之列。但遗憾的是至今我国还有为数不少的广大乡镇和村庄仍然采用这个办法。

（2）露天堆放法　在城郊开辟大面积的堆放场，天长日久形成了“垃圾山”。由于垃圾的长期大量堆放，自然发酵，散发出阵阵臭气，析出大量的温室气体（甲烷）等，加剧了大气温室效应和大城市周边的热岛效应，而且垃圾废水还污染了水体，造成了江、河、湖及地下水和土壤的严重污染，给自然环境造成危害，同时造成了土地宝贵资源的极大浪费。此法同样属于取缔之列。

（3）填埋法（卫生填埋）　城市生活垃圾的填埋处置就是在陆地上选择合适的天然场所（如废井）或人工改造（开挖深海或良田或围筑山谷）合适的场所，把垃圾用土层覆盖起来的方法。卫生填埋是一种将垃圾倾倒在选定的场所，填埋到一定厚度用机器进行压实、覆土，并对填埋场的底层作防渗处理，对渗出液进行收集和处理，对地下水定期监测，对垃圾厌氧发酵产生的沼气进行控制和能源化利用的一种垃圾处理方式。卫生填埋主要分为厌氧、好氧和准好氧三种运行方式，传统填埋场在运行过程中，存有渗滤液的水质、水量波动大；渗滤液污染强度高，处理费用居高不下；封场后维护监管期长，风险大，费用高，不利于场地及时复用；产气期滞后且历时较长，产气量小，不利于回收利用。一次性投资少，运行成本低的垃圾填埋处理法作为垃圾的最终手段，在当前和今后相当长的一段时间内都将是我国城市垃圾处理的重要手段，有必要进一步研究开发和完善垃圾填埋处理的方法、技术与设备。

2.6 城市生活垃圾的资源化

从生态环境的角度而言，城市垃圾是一种污染源，从资源的角度而言，城市垃圾则是地球唯一在增长的一种资源。及时有效的做好城市垃圾的处理，对促进人和自然的和谐相处和社会经济的可持续发展具有十分重要的意义。

生活垃圾“资源化”是指从固体废物中回收有用的物质和能源，加快物质循环，创造经济价值的广泛的技术和方法。它包括物质回收、物质转换和能量转换。

城市垃圾处理从清扫、收集、运输、到最终处理，涉及面广，既有科学技术问题，也有社会问题，是一项复杂的系统工程。调查表明，1991 年美国埋入地下的垃圾处理费用为 94.97 美元/t，而资源化的费用仅为 16.71 美元/t，可节约开支 82%。借鉴发达国家和地区的成功经验，确定我国城市生活垃圾处理的优先次序应为：源头减量（减少废物产量，降低废物毒性）→回收利用（分类收集，循环利用）→废物转换（物质转换，能量回收）→卫生填埋。但是，考虑到大量垃圾的出路问题以及技术、经济、政策等方面条件的限制，近期内适宜于城市生活垃圾处理技术序列为：回收利用→焚烧→堆肥→综合利用。

2.6.1 城市生活垃圾分选

1. 城市生活垃圾分选方法

城市生活垃圾分选方法可概括为人工分选和机械分选。

（1）人工分选　人工分选是最早采用的分选方法，适用于废物产源地、收集站、处理中心、转运站或处置场。人工分选是在分类收集的基础上，主要是回收纸张、玻璃、塑料、橡胶等物品的过程。最基本的条件是：人工分选的废物不能有过大的质量、过大的含水量和对人体的危害性。人工分选的识别能力强，可以区分用机械方法无法分开的固体废物，可对一些无需加工即能回用的物品进行直接回收，同时还可以消除所有可能使得后续处理系统发生事故的废物。人工分选的位置大多集中在转运站或处理中心的废物传送带两旁。

（2）机械分选　机械分选主要是用来分离人工分选难分离出去的废物。一般根据废物组成中各种物质的粒度、密度、磁性、电性、光电性、摩擦性及弹性的差异，将机械分选方法分为筛选（分）、重力分选、光电分选、磁力分选、电力分选、摩擦分选和弹跳分选。例如，筛分来分离碎裂成细小颗粒的玻璃；重力分选主要用来分离几种密度差别较小的混合固体废物；磁力分选主要用与固体废物中铝、铁、铜、锌等金属的提取和回收。

具体的垃圾源头分类和分选的示意图如图 2-14 所示。

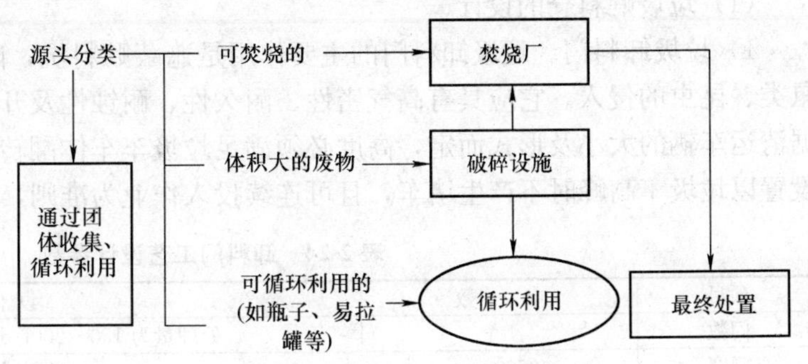

图 2-14　垃圾源头分类和分选示意图

2. 城市生活垃圾分选系统

分选系统是各种垃圾处理方法的关键部分，分选效率的高低直接影响后续垃圾处理系统运行的效果。分选系统主要包括垃圾贮料仓、起重机与抓斗、上料机构及人工分选平台等。

城市生活垃圾综合处理是根据城市生活垃圾的基本组分进行适当地分类和分流，并将堆肥、焚烧、填埋等垃圾的处理方式有机结合起来，达到最大限度实现垃圾无害化、减量化及资源化处理的一种模式。

若某市城市生活垃圾以腐蚀性有机物、可燃有机物和无机物分别做堆肥、焚烧和填埋的综合处理。其综合处理厂和分选系统的工艺流程如图 2-15 和图 2-16 所示。

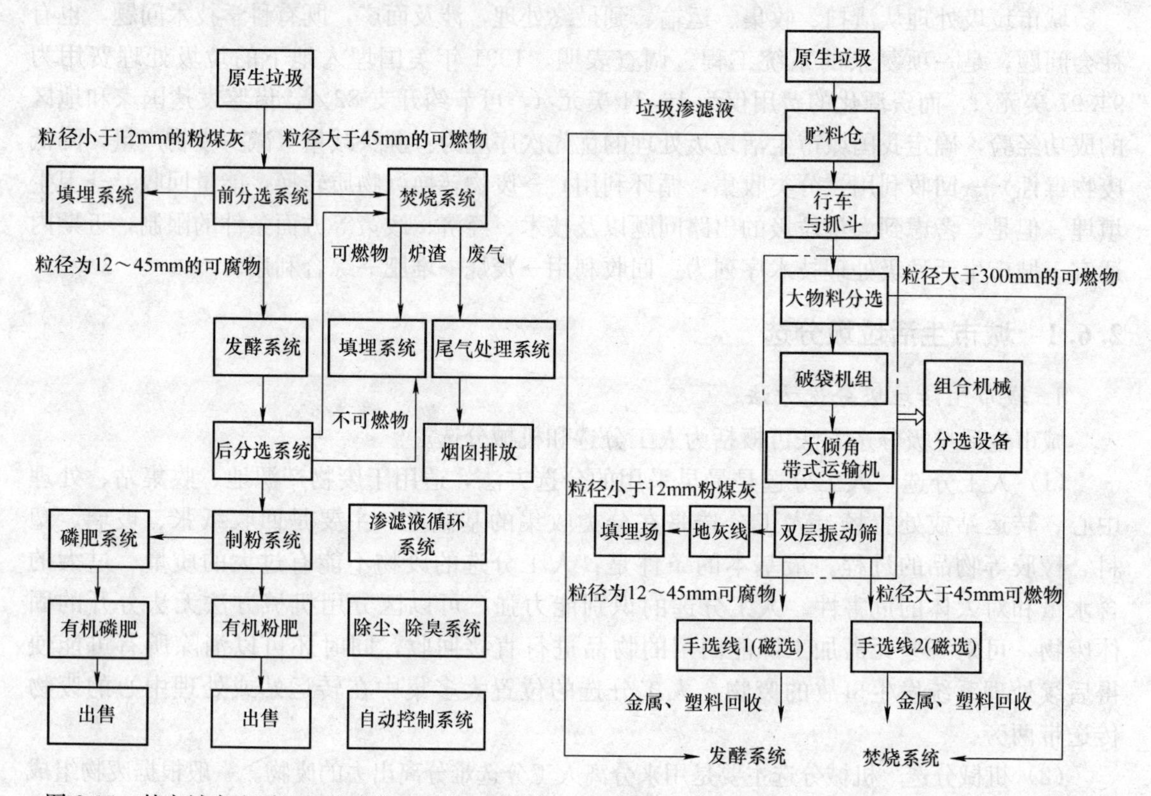

图 2-15 某市城市生活垃圾综合处理工艺流程图　　图 2-16 某市城市生活垃圾分选系统工艺流程图

（1）垃圾贮料仓的设计

1）垃圾卸料门。垃圾卸料门的主要作用是遮蔽贮料坑，防止坑内粉尘及臭气的扩散和鼠类、昆虫的侵入。它应具有高气密性、耐久性、耐蚀性及开关方便等特点。门洞尺寸应根据清运车辆的大小及形式而定，高度必须满足垃圾车车体翻转时的最大高度。卸料门个数的设置以垃圾车高峰时不产生堵车，且可连续投入作业为准则，设计参数见表 2-24。

表 2-24 卸料门工艺设计参数

项目	参　数	设 计 依 据
门数	4 个	处理量为 150～200t/d 的贮料仓设置 4 个卸料门
门宽	3600mm	车宽＋ 1200mm
门高	5400mm	车体最大翻转高度＋ 400mm
材料		耐腐蚀、开关方便、采光好

2）垃圾贮料坑。垃圾卸入贮料坑后，由于挤压作用，其密度自上而下逐渐增大。因此，在设计垃圾贮料坑容量时，应按正常情况下原生垃圾的密度乘以1.1～1.3计算。贮存时间按2～4d计算。贮料坑容量为$V=Bq/(FR)$，其中B为贮存时间（d）；q为最大日处理量；F为有效容积系数，0.80～0.90；R为垃圾有效密度。垃圾在贮料坑的贮存时间过长（一般超过2d）便会有渗滤液产出，所以，坑底必须设排水沟集中收集渗滤液。坑内要求有良好的采光，便于行车驾驶员操作，贮料坑设计参数见表2-25。

表2-25 贮料坑工艺设计参数

项目	参数	设计依据
坑容量	$1000m^3$	日处理垃圾量、垃圾比重、贮存时间
坑长度	24000mm	卸料门个数
坑宽度	6000mm	垃圾起重机的操作性能与地下施工的难易度
有效密度	$0.50t/m^3$	原生垃圾密度$0.35～0.40t/m^3$
贮存时间	2d	设备大修最长时间
有效容积系数	0.80	经验数据
排水坡度	1%	渗滤液流动性
挡车矮墙高度	250mm	经验数据
积水坑容量	$0.216m^3$	潜污泵的外形尺寸及渗滤液产量

（2）起重机与抓斗

1）起重机。垃圾起重机的台数是根据垃圾的最大日处理量来确定的。一般日处理量在300t/d以下时，采用1台起重机；处理量在300～600t/d时，要求常用和备用起重机各1台；处理规模在600t/d以上时，要求常用起重机2台，备用1台。在起重机台数确定后，还要确定起重机卷起、放下、行走、横移及抓斗开关动作所需的速度，以确定起重机运行的周期。1h内起重机实际运行时间是由分选设备处理能力来确定的。如果各分选设备有足够的处理能力，起重机的实际运行时间为60min/h，设计时一般按45～55min/h计算。

起重机的供给能力可由式$Q(t/h)=P\times N/T$确定，其中P为抓斗一次抓起量，N为1h内起重机实际工作时间，T为起重机运行周期。表2-26给出了起重机的工艺参数，图2-17给出了起重机作业时间，图中起重机的卷起放下速度为15m/min，卷起高度为6.4m，行走速度为45m/min，横移宽度为4.5m，横移速度为15m/min，抓斗开启时间为15s，抓斗关闭时间为20s。

表2-26 起重机的工艺参数

项目	参数	设计依据
数量	1台	最大日处理量
吨位	3t	抓斗容量
跨度	7.5m	贮料坑宽度
运行周期	137s	起重机进行各动作的速度
实际运行时间	50min/h	大物料分选筛的处理能力
供给能力	20t/h	实际运行时间和周期，一次抓起量

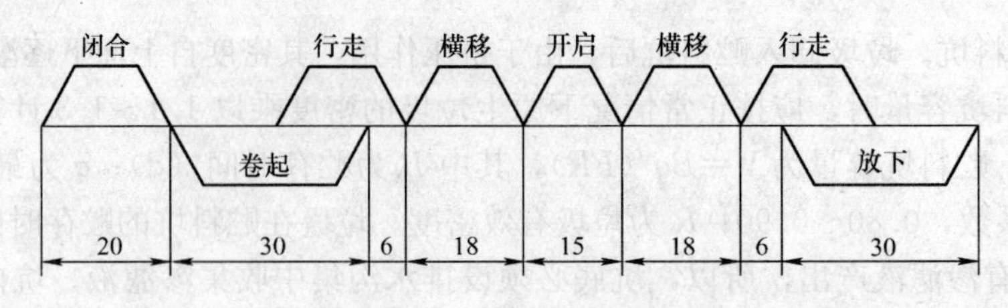

图 2-17 行车抓斗作业时间图

2）垃圾抓斗。垃圾抓斗按开关动力传递形式分为液压式和缆绳式。这两种形式的抓斗各有优缺点，其对比情况见表 2-27。

表 2-27 液压式及缆绳式垃圾抓斗对比分析

形式	优点	缺点	适用物质
液压式	抓斗内部容量大	冲击力小，插入深度浅	可燃垃圾
	无需贯穿操作	液压系统易出故障	粗大垃圾
	操作简单，回转容易	维修复杂	破碎垃圾
	自重较小	处理压缩垃圾效果差	
缆绳式	冲击贯穿力强	需自上而下贯穿操作	可燃垃圾
	故障较少	控制复杂	
	防水性好	自重大，回转不易	
	维修方便	开闭口寿命短	

在抓运过程中，垃圾的密度会因爪齿挤压而增大，卸入分选设备后密度减小，但仍比贮料坑中的密度大。垃圾抓运过程中密度变化与垃圾自身密度及抓斗形式都有关系。贮料坑中垃圾大于 $0.5t/m^3$ 时，进料口中垃圾密度变化不大，在正常情况下，生活垃圾密度一般不超过 $0.6t/m^3$，抓斗工艺参数见表 2-28。

表 2-28 垃圾抓斗工艺参数

项目	参数	设计依据
抓斗形式	液压式	比较 2 类抓斗的适用条件
抓斗容量	$1.5m^3$	垃圾最大日处理量、起重机运行周期
开启时间	15s	出厂设定
闭合时间	20s	出厂设定
垃圾压缩比	1.5～2.0	垃圾密度、抓斗性能参数

（3）垃圾上料机构　该市垃圾处理厂是在老垃圾厂基础上进行改扩建的，场地受到限制。垃圾从贮料坑运至振动筛筛面倾角为 38°，采用普通的带式输送机无法实现送料。根据现场的实际情况，开发设计了一台大倾角输送机，该输送机能将垃圾进行大角度输送，但该设备运行不稳定，维修费用较高。表 2-29 给出了几种能实现大角度送料的设备特点。从中可以看出，在场地条件不受限制的情况下，应尽量选用普通或花纹带式输送机。

表 2-29 几种大角度送料机械比较

项　目	优　点	缺　点
普通带式	运行稳定，技术难度及维修费用低，投资小	输送角小（22°），使土建费用增加
花纹带式	运行情况稳定，技术难度及维修费用低，投资较小	输送角小（25°），使土建费用增加
波纹挡边式	输送角大（45°），土建费用少	技术难度大，维修费用高，投资大
鳞板式	输送角较大（30°），土建费用少	技术难度大，维修费用高

(4) 双层振动筛 双层振动筛的主要功能是将初破碎后的垃圾根据物料粒度及弹性进行分类。经振动筛后的垃圾分为地灰、可燃垃圾和可腐垃圾三部分。筛面倾角随振动频率和垃圾成分改变，变化范围为21°～30°。这种双层振动筛的筛孔尺寸上层为50mm×50mm，下层直径为13mm，筛面尺寸为1500mm×4000mm，入料粒度小于100mm，振动频率为850次/min，抛射弹度为2.99，筛面倾角为26°。

(5) 人工分选平台 人工分选台由两条平行的手选线、16个手选工位及一对磁选滚筒组成，设计的主要目的是分拣垃圾中可回收物质，同时进一步分离可燃、可腐物。表2-30给出了其设计参数。

表2-30 手选平台工艺设计参数

项　目	参　数	设计依据
中心间距	2.0m	操作方便
宽度	800、650mm	物流量及堆层厚度
工位	16个	垃圾组分
长度	21m	手选工位数
输送速度	0.3m/s	长时间工作眼睛不觉疲劳
分选台高度	800mm	操作方便

由于垃圾处理厂前分选系统的贮料坑普遍设置在地下，增加了土方开挖量、土建施工和工艺设备的布置难度，同时由于采光不好也增加了起重机驾驶员的操作难度。若采用支撑式高架道路，将卸料平台抬高，使贮料坑设置在水平面以上，同时可以充分利用道路下面的空间，并省去故障率较高的上料机构，增加坑内的采光。图2-18所示为垃圾贮料车间的示意图。

另外，垃圾成分复杂，设备在运行过程中时常有堵塞及缠绕现象。前分选系统工艺布局在保证分选率的前提下，设计应力求简洁。设备最好能实现一机用，以减少衔接环节。

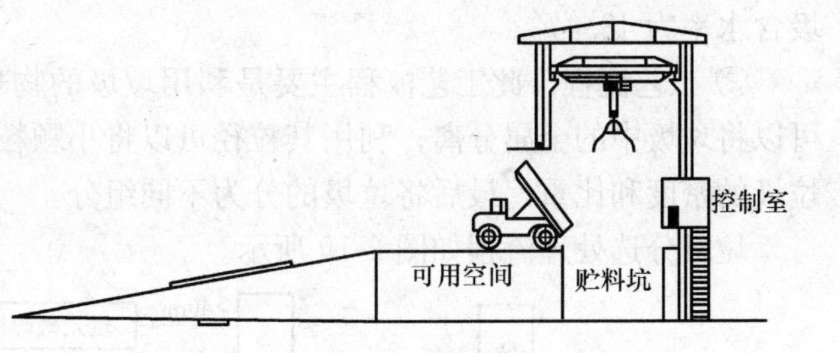

图2-18 垃圾贮料车间的示意图

3. 城市生活垃圾分选的应用

(1) 在焚烧、RDF以及热解处理技术中的应用 焚烧、RDF（垃圾衍生燃料）以及热解工艺前处理的目的主要是分选出垃圾中的金属、大块无机物和灰土，提高垃圾热值，提高焚烧（RDF、热解）效率和混合垃圾的资源利用率。需要应用均匀给料设备、物料输送设备、为人工拣选大件物料创造作业条件的分层式人工分拣室、破袋设备、筛分设备、磁选设备。给料设备可以采用步进给料机或铲车、或抓斗、或板式输送机给料；磁选设备可采用国内通用设备，通过滚筒筛分设备将垃圾中的灰土成分筛除。

(2) 在堆肥处理技术中的应用 堆肥前处理的目的主要是将金属、灰土、塑料薄膜、纸、玻璃、橡胶等影响堆肥质量的各种物料分离出去，分选出生活垃圾中适于堆肥的有机物。所需设备除焚烧前处理分选工艺中的所有设备外还需配置张弛筛、风力分选设备。如果填埋量大还要配置卸料站。大型垃圾处理厂因每日分选出的各种轻物料较多，需在前处理线上配备轻物料压缩打包设备以减小其占地空间；给料区和打包区因有物料堆放要设置除臭设施；各个落料点极易产生灰尘，需设置集尘口，通过集尘管道收集后统一进行除尘处理。其中风力分选出的各种轻塑料可依据投资方的经济条件采用人工分拣或光电分选。整个前分选工艺配置的核心是通过二级筛分、二级磁选处理将金属（包括电池）和塑料、玻璃及其他大块杂质去除，同时尽可能地实现各种可回收物的分选。

（3）在填埋处理技术中的应用　在城市生活垃圾填埋处理技术中，如果按照欧盟对垃圾填埋场的管理方法，混合垃圾不能进入填埋场，针对目前我国垃圾混合回收的状况，填埋势必要与焚烧或堆肥或其他方法联合使用进行综合处理。填埋前处理的主要目的是将其中灰土部分分选出来作为填埋场的覆盖土，节省另寻填埋覆土产生的费用；分选出混合垃圾中的可回收再利用物，进行合理的资源化；同时将大件垃圾进行破碎处理便于填埋场的压实。需要应用堆肥前处理工艺中的部分设备，滚筒筛分粒径稍小。

（4）城市生活垃圾分选处理初步设计　随着人民生活水平的提高，垃圾中有用成分逐渐增多，不加以回收就是对资源的一种浪费。现以某市 200t/d 城市生活垃圾进行分选处理初步设计具体内容如下：

1）设计参数

① 垃圾参数。考虑到垃圾分选工艺与垃圾成分、垃圾性质密切相关，因此，对该市垃圾做详细的调研和资料的查询，该市垃圾的有机物成分包括食品、厨余、果皮、植物残余等，无机物成分包括砖瓦、炉灰、灰土、粉尘等。垃圾密度平均值 0.37t/m^3，含水率为 49.9%，垃圾热值为 1923kJ/kg。废品中塑料、废纸的含量较高，塑料以超薄型塑料袋为主，废纸以卫生间的废纸为主。

② 垃圾分选设计参数。此次垃圾分选设计，是针对城市化生活垃圾，期望能通过分选工艺达到垃圾处理的减量化、无害化、资源化。日处理量为 200t/d，日工作时间为 10h；垃圾含水率为 48.4%。

③ 工艺流程。此工艺流程主要是利用垃圾的物理性质对垃圾进行分离，利用其电磁性可以将垃圾中的金属分离；利用其粒径可以将小颗粒物质分离。在整个的工艺中主要是利用垃圾的密度和比重，最后将垃圾的分为不同组分。

垃圾分选处理流程如图 2-19 所示。

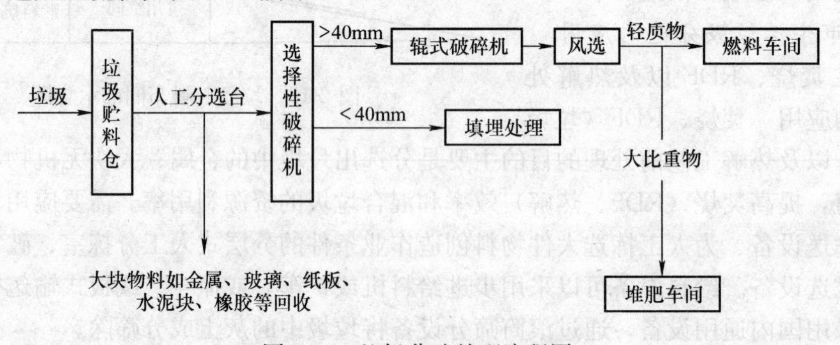

图 2-19　垃圾分选处理流程图

本工艺特点有：采用辊式破碎机，并在堆肥中加入了催化剂，提高了堆肥产品的质量，使经济效益提高；最终处理成果中的可燃物质制成 RDF 燃料，处理垃圾同时，回收了热量，目前在美国和日本大量实行。

2）物料衡算。分选工艺物料衡算如图 2-20 所示。

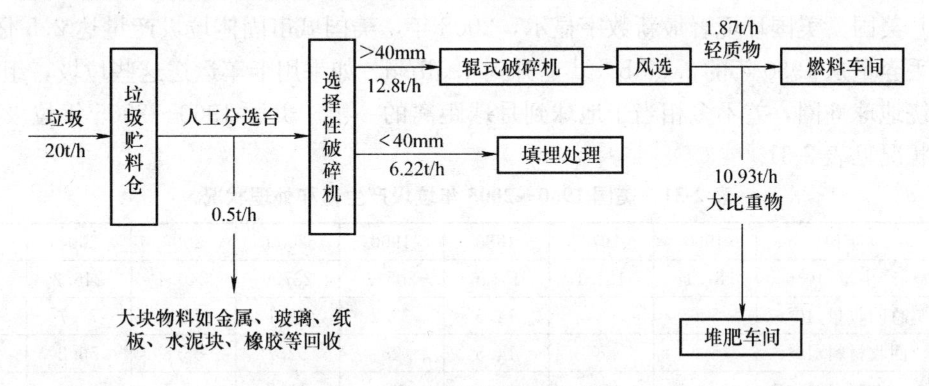

图 2-20 垃圾分选处理物料衡算示意图

3）经济分析

① 直接费用。直接费用由设备购置费和工程建设费用组成。a. 设备购置费：设备购置费用根据市场价格和网上相关产品报价而定，具体如下起重机、抓斗、带式输送机、选择性破碎机、辊式破碎机、泵、鼓风机、引风机、集气罩、带式磁选机、电动机等，共需费用 58.72 万元。b. 建设费用：工程建设费用包括厂房建设费用，道路修建，绿化费用及大门和侧门修建费用总计 605.488 万元。c. 直接费用合计：

58.72 万元(设备费用)＋ 605.488 万元(建设费用)＝ 664.208 万元。

② 间接费用。间接费用主要包括设计费、调试费、安装费、税金及不可预见费等费用 171.942 万元。

③ 运行费用。工程运行费用概算如下所示：

电费：0.55 元/度，则一月的总电费为 0.55×281kW×10h×26d ＝ 4.02 万元/月。

工人工资：1500/人每月，聘请 36 人，约 5.4 万元/月，合计 8.42 万元/月。

④ 效益分析。由上分析可知，项目建设总投资＝直接费用＋间接费用＝664.208＋171.924＝836.132 万元。每月运行费用（电费及职工工资消耗）为 8.42 万元。

2.6.2 城市垃圾焚烧

焚烧是城市生活垃圾一种热化学处理方法，即将生活垃圾进行高温分解和深度氧化的处理过程。在处理过程中具有强烈的放热效应，有基态和激发态自由基生成，并伴随光辐射。生活垃圾焚烧处理的突出优点是垃圾减量效果好，焚烧后的残渣体积可减少 90%左右，质量减少 80%以上，因而对土地资源较为紧张，经济实力较强，垃圾热值较高，管理能力具备的现代化大城市均可采用。

垃圾中蕴藏着巨大的能源资源，科学研究结果表明：垃圾中的二次能源物质有机可燃物含量大、热值高，每燃烧 2t 垃圾可获得相当 1t 煤的热量，如利用得当，1t 垃圾可获得约 300～400kW 的电力。据推算：1 个三口之家，每年可形成 1t 垃圾，将其填埋发酵后可产生 $300m^3$ 的气体，按每 $3m^3$ 的气体发电 1.5kW·h 计算，每吨生活垃圾便能提供约 400kW·h 电能，足以维持一家三口的生活用电。我国每年产生 1.4 亿 t 生活垃圾，如果都能转化为电能，就相当于几个葛洲坝电厂的发电总量。

2.6.2.1 国外城市生活垃圾焚烧发展现状

（1）美国　美国环境署最新数字显示，2008年，美国城市固体垃圾产量达2.5亿t，人均垃圾丢弃量从1980年的3.66lb[㊀]/d上升到4.5lb/d。如果用卡车运送这些垃圾，组成的车队足以绕地球6圈，差不多相当于地球到月球距离的一半。美国1960～2005年垃圾产生量和处理状况见表2-31。

表2-31　美国1960～2005年垃圾产生量和处理状况

序号	年份	1960	1970	1980	1990	2000	2003	2004	2005
1	产生量/10^6t	87.1	121.1	151.6	205.2	237.6	240.4	246.2	245.7
2	总回收量/10^6t	5.6	8	14.5	33.2	68.1	74.9	77.7	79
2.1	回收材料/10^6t	5.6	8	14.5	29	52.7	55.8	56.2	58.4
2.2	堆肥/10^6t	—	—	—	4.2	16.5	18.1	20.5	20.6
3	焚烧量/10^6t	0	0.4	2.7	29.7	33.7	33.7	34.1	33.4
4	填埋量/10^6t	82.5	112.7	134.4	142.3	134.8	131.9	135.5	133.3
5	焚烧处理率	—	—	1.80%	14.50%	14.20%	14.00%	13.80%	13.60%

针对日益突出的垃圾难题，美国各级政府和业界想方设法提高垃圾管理水平，逐步形成了以控制垃圾源头为先、垃圾再循环和堆肥处理居次、填埋或焚烧垃圾随后的多层次垃圾管理模式。2008年，美国焚烧处理的垃圾约为3200万t，约占城市固体垃圾的13%。美国超过20%的垃圾焚烧设备使用的是“垃圾衍生燃料（RDF）”技术。与“原生态”大规模焚烧垃圾不同的是，垃圾衍生燃料设施预先将金属、罐头和玻璃等再循环垃圾分离出来，再将其余可燃物碾碎后焚烧。目前，美国共有87家垃圾发电厂。联邦政府和24个州政府将可用于燃烧发电的垃圾归类为再生能源，并提供政府补贴。据统计，2008年，纸张、食品等有机垃圾焚烧后转换的能源，约等于0.2%的美国能源需求。除了生成能源之外，垃圾焚烧后留下的灰烬是理想的无害建筑材料。目前，美国约有10%的垃圾焚烧灰烬被作为垃圾填埋场日常覆盖垃圾之用，或作为建筑材料用于公路等领域。

（2）日本　日本也成为世界上最早应用垃圾焚烧发电技术的国家。日本在20世纪50～60年代曾进行过垃圾的大量无序焚烧，空气与土壤中的二恶英含量均严重超标。20世纪90年代，日本大气中测得的二恶英水平竟然是其他工业国家的10倍。因此，日本开始对焚烧采取最严格的管控措施：保持足够高的分解温度，一般为850～1100℃；焚烧炉内烟气停留时间在2s以上，喷射活性炭等吸附剂，采用布袋除尘器对细微颗粒进行捕集，最大限度地减少二恶英的生成与排放；垃圾焚烧过程中产生的烟尘以及氯化氢、硫化物、氮氧化物等有害气体，采用烟气净化处理装置和除氮反应塔等，使其降至政府规定的含量指标以下。日本垃圾焚烧厂如图2-21所示。日本1995～2004年垃圾处理状况如图2-22所示。

（3）德国　2006年，德国产生了3.73亿t固体垃圾（包括2320万t危险性废物），其中家庭市政固体垃圾4080万t，非家庭市政固体垃圾560万t，无害性废渣4200万t，工业垃圾5610万t，建筑与拆迁垃圾近两亿t，以及垃圾处理厂产生的垃圾3200万t（包含垃圾衍生燃料代替矿石燃料，处理和恢复材料等），以上六大类固体垃圾的回收利用率分别是72%、59%、0%、83%、88%和74%；焚烧和填埋处理率分别是22.9%和0.4%，32.0%

㊀ 1lb=0.453592kg

a)

b)

c)

d)

图 2-21　日本垃圾焚烧厂
a）东京的 MINATO 垃圾焚烧发电厂　b）垃圾焚烧厂的工人
c）垃圾焚烧厂内景　d）垃圾抓斗正在抓起垃圾，准备送入焚烧炉

□直接焚烧　▣资源化利用等的中间处理　▦直接资源化利用　■直接最终处理

年份/年	直接焚烧	资源化利用等的中间处理	直接资源化利用	直接最终处理	合计
1995	38048	6131		5721	49899
1996	38814	6449		5180	50443
1997	39434	6806		4334	50573
1998	39810	5867	1610	3820	51107
1999	39992	5923	1833	3444	51191
2000	40304	6479	2224	3084	52090
2001	40633	6288	2294	2746	51961
2002	40313	6578	2338	2227	51445
2003	40237	7166	2272	1863	51538
2004	39142	7270	2327	1774	50513

垃圾处理量/kt

图 2-22　日本 1995～2004 年垃圾处理状况

和 2.7%，0% 和 100%，4.4% 和 8.3%，0.1% 和 10.6%，以及 0.5% 和 3.2%，矿渣是 100%填埋处理。

在德国，垃圾焚烧以及垃圾热能处理被看成是垃圾能源化应用技术，并建立在以下基础上：第一，处理厂的运营不是以最终丢弃这些垃圾为宗旨；第二，垃圾焚烧可替代部分原始能源，如矿物燃料和工业原材料；第三，焚烧率要达到 75%以上；第四，所产生的热能供给消费者使用；第五，焚烧后的产品在无法进一步利用或处理的情况下才能丢弃；第六，在做混合处理之前，垃圾平均热值需达到 1.1 万 kJ/kg。

2009 年，德国共有 30 家有害垃圾焚烧厂，生产力大约 100 万 t/年。其他领域如水泥工业，也使用回转窑和其他技术进行垃圾处理。现在，第四代市政垃圾焚烧厂正在运转。这些焚烧厂从 20 世纪 90 年代后半期开始发展，通过对燃烧室和进料系统的优化，减少废气排放。焚烧过程可有效消灭垃圾的潜在污染或降低其危险程度，如重金属，但需要对废气进行治理。20 世纪 70 年代末，人们发现垃圾焚烧产生二恶英和呋喃，随之而来的排放物控制技术（如尾气淬火，从几百摄氏度的高温快速冷却到 100℃以下）得到大力发展和应用。此后，市政固体垃圾焚烧厂在德国不再被看做二恶英和呋喃污染源。

2.6.2.2 我国城市生活垃圾焚烧发展现状

近几年来，国家通过制定各种规划加大推进焚烧处理城市生活垃圾的力度。例如，住房和城乡建设部于2006年10月发布《全国城镇环境卫生“十一五”规划》，规定“在具备条件的城市要鼓励加大焚烧处理的适用比例”；国务院于2007年6月发布《中国应对气候变化国家方案》，希望“在经济发达、土地资源稀缺地区建设垃圾焚烧发电厂，促进垃圾焚烧技术产业化发展”；根据住房和城乡建设部统计年报及相关资料统计，至2007年底，全国垃圾焚烧厂数为97座，处理能力约为5.1万t/d，其中已投运的垃圾焚烧发电厂为60座，实际处理能力约为4.7万t/d。焚烧发电技术主要应用于经济发达、人口密集的城市，包括直辖市、东部沿海经济发达城市和中西部省会城市。虽然近年来在垃圾焚烧处理方面取得一定的成绩，但由于垃圾焚烧技术准入制度和评价标准未臻完善，大量低水平垃圾焚烧技术及设施仍在国内得以应用。一些垃圾焚烧处理设施存在烟气排放不达标、渗滤液处理困难、飞灰没有严格按照危险废物进行安全处置。因此，政府有必要加快完善环卫行业的特许经营制度，进一步规范和培育垃圾处理技术市场，制定市场准入条件、产品质量和服务等标准；同时编制明确的行业技术标准，引导先进清洁的垃圾处理技术的应用，推广并强化对技术应用全过程的监督和管理。

2.6.2.3 我国城市生活垃圾焚烧立法

1. 我国城市生活垃圾焚烧立法现状分析

目前，涉及我国有关城市生活垃圾焚烧监督管理方面的立法包括法律、法规、各种国家标准、地方规章等其他规范性法律文件，形式上初步形成了相对完备的法律体系。

1）法律。《环境保护法》是我国环境保护基本法，它确立的污染防治的基本原则和制度，是我国城市生活垃圾污染防治的重要依据和指导。《固体废物污染环境防治法》由全国人大常委会2004年修订并通过，是我国防治固体废物污染环境的一部基本法律，对我国生活垃圾环境污染防治专门作出了规定。

2）行政法规和部门规章。国务院1992年颁布了《城市市容和环境卫生管理条例》对单位和个人倾倒垃圾的时间、地点、方式作出了规定，并要求城市生活废弃物应当逐步做到分类收集、运输和处理。2007年颁布的《城市生活垃圾管理办法》确立了城市垃圾治理应当实行“减量化、资源化、无害化”和“谁产生，谁负责”的原则，并且规定垃圾应当逐步实行分类投放、收集和运输。

3）各种国家标准。国务院的相关部委根据实际工作的需要，制定了一系列与城市生活垃圾焚烧相关的国家标准。例如，2002年实施的《生活垃圾焚烧污染控制标准》对垃圾焚烧厂选址的原则、焚烧炉大气污染物排放的限值作出了规定；2009年实施的《生活垃圾分类标志》将城市生活垃圾分为14种；2009年实施的《生活垃圾焚烧炉及余热锅炉》对进入焚烧炉的生活垃圾的要求作出了规定；2009年颁布的《生活垃圾焚烧处理工程技术规范》对垃圾焚烧厂的总体设计、垃圾接收、垃圾处理量等方面作出了规定。

4）其他规范性法律文件。各地方政府根据国家法律法规的规定，并结合地方实际工作的需要，制定了许多相关的地方规章，如《杭州市城市生活垃圾管理办法》、《北京市餐厨垃圾收集运输处理管理办法》。环境主管部门根据工作需要下发了若干文件，指导和处理垃圾焚烧中遇到的问题，如环境保护部2008年下发的《关于进一步加强生物质发电项目环评管理工作的通知》、2009年《关于生活垃圾焚烧飞灰运输适用政策的复函》等。

2. 立法存在的缺陷

虽然我国已经逐步形成了一套城市生活垃圾焚烧监管和污染防治方面的法律体系，但是当前的立法还存在以下不足：

1）对城市生活垃圾分类的法律规定欠缺。目前我国大部分城市生活垃圾仍采取混装的方式，导致城市生活垃圾的利用率大大降低，不利于实现垃圾的减量化。《城市生活垃圾管理办法》第 15 条和第 16 条、《固体废物污染环境防治法》第 42 条、《城市市容和环境卫生管理条例》第 28 条都明确规定，对城市生活垃圾应当逐步做到分类收集、运输和处理，但是由于缺乏配套规范性文件的支持，使得这一规定流于形式，难以形成制度。我国从 2000 年开始，在北京、上海、桂林等 9 个城市开始了垃圾分类的试点工作，但是实施效果并不理想，主要原因在于垃圾分类的规定执行不力、垃圾分类的标准不统一、政府资金的投入不足、居民的分类意识和行为未得到培养和引导。

2）对适于焚烧的生活垃圾的种类缺乏法律规定。根据二恶英形成的机理可知，含氯元素的垃圾在焚烧的过程中容易产生二恶英。垃圾分类一方面有利于资源的再利用，另一方面也有利于分拣出不适合使用焚烧方式处理的垃圾，从而减少二恶英产生的危险。但是纵观我国的相关立法，涉及适合焚烧的垃圾种类的法律规定很少，例如，《生活垃圾焚烧炉及余热锅炉》只对入炉垃圾的水分含量、灰分含量、低位发热量作出了规定；《生活垃圾焚烧污染控制标准》仅规定禁止对危险废物进行焚烧。针对目前适于焚烧的生活垃圾种类缺乏法律规定的现状，应当加快立法，明确规定适于焚烧的垃圾种类，禁止含氯元素的垃圾进入焚烧炉，防止环境的二次污染。

3）对垃圾焚烧厂选址的法律规定不足。《生活垃圾焚烧污染控制标准》规定，生活垃圾焚烧厂选址应符合当地城乡建设总体规则和环境保护规划的规定，并符合当地的大气污染防治、水资源保护、自然保护的要求；《生物质发电项目环境影响评价文件审查的技术要点》规定：选址必须符合所在城市的总体规划、土地利用规划及环境卫生专项规划（或城市生活垃圾集中处置规划等），还应符合 GB 50337— 2003《城市环境卫生设施规划规范》、CJJ 90— 2002《生活垃圾焚烧处理工程技术规范》对选址的要求。从当前的立法情况可以看出，目前只对垃圾焚烧厂的选址作出了原则性的规定，并未列明影响选址的一些具体因素，如拟建设垃圾焚烧厂地区的烟气扩散能力、所处的风向位置都将对垃圾焚烧厂废气的排放产生重要影响，在选址时必须予以考虑，因此，应当将这些具体因素纳入立法范畴。

4）对二恶英排放标准的限制不严。最近，中科院选择国内 19 家垃圾焚烧厂调研二恶英排放，发现 16% 的厂家达不到我国标准，几乎 70%的厂家达不到欧洲标准。根据我国《生活垃圾焚烧污染控制标准》的规定，对二恶英排放的限值是 1.0，而欧盟的限值为 0.1。但近年来，舆论普遍认为欧盟的标准更接近安全，即必须低于 0.1。我国也意识到对二恶英排放标准的限制不够严格，二恶英排放的含量过高将对周围的环境、居民的身体健康造成严重损害，目前也提倡和鼓励垃圾焚烧厂排放二恶英的含量与欧盟的标准看齐。我国《生物质发电项目环境影响评价文件审查的技术要点》规定，对二恶英排放含量应参照执行欧盟标准，但是这一规定在实践中没能得到广泛的实行。

3. 我国城市生活垃圾焚烧立法的完善方向

（1）推行城市垃圾分类制度　实行垃圾分类制度的好处显而易见，既能大大减少最终需要处理的垃圾的数量，又能为垃圾焚烧奠定基础，从源头上遏制二恶英的产生。为了能够顺利实行城市垃圾分类制度，排除现实中存在的障碍，立法可以从以下方面着手。

1）制定科学并符合实际情况的垃圾分类标准。我国居民长期以来采用混装垃圾的方式，对垃圾分类的标准并不熟悉，因此，在制定垃圾分类标准时，应当遵循分类由简到难、种类由少到多的原则。各地方可以根据居民产生垃圾成分的特点，结合国家发布的《生活垃圾分类标志》中规定的垃圾种类，确定本区域实施的垃圾分类标准，制定《居民分类指导》、《垃圾分类收集细则》等规范性文件，并且将每个标准中的代表物品列举出来，印制成册，免费发放至每家每户。

2）培养居民垃圾分类的意识。居民是城市生活垃圾分类回收的首要阶段，关系到垃圾分类制度推行的成败，因此，要立法加强政府培养居民垃圾分类意识的责任。政府应当制定《垃圾分类宣传方案》，运用电视、报纸等传统媒体，大力宣传垃圾分类的必要性和重要性，并讲解各种垃圾分类的标准，使居民明白各种分类标准的涵义。发挥居委会、业委会的作用，邀请环保专业人士，组织小区居民定期开展垃圾分类的知识讲座，宣传垃圾混装的危害和分类收集的优点，使居民尽快了解和学会垃圾的良好分类。同时，还应当加强对学生的教育，从小培养学生垃圾分类的意识，将垃圾分类和环境保护纳入学生的基本素质教育范畴。

3）分区域、分阶段地渐进推行。推行垃圾分类制度是一个系统工程，涉及每个单位和居民。由于经济发展、生活习惯、环保意识等方面的不同，造成垃圾分类制度在不同区域推行的难易程度不同。因此，政府相关主管部门应当制定《城市居民垃圾分类回收试行计划》，将垃圾分类制度分区域、分阶段，有步骤地渐进推行。

4）通过立法加大政府对推行垃圾分类制度的资金投入。在当前我国居民垃圾分类意识不强、垃圾回收产业市场化不理想的情况下，垃圾分类制度的推行主要还是依靠政府资金投入。因此，应当完善相关立法，将推行垃圾分类制度所需资金纳入政府公共预算，从而保证该项制度能够顺利实行。

5）加强居民进行垃圾分类的法律责任。一项新制度的顺利推行，需要以法律作为强有力的后盾。因此，应当完善垃圾分类的相关法律法规，在《城市生活垃圾管理办法》、《城市市容和环境卫生管理条例》及各地方相关法规中增加条款，要求单位和个人履行分类投放生活垃圾的义务，并且对拒不履行义务者，经过教育仍不全面履行义务的，给予行政处罚，甚至追究刑事责任。运用法律手段强制纠正并通过法律责任威慑单位和个人履行垃圾分类的义务，推进城市垃圾分类制度的实施。

(2) 规定适于焚烧的垃圾种类　通过对城市居民垃圾分类意识的培养，逐渐完善和细分垃圾的分类，是确定适于焚烧垃圾的种类和标准的前提和基础。对于有害的垃圾不能投入焚烧炉，如废电池、废日光灯管、废水银温度计、过期药品等，这些垃圾需要特殊安全处理，否则容易造成环境污染；对于可以回收的垃圾，如纸类、金属、塑料、玻璃等，不需要焚烧，可以通过综合处理回收利用，可以减少污染，节省资源；对于有机绿化植物，包括杂草、修剪后树枝、乔木以及节日弃置的鲜花等垃圾，经粉碎处理后可用于堆肥；对于砖瓦陶瓷、渣土等不可回收也不利于燃烧的垃圾，可以通过填埋方式处理。除了上述种类的垃圾外，对于在焚烧中容易产生二恶英的垃圾（如塑料制品、厨余垃圾），应当立法禁止其通过焚烧进行处理。适于焚烧的垃圾一般包括那些在燃烧过程中不会造成二次污染的生活垃圾，如受到污染不可回收利用的废纸、纺织品等。

(3) 明确垃圾焚烧厂的选址要求　垃圾焚烧厂厂址的选择对垃圾焚烧厂的安全运行、周围的环境保护都会造成十分重要的影响，如果在选址时忽视了一些重要因素，可能在焚烧厂建设、运行过程中就难以克服这些因素造成的不利后果，因此，在选址时除了要遵守目前法律规范性文件提出的原则性要求外，还要根据实际情况，通过立法将一些具体因素纳入选址考察的范围。一般来说，影响垃圾焚烧厂厂址选择的因素包括：

1）外部因素。垃圾焚烧厂处理垃圾的能力以及周边垃圾供应的数量；供水条件及垃圾焚烧处理中污水排放的条件；焚烧厂周围的交通运输状况等。

2）环境保护因素。该地区大气的本底含量；烟气的扩散能力；处在城乡的风向位置；对水源、大气、土地污染的情况；是否处在保护名胜古迹、风景园林的防护范围内；是否处在影响重要的矿藏资源开采地段等。

3）社会因素。要征求周边居民的意见；要协调与周边企业的关系。垃圾焚烧在日本、欧盟等地区已经推行了较长时间，但是对垃圾焚烧厂周边居民身体健康及环境是否会造成不利影响，尚未得出科学结论。从垃圾焚烧厂在我国落地开始，居民从未停止过反对的呼声，2009年投资了9个亿的番禺垃圾焚烧厂就是由于周边居民的强烈反对而被暂停建设，使投资没有得到任何收益。因此，在垃圾焚烧厂选址、进行环境影响评价阶段应当广泛听取周边居民的意见。虽然在《生物质发电项目环境影响评价文件审查的技术要点》中规定“垃圾焚烧厂与周围居民区以及学校、医院等公共设施的环境防护距离不得小于300m”，但是在我国垃圾分类制度尚未建立、二恶英排放限制标准远高于欧盟等发达国家的状况下，应当通过科学计算，在法律上确定更为合理的环境防护距离，让垃圾焚烧厂尽量远离居民区。

（4）制定严格的二恶英排放限值标准　国外许多国家通过制定严格的废气排放标准避免垃圾焚烧对环境的二次污染，如德国的柏林生活垃圾处理厂，就将2/3的投资用于焚烧厂的脱硫、脱磷，以避免垃圾焚烧产生二次污染。该厂二恶英的实际排放含量是0.003，远低于欧盟的限值0.1。我国目前的标准是1.0，而且还有不少垃圾焚烧厂达不到这个标准。

2.6.2.4　我国城市生活垃圾焚烧处理的宏观环境因素分析

垃圾焚烧处理企业和拟进入该行业的企业所面对的宏观环境因素分析可以从政治和法律因素分析、经济因素分析、技术因素分析、社会和人文因素等方面进行分析。宏观环境因素分析可为企业制定发展战略提供有益参考。

1. 政治和法律因素分析

根据《国家环境保护“十一五”规划》：实施城市生活垃圾无害化处置设施建设规划，新增城市生活垃圾无害化处理能力24万t/d，城市生活垃圾无害化处理率不低于60%；污染治理设施建设运营和咨询服务业重点推进城市污水、垃圾、危险废物等环境设施建设运行市场化。

根据《可再生能源中长期发展规划》：在经济较发达、土地资源稀缺地区建设垃圾焚烧发电厂，重点地区为直辖市、省级城市、沿海城市、旅游风景名胜城市、主要江河和湖泊附近城市；到2010年，垃圾发电总装机容量达到50万kW，到2020年达到300万kW。

《中华人民共和国城乡规划法》第三十五条明确规定：“垃圾填埋场及焚烧厂等公共服务设施的用地是依法保护的用地，禁止擅自改变用途。”北京“2004～2020年城市总体规划”第134条规定：“生活垃圾处理工艺以焚烧处理为主，填埋处理为最终保证措施，混合垃圾不再进入填埋场。2020年全市生活垃圾处理设施总处理能力达到21650t/d，其中垃圾焚烧9300t/d、卫生填埋8800t/d、综合处理3550t/d”。这是规划北京市垃圾焚烧项目的法律性依据。

《全国城市生活垃圾无害化处理设施建设规划（2011～2015）》规定：到2015年，在每个省（区）建成一个以上生活垃圾分类示范城市，探索行之有效的垃圾分类收运处理运行机制和实施保障体系；50%以上的设区城市初步实现餐厨垃圾分类收运处理；基本建立完善的城市垃圾处理监管体系，焚烧处理设施的监控装置安装率达到100%。

“十二五”期间，生活垃圾处理中央投资有望达到1500亿元，达到“十一五”期间的污水处理投资规模，并大约带动相同体量的地方投资，垃圾处理将成为继污水处理之后新的产业热点。将需至少新配置500t日处理能力的垃圾焚烧炉358台，按照每台3000万元计算，垃圾发电对于焚烧炉要求的规模有108亿元的市场空间。到2015年底，城市生活垃圾无害化处理率要达到80%。

在垃圾处理率接近100%的北京市，垃圾焚烧厂0.5～0.6元/度的上网电价几乎可与人工成本、固定资产折旧等运营费用相抵消，再加上从政府获得150～160元/t的居民垃圾处理费，扣除企业针对渗滤液、飞灰等排放物的治污成本，企业可实现70～80元/t的净利润。

2. 经济因素分析

1）国家财政对环境保护的投入不断增加。从“七五”到“十一五”，环境保护投资总额、占GDP的比例、占固定资产投资比例、弹性系数等方面均呈上升趋势。“十二五”期间的环保投入将达到“十一五”的1倍以上，达到3.1万亿元。未来几年，环保产业会保持年均15%～20%的增长率。2009年，在中国政府4万亿元扩大内需投资中，有3000亿元投入环保相关产业。全社会环保投资情况见表2-32。根据发达国家的经验，一个国家在经济高速增长时期，环保投入要在一定时间内稳定占到GDP的1.0%～1.5%，才能有效地控制住污染；达到3.0%才能使环境质量得到明显改善。

表2-32 全社会环保投资情况

内容＼时间	七五	八五	九五	十五	十一五	十二五
占GDP比重（%）	0.7	0.8	1.0	1.3	1.5（预计）	—
投资额（亿元）	476.42	1306.57	3446.42	7000	14000（预计）	31000（预计）

数据来源：历年国家环境保护规划。

2）给予垃圾处理费补贴和上网优惠电价。垃圾处理费补贴和上网电价收入是垃圾发电厂成本补偿和合理利润的主要来源。根据中国固废网不完全统计分析，已经投入运营的焚烧厂采用进口炉排炉的，垃圾补贴费范围从130～240元/t不等。国产设备的焚烧厂垃圾补贴费范围从20～100元/t不等。对于垃圾发电上网优惠电价，国家发展与改革委员会在《可再生能源发电价格和费用分摊管理试行办法》中已明确规定：2006年及以后建设的垃圾发电厂，上网电价执行2005年脱硫燃煤机组标杆电价＋补贴电价，补贴电价标准为0.25元/度。

3）银行信贷优惠。《国家计委、科技部关于进一步支持可再生能源发展有关问题的通知》（技基础［1999］44号）中规定：可再生能源发电项目可由银行优先安排基本建设贷款并给予2%的财政贴息；对利用国产化可再生能源发电设备的建设项目，国家计委、有关银行将优先安排贴息贷款，还贷期限经银行同意可适当宽限。

4）税收优惠。《可再生能源法》规定“国家对列入可再生能源产业发展指导目录的项目给予税收优惠”。垃圾发电项目投运后可减征或者免征所得税一年（财税字［1994］001号《关于企业所得税若干优惠政策的通知》）；2001年12月1日财税［2001］198号，《财政部、国家税务总局关于部分资源综合利用及其他产品增值税政策问题的通知》精神如下：利用城市生活垃圾生产的电力，自2001年1月1日起，实行增值税即征即退的政策。增值税即征即退的政策对城市生活垃圾电厂收益影响见表2-33。

表2-33　增值税即征即退的政策对城市生活垃圾电厂收益影响

垃圾处理规模/(t/d)	300	500	800	1000	2000
发电效率（%）	12	18	23	27	38
厂用电率（%）	35	30	27	25	22
上网电量/(10^7kW·h/年)	1.27	3.419	6.289	10.988	27.935
发电效益/(百万元/年)	6.35	16.10	36.45	54.94	139.68
增值税额/(百万元/年)	1.08	2.91	6.2	8.34	23.75
原发电净收益/百万元	5.27	14.19	30.25	45.6	115.93

注：垃圾热值选定为6000kJ/kg，电价选定为0.5元/kW·h，年运行8000h。

3. 技术因素分析

欧美国家的垃圾焚烧发展已经到了相对发达、成熟和稳定阶段，发达国家垃圾处理技术的特点是：炉排锅炉成为主流技术；节能减排要求促进了能源的高效利用；污染的综合处理成为突出的特点；高蒸汽参数发电技术的发展应用；燃气联合发电技术的发展和应用；电热冷联供技术的推广使用。我国从20世纪80年代中后期才开始采用焚烧处理生活垃圾。起步较晚，但是发展迅猛，在引进、消化、吸收国外先进技术的基础上，基本完成了机械炉排焚烧炉的国产化和大型化的发展过程。虽然如此，国内垃圾焚烧技术、设备和运营与国外水平还存在差距。基于国家政策的大力支持，我国垃圾焚烧处理将进入发展的黄金期，但是国家的相关政策和污染控制标准，以及公众的环境意识和维权意识也在不断提高，也将对垃圾焚烧的二次污染控制提出更高的要求。目前，《城市生活垃圾处理及污染防治技术政策》、《生活垃圾焚烧污染控制标准》，对垃圾处理的设备选用、运行指标要求以及排放要求都作了严格的限定，控制二次污染。

4. 社会和人文因素分析

在我国，长期以来城市生活垃圾作为一种废弃物被居民丢弃，并通过填埋等方式简单处理，不仅占用了大量土地，而且造成持续的污染。随着社会工业化进程的加快，人类对煤炭、石油和天然气等一次能源的需求量越来越大，然而化石燃料逐渐趋于枯竭，环境压力日益沉重。经济社会发展与资源环境约束的矛盾越来越突出，国际环境保护压力也将加大，环境保护面临越来越严峻的挑战。为实现可持续发展，改善生存环境，可再生能源逐渐受到重视，人们对生活垃圾也有了新的认识，逐渐把它作为资源来看待和利用。利用城市生活垃圾焚烧发电供热具有积极的意义，在实现垃圾处理无害化、减量化和资源化的同时，可替代部分煤炭等一次能源，有助于缓解煤炭等的供应和运输压力，减轻社会对一次能源的依赖，改善和优化我国能源产业结构。

2.6.2.5　城市生活垃圾焚烧的优点

1）能够使垃圾的无害化处理更为彻底。经过850～1000℃的高温焚烧过程，垃圾中除重金属以外的有害成分充分分解，大量细菌、病原体被彻底消灭，各种恶臭气体大部分被高温分解，尤其是对于可燃性致癌物、病毒性污染物、剧毒有机物几乎是唯一有效的处理方法，具有改善城市卫生环境的积极意义。

2）垃圾减量化效果显著。焚烧处理可以使垃圾体积减小90%左右，质量减轻80%～85%。焚烧产生的灰渣可作为水泥的原材料或者用于制砖、筑路，还能从中回收少量金属，有效遏制垃圾堆存量的迅速增长。

3）可实现垃圾的资源化利用。城市垃圾中含有大量的可燃物质，垃圾焚烧产生的热量可以回收利用，用于供热和发电，使垃圾中化学能向高品位电能转换，变废为宝，具有可观的经济效益。

4）垃圾焚烧工艺简单、运行可靠，处理垃圾速度快，处理量大。余热锅炉、蒸汽动力循环、热电联产等技术成熟可靠。

5）对环境影响较小。现代垃圾焚烧技术强化了对焚烧产生的有害气体的处理，通过采用先进的焚烧技术和严格的烟气处理工艺，能够大大减少垃圾焚烧产生有害气体的排放，垃圾渗滤液可以喷入炉内进行高温分解，不会出现污染地下水的情况。垃圾渗滤液主要产生于垃圾贮坑，是垃圾在贮坑中发酵腐烂后，垃圾内在水分释放造成的。垃圾渗滤液通过喷入焚烧炉内燃烧，废水中的有机物由燃烧过程分解，能够去除有机废水。

6）能够节约大量的土地。焚烧厂占地面积小，建设一座日处理垃圾1000t生活垃圾的焚烧厂，只需占地100亩，按运行25年计算，共可处理垃圾832万t。而且可以在靠近市区的地方建厂，缩短了垃圾的运输距离。

鉴于上述原因，垃圾焚烧处理及综合利用是实现垃圾处理的无害化、资源化、减量化最为有效的手段，具有良好的环境效益和社会效益。

2.6.2.6 城市生活垃圾焚烧存在的问题

（1）设备昂贵、初期投资过高　利用国外关键技术和设备建设的垃圾焚烧厂的每处理1t/h能力投资约为60万～70万元，如上海浦东垃圾焚烧发电厂利用法国阿尔斯通公司的设备和技术，项目的总投资为6.98亿元，上海江桥垃圾焚烧发电厂利用西格斯公司的设备，投资也近7亿元。这对于中国绝大部分城市是难以承受的。

（2）垃圾处理效果欠佳　国外发达国家的焚烧技术和焚烧设备都比较成熟，但是，国外的焚烧炉是根据国外的生活垃圾品质及燃料特性设计的，而我国垃圾品质和燃料特性与国外垃圾存在着很大差异。我国目前垃圾分类制度执行效果欠佳，城市生活垃圾的品质很低，因而引进焚烧设备尚不能很好地适应我国垃圾的特性，还存在垃圾焚烧不完全、运行不稳定、排放不易全部达标等问题。

（3）运行成本高，缺乏经济性　目前引进国外焚烧设备均采用轻柴油为助燃燃料，我国垃圾的热值较低（3344～5016kJ/kg）、变化范围较大，必须加入较多的助燃燃料。同时，也存在关键高温部件（如过热器等）使用寿命短、维修费用高等问题。因而，利用国外设备焚烧处理生活垃圾成本较高，一般为120～150元/t。

（4）发电效率低　和常规火力发电厂相比，垃圾焚烧伴生气体氯化氢（HCl）等在受热面金属管壁温度超过350℃时，对金属管壁的腐蚀严重加剧。我国深圳垃圾发电厂之所以用1.6MPa、203℃参数的进行蒸汽发电，就是因为过热器在投产100d时就遭受到严重腐蚀。所以，早期建设的垃圾发电厂为了防止这种腐蚀，生产的蒸汽温度基本都在300℃下，发电效率在14%以下，这使得垃圾发电厂的经济效率低下。

（5）垃圾组成复杂，垃圾热值低 通常要求焚烧的垃圾低位热值1000～1300kcal/kg，水分为30%～50%，可燃物含量大于等于22%的。我国城市生活垃圾中，厨余、塑料、废纸等高热值垃圾的含量较小，与国外相比，垃圾热值仍然较低，如美国为11669～13976kJ/kg，英国为12142～13188kJ/kg，日本为11723～12560kJ/kg，巴黎为7752kJ/kg，德黑兰为5070kJ/kg，我国香港为10048kJ/kg，北京为4350～6560kJ/kg，深圳为5066kJ/kg。我国垃圾中厨余含量及其含水量随季节波动性大，导致在引进国外先进技术和焚烧炉时，达不到预期目的，还需要重新设计。

2.6.2.7 城市生活垃圾焚烧处理技术

1. 城市生活垃圾焚烧的控制参数

（1）焚烧温度 焚烧温度是指垃圾在高温下氧化直至分解所需达到的温度。根据多年的实践经验，城市生活垃圾的焚烧温度通常控制在850～1100℃，这也是大多数有机物焚烧温度和一般含毒物质氧化分解的温度范围。但炉内温度分布是不均匀的，不同部位的温度不同，所以，明确炉内焚烧温度的取值，往往是垃圾焚烧的关键。一般炉内焚烧温度是指位于垃圾层上方并靠近燃烧火焰区域内的温度。

（2）停留时间 停留时间分为焚烧停留时间和烟气停留时间。焚烧停留时间是垃圾在炉内焚烧氧化分解至残渣排出所需的时间。垃圾在炉内停留时间的长短直接影响垃圾燃烧的完善程度，也是确定炉体容积尺寸的重要因素。烟气停留时间是垃圾焚烧产生的烟气从垃圾层逸出到排出焚烧炉所需的时间。根据实践，烟气在二次燃烧室的停留时间不小于2s。

（3）空气过剩系数 在实际燃烧过程中，由于氧气与可燃物不可能达到理想程度的混合及反应，为使燃烧充分完全，仅供给理论计算燃烧的空气量是不能完全燃烧的。所以，实际燃烧的空气量是远大于理论空气量的。实际空气量与理论空气量的比值定义为过剩空气系数。

$$m=\frac{A}{A_0}$$

式中，A为实际空气量（Nm^3/kg）；A_0为理论空气量（Nm^3/kg）；m为过量空气系数，m一般为1.6～2.0。

2. 主要焚烧参数计算

（1）城市生活垃圾发热量 发热量分为高位发热量和低位发热量。高位发热量是指化合物在一定温度下反应到达最终产物的焓的变化，常用Q_{gw}^y表示，单位kcal/kg。低位发热量与高位发热量的意义相同，只是产物的状态不同，前者水是液态，后者是气态，两者之差就是水的气化潜热。低位发热量等于高位发热量减去水的气化潜热，常用Q_{dw}^y表示，单位kcal/kg。在常用设计计算中，一般都采用低位发热量作为计算参数。低位发热量计算

$$Q_{dw}^y=[8122C^y+34161(H^y-\frac{O^y}{8})+2508S^y]-597(9H^y+W^y)\text{kcal/kg}$$

（2）燃烧理论空气量

$$V_0=0.0889C^y+0.256H^y+0.0333S^y-0.0333O^y$$

式中，V_0为标准状态下不含水蒸气的理论干空气容积（m^3/kg）。

当按湿空气计算时，需要在干空气质量上加上水蒸气含量（干空气的含湿量为10g/kg）。

（3）理论烟气量计算公式 理论烟气量计算

$$V=0.001866C^y+0.007S^y+0.008N^y+0.111H^y+0.0124W^y+0.8061V^y$$

在上述计算公式中C、H、O、N、S、W分别表示生活垃圾中C、H、O、N、S、H_2O的质量百分比。

(4) 实际烟气量　在实际燃烧过程（$m>1$）中，实际烟气量包括过剩空气量和过剩空气带入的水蒸气0.0161（$m>1$）V_0。实际烟气量计算

$$V_s=0.001866C^y+0.007S^y+0.008N^y+0.111H^y+0.0124W^y+(1.0161m-0.21)V_0$$

(5) 烟气系统的管道　据经验，烟气设计流速的取值范围一般在8～10m/s。

(6) 焚烧炉燃烧室热负荷　焚烧炉燃烧室热负荷计算

$$Q=\{F_f\times H_f+F_w\times[Q_{dw}^y\times AC_p(t_k-t_0)]\}/V$$

式中，Q为热负荷（$kcal/m^3h$），一般取值范围1.0×10^5～$1.3\times10^5 kcal/m^3\cdot h$之间；$F_f$为辅助燃料消耗量（kg/h）；$H_f$为辅助燃料低位发热量（kcal/kg）；$F_w$为单位时间垃圾焚烧量（kg/h）；$Q_{dw}^y$为垃圾低位发热量（kcal/kg）；$A$为垃圾助燃空气供给量（kg/kg）；$C_p$为空气定压比热（kcal/（kg·℃））；$t_k$为空气预热温度℃；$t_0$为大气温度℃；$V$为燃烧室容积（$m^3$）。

3. 城市生活垃圾焚烧工艺流程

一般城市生活垃圾焚烧工艺流程如图2-23所示，其工艺由贮存及进料系统，焚烧炉体、二次燃烧室、液压装置及出渣系统，冷热风及烟气系统，降温换热系统，脱硫除尘系统，飞灰及渗漏液处理系统六大系统构成，如图2-24所示。

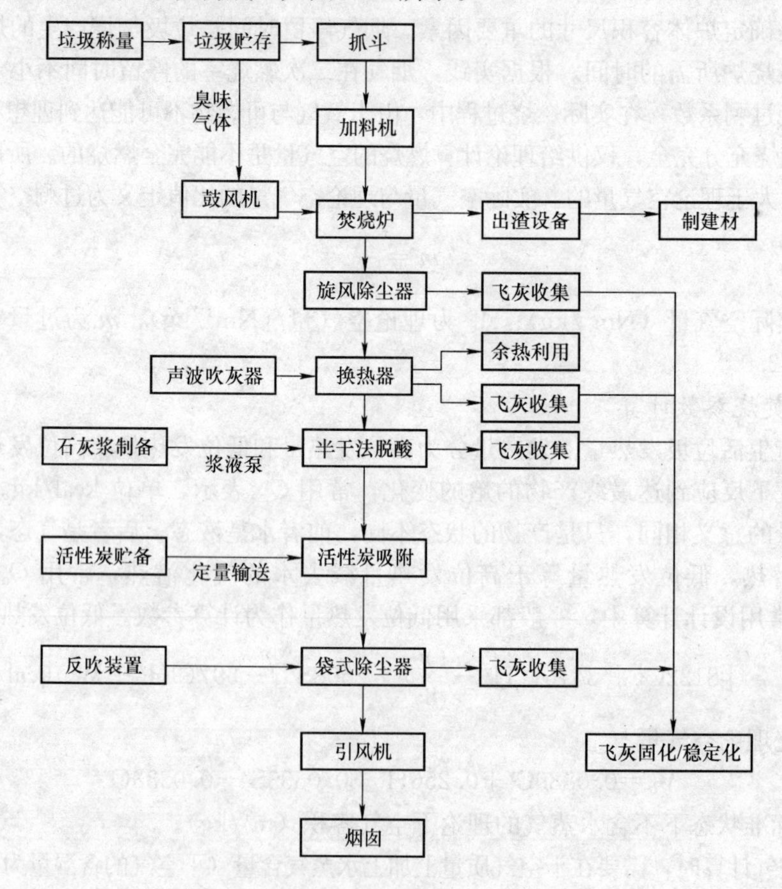

图2-23　城市生活垃圾焚烧工艺流程图

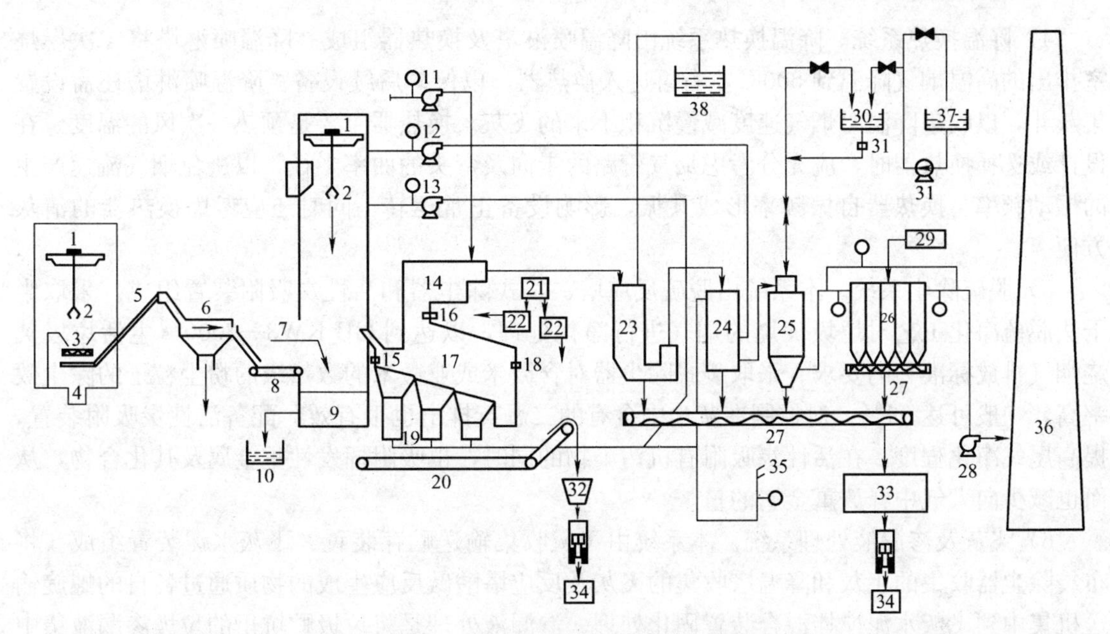

图2-24　城市生活垃圾焚烧系统组成

1—行车　2—抓斗　3—匀料机　4—排水泵　5、8—带式输送机　6—单层滚筒筛　7—分选垃圾　9—垃圾坑　10—渗滤液集液井　11—二次风机　12——次风机　13—冷风机　14—二次燃烧室　15—推料机　16—助燃燃烧器　17—垃圾焚烧炉　18—点火燃烧器　19——次风　20—刮板除渣机　21—贮油罐　22—油箱　23—降温装置　24—空气预热器　25—喷雾干燥吸收塔　26—布袋除尘器　27—螺旋输送机　28—引风机　29—空压机　30—NaOH溶液箱　31—碱泵　32—集渣斗　33—飞灰固化处理　34—填埋场　35—热风放空　36—烟囱　37—NaOH溶解箱　38—生活用水箱

1）贮存及进料系统。本系统主要由贮坑、行车、抓斗、进料斗、推料器组成。负责将垃圾送入焚烧炉进行燃烧。由于垃圾构成复杂，有时容易在进料斗出现“搭桥”现象。因此，在设计时，可考虑在进料斗侧壁加设由液压油缸或气缸驱动的定时搅动装置，以避免出现“搭桥”现象。

2）焚烧炉体、二次燃烧室及液压系统。本系统主要由焚烧炉、二次燃烧室、液压装置、出渣机组成。焚烧炉体的炉排有链条炉排、阶梯往复式炉排、阶梯往复式液压炉排、阶梯反复摇动式炉排、机械反复摇动式炉排等。改进的阶梯往复式液压炉排分为干燥段、燃烧段、燃尽段，其特点是可根据炉排某一段燃烧情况的好坏改变某一段炉排的往复运动时间，可有效地提高焚烧炉的燃烧效率，使垃圾充分燃烧、彻底燃尽，减少二恶英类物质前生体生成。二次燃烧室是将燃烧气体进行二次燃烧。在设计时，必须保证燃烧气体在二次燃烧室的停留时间（不小于2s），以使燃烧气体充分燃烧。液压装置主要控制阶梯往复三段式液压炉排的往复运动。出渣机可采用螺旋式或刮板式、链条式等出渣方式。实际操作时应监控燃烧情况，合理调节各段炉排的往复运动时间，促使垃圾充分燃烧燃尽。

3）冷热风及烟气系统。本系统分别由一次风机、二次风机、引风机组成。一次风吸入垃圾贮坑内的臭气经换热器预热到200～250℃，分别按比例10%、20%、70%输入炉排燃尽段、干燥段、燃烧段以干燥助燃。二次风直接送入二次燃烧室，以较高的风压扰乱二次燃烧室内燃烧的气流，形成湍流，使燃烧气体与空气充分接触，增加烟气混合程度。引风机的选择，应在保证引风机风量的前提下，引风机的风压必须大于烟气系统管路各部位及烟气系统各设备的阻力总和并要留有约5%～10%的富余量，同时还应考虑海拔高度的不同对其的影响。

4）降温换热系统。降温换热系统由降温喷淋塔及换热器组成。降温喷淋塔将二次燃烧室排出的高温烟气降温到500℃左右再进入换热器，以保护后续设备。降温喷淋塔还需设置集灰斗，以收集降温时烟气速度减慢沉积下来的飞灰。换热器主要是预热一次风的温度。在设计或选择换热器时，应充分考虑烟气管路的走向及弯头的曲率半径，以避免烟气流速产生的振动频率与换热器自振频率形成共振，影响设备正常运转。同时还应考虑换热器的清灰方便。

5）脱硫除尘系统。本系统由脱硫反应塔、袋式除尘器和活性炭吸附装置组成。采取半干法脱硫净化工艺对垃圾焚烧的烟气进行净化处理，以达到GB KW3—2000《生活垃圾焚烧烟气排放标准》的要求。采取袋式除尘器对含微米或亚微米的数量级的粉尘粒子的除尘效率高，一般可达99%，对控制在灰尘中含有的二恶英排出也很有效。配备活性炭吸附装置，提高尾气净化程度。在活性炭吸附有机污染物的同时，也吸附挥发性重金属及其化合物，从而也减少向大气中释放重金属的量。

6）飞灰及渗漏液处理系统。本系统由飞灰收集输送贮存装置、飞灰水泥装置组成。将布袋除尘器收集的飞灰和降温塔收集的飞灰及反应塔酸碱反应生成的物质通过各自的螺旋输送机集中到飞灰水泥搅拌混合装置固化处理。渗漏液处理是将垃圾贮坑里的垃圾渗漏液集中后，经高压污水泵和雾化器雾化直接泵入焚烧炉燃烧室燃烧，使有机物分解除臭，达到无害化排放。

7）二恶英排放的控制。垃圾在焚烧炉内得以充分燃烧是减少二恶英类生成的根本所在。在垃圾焚烧系统的设计、施工和运行中，实施二恶英控制的技术和方法。即保证焚烧炉出口烟气的足够温度（Temperature）、烟气在燃烧室内停留足够的时间（Time）、燃烧过程中适当的湍流（Turbulence）和过剩的空气量（Excess Air）。这就是国际上普遍采用的“3T+E”控制法。由于焚烧炉烟气中的二恶英类物质主要是吸附在飞灰表面，因此，只要做到高效除尘，便可以极大地减小焚烧设施向大气排放二恶英类物质。

4. 城市生活垃圾焚烧有待解决的问题

虽然城市生活垃圾焚烧技术已得到推广运用，从生活垃圾焚烧技术和生活垃圾焚烧的状况看，还有需要提高改进的地方，具体如下：

（1）焚烧设备的腐蚀问题　垃圾焚烧过程是个复杂的化合反应过程。垃圾焚烧生成物中S和Cl及其化合物对换热器产生高温腐蚀，而随着烟气温度的下降，烟气中的HCl、SO_2等成分于烟道尾部结露形成酸性液，对尾部管道及设备产生低温腐蚀，这是目前国内外大型城市生活垃圾焚烧炉的运行中普遍存在的问题。选择高抗腐蚀性材料，可以在一定程度上解决腐蚀问题。目前我国对换热器高温段的换热管束段采用不锈钢，效果明显。低温腐蚀的处理通常采取适当提高排烟温度，保证排烟温度在结露点温度之上。

（2）提高焚烧余热综合利用　垃圾焚烧余热的综合利用在经济发达的大中型城市做得较好，但在小城市受地域环境和经济发展的限制，尚不能有效地利用，造成了资源的浪费。在当今提倡低碳经济的环境下，如何进一步开发利用焚烧余热仍是值得研究的问题。

2.6.2.8 城市生活垃圾焚烧炉

1. 炉排型焚烧炉

炉排型焚烧炉是当前各国采用得比较多的炉型，也是开发得最早的炉型。其主要特征是将被处理的垃圾堆放在炉排上，焚烧火焰从垃圾堆料层的着火面向未着火的料堆表面及内层传播，形成一层一层燃烧的过程，典型构造如图 2-25 所示。在炉排上，沿料堆行进方向，可以区分出预热干燥、主燃和燃尽三个温度不等的区段，以及由不同区段产生的气体在炉排上方形成不同炉膛温区，沿炉膛高度方向温度也有明显下降。

炉排型焚烧炉的技术特点：

1）生活垃圾全部焚烧，可以以油为辅助燃料，不掺煤。

2）垃圾进料不需要预处理。

3）依靠炉排的机械运动实现垃圾的搅动与混合，促进垃圾完全燃烧，不同的炉排产商在炉排的设计上各有特点。

4）垃圾在焚烧炉内为稳定燃烧，燃烧较为完全，飞灰量少，炉渣热酌减率低。

5）技术成熟，设备年运行时间可达 8000h 以上。

6）垃圾需要连续焚烧，不宜经常起炉和停炉。

2. 流化床焚烧炉

流化床焚烧炉是基于循环流化床燃烧技术而发展起来的一种新型的集垃圾焚烧、供热、发电为一体的先进的垃圾处理设备。流化床焚烧与层燃方式完全不同，它主要依靠炉膛内高温流化床料的高热容量，强烈掺混合传热的作用，使送入炉膛的垃圾快速升温着火，形成整个床层内的均匀燃烧。这类焚烧炉的工作原理是空气（或其他气体）由容器底部喷入，砂子被搅成流态物质，废物被喷入燃烧床内，由于燃烧床内迅速的热传递而立刻燃烧，烟道气燃烧热即被燃烧床吸收，燃烧床的温度控制在 800～900℃，燃烧稳定，高温停留时间达 3～4s，能有效控制二恶英等有害物质排放。为了保证入炉垃圾的充分流化，对入炉垃圾的尺寸要求较为严格，需要进行一系列筛选、粉碎等处理，使其尺寸、性状均一化。一般破碎到小于等于 150mm，然后送入流化床内燃烧，床层物料多为石英砂，一次风经由风帽通过布风板送入流化层，二次风由流化层上部送入。采用燃油预热料层，当料层温度达到 600℃左右时投入垃圾焚烧。流化床焚烧炉典型构造如图 2-26 所示。

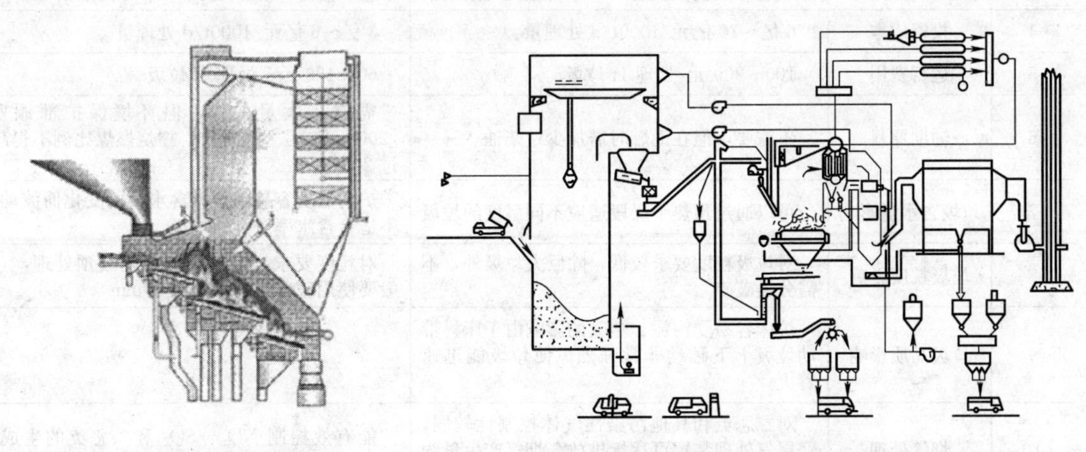

图 2-25　机械式炉排　　　图 2-26　流化床焚烧炉典型构造

流化床焚烧炉的技术特点在于：

1）需要石英砂作为辅料，需要掺加烧燃煤才能燃烧垃圾，在煤价较低或上网电价较高的情况下，掺煤越多焚烧厂型的经济效益越好。

2）可以混烧多种废物，但是进料越均匀越好，一般需要有前分选和破碎工序。

3）焚烧炉内垃圾处于悬浮流化状态，为瞬时燃烧，燃烧不完全，飞灰量大，飞灰热酌减率高。

4）物料处于悬浮状态，烟气流速高，对焚烧炉的冲刷和磨损比较严重，设备使用年限较短。

5）流化床炉的检修相对较多，年运行时间较短，通常只有6000多h。

6）焚烧炉起炉和停炉较为方便。

流化床焚烧技术在我国已有较多应用，有一定的优点，但目前发展受到制约：

1）循环流化床技术入炉垃圾要进行分拣，入炉垃圾的热值要求高，焚烧稳定性差，辅助燃料的比重大等缺点，使得循环流化床焚烧炉并不是很适合普遍高水分、低热值的中国生活垃圾；由于在燃烧中要添加一定比例的辅助燃料（煤），导致生产成本随煤价波动。

2）环保要求的日益严格，添加辅助燃料（煤）燃烧会增加企业SO_2减排的压力，同时流化床炉飞灰产生量大，处理成本高。

3）国家政策限制了流化床炉的加煤量，垃圾焚烧发电项目中“掺烧燃煤比例不得超过20%”，避免部分垃圾焚烧发电厂在本质上成为“享受国家补贴的小火电”，同时国家对流化床加煤发电量的补贴限制也在逐步增加。鉴于流化床技术的应用具有一定的市场风险和政策风险，选用时应慎重。

炉排型焚烧炉和流化床焚烧炉综合比较见表2-34。

表2-34 增值税即征即退的政策对城市生活垃圾电厂收益影响

序号	比较项目	炉排型焚烧炉	流化床焚烧炉
1	技术成熟度	历史悠久，技术成熟	发展历史较短，已实现商业化使用
2	复杂程度	控制较为简单	控制系统较复杂
3	燃烧方式	未经破碎的垃圾直接进入炉内，先干燥而后燃烧，垃圾块较粗大，平均燃烧时间较长	以600～700℃的热媒体（砂），将破碎的垃圾干燥、燃烧，垃圾块较小，平均燃烧时间短
4	投资成本	6亿～10亿元/1000t/d处理量	3亿～6亿元/1000t/d处理量
5	运行费用	100～200元/处理1t垃圾	60～120元，处理1t垃圾
6	辅助原料	不需要，但在助燃时需加少量柴油	需掺入大量的煤，但环境保护部颁发［2008 3S2号］文规定，掺烧燃煤比例不得超过20%
7	垃圾含水量影响	可以通过预热干燥段适应不同湿度的垃圾	炉内温度容易随垃圾含水量的变化而波动，不适合含水率过高的垃圾
8	垃圾粒度影响	对垃圾粒度要求较低，除巨大垃圾外，不需分类破碎	对粒度要求高，需要炉前垃圾预处理，一般要使用破碎机破碎到约20mm
9	垃圾品质影响	炉床容易受污泥、塑胶的影响由于床科带动垃圾上下翻动非常强烈。使垃圾能迅速着火	
10	烟气处理	对二恶英和其他污染性气体控制性较弱，经尾气处理装置可达标排放，烟气产生量约（3.5～4.8）$\times10^3m^3/t$垃圾	能有效控制NO_x、SO_2和二恶英的生成，烟气产生量约（5～9）$\times10^3m^3/t$垃圾
11	飞灰产生量	飞灰产生量较少，约为垃圾处理量的2.5%～3%	飞灰产生量大，约为垃圾处理量的15%～20%，按危险废物处置，费用较大
12	垃圾渗滤液	垃圾渗滤液需另行处理，不能进行炉内回喷燃烧	垃圾渗滤液可进行炉内回喷，但会影响燃烧效率

3. 旋转焚烧炉

旋转焚烧炉是一个缓慢旋转的回转窑，内壁用耐火砖砌筑，也可采用管式水管壁护滚筒，回转窑直径为4～6m，长度为10～20m，根据焚烧的垃圾量确定，倾斜放置。单台回转窑垃圾处理量目前可达到300t/d（直径约4m，长约14m）。回转窑过去主要用于处理有毒有害的医院垃圾和化工废料。它是通过炉本体滚筒缓慢转动，利用内壁耐高温抄板将垃圾由筒体下部在筒体滚动时带到筒体上部，然后靠垃圾自重落下。由于垃圾在筒内翻滚，可与空气充分接触，进行较完全的燃烧。垃圾由滚筒一端送入，热烟气对其进行干燥，在达到着火温度后燃烧，随着筒体滚动，垃圾翻滚并下滑，一直到筒体出口排出灰渣。垃圾含水量过大时，可在筒体尾部增加一级炉排，用来满足燃尽，滚筒中排出的烟气，通过一垂直的燃尽室（二次燃烧室），燃尽室内送入二次风，使烟气中的可燃成分充分燃烧。对热值低于5000kJ/kg（1200kcal/kg）的垃圾，旋转焚烧炉有一定的难度，一般焚烧生活垃圾采用较少。

2.6.2.9　城市生活垃圾焚烧烟气处理技术

1. 烟气污染物组成

城市生活垃圾焚烧烟气污染物由颗粒物和气态污染物两部分组成。

（1）颗粒物　焚烧烟气中的颗粒物一般包括有机物、重金属等污染物。生活垃圾焚烧烟气中的有机类污染物主要为二恶英类及多环芳香烃、氯苯和氯酚等，其中二恶英是目前已知化合物中毒性最强的一类物质，虽然其含量极低，但危害巨大。生活垃圾焚烧烟气中的重金属类污染物源于焚烧过程中垃圾所含重金属及其化合物的蒸发，主要以Pb、Hg及Cd为主。烟气中（标准状态下）重金属的含量约为60mg/m^3，其中Hg为0.2～0.5mg/m^3，Cd为0.2～0.3mg/m^3。

（2）气态污染物　生活垃圾焚烧烟气中的气态污染物以HCl、HF、SO_x、NO_x及CO等酸性气体为主。其中，HCl来源于垃圾中含氯塑料、厨余、纸张、布等物质的燃烧，标准状态下，其含量为1.0～1.5g/m^3；HF主要来自垃圾中氟炭化物的燃烧，其形成机理与HCl类似，标准状态下，其含量为1～20mg/m^3；SO_x来源于含硫生活垃圾的高温氧化过程，以SO_2为主，在重金属催化作用下，有少量SO_3生成，标准状态下，其含量为0.3～1.0g/m^3；NO_x主要来自高温条件下N_2和O_2的氧化反应，另外，含氮有机物的燃烧也可生成NO_x，NO_x中NO所占比例高达95%，NO_2仅占很少一部分；CO是由于生活垃圾中有机可燃物不完全燃烧产生的，有机可燃物中的碳元素在焚烧过程中，绝大部分被氧化为CO_2，但由于局部供氧不足及温度偏低等原因，极小部分被氧化为CO。

2. 烟气污染物排放标准

目前，国内已建成运营的生活垃圾焚烧厂烟气排放均执行GB 18485—2001《生活垃圾焚烧污染控制标准》或欧盟1992标准。随着环保要求的日益严格及国家有关节能减排政策的实施，国内已有部分筹建的生活垃圾焚烧厂烟气排放执行EU2000/76/EC（欧盟2000）标准。垃圾焚烧厂烟气排放标准见表2-35。

表2-35　烟气主要污染物排放标准

污染物/（mg/m^3）	GB 18485—2001	欧盟1992	EU2000/76/EC
烟尘	80	30	10
HC	75	50	10
HF	—	2	1

（续）

污染物/（mg/m³）	GB 18485—2001	欧盟 1992	EU2000/76/EC
SO_x	260	300	50
NO_x	400	—	200
CO	150	100	50
TOC	—	20	10
Hg	0.2	0.1	0.05
Cd	0.1	0.1	0.05
Pb	1.6	—	≤0.5
其他重金属	—	6	≤0.5
二类/（ng-TEQ/m³）	1.0	0.1	0.1
烟气黑度/林格曼级	1	—	—

注：1. 各项标准限值，均以标准状态下含 11%O_2 的干烟气为参考值换算。

2. 烟气最高黑度时间，在任何 1h 内累计不得超过 5min。

3. GB 18485—2001 中 HCl、HF、SO_x、NO_x、CO 为小时均值，而欧盟 1992、EU2000/76/EC 为日均值。其余污染物均为测定均值。

3. 常用烟气处理工艺

（1）NO_x去除工艺　目前，国内已投产运行的生活垃圾焚烧厂均未设置专门的脱氮装置，烟气中的NO_x排放含量一般可控制在 300～400mg/m³，能够达到《生活垃圾焚烧污染控制标准》要求，但达不到 EU2000/76/EC 的要求。如要达到 EU2000 排放限值，则必须设置专门的脱氮设施。NO_x 去除工艺主要有选择性非催化还原法（SNCR）和选择性催化还原法（SCR）。

1）SNCR 是以 NH_4OH（氨水）或$(NH_2)_2CO$（尿素）作为还原剂，将其喷入焚烧炉内。NO_x 在高温下被还原为 N_2 和 H_2O。SNCR 法可将 NO_x 排放含量控制在 200mg/m³ 以下。据广州李坑垃圾焚烧厂实际运营数据，未采用 SNCR 系统时 NO_x 排放含量在 400mg/m³ 左右，而在仅仅增加了 SNCR 系统的基础上，NO_x 排放含量可以稳定在 200mg/m³ 左右。

2）SCR 法是在催化剂作用下 NO_x 被还原成 N_2，为达到 SCR 法还原反应所需的 200℃，烟气在进入催化脱氮器前需加热。SCR 法可将 NO_x 排放含量控制在 50mg/m³ 以下。与 SNCR 法相比，SCR 法脱氮效果更好，但需要消耗昂贵的催化剂，加热还需耗用大量热能，处理运行成本远大于 SNCR 法。因此，SCR 法一般应用在对 NO_x 排放控制更严的经济发达国家。

（2）颗粒物、重金属及二恶英去除工艺　颗粒物去除主要有电除尘器和袋式除尘器。电除尘器由于不能满足去除有机物（二恶英等）、重金属的需要，现基本不作为生活垃圾焚烧厂的除尘设备。《生活垃圾焚烧污染控制标准》中明确规定生活垃圾焚烧炉除尘装置必须采用袋式除尘器。重金属以固态、液态和气态的形式进入除尘器，当烟气冷却时，气态部分转化为可捕集的固态或液态微粒。目前常用的重金属及二恶英去除工艺是“活性炭吸附＋袋式除尘器”。

（3）脱酸工艺

1）干法。干法脱酸有两种方式，一种是干性药剂（一般采用消石灰）和酸性气体在反应塔内进行反应；另一种是在进入除尘器前的烟气管道中喷入干性药剂，在此与酸性气体反应。消石灰与酸性气体发生中和反应，要有合适的温度（140～170℃），而余热锅炉出口的烟气温度往往高于这个温度，为提高脱酸效率，一般需通过喷水降低烟温。干法净化工艺设备简单，工程费用最少，但净化效率相对较低，一般 SO_2 去除率仅 30%、HCl 仅 50%。一般而言，干法脱硫较难满足烟气净化的要求。

2）半干法。半干法脱酸一般采用氧化钙（CaO）或氢氧化钙（$Ca(OH)_2$）为原料，制备成氢氧化钙溶液。利用喷嘴或旋转喷雾器将氢氧化钙溶液喷入反应器中，形成粒径极小的液滴，与酸性气体反应。反应过程中水分被完全蒸发，故无废水产生。半干法净化工艺不仅可达到较高的净化效率，而且具有投资和运行费用低、流程简单、不产生废水等优点，是设计中应优先选用的净化技术。

3）湿法。湿法脱酸的药剂一般采用烧碱（NaOH），以提高除酸效率。配置好的烧碱溶液喷入湿式洗涤塔，与烟气中的酸性气体进行反应。洗涤塔产生的废水需经专门处理后排放，处理后的烟气需再加热。湿法净化工艺的净化效率最高，可满足严格的排放标准，但流程复杂，配套设备较多，一次性投资和运行费用高，并有后续的废水处理问题。

由前述分析，烟气脱酸除尘可采用以下三种工艺组合形式："干式反应塔＋袋式除尘器""半干式反应塔＋袋式除尘器""湿式反应塔＋袋式除尘器"。

4. 国内部分垃圾焚烧厂烟气处理工艺及排放指标

当烟气处理工艺相差不大时，生活垃圾焚烧厂的烟气排放指标将受入炉垃圾的性质、焚烧炉的炉型和运营的水平来决定。国内部分垃圾焚烧厂采用的焚烧炉排和烟气净化工艺见表2-36，国内部分生活垃圾焚烧厂主要烟气污染物的设计排放含量和运行实测排放含量见表2-37。

表2-36　国内部分垃圾焚烧厂烟气净化工艺

名称	焚烧线配置	炉排类型	烟气处理工艺	标准
上海江桥生活垃圾焚烧厂	3×500	德国 Steinmuller 公司炉排锅炉	半干法＋活性炭喷射＋袋式除尘器	部分符合欧盟1992
成都洛带生活垃圾焚烧厂	3×400	日立造船机械炉排锅炉	减温减湿塔＋干法（$Ca(OH)_2$）＋活性炭喷射＋袋式除尘器	
太仓协鑫生活垃圾焚烧厂	2×250	杭锅二段往复式机械炉排锅炉	半干法循环流化反应器＋活性炭喷射＋袋式除尘器	
青岛小涧西生活垃圾焚烧厂	3×500	机械炉排锅炉	SNCR＋半干法（NaOH在线备用）＋干法＋活性炭喷射＋袋式除尘器	
常熟生活垃圾焚烧厂	2×300	比利时西格斯 SHA 多极炉排锅炉	半干法＋活性炭喷射＋袋式除尘器	
苏州市生活垃圾焚烧厂（一期）	3×350	比利时西格斯 SHA 多极炉排锅炉	半干法＋活性炭喷射＋袋式除尘器	
深圳宝安白鸽湖生活垃圾焚烧厂	2×500	机械炉排锅炉	SNCR＋半干法＋活性炭喷射＋袋式除尘器	符合国标
南京江北生活垃圾焚烧厂	2×600	机械炉排锅炉	半干法＋活性炭喷射＋布袋除尘器	部分符合欧盟1992
上海江桥生活垃圾焚烧厂技改扩能工程	3×667	机械炉排锅炉	SNCR＋干法＋活性炭喷射＋袋式除尘器＋湿式洗涤塔	欧盟2000

表2-37　国内部分垃圾焚烧厂烟气排放含量

名　称	烟气排放含量/（mg/m^3）					状态
	烟尘	CO	HCl	NO_x	SO_x	
上海江桥生活垃圾焚烧厂	30	100	50	400	260	工可数据
	2.3	6.1	39.6	311	97	运营实测值
成都洛带生活垃圾焚烧厂	30	80	50	350	200	工可数据

（续）

名　　称	烟气排放含量/(mg/m³)					状态
	烟尘	CO	HCl	NO_x	SO_x	
太仓协鑫生活垃圾焚烧厂	30	50	100	400	300	工可数据
	20	15	40	130	10	运营实测值
常熟生活垃圾焚烧厂	0.35	2	45	8.6	56	运营实测值
苏州市生活垃圾焚烧厂（一期）	12	75	56	270	226	运营实测值
深圳宝安白鸽湖生活垃圾焚烧厂	30	75	150	300	260	在建阶段
南京江北生活垃圾焚烧厂	15	80	50	300	260	环评阶段
上海江桥生活垃圾焚烧厂技改扩能工程	10	50	10	200	50	环评阶段
青岛小涧西生活垃圾焚烧厂	25	50	50	180	150	初设阶段

注："工可"即工程可行性研究报告。

由表 2-36 和表 2-37 可以看出：

1）从收集到的我国城市生活垃圾焚烧厂实际烟气排放指标看，"半干法＋活性炭喷射＋布袋除尘器"的烟气处理工艺在满足《生活垃圾焚烧污染控制标准》的基础上，也满足欧盟 1992 标准，是现阶段我国城市生活垃圾焚烧厂烟气净化工艺的主流选择。

2）对比收集到的我国已运营生活垃圾焚烧厂的烟气排放实际指标和规划设计指标，规划设计烟气排放指标总体上趋于保守。如江桥、太仓等生活垃圾焚烧厂烟气净化后的主要污染物排放实际指标均大幅低于规划设计指标。

3）国外技术和经济发达国家的运行证实，"湿式洗涤塔＋活性炭喷射＋布袋除尘器"工艺完全可以使生活垃圾焚烧厂烟气排放指标达到欧盟 2000 标准。上海江桥技改扩能工程将成为国内第 1 个采用此工艺的生活垃圾焚烧厂。

4）当烟尘降至 20mg/m³ 左右，HCl 降至 40mg/m³ 左右，NO_x 降至 300mg/m³ 左右等关键点时，单一的半干法的效用已经发挥到了极致，如果需要执行更为严格的烟气排放指标，必须考虑添加其他辅助处理工艺。因此，青岛小涧西生活垃圾焚烧厂、深圳宝安白鸽湖垃圾焚烧厂、上海江桥垃圾焚烧厂扩建工程、海口市生活垃圾焚烧发电厂、济南第二生活垃圾综合处理厂等生活垃圾焚烧厂的烟气净化系统新增了 SNCR 除氮工艺和辅助除酸工艺。

2.6.2.10　城市生活垃圾焚烧二恶英生成与控制技术

二恶英是某些氯化物族的简称，有时是指多氯二苯并二恶英（Polychlorinated dibenzo-p-dioxins，简称 PCDDs），有时又是多氯二苯并二恶英与多氯二苯并呋喃（Polychlorinated dibenzofuran，简称 PCDFs）的统称，二恶英类的分子结构式如图 2-27 所示，即由 1 个或 2 个氧原子连接 2 个被氯取代的苯环，1 个氧原子的称为多氯二苯并呋喃（PCDFs），2 个氧原子的称为多氯二苯并二恶英（PCDDs），每一个苯环上可以取代 1～4 个氯原子，所以共有 75 种 PCDDs 异构体和 135 种 PCDFs 的异构体，统称为二恶英类（Dioxins）。

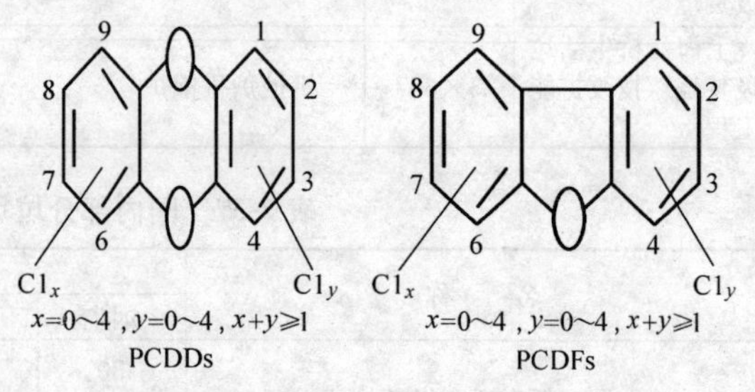

图 2-27　PCDDs 和 PCDFs 的分子结构

二恶英是非常稳定的亲脂性固体化合物，熔点较高，化学稳定性高，与酸、碱不起作用，分解温度大于700℃，极难溶于水，可溶于大部分有机溶剂，容易在生物体内积累，分解期为10年，容易再合成。在自然环境中不易降解（微生物强解、水解、光解等对其影响很小），进入生物体后，几乎不排泄而累积于脂肪和肝脏中，属超微量级的致癌物质。二恶英毒性很强，其中以2，3，7，8-TCDD的毒性为最强，是氰化钾毒性的1000倍以上，是迄今为止发现的最具致癌潜力的物质，被人们称为“世纪之毒”。

1. 二恶英的形成途径

大气环境中的二恶英90%来源于垃圾焚烧。我国垃圾焚烧的二恶英排放控制对策，应从产生到排放进行全过程管理，包括源头控制、提高焚烧工艺技术、完善烟气末端处理、加强监督管理和定期进行二恶英排放监测，使其消除或控制在足够低水平。城市生活垃圾焚烧过程中二恶英的形成主要有四种途径：

1）含铅汽油、煤、石油产品以及防腐处理过的木材、各种废弃物特别是含高有机氯的医疗废弃物在燃烧温度低于300℃时易产生二恶英。

2）当今现代社会电子垃圾日益增多，电子垃圾（含多氯联苯）焚烧是氯代二恶英的重要排放源。

3）日常生活所用的胶袋、软胶等物质都含有氯，在对聚氯乙烯等含氯塑料焚烧过程中，温度低于800℃时不完全燃烧，产物氯苯是二恶英合成的前体，极易生成二恶英。

4）其他含氯、含碳物质（如纸张、木制品、食物残渣等）通过铜、钴等金属离子的催化作用下经氯苯生成二恶英。因此，通过垃圾分类收集，避免电子垃圾、建筑废物以及含有机氯高的废物（如医疗废物）进入焚烧炉，从而降低废物中氯含量可有效控制二恶英生成。

2. 影响二恶英生成因素

影响二恶英生成的主要因素包括碳源、氯源、温度、催化剂、氧等，在研究垃圾焚烧过程中二恶英的控制时，应着手从影响二恶英生成的因素去考虑。碳源不论是在从头合成反应中，还是在前驱物反应中，都需要提供一定数量的碳源，从头合成反应中主要是大分子的碳结构，如活性炭、碳、煤灰、焦炭、残留碳等；而前驱物反应中主要是小分子物质，包括脂肪族（如丙烯）、单环官能团芳香族（苯甲酸、甲苯、苯酚等）、氯芳香族（如氯酚、氯苯等）。氯源主要是为二恶英在形成过程中提供一定数量的氯原子，有些（如氯化铜和氯化铁）还可以充当催化剂。温度是影响二恶英形成的重要因素之一，在300℃左右的温度范围内二恶英产生最多。一般认为，在从头合成反应和前驱物反应中，假如没有催化剂的存在，即便有足够的碳源、氯源和适宜的反应温度，也不会生成太多二恶英。催化剂不同，其催化活性不同，对二恶英生成的影响也不同。二恶英类物质的分子中都含有氧元素，可见，氧对二恶英的生成有一定的影响。在缺氧的条件下，二恶英的生成量开始下降。在从头合成反应中，氧的存在是必要的，氧的含量会影响到二恶英的生成。

3. 控制和净化二恶英生成的措施

垃圾焚烧过程中二恶英的控制和净化是目前国内外共同关注的问题，也是垃圾能源化利用的关键所在。吸收消化国外技术，根据我国垃圾自身等特点，发展自己的技术和污染控制技术，要做到无害化地处理城市生活垃圾，减少二恶英污染问题。严格执行我国城市生活垃圾焚烧污染控制标准、规范和扶持垃圾焚烧技术的发展。现阶段控制和净化二恶英的措施主要有：

(1) 减少炉内合成　垃圾中的无机氯化物（如NaCl）和有机氯化物（如塑料、橡胶、皮革）在过渡金属阳离子（如 Cu^{2+}）的催化下不完全燃烧生成二恶英。通过控制温度、添加抑制剂和改良炉内结构可降低二恶英在炉内生成量。对垃圾进行分类，回收可利用、可再生资源，控制氯和重金属含量高的物质进入垃圾焚烧厂。选择合适的炉膛和炉排结构，使垃圾在焚烧炉中得以充分燃烧。

1）控制燃烧温度。生活垃圾中残留碳形态在低温段极易生成二恶英，控制炉膛及二次燃烧室内，或进入余热锅炉前烟道内的烟气温度不低于 850℃，二恶英就可以完全分解。若温度控制在 1200℃以上，还可减少炉外低温再合成，大大降低后期重新合成几率。控制烟气在炉膛及二次燃烧室内停留时间不小于 2s，O_2 含量不少于 6%，合理控制助燃空气的风量、温度。因此，控制燃烧温度和时间可有效减少二恶英产生。

2）多段燃烧。垃圾受热后产生一定量的氧源和氢氧自由基，当烟气中 CO_2、CO、NO_x 在厌氧条件下，垃圾贮仓内温度保持在 30～60℃范围内时，即可密闭发酵生成 CH_4；在氢氧自由基作用下，可促使 CO_2 和 CH_4 反应转化成 CO；利用二次风机将这些含有大量可燃气体的烟气送入焚烧炉进行二次高温燃烧，二恶英类物质可基本被消除，去除率达 99.9999 %，基本实现二恶英零排放和 CO_2 减排。

3）添加抑制剂。$CuCl_2$ 和 CuCl 对二恶英生成的催化能力较大，在焚烧炉的锅炉管束前喷入氨气，氨气与 Cu^{2+} 结合使 Cu^{2+} 失去催化作用，同时加入煤炭（硫）也可抑制二恶英生成。

4）改良炉内构造。烟气通过引风机直接送入设置在垃圾贮仓下方的烟气分配箱内，烟气分配箱通过电动阀门与垃圾贮仓连通，电动阀门在自动单元控制下有节奏地开合，使烟气通过贮仓底板上的进气孔吹入垃圾贮仓内不同区域对垃圾进行均匀加热，从而保持充分的气固湍动程度和过量的空气，抑制二恶英在炉内合成。

（2）垃圾焚烧后烟气末端处理　垃圾焚烧过程中不仅产生二恶英等有机物，还会产生烟气（SO_x、NO_x、HCl 等酸性气体）。从我国生活垃圾成分和资金投入因素综合考虑，焚烧烟气处理宜采用半干法加布袋除尘工艺，利用秸秆灰和石灰粉吸附烟气中残存的二恶英以及中和酸性物质，再经除尘器净化。添加碱性物质，如 CaO、石灰乳、氨水或 $CaCO_3$ 等可中和烟气中的酸性物质。焚烧炉和烟道内生成的二恶英，90%是以固态形式附着在飞灰表面，通过除尘器或活性炭吸收塔都能很好地控制其污染，剩下仅 5%通过废气排放。

1）提高尾气净化效率。去除存在于烟气中以颗粒状态存在或吸附在飞灰上的二恶英，可通过喷射活性炭粉末提高对超细粉尘及其吸附的二恶英的捕集效率。因此，选用新型袋式除尘器，控制除尘器入口的烟气温度低于 200℃，并在进入袋式除尘器的烟道上设置活性炭等反应剂的喷射装置，进一步吸附二恶英。

2）提高热脱附反应速率。吸附在飞灰表面的二恶英在隔绝空气受热条件下发生热脱附反应。在 300℃加热条件下主要发生脱氯降解反应，脱附率为 95.5%，但达到 400℃时飞灰发生大量二恶英前体合成反应，使 PCDD/Fs 含量显著增加。因此，缩短烟气在处理和排放过程中处于 300～500℃温度域的时间，控制余热锅炉排烟温度不超过 250℃左右，使绝大部分二恶英发生降解反应，从飞灰表面脱附出来。

3）水洗涤技术。采用水洗涤方法能有效去除焚烧飞灰中大部分可溶性氯盐，从而抑制飞灰中二恶英再生和改善飞灰的热稳定性。

（3）加强监管　适当增加对焚烧厂的指标抽检频率，另外，可向周边居民发放监督证，对已经实施的垃圾焚烧项目予以更严格监督和约束，让居民参与监督，规范和提高生活垃圾焚烧厂的运行和管理水平。

(4) 定期监测 二恶英是可以检测的，通过在线取样、监测系统对二恶英排放量进行监控。根据在线监测的焚烧温度、一氧化碳含量、烟气停留时间、活性炭喷射量等参数是否符合设计要求来判定二恶英是否达标排放。由于烟气中CO含量与二恶英的生成量有较大的相关性，当烟气中CO含量超过一定值（10^{-4}）时，二恶英产生量会大幅度提高，故CO含量可作为二恶英产生的间接指标。

2.6.2.11 城市生活垃圾焚烧灰渣资源化利用

1. 灰渣的来源和化学组成

城市生活垃圾焚烧后，会产生约占垃圾焚烧前总量20%～30%的焚烧灰渣，灰渣根据其收集的位置不同，主要分为底灰和飞灰。底灰是由炉床尾端排出的残余物，即主要由熔渣、黑色及有色金属、陶瓷碎片、玻璃和其他不可燃物质及未燃有机物组成，约占灰渣总量的80%；飞灰是指由烟气净化系统和热回收利用系统收集而得到的残余渣，约占灰渣总量的20%。目前在欧洲一些国家（如英国、德国、法国等）和加拿大，以及日本，大部分的生活垃圾焚烧厂是将底灰和飞灰分开收集和处理，我国也要求分别收集。但在美国，底灰和飞灰是混合收集和处置，因此被称为混合灰渣。上海市某垃圾焚烧厂灰渣的基本化学成分见表2-38。

表2-38 上海市某垃圾焚烧厂生活垃圾焚烧灰渣基本化学成分（质量分数） (%)

项目	Loss	CaO	SiO_2	SO_3	Cl^-	Al_2O_3	Na_2O	K_2O
数值	1.99	25.34	18.20	13.00	12.29	6.74	5.51	4.34
项目	Fe_2O_3	P_2O_5	MgO	TiO_2	ZnO	PbO	CuO	其他
数值	3.65	2.87	2.39	0.94	0.84	0.49	0.11	0.13

以一台国内典型城市生活垃圾焚烧炉所产生的灰渣分析为例，该焚烧炉日处理城市生活垃圾150t，采用马丁逆向往复炉排燃烧方式，主燃室燃烧温度800℃左右，二燃室焚烧温度达1100℃。焚烧炉的炉排灰取自炉排落灰斗，飞灰取自静电除尘器下收集灰，底灰取自于炉渣的排出口。在测试分析前，去除掉底灰和炉排灰中明显可见的大块未燃烧的布、塑料袋以及不可燃的金属制品、建筑材料等，然后在干燥箱中于55℃下干燥24h，将干燥后的灰渣研磨（飞灰除外）并过80目（180μm）的筛，取筛下物放入干燥器中。灰成分分析采用X射线荧光光谱仪（XRF），激发条件为Rh靶，激发电压为50kV，激发电流为50mA，室温为25℃，湿度为60%，具体分析结果见表2-39。

表2-39 垃圾焚烧灰渣成分分析（质量分数）

样品	SiO_2	Al_2O_3	Fe_2O_3	CaO	MgO	Na_2O	K_2O	TiO_2	P_2O_5	MnO	SO_3	Cl
炉排灰	32.83	4.37	3.39	27.93	5.40	3.18	2.42	0.78	5.03	0.13	5.97	2.80
飞灰	8.57	3.90	2.58	13.90	3.16	14.00	8.77	0.76	2.81	0.12	15.36	12.47
底灰	28.29	1.70	4.09	33.52	6.35	1.39	1.38	0.59	7.96	0.17	3.95	1.54

从表2-39可以看出，沸点温度较高的、难挥发的元素在底灰和炉排灰中分布较多，容易在底灰和炉排灰中富集。其中，Si在焚烧炉飞灰中的质量分数为8.57%，而在底灰和炉排灰中达到30%左右。Fe、Mg和Al等难挥发的元素也具有相同的趋势。同时，Na和K等属于易挥发的元素，很容易在飞灰中富集；由于P挥发性中等，因而在底灰和飞灰中不

会产生明显的富集。

为减轻污染，在生活垃圾存放和焚烧过程中添加了石灰成分，表 2-39 中的炉排灰和底灰样品中 Ca 的质量分数较高，分别达到 27.93%和 33.52%。焚烧固体残余物中 Cl 和 SO_3 的含量及分布与添加石灰有关。从表 2-39 可以看出，飞灰样品中 Cl（质量分数 12.47%）和 SO_3（质量分数 15.36%）较高，表明加入的石灰中和烟气中的 HCl 和 SO_2 的效率很高。

重金属成分采用电感耦合等离子体-原子发射光谱仪（ICP-AES）进行测量（Hg 除外），其中 Cr、Cu、Cd、Pb、Zn 和 Ni 等用 $HF/HClO_4/HNO_3$ 进行消解，As 用 HCl 进行消解，Hg 用 $HNO_3/H_2SO_4/H_2O_2$ 进行消解，然后用冷原子荧光测汞仪进行分析。具体分析结果见表 2-40。

表 2-40　垃圾焚烧灰渣中的重金属的质量比　（单位：mg/ kg）

样品	Cd	Zn	Cu	Cr	Ni	Pb	Hg	As
炉排灰	23.29	2809	858.2	366.6	178.2	660.6	0.012	38.15
飞灰	289.7	5622	1286	366.2	74.85	4451	0.435	130.70
底灰	24.80	3378	804.6	189.6	90.04	647	0.046	28.97

城市生活垃圾焚烧炉中，高蒸气压的重金属（Cd、Pb、As 和 Hg）随烟气移动。同时，在城市生活垃圾焚烧过程中，重金属可能会转化成金属氯化物，而金属氯化物具有比金属氧化物和金属元素更高的蒸气压。因此，它们很容易在飞灰和气相中富集。由表 2-40 可见，Cd、Pb、Hg 和 As 等属于易挥发的重金属，明显在飞灰中富集；Ni 属于难挥发的重金属，底灰和炉排灰中的含量要高于飞灰；Zn、Cu 和 Cr 的挥发性中等，故其在飞灰、底灰和炉排灰中不会产生富集。分析结果表明，飞灰中某些有毒重金属的含量很高，因此，在把垃圾焚烧灰渣（尤其是飞灰）直接填埋或利用之前，必须进行无害化处理。

晶相分析采用 X 射线衍射仪（XRD），采用 Co 靶辐射，波长为 0.179025nm，入射狭缝为 1°，接受狭缝为 0.6°，防散射狭缝为 1°，管压为 32.5kV，管流为 30mA。元素的晶相组成是反映元素在灰中的结合状态的重要手段。城市生活垃圾焚烧固体残余物的毒性不仅取决于污染元素的含量，而且还跟污染元素的分布特性和它们的主相有关。此外，重金属的结合形式还决定它们的行为和迁移性。具体分析结果如图 2-28 所示。

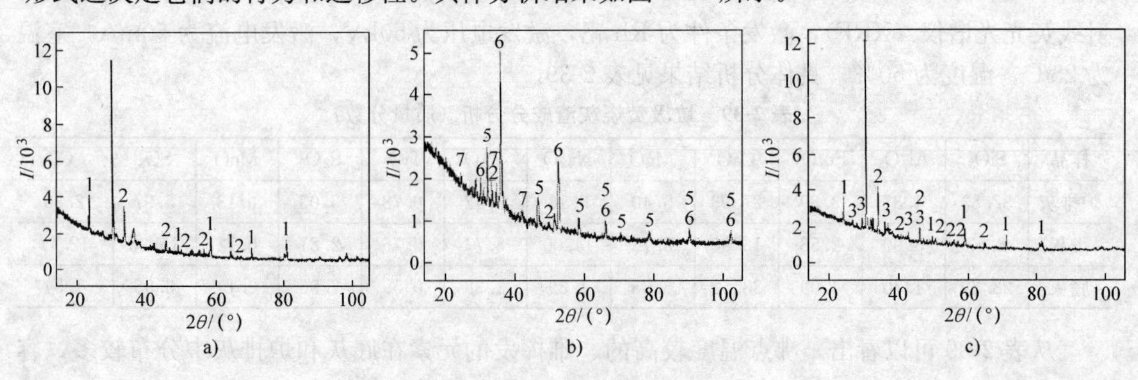

图 2-28　垃圾焚烧灰渣的 XRD

a）炉排灰　b）飞灰　c）底灰

1—α-SiO_2（六方晶系）　2—$CaCO_3$　3—$CaSO_4$　4—CaS　5—KCl　6—NaCl　7—SiO_2（四方晶系）

右图2-28中，I为衍射强度，θ为衍射角。结果表明，焚烧炉的炉排灰和底灰中含有大量的六方晶系的α-SiO_2，由于存放和焚烧过程中加入了石灰，因此，可以发现灰渣中$CaCO_3$的存在。此外，炉排灰中还含有一定量的$CaCO_3$。飞灰中除少量的四方晶系的SiO_2和$CaCO_3$外，存在大量的NaCl和KCl是其明显的特征，对比表2-40，焚烧炉的飞灰中含有大量的Na_2O、K_2O和Cl，因此，在飞灰中Cl以NaCl和KCl的形式存在。另外，在焚烧炉的炉排灰和底灰中，存在六方晶系的α-SiO_2，而在飞灰中只发现四方晶系的SiO_2，表明四方晶系的SiO_2可能作为一种高温凝结产物而形成。

2. 焚烧底灰特性和处理

(1) 焚烧底灰特性　焚烧底灰是主要由熔渣、黑色及有色金属、陶瓷碎片、玻璃和其他一些不可燃物质及未燃有机物组成。原状底灰呈黑褐色，风干后为灰色，密度大约为1.2g/cm^3，底灰含水率与出渣设备有关，为9%～25%。热酌减率（LOI）分布离散，其与焚烧效果有关。底灰吸水率在10%左右，比天然碎石高出许多。底灰粒径分布均匀，主要为2～50mm。底灰中铁的含量在2%～8%，主要为钢丝、瓶盖等。对于其他非铁金属物质，应采用相关预处理工艺回收利用。

以浙江省某炉排型焚烧炉和流化床型焚烧炉的底灰进行分析。炉排型焚烧炉底灰具有黑褐色、很刺鼻、团粒状等特性；流化床型焚烧炉底灰具有褐色、轻微刺鼻、块状等特性。

1) 底灰的物理性质。炉排型焚烧炉底灰中粒径0.075～2mm的颗粒含量为82.94%，流化床型焚烧炉底灰中含量为57.65%。因此，无论是炉排型焚烧炉底灰还是流化床型焚烧炉底灰，底灰中0.075～2mm粒径的颗粒都是占大多数的，与颗粒组分中的砂粒土类似。流化床型焚烧炉底灰中5mm以上的颗粒里面，金属、陶瓷碎片、玻璃碎片占绝大多数，工程应用时应去除这部分灰渣。两种垃圾焚烧底灰的颗粒分析如图2-29和图2-30所示。

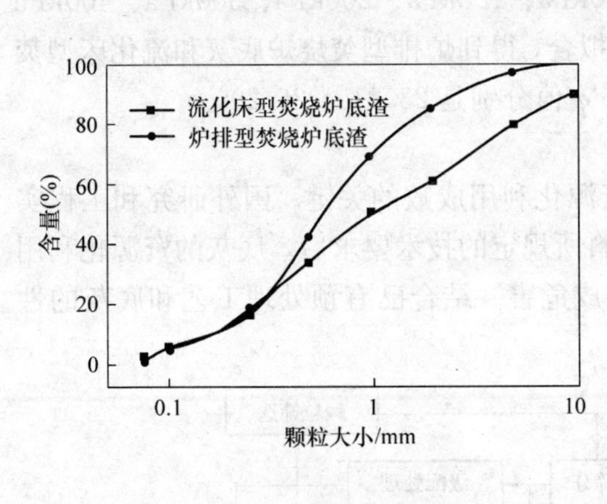

图2-29　两种不同底灰的级配曲线

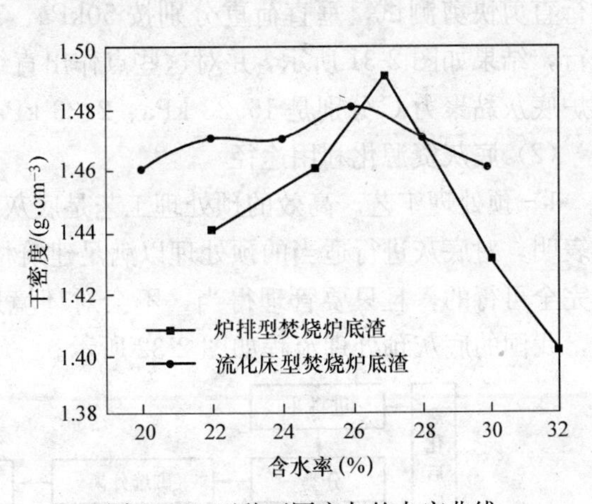

图2-30　两种不同底灰的击实曲线

2) 底灰的击实特性。击实试验可以了解土的压实特性，为工程设计和现场施工碾压提供土的压实性资料。为了使填砂路基具有足够的强度和稳定性，必须对其进行压实，通过击实试验可获得材料的最大干密度和最优含水率，从而用于指导现场施工和检验现场压实作业的质量。采用普氏击实仪测试，取原试样过5mm筛，其中炉排型焚烧炉底灰试样中5mm以上的质量比为18.46%，流化床型焚烧炉底灰为24.80%，都小于试样总质量的30%，应对最大干密度和最优含水率进行校正。按照《土工试验技术手册》，采用轻型击实试验，锤质量2.5kg，锤底直径 51mm，落高 305mm，内径 102mm，筒高 116mm，容积 946.3cm^3，锤击层数为 3 层，每层击数 25 击，单位体积击实功 592.2 kJ/m^3，如图 2-31 所示，由图可以看出：

① 炉排型焚烧炉底灰的最优含水率为 w_{op}=27%，最大干密度为 ρ_{dmax}=1.49g/cm^3，流化床型焚烧炉底灰的最优含水率为 w_{op}=26%，最大干密度为 ρ_{dmax}=1.48 g/cm^3。

② 流化床型焚烧炉底灰曲线平缓，表明流化床型焚烧炉底灰的水稳定性好，力学性能受含水率影响较小，即干密度受含水率变化而波动的幅度小，故其底灰接近于砂土。而炉排型焚烧炉底灰有一定的黏性。

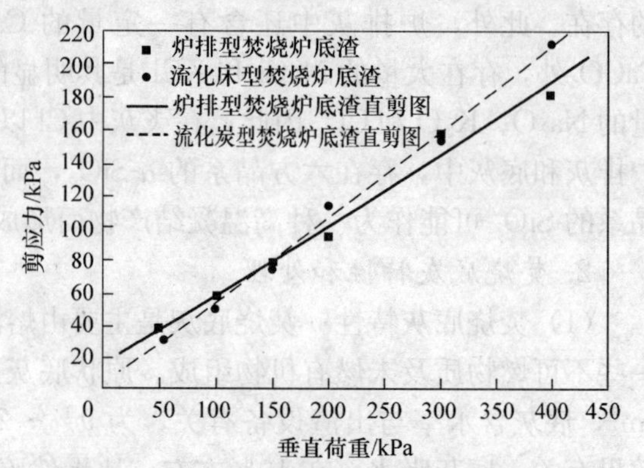

图 2-31 炉排型焚烧炉底灰和流化床型焚烧炉底灰直剪图

③ 炉排型焚烧炉和流化床型焚烧炉的底灰最优含水率和最大干密度都很接近，这利于工程上的混合应用。

④ 在较大含水率变化范围内，均能达到较大的密实度，表现出良好的压实性能。

⑤ 炉排型焚烧炉底灰含水率超过最优含水率后曲线较陡。

3）底灰的抗剪试验。实际工程中，在计算承载力、评价地基的稳定性时，都要用到土的抗剪强度指标，所以，正确的测定土的抗剪强度在工程上具有重要的意义。依据《土工试验技术手册》，把炉排型焚烧炉底灰和流化床型焚烧炉底灰分别按 27%和 26%的最优含水率配出制备试样，取压实系数 0.95 的试样，对炉排型焚烧炉底灰和流化床型焚烧炉底灰分别进行直剪快剪测试，垂直荷重分别按 50kPa、100kPa、150kPa、200kPa、300kPa、400kPa 进行，结果如图 2-31 所示，并对这些点作出直线拟合，得到炉排型焚烧炉底灰和流化床型焚烧炉底灰黏聚力 C 分别是 15.23 kPa、2.33 kPa；φ 值分别是 23.11°、26.29°。

（2）底灰资源化利用途径

1）预处理工艺。高效的预处理工艺是底灰资源化利用成败的关键。国外研究和工程实践表明，对底灰进行适当的预处理以满足建筑材料所规定的技术要求后，底灰的资源化利用是完全可行的，且只要管理得当，不会对环境造成危害。结合已有预处理工艺和底灰的性质，我国的底灰预处理流程如图 2-32 所示。

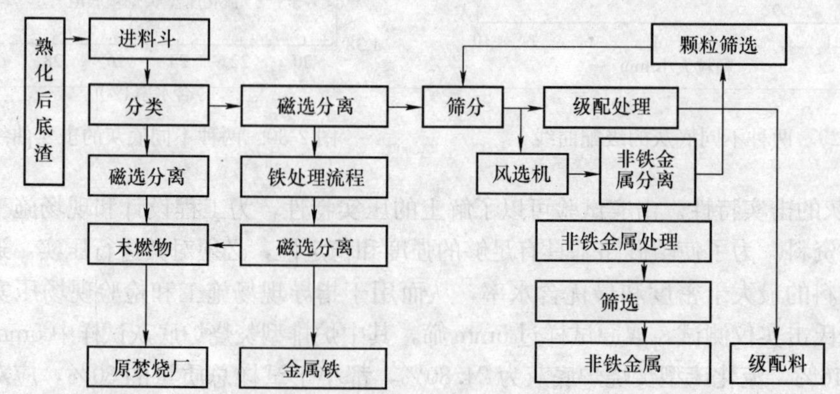

图 2-32 底灰预处理流程图

2）底灰再利用途径比较。尽管底灰中含有一定的重金属，但将其应用到工程中的实例颇多。在德、法等国再利用率都超过60%，丹麦再利用率达90%，在荷兰甚至高达100%，荷兰大型工程如鹿特丹高速公路、嘉兰防风墙等工程中都有运用底灰。日本大力发展熔融技术，熔融底灰结合污泥灰，所制砖大量运用到日本各城市市政道路，为底灰利用提供了很好的出路。但由于熔融成本过高，在我国推广有一定难度。有研究指出，利用0.1～2.0mm垃圾焚烧底灰可作为水泥浆的细骨料，但底灰中含有的CaO和Al，可能产生碱骨料反应，出现膨胀裂缝，应用时需注意。各国再利用途径见表2-41。

表2-41 各国底灰资源化利用途径

国别	资源化利用方法	国别	资源化利用方法
日本	筛选作为骨材、熔融处理后作为骨料，制造陶瓷	法国	道路底基层材料
美国	沥青人行步道，结构骨料，填埋场每日覆土	瑞典	道路底基层材料，建筑轻质骨料
德国	土壤改良剂，高速公路隔声墙填充材料，道路底基层材料	丹麦	停车场基础，自行车道路
英国	水泥原料，沥青混凝土骨料，混凝土制品，回填料，陶瓷制品	荷兰	道路底基层材料，堤防，水泥骨料，沥青骨料

① 石油沥青铺装路面的替代骨料。MWC底灰或混合灰渣，经筛分、磁选等方式去除其中的黑色及有色金属并获得适宜的粒径后，可与其他骨料相混合，用作石油沥青铺面的混合物。这在美国、日本及欧洲一些国家均有使用。为避免底灰对沥青产生较高且不均匀的吸附，其热灼减率不能大于10%。示范工程的测试结果表明，只要处置得当，底灰沥青利用并不会对环境造成危害。通过对底灰-沥青混合物渗滤液9年的跟踪测试，研究者发现即使用保守的方法估计，底灰中Pb、Cd、Zn和其他成分的9年累计释放量也仍然是很低的。

② 水泥混凝土的替代骨料。在美国和荷兰，底灰（或混合灰渣）被用作混凝土中的部分替代骨料。最常见的是将底灰、水、水泥及其他骨料按一定比例制成混凝土砖，这在美国已有商业化应用。1985年起，美国大学海洋科学研究中心废物管理所（WMI）开始评估稳定后MWC灰渣的各种海洋和陆地利用的可行性。结果表明：船库内的空气质量与周围大气相同；底灰中的环境相关污染物能被有效地截留于水泥基质中；工程测试还表明该底灰砖与标准混凝土砖的抗压强度相当。

③ 填埋场覆盖材料。混合灰渣用作填埋场覆盖材料是美国目前用得最多的资源化利用方式。由于填埋场地自身的有利卫生条件：含环境保护设施（如防渗层及渗滤液回收系统等），灰渣因重金属浸出而对人类健康和环境的不利影响可以得到很好的控制；灰渣若用作填埋场覆盖材料，可不必进行筛选、磁选、粒径分配等预处理工艺。从经济、环境和技术等方面看，灰渣用作填埋场覆盖材料均是一种非常好的选择。通过对专用混合灰渣填埋场渗滤液的分析表明，渗滤液中的重金属含量均低于毒性浸出测试最大允许含量，灰渣样品中的2，3，7，8-TCDD毒性当量低于美国疾病控制中心推荐的居住区土壤限值，且土样中的含量也低于此限值，土样中重金属含量不超过背景值。但需引起注意的是，灰渣填埋场渗滤液中的溶解盐浓度较高，常高出饮用水标准值几个数量级以上。因此，在将底灰用作填埋场覆盖材料（因为底灰中的溶解盐含量较低，而飞灰高出许多）时，需监测其渗滤液中的溶解盐情况。

④ 路基、路堤等的建筑填料。由于目前填埋库容紧张、重新选址困难和填埋费用昂贵，以及天然骨料缺乏，底灰用作停车场、道路等的建筑填料，成为欧洲目前灰渣资源化利用的主要途径之一，在美国也有一些示范工程应用。底灰的稳定性好、密度低，其物理和工程性

质与轻质的天然骨料相似，并且焚烧灰渣容易进行粒径分配，易制成商业化应用的产品，因此，使之成为一种适宜的建筑填料。欧洲多年的工程实践经验表明，这种灰渣资源化利用方式是成功的。

我国台湾底灰主要用作控制性低强度材料（CLSM）、沥青混凝土替代料、制砖替代料、道路（底）基层材料及垃圾填埋场覆盖材料。其中用作道路（底）基层材料占55%左右。

3. 焚烧飞灰特性和处理

（1）焚烧飞灰特性　焚烧飞灰是指由烟气净化系统中所收集的细微颗粒，一般是由旋风除尘器静电除尘器或布袋除尘器所收集的中和反应物（如 $CaCl_2$、$CaSO_4$ 或 CaF_2 等）及未完全反应的碱性物质，如$Ca(OH)_2$。它主要含有碳粒与重金属成分，其产生来源是由于有机碳燃烧后，一些无机成分在高温下相互结合，部分则因高温融化相互粘结。因而产生粒径大小不同的颗粒状物质，在受到炉体内部气流扰动因素的影响，质轻的微粒则会随废气而被带出成为部分飞灰，由于在收集飞灰过程中喷入大量消石灰与活性炭。因此，飞灰成分中也存在大量氯盐反应物（如 $CaCl_2$、$CaSO_4$ 等）与钙类未反应物（如$Ca(OH)_2$）。城市生活垃圾焚烧后会产生相当于原垃圾质量2%～5%的焚烧飞灰，飞灰中除含有一定量的未燃尽可燃物外，还含有一定量的二恶英、重金属等高毒性物质，焚烧飞灰是《生活垃圾焚烧污染控制标准》规定的危险废弃物，在对其进行最终处置之前必须先经过固化/稳定化处理。刚收集下来的飞灰，通常为含水率较低的细小尘粒，即飞灰具有含水率低（0.08%～1.15%）、堆积密度小［(6.46～7.76) $\times10^2kg/m^3$］、渗透能力强［(0.871～1.16) $\times10^{-4}cm/s$］、易吸水，呈现从灰到黑的不同颜色；其形状有扁平和圆形，也有球形等特点。焚烧飞灰比底灰含有更多的Hg、Pb、Cd等多种易挥发性重金属，重金属具有高浸出特性，填埋处理后会给地下水造成二次污染。因此，垃圾焚烧飞灰的处理任务将日益紧迫。

（2）垃圾焚烧飞灰固化/稳定化处理　目前国内外处理垃圾焚烧飞灰主要采用固化技术，常用的固化技术有水泥固化、熔融固化、化学药剂固化等。固化的目的是使飞灰中的重金属及其他污染组分呈现化学惰性或被包容起来，以便运输和处置，并可降低污染物的毒性和减少其向生态圈的迁移率。固化处理的基本要求包括：①有害废物经固化处理后所形成的固化体应具有良好的抗渗透性、抗浸出性、抗干湿性、抗冻融性及足够的强度等，最好能作为资源加以利用，如作建筑基础和路基材料等；②固化过程中材料和能量消耗要低，增容比要低；③固化工艺过程简单、便于操作；④固化剂来源丰富、价廉易得；⑤处理费用低。

1）水泥固化法。水泥是一种最常见的危险废物稳定剂。该方法是将水泥和焚烧飞灰用水混合均匀，水泥加入量约为飞灰质量的10%～20%，由于发生了水合反应，使重金属等有害成分封闭在硬化的氢氧化物中，同时重金属与Ca、Al进行置换反应形成固溶体，使重金属固定在稳定的矿物结构当中，从而降低其比表面积和可渗透性。这对于防止重金属溶出具有很好的效果，可达到稳定性、无害性的目的。水泥固化是一种比较成熟的危险废物处置技术，在经济性及可操作性等方面具有明显的优势，尤其对于含有低熔点化合物的熔渣更为有效，因此在大多数国家得到了广泛的应用。然而，更为重要的是，垃圾焚烧最根本目的是减少其容积，以便进行填埋。而水泥固化技术由于水泥固化剂的加入恰恰增加了废物最终处理量，使得填埋厂的负荷日益加重；尽管水泥固化处理飞灰具有工艺成熟、操作简单，不需要特殊的设备，处理费用低廉，被固化的废渣不要求脱水和干燥，可在常温下操作等优点，但由于垃圾焚烧飞灰中含有较高的氯离子，采用水泥固化法处理必须进行前处理，以减少氯离子对固化后砌块的力学性能及后期重金属离子浸出的影响等问题，因为在碳酸化（酸化）的作用下，固化体中的重金属及无机盐大部分随着时间的推移将被雨水逐渐溶出，另外对于难以利用氢氧化物的难溶特性处理的汞、铅以及需要还原处理的Cr^{6+}等无法实现稳定化处理，对环境存在着长期的、潜在的威胁。考虑到这些问题飞灰处置场建设和运行的标准将大大提高，运行成本增加，即限制了该方法的长期应用。

2）沥青固化法。沥青固化法是利用沥青具有良好的黏结性和化学稳定性，同时借助于沥青的不透水性，将飞灰表面包覆固定，以防止有害物质溶出，而其中并不涉及化学变化。在处理过程中，必须将飞灰的粒径大小及水分加以适当调整，同时尽量去除杂质，以便使沥青的包覆层能完全覆盖处理物。

3）化学药剂处理法。药剂稳定化是利用化学药剂通过化学反应使有毒、有害物质转变为低溶解性、低迁移性及低毒性物质的过程。目前发展较快的是螯合型有机重金属稳定药剂，对包括垃圾焚烧飞灰在内的多种重金属污染物的稳定化处理效果已经得到试验证实。常用的稳定剂有Na_2S、$Al_2(SO_4)_3$等无机物和水溶性螯合高分子，这些药剂无论是单独或混合作用，一般而言都可以得到较好的效果。由于飞灰组分及重金属存在形态的复杂性，以及对其反应机理缺乏最起码的认识，因此很难找到一种针对稳定焚烧飞灰的、普遍适用、价格低廉的化学稳定剂，这也是该技术没能进入规模化应用的原因之一。化学药剂处理法具有处理过程简单，设备投资费用低，最终处理量少等优点。但化学药剂处理法的高分子螯合剂价格很高，且雨水会溶出大部分盐类，在pH值较低时还会产生有害气体，同时会产生无机盐含量高的废水，需要进一步处理。

4）烧结固化法。烧结固化法是利用烧结体颗粒间表面能量的不同，使烧结过程颗粒中的原子向颗粒间接触点移动、聚集，以降低能量，因而使颗粒间的颈部熔化，颗粒之间产生碰撞同时颈部快速成长，并产生致密化现象，形成具有一定强度的稳定烧结体。将待处理的危险废物与细小的玻璃质混合，经混合造粒成型后，在1000～1100℃温度下形成玻璃固化体，借助玻璃体的致密结晶结构，确保固化体的永久稳定。由于烧结处理技术具有重金属稳定化处理效果，因此可由此改变重金属溶出情况，达到环保法规的要求。

5）熔融固化法。熔融固化是在高温（1300℃以上）状况下，飞灰中有机物发生热分解、燃烧及气化，而无机物则熔融形成玻璃质熔渣。经过熔融处理，飞灰中的二恶英等有机污染物受热分解破坏。飞灰中所含的沸点较低的重金属盐类，少部分发生气化现象，大部分则转移到玻璃态熔渣中，有效地固溶飞灰中的重金属，大大降低了浸出可能性。熔融处理的目的是将飞灰在高温下熔融处理以达到减量化，经由熔融反应使飞灰达到玻璃化、无害化效果，并使重金属固溶于其中，不易溶出，熔融后的熔渣可再次资源化利用。焚烧飞灰经过熔融后，密度大大增加，减容可达2/3以上，并且可以回收灰渣中的金属，而且稳定的熔渣可作为路基材料，达到有效利用的目的。经过固化的飞灰，如满足浸出毒性标准，可以按普通废物填埋处理。

6）地聚物固化法。地聚物是以偏高岭土、工业废渣等含铝硅酸盐物质为主要原料，以水玻璃和氢氧化钠等为碱激发剂，采用一定的工艺，通过化学反应得到的具有与陶瓷性能相似的一种新材料。地聚物兼有有机高聚物、陶瓷、水泥的特点，有耐腐蚀、耐高温、低渗透、有效固定重金属等优点，又不同于上述材料，其生产能耗只及陶瓷的1/20，钢的1/70，塑料的1/150，而且污染物排放量降低，因此，地聚物有可能在许多技术领域内代替昂贵材料。另外，其原材料丰富，价格低廉，因此地聚物受到了包括美、日及欧洲国家的重视，把它作为高技术材料，投入了大量人力、物力进行研究开发。

4. 焚烧过程中重金属的生成机理

在我国由于城市生活垃圾并未经过妥善的分拣处理，因而常混入许多含有害重金属物质的垃圾。含有重金属的物质进入垃圾焚烧炉焚烧处理后，常会浓缩在底灰及飞灰中，或随焚烧烟气排放至大气中，对人体健康及环境生态造成严重危害。表 2-42 所示为城市生活垃圾中重金属的来源途径。

表 2-42 城市生活垃圾中重金属的来源途径

重金属	主要来源
铅（Pb）	汽车添加剂、橡胶、报纸、织物、木块、塑料、焊接剂、电池、涂料、农药等
镉（Cd）	低熔合金、黄铜合金、玩具、电子产品、镍镉电池、墨汁、油漆、涂料、电镀制品、塑料（PVC 稳定剂）、颜料等
汞（Hg）	电器（荧光灯）、汞合金、电池、农药、温度计、涂料等
铬（Cr）	金属合金（防腐剂）设备的保护层、油漆、釉料、颜料、化学药品、皮革、鞋跟等
铜（Cu）	人造丝、电镀产品、油漆、涂料、纸张、织物、塑料、铜线制造厂、电子材料、玻璃、陶瓷制品等
锌（Zn）	干电池、金属表面处理、镀锌、橡胶制品、涂料、木材、防腐剂、橡胶等
砷（As）	金属合金添加剂，尤其是对铅及铜，作为电池极板、染料、皮革、医学用品、金属合金添加剂、杀虫剂等

焚烧垃圾中重金属的行为随化合物种类的变化而改变，重金属随颗粒物的形成并结合外界环境的变化，浓缩于焚烧飞灰颗粒表面。其主要反应途径包括：焚烧垃圾中重金属的蒸发作用、蒸汽的冷凝作用、粒状物的凝聚作用、蒸汽及粒状物的沉积作用和化学作用等。图 2-33 所示为垃圾焚烧时重金属的矿物作用。

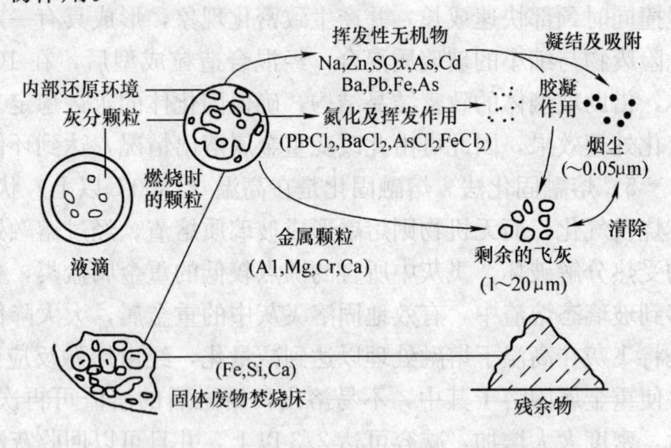

图 2-33 垃圾焚烧时重金属的矿物作用

重金属以微量矿物质或元素态存在于有机物结构中，当有机物被燃烧时，会造成颗粒附近形成缺氧层，使金属暴露于外界环境中。在废弃物焚烧过程中重金属的行为可归纳为下列 4 种情况：

1）当焚烧温度足够高时，重金属将直接挥发。挥发出来的重金属与大气中的氧气反应，凝结成新的颗粒（颗粒直径约 0.02μm）而附着在其他飞灰颗粒上，进而逐渐形成直径 0.02～1.00μm 的颗粒。

2）可能被熔化并与其他金属颗粒形成液滴，其直径为 2～3μm。

3）若重金属自身具高熔点时，该重金属在焚烧过程中将难以被氧化成稳定的结构。

4）可能经由反应而形成新物种，然后再熔化、挥发或保持原状。由挥发-冷凝理论可知，造成金属（包括重金属）分布特性不同的决定性因素为该金属的沸点，因各种金属的沸点不同，致使其可能存在于焚烧飞灰颗粒基体内部或附着在颗粒表面。

总之，灰渣的资源化利用已被证实是可行的，但由于灰渣中含有一些有毒有害的污染物，如重金属（主要来自生活垃圾，通过焚烧，家庭垃圾中33%的Pb、92%的Cd和45%的Sb迁移至飞灰中）呋喃等，直接利用可能会对人类健康和环境造成不利影响，并且未经处理的灰渣不一定能满足建筑材料所规定的技术要求，因此，灰渣在利用前，需进行预处理，有时还需进行固化/稳定化处理（主要为飞灰），满足一定要求后方可利用。目前的灰渣预处理技术主要有：筛选（调整粒径范围），磁选（去除黑色金属，主要为铁），涡流分选（去除有色金属），老化/风化1～3个月（降低溶解盐浸出量，改善其物理化学性质）。处理技术有提取/回收，玻璃化、熔融等热处理法，固化/稳定化（水泥固化、沥青固化、石灰稳定、化学药剂稳定法等）和蒸发结晶（去除Hg）等。

2.6.3 城市垃圾堆肥化

堆肥化是依靠自然界广泛分布的细菌、放线菌、真菌等微生物，有控制地促进城市生活垃圾中含有大量食品垃圾、纸制品、草木等可被生物降解的有机物向稳定的腐殖质转化的生物化学过程。堆肥主要对垃圾中有机成分有效，具有良好的无害化、减量化和资源化效果。城市垃圾中含有堆肥微生物所需的各种基质，如碳水化合物、脂肪、蛋白质等是常用的堆肥原料。生活垃圾中有机物含量随燃料结构不同有所差异，但有机物平均含量达到50.14%，是很好的堆肥原料。此外，堆肥产品富含有机腐殖质，这种腐殖质和黏土紧密地结合在一起就形成了稳定的黏土腐殖质复合体。土壤中黏土腐殖质复合体的存在，能从根本上改变土壤的物理性能和结构，使之能够有效地为农作物的生长提供必需的N、P、K肥料，微量元素，H_2O、CO_2等基本物质，而且能够调节植物的生长。因此，它对由于过度施用无机肥料而导致板结的土壤和有机质减少的土地有很好的保护功能。

2.6.3.1 垃圾堆肥技术的发展状况

城市生活垃圾堆肥化利用是一种符合我国国情的化害为利、安全有效、经济实用的资源化利用途径。城市生活垃圾经过堆肥化处理以后所形成的生物固体，其物理性状得到改善，臭味降低，病原菌、寄生虫及杂草种子被杀死。一方面解决了城市垃圾处理的问题，达到了无害化、减量化的目的，另一方面，其堆肥产品作为肥料返回农田，可以促进增产，改善土壤结构，增加土壤有机质，提高土壤的保水、保肥、通气能力，具有重要的社会价值和经济价值。国内外堆肥施用效果见表2-43。

表2-43 国内外堆肥施用效果

<table>
<tr><th colspan="2">作物类别</th><th>土壤类型</th><th>施用方法</th><th>施用量/(t/hm²)</th><th>增产效果（%）</th><th>其他效应</th><th>数据来源</th></tr>
<tr><td rowspan="2">谷类</td><td>大麦</td><td>低腐殖质土</td><td>施于表层</td><td>30～75</td><td>15～25</td><td rowspan="2"></td><td>荷兰</td></tr>
<tr><td>燕麦</td><td>沙质土</td><td>略加</td><td>40</td><td>11</td><td>苏州</td></tr>
<tr><td>水果</td><td>葡萄</td><td rowspan="2">温室土壤土</td><td rowspan="2">底肥</td><td>60～80</td><td>15～30</td><td rowspan="2">品质明显好，果实增大，品位提高</td><td>前西德</td></tr>
<tr><td>蔬菜</td><td>黄瓜</td><td>100</td><td>50以上</td><td>天津</td></tr>
<tr><td rowspan="2">花卉</td><td>玫瑰</td><td rowspan="2">沙质土</td><td rowspan="2">与土壤混合，先施肥 50 t/hm²</td><td>25%～30%</td><td rowspan="2">4.4</td><td rowspan="2">生长良好</td><td rowspan="2">比利时</td></tr>
<tr><td>剑兰</td><td>60</td></tr>
</table>

目前，垃圾堆肥化技术和市场被过分炒作，甚至将垃圾资源化与垃圾堆肥化等同起来。实际上，堆肥化能否成为垃圾资源化的有效途径并不取决于技术水平的高低，而是取决于堆肥产品的市场销路。目前北京城市生活垃圾分类收集尚不普及，垃圾混合收集造成堆肥肥效

低，成本高，产品销路不畅，使堆肥处理面临很大困境。从提高堆肥产品质量，降低堆肥化处理成本，增加产品市场销路角度出发，应在有针对性的垃圾分类收集的基础上，利用居民生活垃圾中的厨余，机关、学校、宾馆、饭店的泔水，或农贸市场垃圾等，采用适宜的技术进行堆肥化，才可能使城市生活垃圾堆肥处理摆脱困境，实现良性发展。

依据欧盟相关法规规定，有机物含量超过5%的垃圾不允许进入卫生填埋场，因此，堆肥发展得比较好的国家和城市更注重垃圾堆肥处理的社会效益和环境效益，而不是经济效益。例如，垃圾堆肥残渣是经过堆肥处理后充分稳定的物质，因而填埋后与新鲜垃圾相比可以减轻渗滤液处理的压力以及垃圾堆体中由于气水平衡问题而导致的渗滤液侧渗问题。垃圾堆肥处理与卫生填埋相比可以对垃圾进行集中、可视控制，生态安全性和对环境的潜在危险性较小。垃圾堆肥处理和卫生填埋处理相比成本偏高，这也是政府和企业共同关心的问题。垃圾堆肥处理成本要远高于填埋处理成本，但要综合来考虑垃圾堆肥处理后产生的各种综合效益，见表2-44。该表以处理规模均为1000d/t的垃圾填埋场、垃圾堆肥厂、垃圾焚烧厂为例，对其所有建设、运行成本数据进行了比较，堆肥处理和填埋处理的运行成本实际上差距不大，每t只相差9元，而且垃圾堆肥处理所节约的土地是无法用金钱来衡量的。从长远可持续发展角度和环境保护角度来讲，更应该注重其社会效益和环境效益，同时兼顾经济效益，从而更好地利用垃圾堆肥处理技术。

表2-44 生活垃圾填埋、堆肥、焚烧技术综合效益比较 （单位：万元）

处理技术	建设费用	运行费用	占地费用	渗沥液处理费用	沼气治理费	运输费用	合计	折合处理每t垃圾/元	差值/元
填埋	8000	41975	22389	3422	913	32850	109548	120	0
堆肥	12000	82125	6717	0	0	16425	117267	129	9
焚烧	60000	136875	3358	2281	0	16425	218940	240	240

注：各项目处理规模均为1000t/d。

垃圾堆肥技术的发展趋势：

1）混合收集的生活垃圾堆肥难以取得成功，采用分类收集或垃圾分选出的有机可降解垃圾堆肥，能够取得较好的堆肥效果。

2）针对特殊类型有机垃圾的生物处理技术逐渐升温，如餐厨垃圾、生活污水处理厂污泥、园林及秸秆等植物性垃圾的微生物处理技术和厌氧发酵技术等。

3）有机复合肥成套生产技术与设备将进一步完善，生活垃圾堆肥厂中生产有机复合肥和颗粒肥的比例将逐步提高。

4）采用机械化动态发酵工艺和利用有效菌种快速分解的新型堆肥技术逐步推广应用。

5）在垃圾综合处理体系中，分选出的有机垃圾堆肥技术将会长期存在，持续发展。

2.6.3.2 城市生活垃圾堆肥的利用价值

（1）垃圾堆肥能够提高土壤养分　垃圾堆肥不仅含有丰富的有机质及N、P等养分，而且能提高土壤有机质含量，可以明显地起到改良土壤的作用，有望成为发展粮食、蔬菜、花卉、林木生产等方面的有效资源。除了提高土壤有机质含量外，垃圾堆肥还能显著提高土壤中氮、速效磷和速效钾等养分的含量。

（2）改善土壤理化性质　垃圾堆肥有机质含量较高，不但富含营养元素，而且含有一定量的粗渣，所以垃圾堆肥施用得当，能明显改善土壤物理性状，突出表现在非毛管空隙度增大，大的水稳性团粒增加，而小团粒减少，同时土壤质地也有所改善。郭兰等研究了城市污泥和污泥堆肥的农田施用对土壤性质的影响，分别测定了不同处理的土壤密度、团粒结构、孔隙度、三相比等土壤物理性质，结果表明土壤密度随着污泥堆肥用量的增加而减小，总团粒结构和水稳团粒结构均有增加趋势，同时土壤固相容积逐渐增加，提高了土壤孔隙度和毛管孔隙度，从而提高了土壤的通气透水和田间水量，明显改善了土壤的物理性质。

(3) 保护耕层土壤　随着社会经济的发展和人们生态意识的加强，建立花园城、实现大地绿化已是人心所向、大势所趋，草坪绿化面积的大小也已经成为衡量现代化城市环境质量的一个重要标准。目前，国内外建植草坪的方法很多，规模化生产地毯式草皮则是草坪业现代化、专业化的一个发展方向，是发达国家普遍采用的方法，但是地毯式草皮生产一般是以优质耕层土壤为基质的，收获时往往会使优质耕层土壤（5～10cm 土层）随草皮一并带走，这样将不可避免地使土壤遭到浪费和破坏，导致城郊高效农业生态环境恶化，而利用生活垃圾堆肥进行地毯式草皮生产，既能使生活垃圾得到充分有效地利用，减少环境污染，又能使草皮拥有优质的生长基质，并且不至于破坏原有土壤。

(4) 垃圾堆肥促进植物产量和品质的提高　垃圾堆肥中含有多种微生物，将含有大量微生物的垃圾堆肥施于土壤，可促进土壤有机质的分解、有效养分的释放，改善土壤的理化性质，从而促进植物的生长和品质的提高。施用垃圾堆肥后，土壤的理化性质得到改善，养分含量提高，具有一定的培肥改土效果，从而保证了植物所需养分的充分供应，促进了植物生长，提高了植物的产量。例如，马琨等人研究也表明每公顷施用 150t 垃圾堆肥为小麦提供了适宜的土壤条件，从而改善了小麦的群体结构，增加了小麦的有效穗数和穗粒数，从而使小麦最终实现高产。

(5) 垃圾堆肥对污染土壤的修复作用　垃圾堆肥不但能够提高土壤中微生物的活性及植物生长的速率，而且还可用于被大量农药污染的土壤修复，因为它可使除草剂、杀虫剂钝化，达到生物修复的目的。一般而言，初始反应为水解反应的杀虫剂在城市垃圾堆肥过程中很容易被微生物降解。农田铬污染能够抑制植物生长，铬在可食部分的残留还会通过食物链而影响人体健康，故铬污染的土壤已经引起国内外的广泛重视。国内外目前采用的修复方法虽都有一定的改良效果，但都有一定的局限性。根据有机质对六价铬的还原作用原理，黄启飞等运用二次通用旋转组合试验设计，通过模拟土培试验，进行了垃圾堆肥对铬污染土壤的修复机理研究，结果表明，垃圾堆肥可显著减少土壤中有效铬含量，垃圾堆肥主要是促进水溶态铬向结晶型沉淀态铬转化；垃圾堆肥用于修复铬污染土壤至少在短期内是安全的，利用城市生活垃圾堆肥修复污染农田具有较大的经济和环境效益。

某垃圾堆肥厂堆肥产品和堆肥剩余物的组成和元素分析见表 2-45～表 2-48。

表 2-45　堆肥成品中主要成分及含量　　(单位:%)

处理	含水	含碳	含氮	C/N	含磷	C/P	含钾
1	77.03	21.18	1.14	28.58	0.35	60.92	0.33
2	62.48	23.27	0.86	23.57	0.29	68.23	0.35
3	66.27	21.63	0.64	33.80	0.28	77.38	0.39
4	62.50	21.26	0.77	17.61	0.24	86.21	0.36
5	69.91	20.06	0.49	40.94	0.12	166.4	0.32

表 2-46 堆肥成品中有害元素含量测定 （单位：mg/kg）

处理	总镉含量		总铅含量		总汞含量		总铬含量		总砷含量	
	样品	国标	样品	国标	样品	国标	样品	国标	样品	国标
1	0.11	≤3	7.92	≤100	0.04	≤5	6.05	≤300	0.51	≤30
2	0.24		21.18		0.05		11.0		0.65	
3	0.26		28.41		0.04		8.5		0.53	
4	0.35		19.82		0.03		8.4		0.78	
5	0.40		31.32		0.04		13.3		0.86	

从表 2-46 可看出，虽然各处理结果均含有一些有害物质，但都远低于《城镇垃圾农用控制标准》中的规定值。

表 2-47 垃圾堆肥剩余物的组成成分 （单位：%）

塑料	布类＋木块	细碎木头屑＋ 细碎塑料片（很难分开）	可燃性灰土状物	石头＋碎玻璃
16.38	8.96	24.05	34.04	16.57

表 2-48 垃圾堆肥剩余物的工业分析和元素分析 （空气干燥基）

工业分析				元素分析						发热值/(kJ/kg)
M	V	A	FC	C	H	O	N	S	Cl	Q
5.12	46.72	40.0	8.06	34.56	5.60	11.75	0.59	0.18	2.10	14650

从表 2-48 可以看出，垃圾堆肥剩余物的空气干燥基热值达到 14650kJ/kg，这种垃圾具有热能回收利用价值，焚烧时无需辅助燃料，质地相对均匀，可以作为燃料使用。

2.6.3.3 限制堆肥发展的制约因素分析

1. 堆肥技术和设备的限制

到目前为止，堆肥处理主要采用低成本堆肥系统，大部分垃圾堆肥处理厂采用敞开式静态堆肥。但限于现实的经济和社会条件，机械化高温堆肥的处理成本较高而难以推广应用。目前应用较多的是机械化程度低，主要采用静态通风的好氧发酵技术。其特点是工艺简单，使用机械设备少，投资少，操作简单，运行费用低；但同时也存在占地面积大、生产周期长、产肥率低、堆肥质量不高、容易产生渗沥液及恶臭，对周围环境影响较大等问题，因此，其应用也受到一定限制。

2. 垃圾堆肥品质存在的问题

我国城市混合收集的垃圾杂质含量高，为保证堆肥的产品质量必须采用复杂的分离过程，导致产品成本过高，如果没有政府的补贴很难正常运行。若不进行分离筛选或分离筛选不彻底就会使垃圾堆肥存在一系列的问题。由于垃圾的混合收集，堆肥产品中含有玻璃、金属以及煤渣灰土等大量无机物成分，这将直接影响垃圾堆肥的产品质量。此外由于垃圾堆肥中的煤渣、灰土所占比例较高，引起粗砂和砾石级别的颗粒含量较高，大量使用有可能引起土壤渣化和砾化。虽然垃圾堆肥中有效 N、P、K 的含量明显高于土壤，大约是普通土壤的 10 倍左右，有机质含量约为普通土壤的 5 倍，但其 N、P、K 的总含量小于 3%，尤其是 K 含量甚至低于土壤中的全 K 含量，无法与无机化肥相比。由于垃圾未实行分类，由电池引起的重金属以及其他有毒有害物质的混入将严重影响堆肥产品质量。而在堆肥过程中所产生的恶臭严重影响周边环境。此外垃圾堆肥处理是针对垃圾中能被微生物分解的易腐有机物的处理，而不是全部垃圾的最终处理，仍有30%以上的堆肥残余物需要另行处置。

以北京南宫堆肥厂的堆肥产品为例。南宫堆肥厂定期在专门的检测机构对堆肥产品的养分、重金属、卫生指标进行分析，水分含量、pH值在厂区内试验室测定。表2-49是南宫堆肥厂堆肥产品的理化性质，并与GB 8172—1987《城镇垃圾农用控制标准》及NY 525—2002《农业行业标准-有机肥料技术指标》进行比较。从表2-49中可以看出，南宫堆肥厂垃圾堆肥与城市垃圾农用控制标准比较，除了pH值偏高一些，其余各项指标包括养分、重金属含量均符合《城镇垃圾农用控制标准》。尤其是各项重金属含量均远低于标准限值，该指标已不再是垃圾堆肥品质的限制因素。但是与行业标准中各技术指标相比，垃圾堆肥有机质与养分指标的含量明显偏低，远达不到有机肥的标准，因此，垃圾堆肥仅是土壤改良剂，还不能作为一种肥料来使用，这也就限制了垃圾堆肥的使用范围。此外，即使经过精细分选的堆肥，其中也仍然含有一定数量的碎玻璃、石子、废塑料等杂物，视觉效果较差，同时也会造成田间操作的困难。若采用筛分和重力分选方法将垃圾堆肥粒径控制在5～6mm，从粒度上看，这种肥料是适合施用于农地土壤。

表2-49 南宫堆肥厂堆肥产品的理化性质

参 数	范围	平均值	城镇垃圾农用控制标准	农业行业标准—有机肥料技术指标
水分（%）	6.9～26.8	17.9	25～35	≤20
pH	8.0～8.1	8.62	6.5～8.5	5.5～8.0
有机质（%）	11.3～23.6	16.7	≥10	≥30
全氮（%）	0.80～1.21	0.99	≥0.5	—
全磷（P_2O_5,%）	0.58～1.06	0.86	≥0.3	—
全钾（K_2O,%）	0.72～1.35	1.02	≥1.0	—
总养分（$N+P_2O_5+K_2O$,%）	2.10～3.62	2.38	≥1.8	≥4.0
Cd/（mg/kg）	0.17～2.81	0.99	≤3	—
Cr/（mg/kg）	0.06～104.62	38.87	≤300	—
Pb/（mg/kg）	0.28～68.41	22.79	≤100	—
As/（mg/kg）	0.32～37.63	8.19	≤30	—
Hg/（mg/kg）	0.42～6.06	2.18	≤5	—

注：资料来源于南宫堆肥厂2003年堆肥产品检测报告。

3. 垃圾堆肥销售存在困难

城市生活垃圾堆肥技术与卫生填埋、焚烧等垃圾处理技术不同的是，产品是农业用肥，因此，堆肥生产应纳入市场经济之中考虑。垃圾堆肥厂的生产规模主要受肥料市场的制约。就目前来看，城市生活垃圾堆肥厂的堆肥产品销售市场低迷，产品应用范围有一定的局限性，除了因为堆肥产品本身质量和人们的认识程度之外，还有一个重要原因就是缺少政府的政策支持。

一般堆肥产品只能作为土壤改良剂或腐殖土，销路取决于堆肥厂所在地区土壤条件的适宜性。在黏性土壤地区，特别是南方的红黄黏土、砖红黏土、紫色土地区有较好的适应性。堆肥产品的经济服务半径一般较小，质量较差的堆肥产品通常只能就近销售。而利用其制造的复合肥，由于其成本过高也在与一般化肥和复合肥的竞争中不占优势。此外，堆肥产品销售有其季节性，而垃圾堆肥处理是连续性的，生产与销售之间存在的这种“时间差”会增加生产成本。目前，垃圾堆肥化的技术和市场被过分炒作，有些人误将垃圾资源化与垃圾堆肥化等同起来。国内前一阶段上马的多数堆肥化处理场，普遍缺乏对堆肥产品的市场潜力的认真、科学的分析，仅仅从不定期运行的、简易小型的垃圾堆肥厂堆肥产品有销路，就武断地认为大型垃圾堆肥厂产品能销售出去，结果造成了大批的垃圾堆肥厂目前都处于停运状态。

北京作为现代国际化大都市，要求北京市在今后的城市建设中要以生态城市建设为目标，要向国际化生态大都市迈进，真正实现“绿色奥运”理念，大规模推进绿化建设。目前公园绿地不能施用垃圾堆肥，究其原因有几方面：一是垃圾堆肥养分含量低、杂质多，造成操作上的不便；二是由于有的垃圾堆肥没有完全腐熟，还有一定的臭味，容易滋生蚊蝇，影响公园的环境卫生；三是园林绿化部门已形成了自己的肥料供求网络，而随着北京市公路建设的加快，公路两侧的绿化工作也是公路管理部门一项重要工作，但《城市绿化条例》和《绿化养护标准》中没有对绿化地土壤有机质含量作出规定，也就是说对于绿化用地并没有要求其施用有机肥料以增加土壤肥力，因此公路绿化承担单位为了节约成本，就直接覆盖生土种植，造成后期养护困难、花草树木容易死亡或通过多施用化学复合肥来提供养分的现象。在美国，国家对公路两侧绿化地土壤有机质含量作了严格的规定，要求有机质含量必须超过5%～8%，因此为了达到绿化标准，企业多选用成本较低的垃圾堆肥来提高土壤有机质含量，美国仅公路两侧绿化项目每年就可以消纳数万吨垃圾堆肥。

4. 垃圾堆肥在农业应用中存在的主要问题

1）堆肥的有效肥料成分含量较低。初级堆肥产品的N、P、K含量分别为0.5%～1.1%，0.3%～0.7%和0.3%～0.6%，在肥效上无法与化肥竞争。而且堆肥中重金属含量较高，使得堆肥不宜直接施用农作物生产，这些因素都制约着垃圾堆肥的发展。

2）垃圾堆肥属于缓效性肥料，需要几年逐渐地发挥效应，其主要作用在于增加有机质、提高农土壤肥力，在提高农作物产量方面则不如化肥效果明显。再者，如果施用发酵不完全的未腐熟堆肥，残余有机物在土壤中分解会造成植物根部缺氧，而导致减产或更严重的危害。

3）由于堆肥对固体废物的减量化效果不明显，处理后产物体积仍较大，仍需贮存空间和较高的运输费用。堆肥产品施用时工作量大，发酵不完全时有臭味，不适宜于施用种植食物链农作物的土壤。

2.6.3.4 堆肥工艺

垃圾堆肥工艺的确定应紧紧围绕如何提高产品质量，降低运行费用两个重要方面进行。去除不可腐有机物和无机物是垃圾堆肥的首要环节，施用由大量不可堆肥物混入的堆肥产品除容易造成土壤沙化、重金属含量超标外，在堆肥过程中还要消耗大量电力，增加产品成本。因此，垃圾堆肥工艺一般均采用好氧堆肥工艺。

好氧堆肥是采用翻堆或强制通风的方式来保持物料与空气的接触，以促进好氧细菌的生长，缩短堆肥周期。好氧堆肥发酵工艺以不同的原料堆积方式分为间歇发酵法与连续发酵法，从原料所处状态又分为静态发酵和动态发酵，从发酵历程看则有一次发酵和二次发酵两种工艺，工艺流程如图2-34和图2-35所示。间歇发酵是静态一次发酵工艺，其发酵周期较厌氧发酵缩短，堆肥体积减小；连续发酵法则是一种发酵时间更短的动态二次发酵工艺，它升温迅速，能有效地杀灭病源微生物，并防止异味产生。好氧堆肥具有生产周期短、占地面积小及环境卫生好等优点，机械化程度也大大提高。现代好氧堆肥处理工艺主要采用动态二次发酵的连续发酵法工艺，工艺过程主要包括前处理、一次发酵、中间处理、二次发酵、后处理等几个环节。

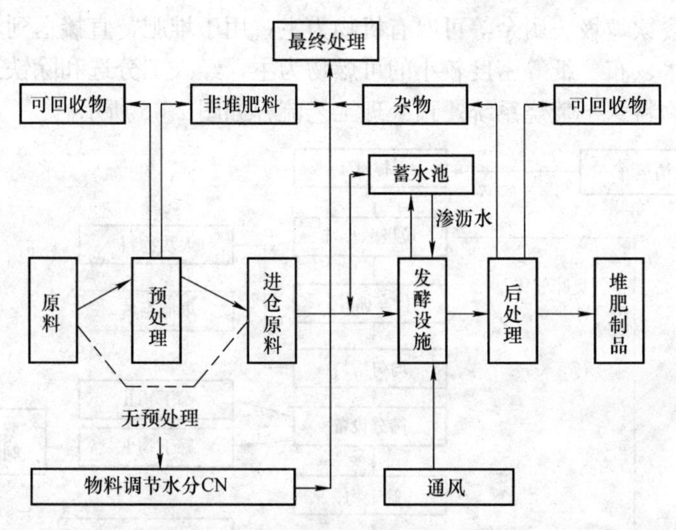

图 2-34　一次性发酵工艺流程示意图

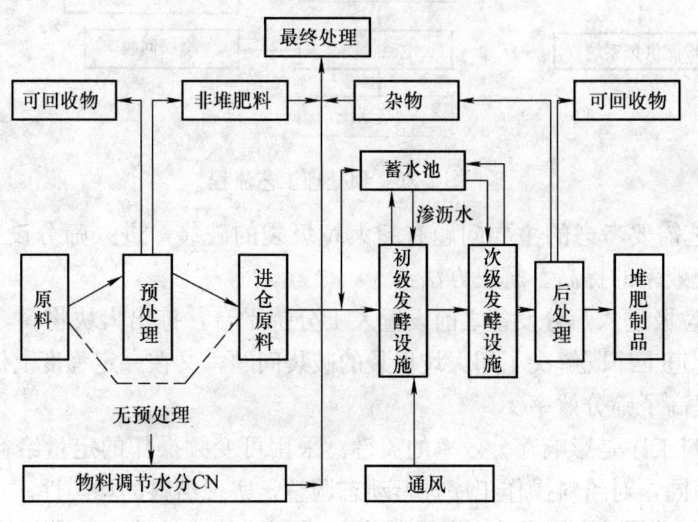

图 2-35　二次性发酵工艺流程示意图

1. 原料预处理

对垃圾作预处理主要是通过分选手段去除垃圾中的不可堆肥物，如玻璃、陶瓷、塑料、金属等废品，以及电池、日光灯管等危险废物，以减少堆肥容积；通过破碎手段将大的可堆肥物破碎成适合堆肥的粒度（一般粒度为12～60mm），以增加其表面积，加速微生物的分解，提高发酵速度，保证物料间的空隙率，以利于通风、供氧，保证堆肥设备正常运行；调整垃圾湿度，C/N比例适合发酵的最佳值。

预处理工艺流程是将从垃圾转运站运送来的混装生活垃圾，经过电子地磅称量后倒入垃圾贮存坑内，由行车液压抓斗送入进料斗，由均匀给料系统进行给料，在均匀给料系统两侧设置人工分拣平台，由人工将不利于后续工作的大块物料（建筑废物、大块物料、废旧家具等）分拣出来另行处理，同时将体积巨大的垃圾袋进行破袋；均匀给料系统将生活垃圾均匀送入筛分设备进行破袋、破碎和分选。经筛分设备分选后的垃圾分成筛下物Ⅰ、筛下物Ⅱ和筛上物。筛下物Ⅰ以地灰、砂石等无机物为主，集中运输到填埋场进行填埋处理或作建材原料。筛下物Ⅱ以餐饮垃圾、厨余等可腐有机物为主，用于堆肥，直接送到堆肥系统。筛上物以塑料、织物、木、布、纸等密度较小的可燃物为主，经人工分选和除铁工序，回收金属和部分塑料，剩余物料送至焚烧系统。预处理工艺流程如图 2-36 所示。

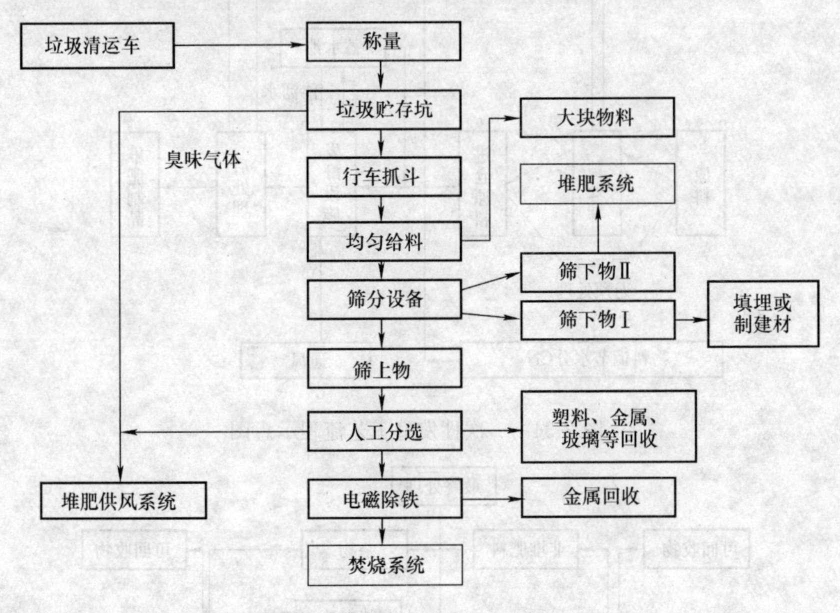

图 2-36 预处理工艺流程

预处理工艺需要考虑的主要问题有超大垃圾袋的破袋，进入筛分设备的物料均匀性，预处理工艺系统效率的提高。解决方法：

1）在袋装垃圾进入筛分设备之前设置人工分拣平台，拣出大块物料，并对大型的垃圾袋进行破袋。此道工序既解决了超大垃圾袋的破袋问题，又在一定程度上保障了筛分设备的工作安全性，提高了筛分效率。

2）均匀给料工序是影响筛分效率的关键。采用可变频操作的定量给料装置，根据垃圾清运时间段的不同，对给料操作工序进行动态调整，实现给料的均匀性。

3）筛分设备是前处理工艺中的核心设备。采用滚筒式筛分机，在机内设置一定数量并按照一定规律排布的破袋刀片和导料板，筛分机的转速和安装倾角均设计为可调节，筛筒外部设置清扫机构，防止筛孔堵塞，实现了生活垃圾破袋与筛分的集成化。根据不同季节生活垃圾的成分与含水率的变化情况，通过调整筛筒的转速和安装倾角来改变垃圾物料在筛筒内的筛分时间，从而达到提高筛分效率的目的。

2. 原料发酵

一次发酵为堆肥工艺的核心，在此进行最初的微生物分解，垃圾温度升高，经 4～12d 发酵，实现垃圾无害化处理的阶段。一次发酵过程监测和控制大致可分几个阶段，堆肥初期常温细菌（或中温细菌）微生物比较活跃，担负了有机物的分解代谢活动，它们在转换和利用有机物中的化学能时，有一部分转变成热能，使堆层温度迅速上升，3d 内达到 55℃时，这时中温微生物受到抑制甚至死亡，由高温微生物取而代之。此时，除了易腐有机物继续分解外，一些较难分解的有机物（如纤维素、木质素等）也逐渐被分解，堆层温度可高达60～70℃，称为高温阶段，腐殖质开始形成，堆肥物质初步稳定化。经过高温后，堆肥需氧量逐渐减少，温度也持续下降，这时中温微生物又开始活跃起来，继续分解残余有机物，堆肥进入降温、腐熟阶段。发酵周期20d左右。

发酵过程中，必须测定堆层温度的变化情况，采用插入式钢管温度计测量堆层各个测试点温度，温度应保持在55℃以上，且持续时间不得少于5d，发酵温度不宜大于70℃。堆层测试点分上、中、下三层，在发酵周期内，应每天2～3次测试堆层各测试点温度变化，记录并绘制温度曲线，直至发酵终止。发酵过程中，应进行氧含量和耗氧速率的测定，各堆层测试点的氧含量必须大于10%。测定点的位置和数目与堆层温度测试点一致。采用便携式O_2测试仪，用金属插入需测定的位置，抽取堆层中气体直接输入气体氧测定仪，仪表上显示氧含量百分值即代表堆层该位点的氧含量。耗氧速率可通过不同时间堆层氧含量的下降来求得。具体步骤为，测定前应先向堆层通风，在堆层氧含量达到最高值时（O_2含量20%左右），纪录该测定值。然后停止通风，间隔一定时间测氧含量下降值，记录每次测试时间。以时间为横坐标，氧含量为纵坐标，绘制曲线（统一测试点氧含量的下降开始很快，呈直线下降，然后曲线趋平，渐进于稳定值）。取氧含量下降呈直线状的两次测量值，得到工程上适用的耗氧速率。通过通风、加湿控制进仓垃圾的含水率为45%～55%，若进仓垃圾湿度不够，可通过仓内的喷淋管喷洒水调节垃圾的含水率。喷淋水在发酵仓顶上方形成水帘，对进仓垃圾造成的尘土起了遮蔽、调湿作用。垃圾的含水率对发酵影响很大，水分含量过高则堵塞垃圾空隙，造成通气不良而厌氧发酵，水分含量过低会阻止微生物生长。达到最佳含水量时，微生物繁殖剧增，堆层温度会迅速上升。通风与供氧，通风是堆肥工艺中很重要的环节，其目的是向堆层中好氧微生物供氧，保证堆肥反应以最高速率进行。发酵初期采用间歇供风，堆层温度应保持在55℃以上，发酵时应保证堆层氧含量在10%以上。通风与控制温度，当堆层温度升到65℃之后，通风的主要任务由供氧转为控温，堆层热惯性很大，要延长通风时间，使大量的热量通过水分蒸发而散失，有利于温度控制。每立方米堆肥的通风量约为0.2m^3/min。一次发酵控制参数：垃圾含水率为40%～60%；C/N为20～40；温度为55～70℃；周期为5～7d；通风量为0.075m^3/（min·m^3）。一次发酵终止指标：无恶臭，不招苍蝇，蛔虫卵死亡率95%；容积减量小于等于30%；含水率为30%～40%；C/N为20～30。

中间处理除去预处理中没有完全除去的粒径较小的非堆肥物，以保证堆肥的质量。

二次发酵进行无害化处理的垃圾进一步腐熟，使之成为熟堆肥，发酵周期20d左右，采用自然通风供氧。初级发酵堆肥物结束后，由于水分蒸发散失，物料进仓过程中，设置在仓内的喷淋管可喷洒水调节物料的含水率。经过筛子筛分出物料，翻倒均匀，微生物获得了一次从新接种的机会，使初级发酵中未分解完全的一些较难分解的有机物，在次级发酵仓得以继续分解。堆肥温度上升，使中温细菌又迅速生长繁殖。因此，耗氧速率再度上升，堆肥温度有所提高，堆肥达到充分腐熟，即制成腐熟堆肥。二次发酵主要参数：含水率小于35%；C/N小于20；周期10d；温度小于40℃。二次发酵终止指标：含水率为15%～20%；C/N为15～20；粒度小于等于12mm；大肠杆菌值10^{-1}～10^{-2}；蛔虫卵死亡率为95%～100%；有机物含量大于等于30%；堆肥腐熟稳定。

3. 后处理

发酵熟化的堆肥中还含有一些不能被分解的杂质，需进行分选，去除不能发酵的残余杂物，保证产品的外观、品质和可使用性；并根据需要进行再破碎，使堆肥产品颗粒化、规格化，以便于包装、运输和使用。

后处理工艺流程是从堆肥系统运送来的发酵腐熟物料，经给料机送入筛分设备（筛孔直径 Φ=25mm），由筛分设备对物料进行筛分。经筛分设备分选后的垃圾分成筛上物（少量塑料、长纤维、果壳、织物等密度较小且不能进行发酵堆肥的直接送至焚烧车间）和筛下物（发酵腐熟的粗堆肥，颗粒较小）。筛下物经过粉碎机粉碎，再由细筛分机（筛孔直径 Φ=5mm）进行筛分后即可得到粗堆肥，粗堆肥可以作为土壤改良剂直接销售，也可深加工成有机复混肥。后处理工艺流程图如图 2-37 所示。

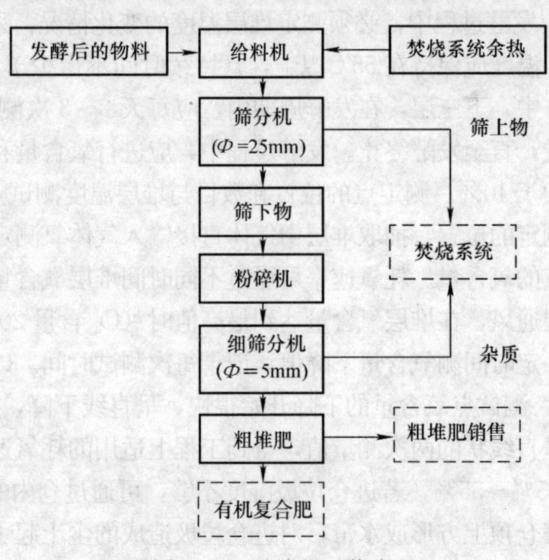

图 2-37 后处理工艺流程

后处理工艺考虑主要问题有物料含水率高、筛孔堵塞。解决方法：发酵后的堆肥物料含水率很高（大于 40%），有一定的黏性，不利于物料的筛分。因此，在物料进入筛分机之前利用焚烧系统产生的余热在给料设备的位置对物料进行烘干，使物料的含水率下降至 15%～20%，同时在筛分机的筛筒内表面设置较多数量的翻料板，减小筛筒的安装倾角，使物料在筛筒内进行充分的翻倒和碰撞，使黏结的料块破碎，从而提高筛分效率；由于筛孔孔径较小，物料有一定的湿度，因此需在筛筒外部设置清扫机构，防止筛孔的堵塞。

4. 贮存

堆肥一般春秋两季使用，夏冬生产的堆肥需贮存，可直接堆存在二次发酵仓中或袋装。要保持干燥通风，防止受潮。

2.6.3.5 影响堆肥的主要因素

1. 有机物含量

堆肥物料中最适合的有机物含量为 20%～80%。有机物含量过高，堆制过程供氧不足而导致厌氧过程；有机物含量过低，不能提供堆肥所需的温度，并且堆肥产品肥效低，影响其使用。

2. 含水率

堆肥中有机物的分解，微生物的生长繁殖，水是不可缺少的条件。含水率最大值取决于物料的空隙容积。据研究，对于含纸高的城市垃圾堆肥，50%～60% 的含水率最有利于微生物分解。水分超过 70%，温度难以上升，分解速度明显降低，这是由于水分过多，使堆肥物质粒子之间充满水，有碍于通气而造成厌氧状态，不利于好氧微生物生长并产生 H_2S 等恶臭气体的中间产物。水分低于 40%，不能满足微生物生长需要，有机物难以分解。根据国外研究结果，在进行有机物与污泥混合堆肥时，仍能保证堆肥过程顺利进行的最低含水率为 40%。因此，堆肥正常进行的含水率下限为 40%～50%。当含水率降到 20%以下时，生物活性就基本停止。

3．通气量

通气量的多少应根据堆肥物质的水分和堆肥温度确定。通气不足，不利于好氧分解，通气过量会导致堆温下降，水分蒸发，不利于微生物生长，从而影响好氧分解进行。通风是好氧堆肥工艺中很重要的环节。其目的是向堆层中好氧微生物不断供氧，保证堆肥反应以最高速率进行。据资料研究，为保证微生物足够的氧含量，缩短堆肥发酵的周期，在操作时应控制垃圾堆层中气相的氧含量在10%以上。

4．温度

在好氧堆肥过程中，温度是堆肥能否顺利进行的重要因素。微生物分解有机质产生大量的热使堆温增高，随之微生物的种群结构和代谢活力也会发生相应改变。而微生物对有机物的降解与微生物的组成和活力有关，在堆肥开始时，微生物以常温菌、中温菌群为主，同时存在少量耐高温的菌群。但由于温度升高很快，微生物种群结构不久就过渡为以中、高温的菌群为主。当温度达到55℃以上时，高温菌种的数量在总菌种数量中占绝对优势。温度上升使微生物生命活动旺盛，生长繁殖速度快，微生物个体总数随之而增加。当达到65℃以上时，高温微生物开始死亡，堆肥产生的热量不足以维持高温，于是温度开始下降，微生物活力降低。但由于增殖速度惯性，微生物总数的高峰并未出现在最高温度时刻，而是在之后的几天。随着温度的不断降低，环境条件不再支持原有高温种群生物的生长，而中温菌群正在适应环境，增殖速度还不快，故微生物总体上的繁殖速度小于死亡的速度，使微生物总数下降至一低值。随着中温种群对环境的适应及环境温度进入菌群适宜范围，使该类种群微生物数量迅速增加，达到总数的第2个高峰。但是由于可降解有机质被不断分解减少，最终微生物个体总数量下降，而在此期间耐高温菌群数量变化不大，微生物的致死温度见表2-50。

表2-50　微生物的致死温度

名称	死亡温度/℃	死亡时间/d	名称	死亡温度/℃	死亡时间/d
美洲钩虫	45	50 min	大肠杆菌	55	60min
鞭虫卵	45	60	布氏杆菌	55	60
蛲虫卵	50	1	牛结核杆菌	55	45 min
钩虫卵	50	3	二化螟卵	55	3
猪丹毒杆菌	50	15	猪瘟病毒	50～60	30
阿米巴属	50	3	沙门氏伤寒菌	55～60	30min
炭疽杆菌	50～55	60	沙门氏菌属	60	15～20min
蛔虫卵	50～56	5～10	小豆象虫	60	4
稻热病菌	51～52	10	麦蛾卵	60	5
蝇蛆	51～56	1	口蹄疫病毒	60	30
血吸虫卵	53	1	流产布鲁士菌	61	30 min
小麦黑穗病菌	54	10	霍乱产弧菌	65	30
志贺氏杆菌	55	60min	结核分枝杆菌	66	15～20min

堆肥过程中CO_2最大产生速率主要发生在50～60℃。一般而言，嗜温菌最适合温度是30～40℃，嗜热菌最适合温度是50～60℃，从表2-50可以看出，采用合适的高温垃圾分解速度快，并且能将虫卵、病原菌、寄生虫和孢子等杀灭，故用50～60℃的高温堆肥

是有利的。当温度上升到65～70℃，严重影响微生物的生长和繁殖，反应速率又开始下降。试验证明，理想的无害化温度与时间为50℃保持2h。在此温度及时间下，可保证蛔虫卵的杀灭率为100%。但由于物料温度分布不平均，若平均温度为50℃，则一定有相当一部分物料温度低于50℃，故选平均温度60℃为无害化温度，以便使物料温度基本上高于50℃。同时选择一个使堆肥物料保持60℃2h，并使反应速度维持在最佳条件的最佳通气量。在该通气量下，不仅物料达到了无害化所需的温度和时间，而且堆肥操作周期最短。显然这种方式既有气量恒定的特点，又有以温度为指标（60℃）来调整气量的特点。对于一定量的堆料来说，采用通气量控制温度方式，可使堆肥周期大幅度缩短，不仅提高了堆肥设备的处理能力，而且有利于物料中水分的去除，从而缩短后续熟化风干时间。故中温堆肥主要利用嗜温性微生物进行堆肥的过程，最佳温度范围为35～45℃；高温堆肥主要利用嗜热性微生物进行培肥的过程，最佳温度范围为35～ 65℃。温度过高，微生物进入死亡或休眠状态；温度过低，影响微生物活性。

5. 堆肥原料C/N比和C/P比

在堆肥过程中微生物以碳作能源，并构成细胞膜，随后以CO_2形式释放出来，氮则用于合成细胞原生质。因此，发酵后物料的C/N值将会减少，一般下降6%～14%，最高则可下降27%以上。

微生物的生长速度与堆肥物料的C/N有关。微生物自身的C/N为4～30，因此，作营养基的有机物的C/N也最好处于该范围内。在成品堆肥施用时，如果其C/N值过高，易引起土地氮饥饿，影响土壤肥力。C/N值过低，会造成氮的大量损失。因此，要求成品堆肥C/N值为10～20。据此可推算出，城市垃圾堆肥原料配制的最佳C/N值为25～30。

除碳和氮外，磷对微生物的生长也有很大的影响。有时，在垃圾中添加污泥进行混合堆肥，就是利用污泥中丰富的磷来调整堆肥原料的C/P。堆肥原料适宜的C/P为75～150。

6. pH值

pH值是微生物生长的重要条件，pH值太高或太低都影响堆肥速率。一般在6.4～8.5时可获得最大堆肥速率。理论上，pH值对城市垃圾堆肥过程没有影响，而且pH值会随堆肥过程发生变化，其本身就是由于物料降解的结果。在堆肥初期，由于酸性细菌的作用，pH值降到5.5～6.0，使堆肥物料呈酸性；随后，由于以酸性物为养料的细菌的生长和繁殖，导致pH值上升，堆肥过程结束后，物料的pH值上升到8.5～9.0。

2.6.3.6 堆肥中的微生物学过程

1. 真菌

在堆肥化过程中，真菌对堆肥物料的分解和稳定起着重要的作用，特别是在纤维素的分解过程中，真菌起着至关重要的作用，应调整堆肥物料的环境条件以促进其活动。真菌不仅能分泌胞外酶，水解有机物质，而且由于其菌丝的机械穿插作用，还对物料施加一定的物理破坏作用，促进生物化学作用。与细菌相比，真菌抗干燥能力强，但物料含水率大，通风不良时不利于真菌的生长和繁殖；同时机械搅拌对菌丝有破坏作用，过于频繁的搅动也不利于真菌活动。堆肥化过程中真菌分为三个特征组，第一组包括中温类群，它们在升温的头几天就很快被杀死；嗜热真菌和耐热真菌也被高温杀死。嗜热真菌甚至在堆肥物料高温期后的降温期也不能重新定殖，这是因为它们仅能利用简单的碳源而不能利用纤维素或半纤维素，不能在堆肥中持续存活的主要原因是后期缺乏易利用的碳源。

耐热真菌由于能利用纤维素和半纤维素则能在堆肥化过程的中后期持续存在。第二组真菌是在高温期结束后很快出现的真菌，特别是嗜热毛壳霉和孤独腐质霉，它们都能快速利用纤维素和半纤维素。在纯培养条件下对纤维素分解的最适温度为50～55℃。第三组真菌在高温期结束后一段时间，堆体温度下降阶段出现，该组真菌包括两种嗜热真菌、三种中温真菌和三种担子菌。

2. 细菌和放线菌

细菌和放线菌比嗜热真菌耐受的温度要高。据报道，在稳定的厩肥堆肥中，65℃时细菌和放线菌生长迅速，许多物质被其降解，真菌则极少见。在小麦秸秆的堆制过程中，放线菌的出现略晚于细菌，除此之外这两类微生物的行为相似，其数目均在70℃时达到最高，当温度降至50℃时，仍能在几天内保持较高数目。放线菌很少利用纤维素，但能容易地利用半纤维素，并能在一定程度上分解木质素。与真菌相比，放线菌利用纤维素的能力要小得多。出现这种现象的原因可能是由于放线菌比细菌或真菌的繁殖缓慢，在养分充足时竞争力弱，但在堆肥化过程的末期，养分可利用性小时占优势。

3. 病原微生物

堆肥处理除了达到稳定有机废物的目的外，还要杀灭物料中病菌和寄生虫卵，温度的高低和高温持续的时间是有效杀灭这些有害生物的主要因素。当温度超过60℃时，在几天内可以达到灭菌目的，但在温度为50～60℃时，需要持续的时间为10～20d。在堆制后期，微生物产生的许多抗生素类物质也会大大地缩短病原微生物的存活时间。

4. 堆肥技术中的微生物接种剂

在堆肥腐熟过程中，纤维素的分解是一个关键问题，因此，各种加速纤维素分解的技术都是有积极意义的。一些从堆肥中分离出来的高温菌、中温菌、放线菌和真菌常用作堆肥接种剂，加速细胞壁和木质素、纤维素水解，促进腐殖质化过程，避免堆肥早期pH值下降，提高堆肥氮素含量和促进堆肥过程磷的可溶性。1936～1938年我国学者彭家元和陈禹平就从堆肥中分离筛选出好热性纤维素分解细菌，并扩大培养后制成菌剂，作为堆肥的接种剂使用。陈世和等对城市生活垃圾堆肥过程中的微生物类群进行分离鉴定发现，在45℃时，曲霉属、芽孢杆菌属、肠道杆菌属、假单胞菌属、芽孢乳杆菌属等是堆肥中的优势菌群，而55℃时除了芽孢杆菌属和假单胞菌属仍然是优势菌群外，乳酸杆菌属、链球菌属和小单孢菌属成为新的优势菌群，这表明堆肥过程中，微生物类群处在一个不断变化的动态平衡之中；并提出在垃圾含有的原有自然微生物群体基础上，添加高效菌种或酶制剂，增强对垃圾的分解和利用，缩短堆肥时间。顾希贤等研究表明，接菌堆肥比不接菌堆肥升温快且高，高温维持时间长，真菌和纤维素分解菌数量增多，腐殖质含量提高21%～26%；肥效试验证明，施接菌堆肥比不施接菌堆肥可使青菜增产9.9%。石春芝等研究表明，在固氮菌的作用下堆肥的含氮量有一定提高，纤维素分解菌对固氮菌的生长有一定的协同作用。

2.6.3.7 堆肥腐熟度评价

堆肥腐熟度是反映有机物降解和生物化学稳定度的指标。腐熟度判定对堆肥工艺和堆肥产品的质量控制以及堆肥使用后对环境的影响都具有重要意义。未腐熟的堆肥施入土壤后，能引起微生物的剧烈活动，导致产生厌氧环境，并产生大量中间代谢产物——有机酸及还原条件下产生的NH_3、H_2S等有害成分，这些物质会严重毒害植物的根系，影响农作物的正常生长；未腐熟的堆肥散发的臭味给利用带来了很大不便。为了避免这些问题，检测并保证堆肥的腐熟度是堆肥工艺和堆肥产品的质量控制的重要内容。

1. 堆肥腐熟度指标

腐熟度指标通常可分为物理学指标、化学指标和生物学指标三类。物理学指标易于检测，常用于描述堆肥过程所处的状态；堆肥过程是有机物的生化转化过程，化学指标和生物学指标得到了广泛研究和应用；物理学指标、化学指标和生物学指标的特点和局限汇总见表2-51、表2-52和表2-53。

表 2-51 堆肥腐熟度评价的物理学指标

名称	腐熟堆肥特征值	特点与局限
温度	接近环境温度	易于检测；不同堆肥系统的温度变化差别显著，堆体各区域的温度分布不均衡，限制了温度作为腐熟度定量指标的应用
气味	堆肥产品具有土壤气味	根据气味可直观而定性的判定堆肥是否腐熟；难以定量
色度	黑褐色或黑色	堆肥的色度受原料成分的影响，很难建立统一的色度标准以判别各种堆肥腐熟程度
残余浊度和水电导率		堆肥7～14d的产品在改进土壤残余浊度和水电导率方面具有最适宜的影响；需与植物毒性试验和化学指标结合进行研究
光学特性	E665＜0.008	堆肥的丙酮萃取物在665nm的吸光度随堆肥时间呈下降趋势

表 2-52 堆肥腐熟度评价的化学指标

名称	腐熟堆肥特征值	特点与局限
挥发性固体（VS）	VS降解38%以上，产品中VS＜65%	易于检测；原料中VS变化范围较广且含有难于生物降解的部分，VS指标的实用难以具有普遍意义
淀粉	堆肥产品中不含淀粉	易于检测；不含淀粉是堆肥腐熟的必要条件而非充分条件
BOD_5	20～40g/kg	BOD_5反映的是堆肥过程中可被微生物利用的有机物的量；对于不同原料的指标无法统一；测定方法复杂、费时
pH值	pH：8～9	测定较简单；pH值受堆肥原料和条件的影响，只能作为堆肥腐熟的一个必要条件
水溶性碳（WSC）	WSC＜6.5 g/kg	水溶性成分才能为微生物所利用；WSC指标的测定尚无统一的标准
NH_4^+-N	NH_4^+-N＜0.4g/kg	NH_4^+-N的变化趋势主要取决于温度、pH值、堆肥材料中氨化细菌的活性、通风条件和氮源条件的影响
NH_4^+-N/NO_2^-＋NO_3^-	NH_4^+-N/NO_2^-＋NO_3^-＜3	堆肥过程中伴随着明显的硝化反应过程，NO_2^-＋NO_3^-测定快速简单；硝态氮和铵态氮含量受堆肥原料和堆肥工艺影响
C/N	C/N在15～20∶1	腐熟堆肥的C/N趋向于微生物菌体的C/N值，即16左右；某些原料初始的C/N不足16值，难以作为广义的参数使用
WSC/N-org	WSC/N-org趋于5～6	一些原料（如污泥）初始的WSC/N-org＜6
WSC/WSN	WSC/WSN＜2	WSN含量较少，测定结果的准确性较差
阳离子交量（CEC）	—	CEC是反映堆肥吸附阳离子能力和数量的重要容量指标；不同堆料之间CEC变化范围太大
CEC/TOC	CEC/TOC＞1.9（CEC＞67）	CEC/TOC代表堆肥的腐殖化程度；CEC/TOC显著受堆肥原料和堆肥过程的影响

（续）

名称	腐熟堆肥特征值	特点与局限
腐殖化参数	HI> 3，HR 达到 1.35	应用各种腐殖化参数可评价有机废物堆肥的稳定性；堆肥过程中，新的腐殖质形成时，已有腐殖质可能会发生矿化
腐殖化程度（DH）	—	DH 值受含水量等堆肥条件和原料的影响较大
生物可降解指数（BI）	BI≤2.4	该指标仅考虑了堆肥腐熟时间和原料性质，未考虑堆肥腐熟条件，如通风量和持续时间等

表 2-53 堆肥腐熟度评价的生物学指标

名称	腐熟堆肥特征值	特点与局限
呼吸作用	比耗氧速率< 0.5mgO_2/g·hr VS	微生物好氧速率变化反映了堆肥过程中微生物活性的变化；氧含量的在线监测快速、简单
生物活性试验	—	反应微生物活性的参数有酶活性和 ATP；这些参数应用尚需进一步研究
利用微生物评价	—	不同堆肥时期的微生物的群落结构随堆温不同变化；堆肥中某种微生物存在与否及其数量多少并不能指示堆肥的腐熟程度
发芽试验	GI：80%～85%	植物生长试验应是评价堆肥腐熟度的最终和最具说服力的方法；不同植物对植物毒性的承受能力和适应性有差异

2. 腐熟度综合评价指标的选择

堆肥腐熟度指标的选择要考虑该指标是否反映了堆肥过程中有机物的降解，是否是有机物降解过程中的主要指标。当将一个指标提升到腐熟度指标的高度时，必须考虑不同的工艺、不同的原料对这一指标的影响。

（1）堆肥过程中碳、氮素的转化　在堆肥过程中，微生物首先利用易降解的有机物和简单的有机物进行新陈代谢和矿化。这些易降解的有机物主要是可溶糖、有机酸和淀粉。其次开始分泌特殊的水解酶，降解纤维素、半纤维素和木质素。这些中等和较难降解的有机组分的降解主要发生在碳水化合物的表面并且受其溶解速度的影响。因此，微生物只能缓慢地、部分地降解这些长链物质。过程为：碳素化合物→单糖→有机酸→CO_2 和微生物多糖及能量。

通过好氧堆肥以后，生活垃圾中糖类和淀粉需 5～7 周时间完全水解和被代谢，此时有 70%～80%的脂类被分解，纤维素和半纤维素降解率为 33%～80%。由于有机物中以纤维素和半纤维素为主，因此通常堆肥中有机碳的减少主要是纤维素和半纤维素。木质素在堆肥中一般很少变化，在堆肥施入土壤中后才发生少量的降解。因此，化学指标中与碳素有关的指标如挥发性固体、纤维素类物质和有机酸含量均可作为堆肥腐熟度的指标。

堆肥过程中的氮素转化主要包括两个方面：氮素的固定和释放。通常在堆肥结束后，氮素有一定的损失，这主要是由于有机氮的矿化和持续性氨的挥发以及硝态氮的可能反硝化。如果按理论干质量计算，堆肥氮素含量呈增加趋势，这主要是有机质的矿化和 CO_2 的损失及产生的 H_2O 所致。有机氮作为堆肥全氮的主要组成部分，在堆肥的过程中与全氮有相同的变化趋势。堆肥初期，堆体温度较高，硝化细菌因高温受到抑制，NO_2^--N+NO_3^--N 含量出现减少现象；随着堆体温度下降，硝化细菌活性逐渐增强，堆肥过程中 NO_2^--N+NO_3^--N 的含量随之显著增加。铵态氮（NH_4^+-N）在堆肥的最初时期呈增加趋势，而后急剧下降。因此，堆肥中氮素的变化是不容忽视的，可以用氮素的变化来描述堆肥的腐熟程度。NH_4^+-N/NO_3^--N可以作为堆肥腐熟的指标之一，当NH_4^+-N/NO_3^--N比值小于1时，堆肥腐熟。

(2) 堆肥过程中的氧含量变化　堆肥应是含腐殖质的稳定产品，但稳定并不意味着物质发生了矿化而不再生物降解。就像自然界中的腐殖质一样，腐熟的堆肥中含有的微生物处于休眠状态，此时腐殖化物质的生化降解速率及CO_2产生和O_2消耗都较慢。如果堆肥中仍存在大量的易降解物质，其CO_2产生和O_2消耗就会较快。采用溶解氧（DO）测定以确定堆肥过程中O_2的含量变化，发现不同时期堆肥的氧含量变化差别显著。Richard等认为呼吸速率与初始条件无关，仅与废物分解的状况有关，可用作堆肥工厂管理的定性参数。对于好氧堆肥来说，微生物好氧速率变化反映了堆肥过程中微生物活性的变化，标志着有机物的分解程度和堆肥反映的进行程度，因此，以耗氧速率作为腐熟度标准是符合生物学原理的。正因为耗氧速率不受堆肥物料组分的影响，不涉及物料取样和样品的制备，具有稳定性和可靠性，国内很多堆肥厂都将这一指标作为评价堆肥腐熟情况的参数。

(3) 腐熟度的综合评价指标与方法　在综合以上分析的基础上，对于生活垃圾堆肥，选定以下参数作为堆肥腐熟度的综合判断指标：C/N、NH_4^+-N含量、比耗氧速率。C/N既是堆肥过程的影响因素，又对堆肥产品质量有很大的影响。在微生物的新陈代谢中，一部分碳由于氧化作用而生成CO_2，另一部分碳则转化为原生质和贮存物，氮主要消耗在原生质合成作用中，可见所需的碳要比氮多，C∶N=（30～35）∶1。当堆肥腐熟时，其C/N理论上应趋于微生物菌体的C/N，即16左右，因此，将C/N作为腐熟度判定指标是适宜的。实际工程中当C/N值为10∶1时，认为堆体处于稳定状态，堆肥腐熟。

李承强等在以污泥为原料的好氧堆肥中证实，在堆肥高温期，由于含氮有机物的降解，NH_4^+-N大量产生，造成堆体内NH_4^+-N含量增高。随着堆肥的进行，可降解氮成分减少，NH_4^+-N的产生量随之降低；同时，NH_4^+-N在堆肥腐熟期随硝化作用的明显增强转化为NO_3^--N及因通风作用而挥发掉，NH_4^+-N含量逐步减少。Bernal等认为，成熟堆肥的NH_4^+-N含量应小于0.04%。因此，将NH_4^+-N含量作为腐熟度判定指标是符合堆肥过程中物质转化规律的。

比耗氧速率测定快速、简单，利于在线监测，而且不受堆肥原料的影响，只与有机物的腐熟过程有关，是较好的评价指标，且在国内实际工程中有较普遍的应用。

2.6.3.8　堆肥工程应用

1. 高温好氧静态仓式堆肥

高温好氧静态仓式堆肥发酵过程常采用二次发酵，一般设置二次发酵的预处理系统和粗堆肥后的精加工系统。根据堆肥处理量、各地的经济条件及肥料的用途，料仓型堆肥工艺的初级发酵仓一般采用装载机进出料或隧道式布料机进料、装载机出料方式，而次级发酵采用静态条堆发酵方式。图2-38所示为预处理和粗堆肥的生产工艺流程，图2-39所示为粗堆肥经进一步加工后生产复合肥的生产工艺流程。

(1) 预处理系统　生活垃圾由城市收运系统的专用运输车运至垃圾处理厂，经过地磅计量后卸入预处理厂房的集料坑内，设置在集料坑上方的起重机、抓斗将垃圾送到板式给料机的受料斗中，给料机将物料均匀送至监拣带式输送机，在此设置监拣平台、手选位，拣出

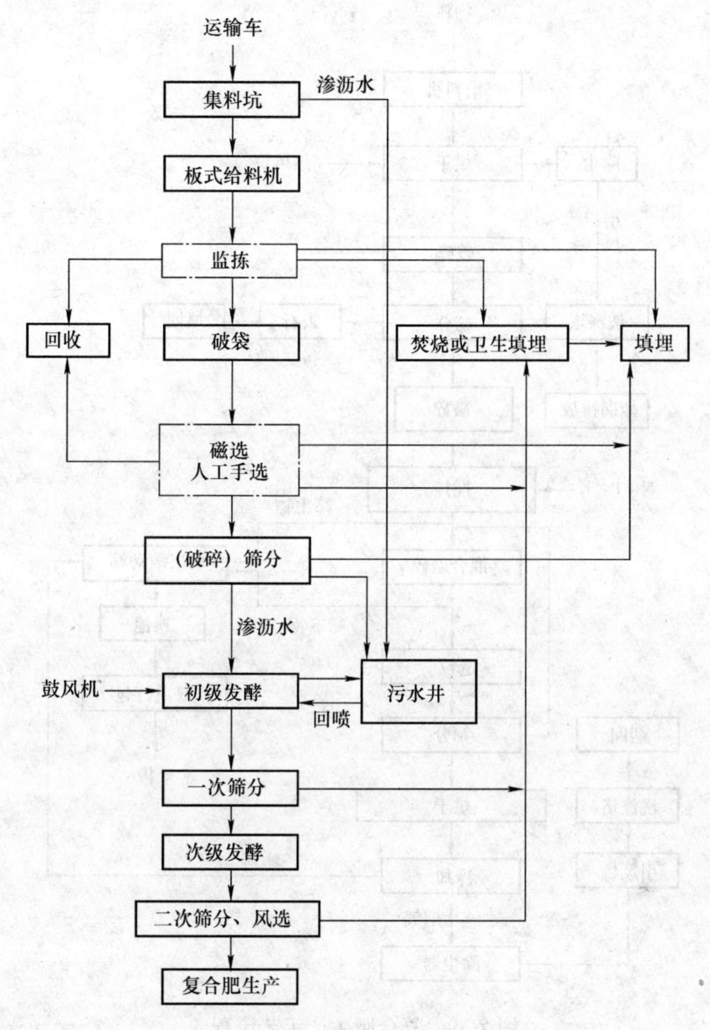

图 2-38　粗堆肥生产工艺流程

粗大料、可回收物（如易拉罐、玻璃瓶等），在带式输送机上可以进行人工破袋，经监拣后的垃圾再经带式输送机送到破袋机中进行机械破袋，同时对物料起到一定破碎作用，破碎后的垃圾经带式输送机均匀送到带有磁选器的手选带式输送机上，手选带式输送机两侧设手选平台，磁选垃圾中的废铁等金属并进行回收，再通过人工将垃圾中塑料、纸类等拣出，手选后的垃圾由带式输送机送到筛分机上，如有大的植物垃圾，应将植物垃圾先破碎，筛上物（粒径≥60mm 的物料）与手选出的大物料进行焚烧或卫生填埋，筛下物（粒径≤60mm 的物料）由专用机械送到初级发酵仓，进行初级发酵。

预处理阶段设置 1 条或几条生产线，每条生产线设置的设备包括：带抓斗的桥式起重机一台；带料斗的板式给料机一台；带平台的监拣带式输送机一台；破袋机一台；带拣选平台的手选带式输送机一台；强磁除铁器一台；筛分机（破碎、筛分组合机）一台；胶带输送机四台；雾化除臭装置一套；抽排气装置一套；移动式带式输送机两台。根据处理规模及机械化强度要求设置不同运输能力的自卸汽车、装载机或车间之间的输送机。

（2）初级发酵及筛分　经过预处理的垃圾由装载车或带式输送机将其运至初级发酵仓

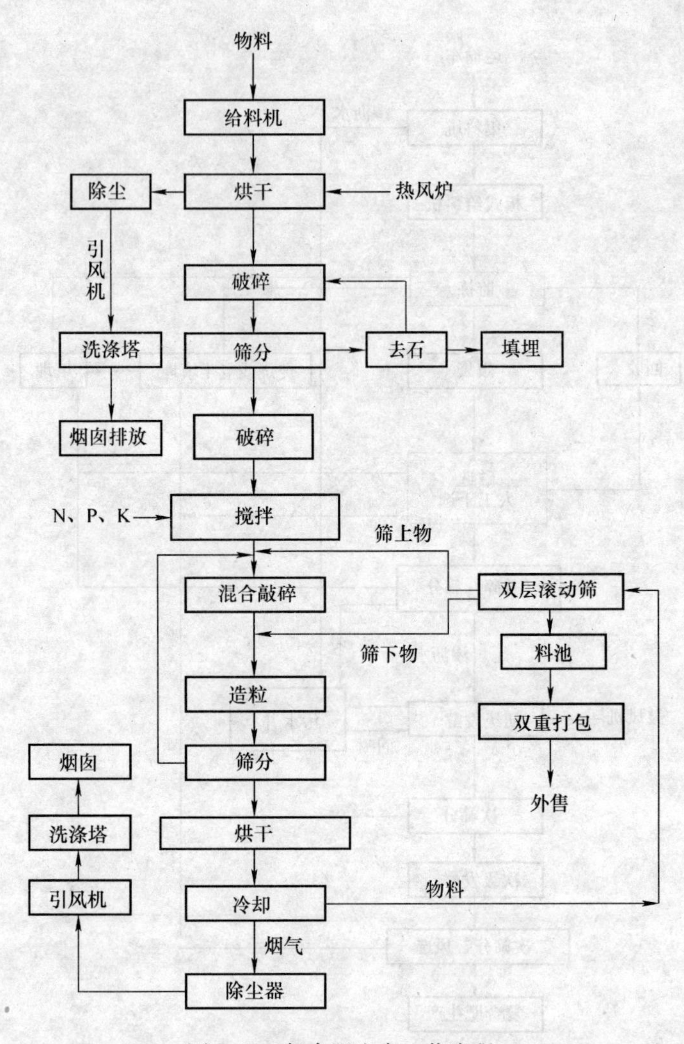

图 2-39　复合肥生产工艺流程

内，按每天一仓进行布料，仓内垃圾中有机物进行好氧分解，经过升温、保温、降温后，完成初级发酵。第一阶段为升温阶段：在真菌、酵母菌、嗜温菌、放线菌的作用下，葡萄糖脂肪、碳水化合物分解、放热，堆体温度上升（1～2d 堆体温度可达到 40～50℃），多种嗜热菌进一步使堆体温度升高，当堆体温度达到 40～50℃，并维持 5～7d，所有病原微生物都会死亡，此时完成第二阶段。堆体温度开始下降，进入最后熟化阶段，新的微生物将完成残余有机物的降解，这个过程需 1～2d。经过一个初堆肥周期的物料经装载车、自卸汽车运至筛分室筛分。发酵周期的长短与垃圾的有机质含量（一般≥40%）、含水率（40%～60%）、供氧量（>10%）及 C/N 值（20～30）有关，在其他条件不变，C/N 值为 20～30 时，发酵周期为 10d 左右，当 C/N 不合理时，需调节 C/N 的比例。

发酵仓成长条布置，长、宽根据每天垃圾量和进料方式来确定，堆高一般为 2.5m，采用装载机进料时，宽度宜为 6m，长度方向的一端设置进出料大门，另一端设置鼓风机，为发酵提供足够的氧。发酵仓内设置 3～4 条带盖混凝土沟，空气经沟鼓入堆体内，使堆体内氧含量始终大于 10%；堆体内的渗滤液经沟及鼓风机室内的水封井、排污沟排至室外污水池，仓顶设置喷淋水管，当垃圾含水率低时，喷洒渗滤液或用自来水来调节料堆含水率，使堆体含水率在40%～60%；发酵仓顶部设置通风管，使仓内产生的多余气体通过除臭系统处理后通过通风管排放。

经初级发酵后的垃圾运送到筛分室进行一次筛分，垃圾倒入组合式筛分机的料斗中，经板式给料机送到滚筒筛中，滚筒筛筛孔为40mm，筛下物小于40mm的物料由移动式带式运输机、运输机械运至次级发酵场地，筛上物落入移动式带式机由运输机械运到焚烧或填埋场地。初级发酵除发酵仓外，需要的主要设备有：装载车、鼓风机、污水泵、电磁阀、风量调节阀、筛分机、移动带式输送机。

(3) 次级发酵及筛分　次级发酵是初级发酵的后腐熟阶段，初级发酵后的垃圾经筛分后，筛下物由装载机、自卸汽车或带式输送机运至次级发酵场地，次级发酵场为半封闭或封闭式。按每日一条将物料堆成条状，每条之间留有操作空间，根据二次堆肥要求及气候条件，一般堆置10～20d，堆肥中残余有机物进一步降解、稳定。按照自然通风穿透能力，根据机械运转能力及自然通风条件，一般物料堆高1.5m，条堆底部宽4～6m，堆积角小于等于45°。次级发酵后的粗肥呈棕色或黑棕色，无臭味，有土壤的霉味，手感松软，将手插入堆体，无大的温差感，具体判定可采用综合评定法。经过次级发酵后，充分腐熟的垃圾用装载机或自卸汽车送入带料斗的筛分机和风选机，筛分机可根据肥料用途设置筛孔直径，当粗堆肥需进一步深加工作为产品销售时，筛分机筛孔直径宜小于等于15mm。筛上物进行焚烧、填埋处理，或作为腐熟土使用，风选出的塑料经清洗后可进一步加工、利用。次级发酵除发酵场地外，需要的主要设备有装载机、自卸汽车、筛分机、鼓风机、移动带式输送机。

(4) 有机复合肥生产　经过二次发酵、筛分后的粗堆肥，由机械设备运至复合肥生产厂房进一步深加工，制成有机复合肥。首先，将物料倒入板式给料机受料斗中，由板式给料机经带式输送机均匀输送到烘干机中，将其进行烘干处理，根据原料含水率确定烘干温度、停留时间、鼓风量，温度一般控制在300～350℃，烘干后物料水分含量在8%～10%，从烘干机出来的物料经磁选机去除物料中铁类物质后，送到链式破碎机使物料破碎到3.5mm左右，碎物料经筛分机筛分后，粒径大于3.5mm经去石机去石后返回破碎机，粒径小于3.5mm的物料送到二次破碎机中进行细破，破碎后的细物料进入贮料斗中。

贮料斗中的物料和含一定比例（按农作物要求）的N、P、K物料（可以是无机肥或原料）加入搅拌机中搅拌混合，混合物料进入混合破碎机中进一步破碎后进入造粒机造粒，造粒后的物料含水率较大，需送到烘干机烘干，烘干温度根据加入含N物料多少确定，一般控制在200～250℃，干、热物料到冷却机中冷却至常温，经双层振动筛筛分，粒径大于4mm的筛上物回到造粒前的破碎机中破碎后继续造粒，粒径小于2mm的筛下物直接返回造粒机中造粒，粒径2～4mm的物料送至成品贮料斗中包装后出售。烘干机、破碎机、搅拌机、造粒机、冷却机、筛分机之间的连接可根据设备平面、立面布置调整选用带式输送机、多斗提升机或溜槽。用燃煤热风炉提供热烟气，烘干、冷却产生的废气经旋风除尘器→引风机→洗气塔→烟囱达标排放。有机复合肥制作的主要设备有立式搅拌机、链式破碎机、转鼓造粒机、烘干机、冷却机、振动筛、包装机、多斗提升机、带式输送机、热风炉、鼓风机、引风机、旋风除尘器和洗气塔。

2. 北京阿苏卫城市生活垃圾综合处理厂

北京阿苏卫城市生活垃圾综合处理厂采用动态好氧发酵滚筒技术处理城市生活垃圾。该厂处理的城市生活垃圾物理组分含量见表2-54。

表 2-54 北京阿苏卫城市生活垃圾物理组分

比例	样品	金属	织物	玻璃	纸类	砖陶	木竹类	灰土	塑料	食品	其他
湿基	均值（%）	0.5	1.1	1.5	3.3	4.9	12.5	13.1	11.0	52.0	0.1
	排序	9	8	7	6	5	4	3	2	1	10
干基	均值（%）	0.9	1.6	3.3	4.9	7.3	12.8	18.6	18.2	30.2	0.2
	排序	9	8	7	6	5	4	3	2	1	10

从表 2-54 可以看出，湿基中可回收的塑料、纸张、玻璃、木竹类和金属总和占 28.8%，干基中由于不含物理水分，可回收的塑料、纸张、玻璃、木竹类和金属总和占 41.0%。可见北京市生活垃圾可资源化成分含量较高，干燥后的垃圾可资源化成分含量更高。如果除去砖陶、灰尘、织物等现阶段不能综合利用的成分，湿基和干基中，食品（分别占 52.0%和 30.2%）进行生物堆肥利用，资源化程度可达到 80.8%和 71.2%。由于垃圾中含有水分，比例有所增加，同时生物堆肥需要调整垃圾含水率，所以北京市阿苏卫城市生活垃圾综合处理资源化程度可超过 71.2%。

处理厂工艺流程：进厂城市生活垃圾先经过前分选，选出塑料、纸张、金属类等可回收物料并去除灰土后，将剩余物料进入发酵滚筒；物料在发酵滚筒内停留 1.0～1.5d，经初步降解后再进入次级发酵；次级发酵采用机械翻堆的方式，发酵时间为 21d；腐熟堆肥经 25mm 滚筒筛筛分后筛下物送至后处理车间，通过 13mm 滚筒筛分，以及重力和密度分选机处理后，部分粗堆肥直接出售，部分经添加肥料深加工成有机无机复混肥出售。垃圾堆肥处理规模为 1600t/d，4 条生产线，每条生产线每班处理能力为 200t，大约 72m³/h。具体处理工艺流程图如图 2-40 所示。

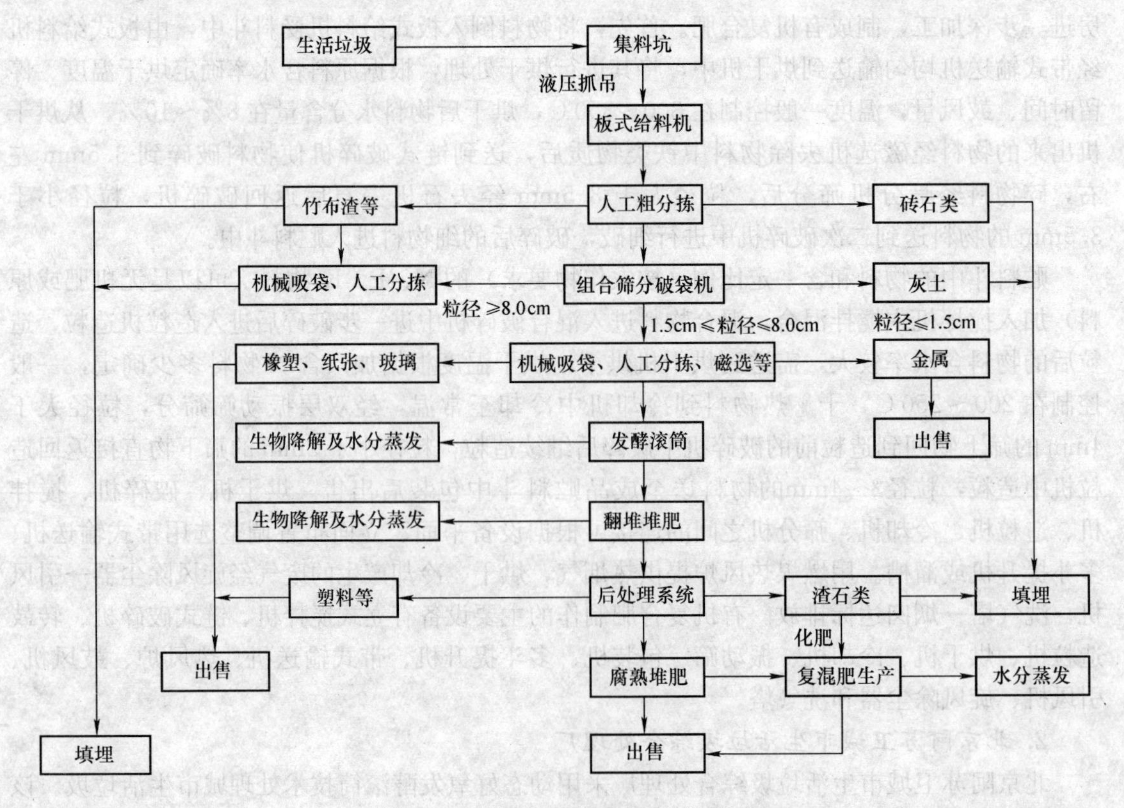

图 2-40 垃圾堆肥处理厂工艺流程图

预处理车间产生的臭气采取控制措施有：加强通排风，车间换气，废气经过生物法处理排空。预处理车间人工粗分拣平台及人工分拣平台处均用小房间，加强房间内的通排风、换气。人工分拣平台处采用局部送风、机械送排风并保持室内微正压的方式，使工作人员有较清洁的室内空气环境。此外，在房间内安装喷淋除臭系统，在人工分拣间顶棚内安装雾化系统装置，通过喷嘴向该区域空间定时喷洒天然植物提取液，把垃圾散发出的臭气予以分解消除。根据阿苏卫城市生活垃圾综合处理厂作业区域的运转情况，消除了对工作人员身心健康的影响，保障了正常的工作秩序，最大限度地减少了对厂房、厂区及周边大气环境的影响。

腐熟堆肥中重金属的控制主要采取以下措施：加强垃圾收集与处理的管理，严禁工业垃圾混入；逐步实行生活垃圾的分类收集，使富含重金属的物料（如铅印物、废旧电池）不进入堆肥处理过程；混入生活垃圾中含金属类物料在预处理阶段采用磁选、人工分拣等方法分离出来。

2.6.4 城市垃圾的厌氧发酵

通过厌氧微生物的生物转化作用，将垃圾中的大部分可生物降解的有机质分解，转化为能源产品（沼气（CH_4））的过程，一般称为垃圾的厌氧发酵或称厌氧发酵。城市垃圾的厌氧发酵是垃圾资源化的又一重要途径。

洁净能源“沼气”为人类提供了一种绿色生物能源，具有成本低、环境效率高及可持续发展等特点。发酵底物不仅是优质的农作物有机肥料，而且因其富含微生物菌体、氨基酸等活性物质，经加工可作为优良的鱼、鸡等动物饲料。对于我国的中小城市，由于垃圾中的可燃成分少、热值低、不易焚烧，因而采用厌氧发酵的方法较为有效。目前随着垃圾中有机物含量的增高，该技术的目标已从“能源回收”转移到“环境保护”。

2.6.4.1 厌氧发酵技术在国外垃圾堆肥上的应用

在国外厌氧发酵技术的应用已相当广泛，主要分布在澳大利亚、丹麦、德国等国家。由于欧洲发达国家逐渐禁止原生生活垃圾直接进入填埋场，生活垃圾的生化处理技术（尤其是厌氧发酵技术）得到了很快的发展。欧洲生活垃圾厌氧处理厂处理能力如图 2-41 所示。

厌氧发酵按发酵过程中垃圾含固率分为干法发酵（含固率为 25%～40%）和湿法发酵（含固率小于15%）两种；按发酵过程中物料温度分为中温发酵（20～40℃）和高温发酵（50～65℃）两种。按照阶段数可分为单级发酵和多级发酵（也称单相、多相或一阶段、二阶段），即发酵过程中水解、酸化阶段与甲烷化阶段若在同一反应器中进行则为单级发酵，若在不同反应器中进行则为两级发酵或多级发酵。按照进料方式可分为间歇式发酵和连续式发酵。

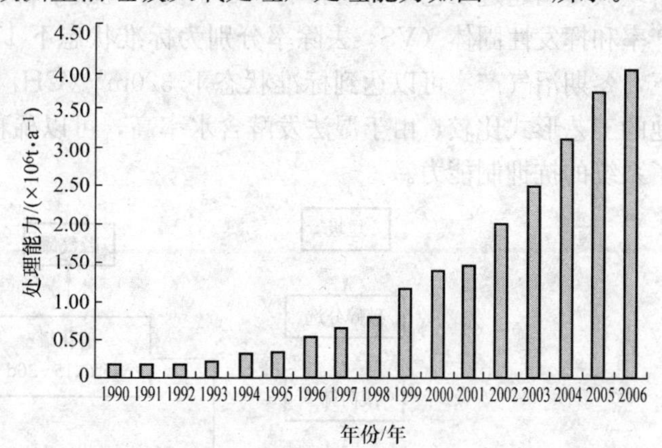

图 2-41 欧洲生活垃圾厌氧处理厂的处理能力

干法发酵和湿法发酵的应用对比情况如图 2-42 所示。厌氧干法发酵系统的固体含量维持在25%～40%，从而大大地提高了处理能力。干法发酵系统中只有含水率非常低的原料需要含量稀释，用水量小。同时，厌氧干法发酵系统对进料的分选要求不高，原料进入处理系统前，只需用滚筒筛将大的颗粒物去除即可。然而，从投资角度看干法发酵工艺比湿式工艺要高得多。首先固体含量的加大，需要设计能够抗酸、抗腐蚀性强的发酵反应器；另外原料的运输和处理需要特制的泵，这种泵要比普通的离心泵要贵得多，而在全混系统中大量使用的是普通的离心泵。为了给新鲜进料接种和避免局部的超负荷引起酸化，需要将进料和发酵物进行混合，为了解决在干法发酵系统中输送流体黏度大的问题，设计了栓塞流的输送形式，这种液体输送方式简化了反应器内设置的机械装置。在工业中应用的物料输送形式主要有 Darnoc、Kompogas 和 Valorga 工艺。这三种输送形式也代表了典型的厌氧干法发酵工艺，工艺流程如图 2-43 所示。

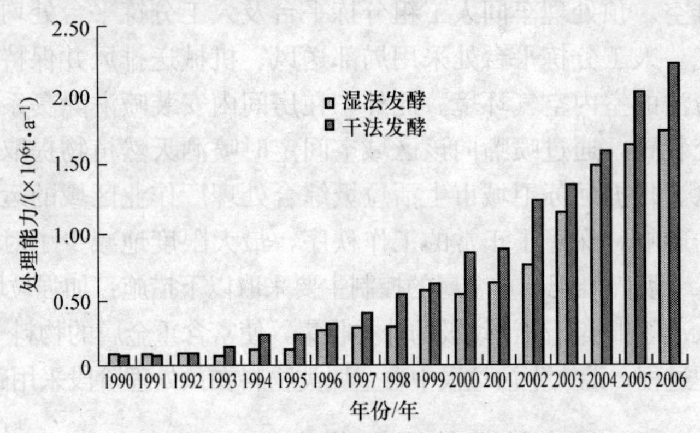

图 2-42　干法和湿法厌氧发酵技术的处理规模

湿法发酵应用最早也最为广泛。湿法发酵过程中发酵设备中物料含固率（维持在 15%以下）低于干法发酵，预处理设施和发酵设备需要的空间更大，其液化、酸化和产气三个阶段在同一个反应器中进行，具有工艺过程简单、投资小、运行和管理方便的优点。目前，欧洲 90%的消化处理采用此工艺，工艺流程如图 2-44 所示。湿法发酵受原料垃圾影响超过工艺本身的影响，由于夏季垃圾中含有较多生物降解性较差的木质素，沼气产率和挥发性固体（VS）去除率分别为标准状态下 170m³（CH_4/ kgVS）和 40%。相比之下，冬期沼气产率可以达到标准状态下 320m³（CH_4/ kgVS），VS 去除率达到 75%。与其他的工艺形式比较，由于湿法发酵含水率高，可以稀释抑制物的含量，在一定程度上也加大了系统的抗抑制能力。

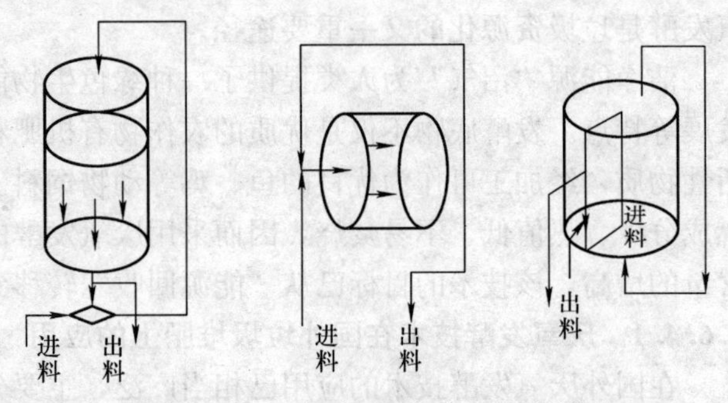

图 2-43　一步厌氧干发酵工艺流程图

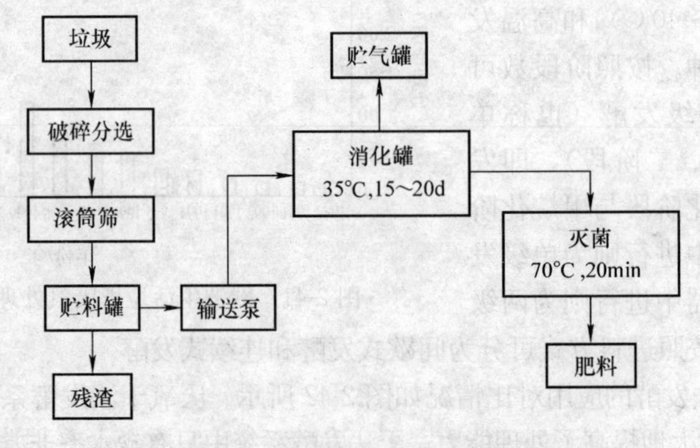

图 2-44　湿法发酵工艺流程图

中温发酵和高温发酵的应用对比情况如图 2-45 所示，中温发酵需要的反应时间长于高温发酵，发酵过程需要的空间及设备均大于高温发酵，但其运行费用较低，系统稳定性高于高温发酵，因而采用中温发酵的处理厂多于采用高温发酵。单级发酵和两级发酵的应用对比情况如图 2-46 所示，两级发酵为产酸菌和产甲烷菌提供了各自的生存环境，系统的稳定性大大提高，进而提高了反应器的负荷和产气的效率，但由于单级发酵需要的设备较少，投资及运行费用相对较低，所以已建厌氧发酵厂大多采用单级发酵。

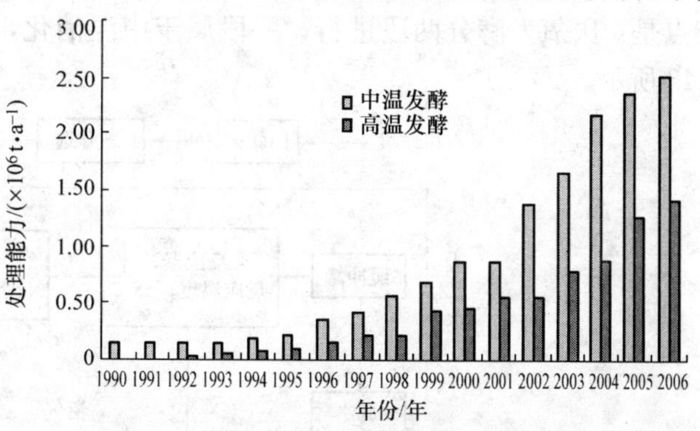

图 2-45　高温和中温厌氧发酵厂处理规模

1. 湿式连续单级厌氧发酵工艺

该工艺以芬兰的 EcoTec 公司为代表，该公司已于 1995 年在德国建立了一座年处理能力达 6500t 的垃圾处理厂。工艺过程是：在 35℃的条件下，以消化过程中产生的沼气作动力，将固形物含量为 15%的有机垃圾在消化罐中发酵 15～20d，腐熟物料在 70℃的条件下消毒 30min，达到堆肥农用的目的。该工艺的特点是：发酵过程在一个罐内完成，其搅拌动力为发酵过程中产生的沼气。目前该技术已开始在德国柏林、泰国曼谷等地得到推广，其工艺流程如图 2-47 所示。

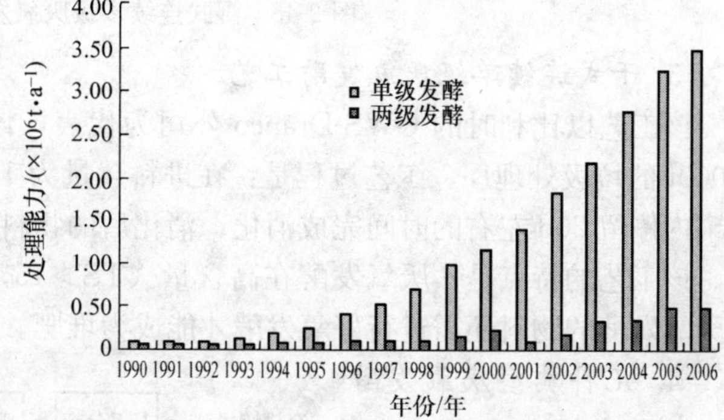

图 2-46　单级和两级厌氧发酵厂处理规模

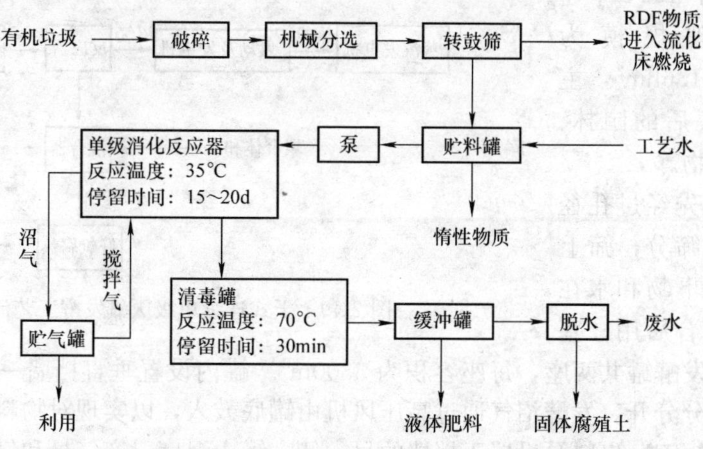

图 2-47　湿式连续单级厌氧发酵工艺流程

2. 湿式连续多级厌氧发酵工艺

该工艺以德国的 TBW 公司为代表，该公司于 1996 年在德国雷根斯堡建立了一座年处理能力达 13000t 的垃圾处理厂。工艺过程是：发酵在两个罐内进行，第一个罐内的发酵温度为 35℃，停留时间为两周；第二个罐内的发酵温度为 55℃，停留时间为两周。该工艺的特点是：厌氧发酵分两段进行，一段属于中温消化，一段属于高温消化，其工艺流程如图 2-48 所示。

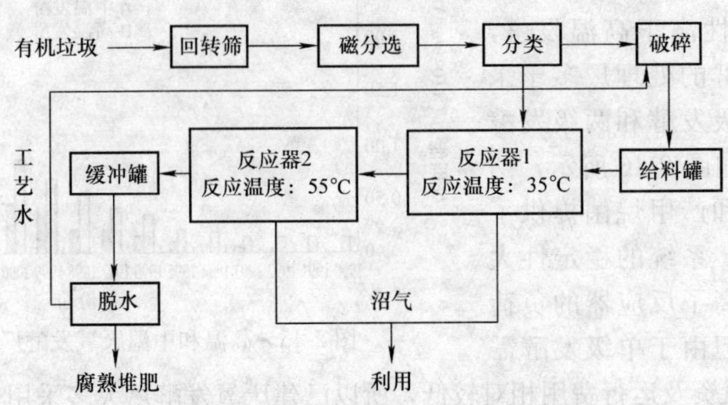

图 2-48 湿式连续多级厌氧发酵工艺流程

3. 干式连续单级厌氧发酵工艺

该工艺以比利时的 OWS-Dranco 公司为代表，该公司已有 4 座年处理能力在 11000～35000t 的垃圾处理厂。工艺过程是：在进料含量为 15%～40%和 50～58℃的情况下，在消化罐内停留 20d 左右的时间完成消化；消化后的物料在好氧条件下再消化两周即成为农用堆肥。该工艺的特点是：厌氧发酵在高含量（TS>15%）的条件下进行，属于干式发酵，同时厌氧发酵的物料还需进行好氧发酵才能成为堆肥。其工艺流程如图 2-49 所示。

4. 几种典型厌氧发酵技术工程实例

（1）荷兰 Tilburg 处理厂（Volorga 技术） 荷兰 Tilburg 处理厂于 1994 年建成运行，处理规模为 52000t/a，占地 1.6hm^2，主要处理分类收集后的园林、果类及蔬菜类废物。

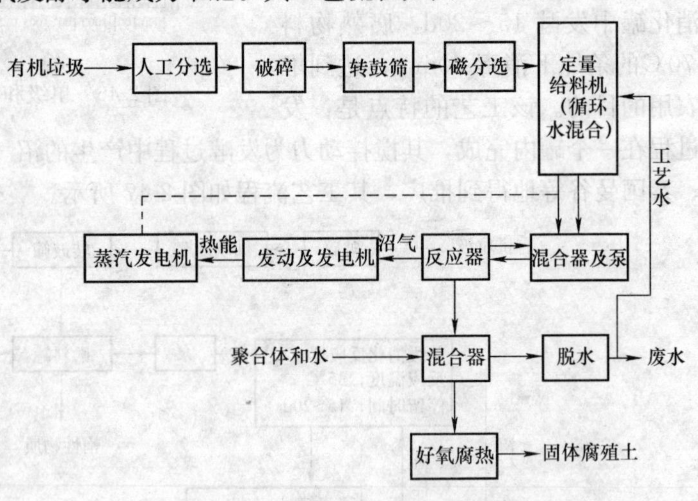

图 2-49 干式连续单级厌氧发酵工艺流程

收集的废物先经过孔径 80mm 的滚筒筛筛分，筛上物填埋处置，筛下物和水在螺旋式混料机混合后用柱塞泵泵入发酵罐。发酵罐共两座，每座容积为 3300m^3。罐内设置垂直挡墙一道，将罐内的出料部分和进料部分分开。发酵沼气通过高压风机由罐底鼓入，以实现对物料的充分搅拌，并避免罐内物料的短流。出料泵设置于挡墙的另一侧。罐内温度、产气量和气体中甲烷含量连续监测，pH 值、含固率和惰性物质量间隔监测。

发酵后的物料通过螺旋脱水机脱水，脱水后物料的含水率为 45%～50%，送至一封闭构筑物进行条堆堆肥。条堆不鼓风，构筑物的废气抽出后先酸洗然后进入生物滤池。整个堆肥过程无搅拌，发酵时间为 7d。处理厂年产腐熟堆肥 18000 t，排放废水量为 11000m^3。处理厂总投资1200万英镑，定员12人。

处理厂运行参数如下：发酵温度37～40℃；pH＝6.1；停留时间24d；VDM有机负荷率7.0～8.6 kg/（m^3·d）；甲烷体积分数55%；甲烷产量每吨VDM产甲烷200～250m^3。

（2）比利时Brecht处理厂（Dranco技术） 比利时Brecht处理厂位于比利时北部，1992年建成运行。该厂处理规模为12000t/a，主要处理食品、庭院垃圾以及不可利用的废纸。

分类收集的垃圾称重后卸料，先将石头等粗大物质去除，然后送入旋转滚筒内（直径3.3m）。物料在滚筒内停留数小时经充分混合后其粒度明显减小，在滚筒末端设置筛分段筛分出粒度小于40mm的发酵物料。发酵物料和发酵罐出料在混合器中按1∶6比例混合，并通入蒸汽加热以调节温度。混合料由柱塞泵泵入发酵罐。罐内物料由罐顶加入，垂直向下移动，从罐底排出。物料在罐内停留20d，罐内温度为50～58℃。罐容积为808m^3（Φ为7m、高度为21m），吨垃圾发酵沼气产生量为43m^3。发酵罐底排出的物料先脱水，废水部分回用，部分外排。残渣经10d好氧腐熟，并定期翻堆，供氧采用抽风方式，抽出的废气经生物滤池处理达标后排放。吨垃圾沼气产生量为105m^3，沼气体积分数为55%。Brecht处理厂工艺流程如图2-50所示。

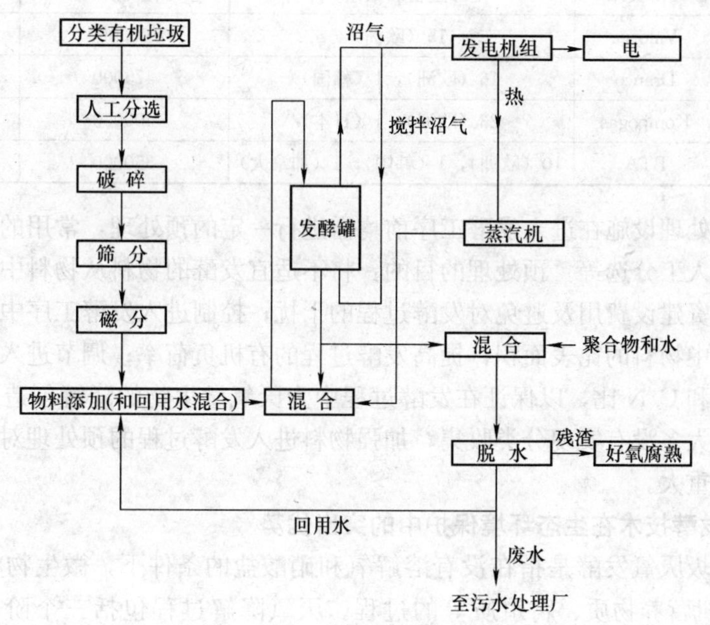

图2-50 Brecht处理厂工艺流程

（3）奥地利Wels处理厂（Linde-KCA-Dresden技术） 奥地利Wels处理厂1996年建成运行，处理规模为15000t/a，处理厂每周运行5d。收集的有机垃圾以批量方式送入搅碎机/滚筒筛，搅碎机/滚筒筛容积为19.8m^3，含固率为13%。破碎后的物料进入缓冲罐内，容积为130m^3，在罐内物料进行第一步的水解后泵入发酵罐中。进入发酵罐物料量为66 t/d，含水率为70%，物料中挥发性物质含量为75%～82%，发酵罐VS设计负荷为6.0kg/（m^3·d），总有效容积为1600m^3。物料在罐内停留16d，以高温方式进行厌氧发酵。

厌氧发酵技术与传统好氧堆肥相比投资较大，但运行费用较低，不同处理方法投资及运行成本见表2-55，且发酵过程中产生的沼气可以循环利用，这也是目前欧洲生活垃圾厌氧发酵处理技术蓬勃发展的主要原因。纵观目前国外厌氧处理技术的发展，其应用技术涵盖高温发酵、中温发酵、干法发酵、湿法发酵、单级发酵和两级发酵，具体采用何种处理方法视垃圾处理性质、经济水平而定，但总体来说，目前利用厌氧发酵技术处理生活垃圾的规模普遍较小，见表2-56。

表2-55 不同处理方法投资及运行成本表

处理方法	处理规模/（t/a）	投资/万欧元	运行成本/（万欧元/a）
强制鼓风好氧堆肥	5000	95～150	55
	10000	160～270	95
	20000	270～470	160
厌氧发酵	5000	290～310	12
	10000	5300～5600	22
	20000	950～1000	40

表2-56 国外大型生活垃圾厌氧发酵处理厂汇总表

公司	发酵技术	全球运营厂数量/个	总处理规模/（t/a）	平均处理规模/（t/a）
Valorga，法国	Valorga	15（欧洲）	1000000	183
OWS，比利时	Dranco	16（欧洲），1（韩国）	475000	77
Kompogas，德国	Kompogas	23（欧洲），1（日本）	500000	57
BTA，德国	BTA	10（欧洲），1（韩国），1（加拿大）	350000	87

现有的发酵处理设施在进入发酵工序前均需进行一定的预处理，常用的方法为筛分、水力粉碎、磁选、人工分选等。预处理的目的：将不适宜发酵的物料从物料中分离出来，以减小发酵设施的投资建设费用及避免对发酵过程的干扰；控制进入发酵工序中物料的粒度，以增大在发酵过程中物料的比表面积，提高发酵过程的有机负荷率；调节进入发酵过程中物料的含固率、温度和C/N比，以保证在发酵过程中为厌氧微生物的降解创造良好的环境。目前国内生活垃圾大多没有实现分类收集，加强物料进入发酵过程的预处理对于保证发酵过程的顺利进行意义重大。

2.6.4.2 厌氧发酵技术在生态环境保护中的突出优势

城市生活垃圾厌氧发酵是指在没有溶解氧和硝酸盐的条件下，微生物将有机物转化为CH_4、CO_2、无机营养物质、腐殖质等的过程。厌氧降解过程包括三个阶段：水解/液化、产酸和产甲烷，具体如图2-51所示。具体过程如下：水解细菌分泌胞外酶将聚合物水解为单体化合物（如葡萄糖和氨基酸），再经产乙酸细菌的作用生成挥发性脂肪酸、H_2、CO_2和乙酸，最后由产甲烷细菌将H_2、CO_2和乙酸转化为CH_4。固体垃圾的厌氧发酵原理与废水的相似，但由于固体垃圾和废水本身性质不一样，处理要求和过程也存在差别。

垃圾厌氧发酵技术在生态环境保护方面具有突出优势。厌氧发酵技术和堆肥技术都属于生物处理法，根本的不同之处在于前者在厌氧条件下进行，后者在好氧条件下进行。总结多种垃圾处理的气体释放情况，发现应用微生物处理能够最大限度地循环和再利用垃圾的成分，释放的废气最少。尤其是厌氧发酵，据报道，每吨城市固体垃圾厌氧发酵比用“分选+堆肥+填埋”产生的CO_2量要少0.2t。

具体厌氧发酵技术的生态环境保护优势体现如下：

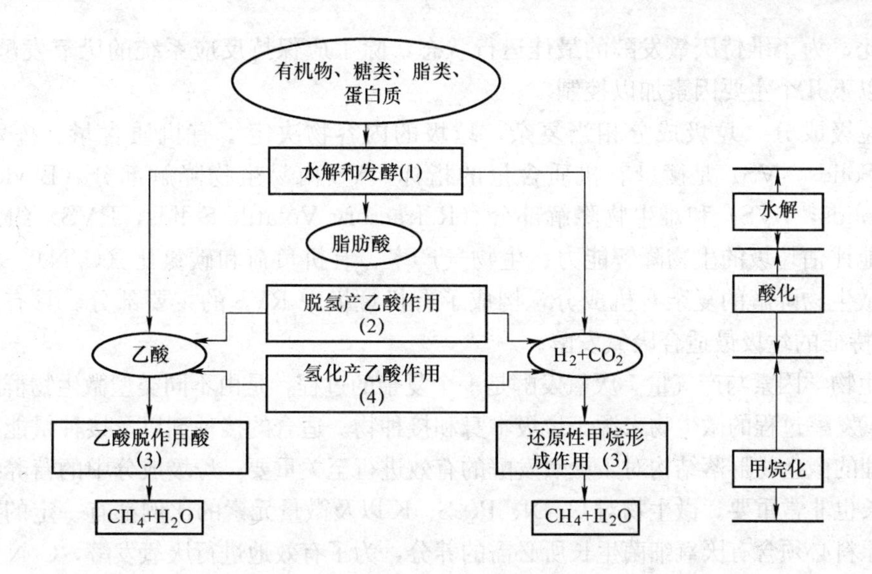

图 2-51　厌氧发酵的 3 个生化阶段示意图

1）有机物含量高，经过厌氧生物处理能回收大量甲烷气，实现能源回收，具有较大的经济价值。

2）采用好氧堆肥处理会产生臭气和大量的 CO_2 气体，CO_2 气体是一种温室气体，若不经有效处理，能在一定程度上造成大气污染；厌氧处理则无尾气污染，具有生态优点。

3）城市有机生活垃圾含水率高，脱水性能差，好氧处理一般必须调节水分到堆肥所要求的 50%～60%，消耗大量的能量；不进行水分调节，但为了提高堆肥温度，则又要消耗更大的外源能量输入。厌氧处理时，对水分的要求不如好氧条件严格，反应温度的保持可通过回收能量的全部或部分来维持，能实现能量的平衡。

4）厌氧微生物对 N、P 等营养元素的要求比好氧微生物低，减少附加费用。

5）发酵沼渣、沼液可作为良好的有机肥，经过适当处理后可成为动物饲料。沼气发酵残余物是一种高效有机肥和动物饲料。沼渣一般含有机质 36%～49%，腐殖酸 8.1%～44.6%，粗蛋白 5%～4%，全氮 0.8%～1.5%，全磷 0.44%～0.60%，全钾 0.6%～1.2%，用等量沼液与敞口池粪水进行靶效对比，粮食增长，6.5%～15.2%，棉花增产16.4%，油菜增产 0.6%，且对病虫害有防治作用。有关试验表明，用沼液喂猪可使育肥期缩短一个月，节省饲料 80kg，用沼渣养鱼比投放猪粪增产 25.6%。

6）在经济上是可行的。一般来说，厌氧发酵工程的先期投资较大，但投入运行后，由于能量平衡较好，所以经济效益较其他处理方法好。在厌氧生物处理中，每吨有机垃圾产生 100～150m^3 沼气。在处理家庭有机垃圾能力在 10000t/a 以上的垃圾厂，若采用不同处理方法，发现厌氧发酵比堆肥、焚烧更有优势，主要提高了能量平衡。一般厌氧发酵处理产生的总能量比厌氧发酵厂建立和运转所需要的能量要大。实际上，一个处理能力为 15000t/a 市政有机垃圾厂，大约需要 75kW·h/a 的能量，而对厌氧发酵来说净产能量为 2.4×10^6kW·h/a，因此，从经济效益方面讲，厌氧发酵处理方法是有发展前途的处理方法。

2.6.4.3　厌氧发酵过程的影响因素

有机物厌氧发酵的三个不同反应阶段是相互衔接的，产甲烷菌、产酸菌和水解细菌的活动处于动态平衡状态。当其中的一个环节受到阻碍时，会使其他环节甚至整个发酵过程受到影响。因此，为了维持厌氧发酵的最佳运行状态，除了应保持反应系统的厌氧发酵状态外，还应该对以下几个主要因素加以控制。

（1）垃圾成分　垃圾成分相当复杂，垃圾的内容物决定了有机质含量。挥发性固体（Volatile Solids，VS）是衡量有机质含量的指标，VS由易生物降解部分（Biodegradable Volatile Solids，BVS）和难生物降解部分（Refractory Volatile Solids，RVS）组成。BVS可以较好地评估垃圾的生物降解能力、生物气产率、有机负荷和碳氮比（C/N）。木质素等是较难被微生物降解的复杂有机成分，构成了有机垃圾中RVS的主要部分。具有高VS低RVS含量特征的垃圾最适合厌氧发酵。

（2）生物学因素与产气量　厌氧发酵是一个复杂的过程，是由不同类型微生物群落参与完成的，厌氧发酵过程的微生物来源于垃圾本身和接种物。适合的接种剂以及接种量能提高发酵效率，合理的微生物群落结构对于厌氧发酵的有效进行至关重要，垃圾成分中的营养结构对微生物的生长也非常重要。微生物对C、N、P、S、K以及微量元素的比例都有一定的要求，厌氧发酵的原料必须含有厌氧细菌生长所必需的养分，为了有效地进行厌氧发酵，C/N比和C/P比是很重要的因素。大量的研究表明，厌氧发酵时C/N比以（20～30）∶1为宜。C/N比过小，细菌增殖量降低，氮不能被充分利用，过剩的氮变成游离NH_3，抑制了甲烷的活动，厌氧发酵不容易进行。但是C/N比过高，反应速度降低，C/N比为35∶1时，产气量明显下降。各种物质当中C与N的含量有很大差异，为了满足厌氧微生物对营养物质的需求，可以通过富氮物质（如粪便、下水污泥等）与贫氮物质（如木屑、农作物）的合理调配，改善物料的C/N比。同时也应该对其他微量营养元素（如P、Na、K、Ca等）加以适当的调整和控制。P主要用来合成生物核酸，50/1的碳磷比（C/P）是厌氧发酵比较合适的比值。

一般说来，产气量的大小取决于物料的组分特性。试验结果表明，沼气产生量与有机物的含量成正比，因此，提高废物的有机含量是增加沼气产生量的重要措施。各种有机组分的产气量及气体组成见表2-57。

表2-57　各种有机组分的产气量及气体组成

有机物种类	产气量/（L/k分解物）	气体组成（%）	热值/（kcal/Nm³）
碳水化合物	800	50(CH_4)＋50(CO_2)	4250
脂肪	1200	70(CH_4)＋30(CO_2)	5950
蛋白质	700	67(CH_4)＋33(CO_2)	5650

（3）发酵温度的选择　温度是影响厌氧微生物生长以及产甲烷活性的另一个重要因素，在20～60℃范围内，温度高时，微生物的代谢活性越强，分解速度快，温度每升高10℃，总反应动力学速率将提高一倍，产气量也随之增加。厌氧发酵可分为自然发酵、中温发酵和高温发酵三种类型。自然发酵时，温度随气候变化，大多数处于20℃以下，反应速度低，产气量不高，不易达到卫生上杀灭病原菌的目的。虽然有机质的发酵甲烷化在温度低到4℃也会发生，但是大量的厌氧发酵器却都是采取在中温范围（30～40℃）操作的。在4～25℃范围内，有机物的可降解性随温度的增加而增加，每提高温度12℃，消化器的产气率提高100%～400%。低温发酵（20～25℃）气体的产量、质量、过程的稳定性以及其他参数指标接近中温发酵。可是需要的停留时间几乎是中温发酵时间的两倍。高温发酵（45～55℃）与中温发酵比较，优点：微生物比生长速率和有机质降解速率都较高，能缩短发酵物的停留时

间，提高生物产气率和病原微生物去除率，提高了沼肥质量和使用安全性等。缺点：有较高的挥发酸与酸碱比，为此，需要加入缓冲剂；由于独特的遗传特性，高温微生物不能在较低温度下生存，且高温微生物比中温微生物对温度的波动更为敏感，例如，在38℃的中温发酵过程，温度波动±2.8℃是允许的，而在50℃及更高温度的发酵过程则只允许±0.8℃及±0.3℃的温度波动。高温操作必须提供很好的搅拌以保证营养成分和热量的均匀分布。由于要维持高温操作，因此需要额外消耗能量。

（4）pH值和碱度　厌氧微生物的活性对pH值极为敏感，pH值是监测厌氧发酵过程的重要工艺参数。厌氧发酵的产酸菌最适合于在酸性条件下生长，其最佳pH=5.8，而产甲烷菌需要较为严格的弱碱性条件（碱性发酵），pH=7.8，当pH<6.2时，它就会失去活性，因此，在产酸菌和产甲烷菌共存的厌氧发酵过程中，酸性条件容易造成挥发性有机酸的严重积累，引起“酸中毒”，抑制厌氧发酵的进行。采用NaOH或KOH来调节pH值，同时含有石灰石的砂砾也是调节pH值较好的缓冲剂，已达到控制系统的pH值在6.4～6.5之间，最佳范围是6.2～7.0。

当有机物负荷过高或系统中存在某些抑制物时，对环境要求苛刻的产甲烷菌会首先受到影响，从而造成系统中挥发性脂肪酸的积累，致使pH值下降。pH值的降低反过来又会抑制产甲烷菌的生长，从而导致发酵过程的停止。为提高系统pH值的缓冲能力，需要维持一定的碱度，通常情况下，碱度应控制在2500～5000mg$CaCO_3$/L，可通过投加石灰或含氮物料的方法进行调节。

（5）总固体含量和有机负荷率　有机负荷率（organic loading rate，OLR）是衡量厌氧发酵系统生物转化能力的重要指标。增加反应器中的总固体含量（total solids content，TS），即提高OLR，可以相应地减少反应器体积，但OLR不是越高越好，过载后容易引起酸化，降低生物产气率，最终导致消化失败，因此，在厌氧发酵过程中应选择合适的OLR。

（6）搅拌对沼气产量的影响　搅拌可以使发酵原料分布均匀，有效的搅拌可以增加物料与微生物接触的机会，防止局部出现酸积累；有利于传热，使系统内的物料和温度均匀分布；在发酵过程中减小粒径，使生物反应生成的硫化氢、甲烷等对厌氧菌活动有害的气体迅速排出；使产生的浮渣被充分破碎。对于不同类型的反应器，应该选择相应的搅拌方式、搅拌强度和搅拌时间，美国环保署推荐的搅拌强度是5.26～7.91 W/m^3。对于流体状态或半流体状态的污泥搅拌的方式可以采用泵循环、机械搅拌、气体搅拌三种。

（7）抑制物对沼气产量的影响　厌氧发酵过程中，当原料中含氮化合物多时，蛋白质、氨基酸、尿素、尿酸被分解成铵盐，甲烷发酵就受到阻碍。因此，当原料中氮化合物比较高的时候应该适当添加碳源，调节C/N值在（20～30）∶1范围内，能够避免阻碍的发生。厌氧发酵过程中挥发性脂肪酸和氢气的积累，往往是由于甲烷菌的生长受到了抑制。例如，系统中氧的存在就会对产甲烷菌形成抑制。此外，还有一些抑制物质如铜、锌、铬、镍、锡等贵金属及氰化物、醛、强酸、强碱、各种杀菌剂、强氧化剂、还原剂、硫酸盐、硫化物、氯化物等，当其含量超过限值时，也会对厌氧微生物产生不同程度的抑制作用而成为有害物质。厌氧发酵时应尽量避免这些物质的进入。

厌氧发酵系统中沼气的主要成分是CH_4和CO_2，它们分别由有机碳的还原和氧化而形成，因此，有机碳是决定沼气产气量的主要因素。有机物的去除量与固体废物的成分、含量及发酵系统的工况等因素有关。有机物的可生化性越大，含量越高，去除量也越多，沼气产生量也就越大。如果沼气发酵系统的有机负荷适中，水力停留时间较长，发酵温度合适而且稳定，无抑制物存在，则该系统的有机物去除率就高，沼气产生量也高。

厌氧发酵系统中沼气的产生量可按下列基本关系式进行计算

$$G=Q(S_r-S_m)Y-Q\cdot D \quad G_0=G/Q=(S_r-S_m)-d$$

式中 G——每日的沼气产生量（m^3/d）；

G_0——进入发酵系统的有机固体废物的单位沼气产生量（m^3/m^3）；

Q——每日进入发酵系统的有机固体废物的量（m^3/d）；

S_r——单位体积的有机固体废物中去除的有机物（以 BOD_5、COD 或 VSS 表示）量（kg/m^3）；

S_m——单位体积的有机固体废物转化为污泥或微生物的有机物量（以 BOD_5、COD 或 VSS 表示）（kg/m^3）；

Y——去除 1kg 有机物的沼气产量（m^3kg）；

d——沼气在发酵液中的溶解度（m^3/m^3）。

由公式可知，单位体积的固体废弃物所产生的沼气量与 S_r、S_m、Y 和 d 四个参数有关。

2.6.4.4 厌氧发酵的工艺流程

（1）厌氧发酵的工艺类型 对厌氧发酵的工艺分类，从不同角度有不同的分类方法，如图 2-52 所示。

（2）厌氧发酵的工艺流程 对于生活垃圾而言，厌氧发酵的工艺主要用来处理有机生活垃圾。在混合垃圾的情况下，厌氧发酵工艺需要先进行分拣，以分离有机物（可发酵物质、纸、纸板）和不可发酵的物质。剩余部分可进行其他处理，如进行塑料焚烧等。一套有机垃圾厌氧发酵处理工艺装置的组成包括进料及前处理单元、厌氧发酵单元、有机复混肥生产单元、沼气利用单元、气体处理单元、污水处理单元等。具体工艺流程如图 2-53 所示。

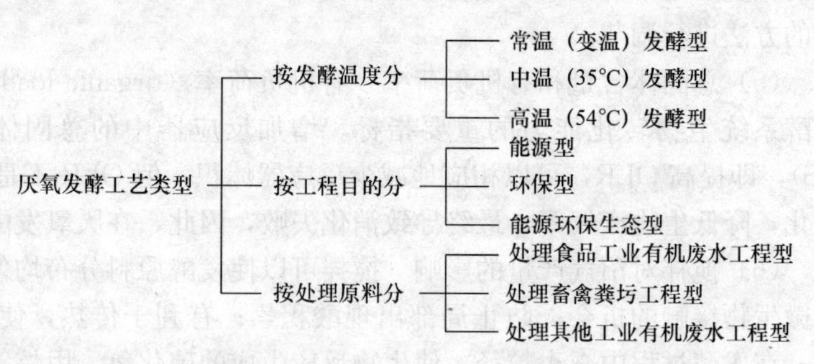

图 2-52 厌氧发酵的工艺类型

1）混合垃圾的进料及前处理。混合垃圾由运输车运往垃圾分选中心，称量后进入分选作业车间内，然后将混合垃圾自卸到卸料坑内。卸料坑内的垃圾由抓斗送入进料斗，由位于送料口底部的钢板带式输送机运送垃圾物料。由输送机末端的垃圾均料器均匀给料，然后通过板式给料机被均匀地送至预处理工序。

2）破袋预处理。垃圾由板式给料机直接进入破袋预处理。经破袋机破袋处理后，袋装垃圾被均匀地撕裂、破碎，然后由带式机输送到垃圾筛分工序进行筛分处理。

3）筛分处理。筛分工序主要是对经过破袋后的垃圾通过两层滚筒筛筛分处理，将粒径为 15～80mm 的适于厌氧发酵的小颗粒垃圾筛分下来后送入厌氧发酵工序，大于 80mm 以上的垃圾继续进行分拣回收后再进行破碎处理，然后，将破碎后的垃圾送入厌氧发酵间，小于 15mm 的垃圾则直接送入卫生填埋场。

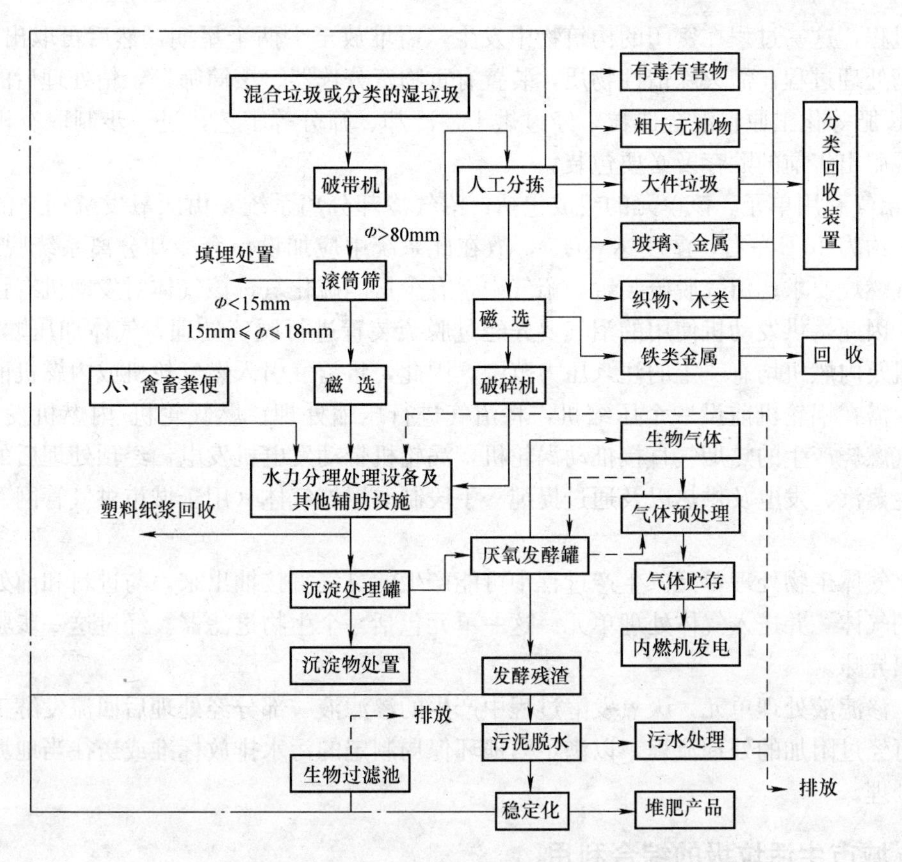

图 2-53 垃圾分选回收及有机垃圾厌氧发酵工艺流程

4）人工手选。人工手选环节是对垃圾筛上物进行分类分拣回收的关键工序。当拣选输送带上的垃圾通过作业平台时，输送带两侧的拣选工人根据作业分工要求，分别拣选垃圾中规定的物料。

5）机械分选。机械分选主要由磁选及机械破碎两部分组成，通过此工序后，垃圾中的铁类金属被分选回收，筛上物被破碎处理，减小粒径，从而利于提高后续水力分离分选工艺的分选效果。

6）筛下物的处理。筛下物首先经过磁选，分离出铁类金属，而后通过水力分离分选设备。根据物质相对密度的不同，渣土、电池、石块等较重的物质沉入设备下部，而较轻的物质如纸张、塑料等则漂浮于上部。沉下物送入制砖工序，漂浮物送入分选回收系统进行回收处置，中间物送入沉淀处理罐，然后将沉淀后物料送入厌氧发酵工序。

7）厌氧发酵单元。该单元由混合池和厌氧发酵罐组成。垃圾在混合池中混合，使干物质含量为20%～35%，加热由蒸汽喷射提供，混合物由活塞泵打入反应器底部。适宜的发酵温度可以是中温（35℃）或高温（55℃）。发酵罐是一种立式圆柱形装置，物质在其中以推流形式迁移转换。发酵罐中有一垂直的中心内套筒，直径约为发酵罐直径的2/3。进出口开在发酵罐底部内套筒的侧面，内套筒的放置使得发酵物质沿圆周运动，这样垃圾就只能在流经整个断面后才会流出。这一几何构造，加上一部分发酵后料液的回流，就可以保证垃圾至少在发酵罐内停留两个星期。

8）好氧后处理及有机复混肥生产单元。该单元的组成包括：在低压条件下物料的熟化和干化过程，这一过程在密闭的构筑物中发生，需堆放至少两个星期，然后再取出并通风，堆肥的精处理过程，需去除惰性物质，装置有重物资分选器、滚筒筛等，精处理后的堆肥与N、P、K肥等化工原料混合造粒，经过烘干、冷却、筛分等工艺，进一步制取有机复混肥有机复混肥出售前的贮存及必要包装。

9）沼气利用单元。该单元的组成包括：沼气冷却分离系统，由厌氧发酵罐来的沼气温度较高，约为40℃左右，湿度达90%，故在此系统中应加设一套冷却分离系统脱除水分，满足沼气燃烧要求；沼气脱硫装置，沼气中含有少量的硫化氢，该气体对发动机有强烈的腐蚀作用，因此，供发动机使用的沼气要先经过脱硫装置进行脱硫处理；气体加压贮存系统，燃气轮机及内燃机均有一定的注入压力范围，因此，将沼气引入燃气轮机或内燃机前必须经过加压，需在蜗轮机前设一个压缩机，将沼气进行压缩处理；燃气轮机/内燃机发电系统；利用沼气燃烧产生的热烟气直接推动涡轮机，涡轮机带动发电机发电。经预处理后的沼气可用于产生蒸汽、发电及供热以及通过提纯等手段制取甲烷气体（用于城市供气管网、汽车燃料）等。

10）气体生物处理单元。生产过程中可能产生的臭气直接抽出来，与进料和前处理大厅中排出的气体一并送入气体处理单元。这一单元包括一个生物过滤器。经过这一步骤，不会再检测出异味。

11）渗滤液处理单元。厌氧发酵过程中产生的渗滤液一部分经处理后回流发酵工序，其余部分可经过附加的处理流程，以满足当地环保局制定的污水排放标准或送往当地城市污水处理厂处理。

2.6.5 城市生活垃圾的综合利用

城市生活垃圾的综合处理技术是以社会、经济和环境协调发展为目标，并优化用多种管理、技术手段构筑的城市生活垃圾处理系统工程。综合处理技术内部各类单元处理技术根据应用的先后顺序，主要包括前处理、中间处理、后处理和最终处置等4道工序，主要以填埋、堆肥处理、焚烧、回收利用四类技术为主。

1. 城市生活垃圾的综合处理途径

（1）城市生活垃圾物流综合处理途径　城市生活垃圾中可以回收、再利用的废物较多，如废纸、废塑料、废玻璃、废橡胶等。垃圾的资源化不但可以减少最终需要无害化处置的垃圾量，减轻对环境的污染，而且能够节约资源和能源，并减少垃圾处置的费用，所以垃圾资源化是解决城市垃圾问题的一个重要途径。城市生活垃圾物流过程如图2-54所示。

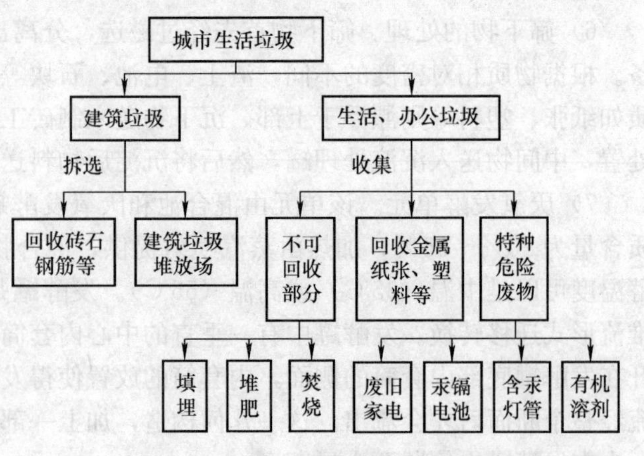

图2-54　城市生活垃圾物流过程图

对填埋过程，可就填埋场产生的气体进行收集，经净化，去除NH_3、H_2S等气体后，将CH_4气体并入沼气网或利用CH_4气体发电。对堆肥过程，对堆肥产品可卖给农场，进行利用。对焚烧过程，可进行废热利用。对于废旧家电、汞镉电池、含汞灯管和有机溶剂等，可依据废旧产品资源化途径，实现资源化。

（2）城市生活垃圾中废旧产品综合处理途径　随着人们物质生活的丰富，一些产品如电视机、收音机、冰箱等在超过了使用寿命后就成为废旧产品。废旧产品资源化是通过对废旧产品进行一定的处理后，就产品中部分有用的部件或能利用的成分加以回收并利用的过程。在一个产品到达生命周期终点成为废旧产品时，其资源化途径如图2-55所示。

1）当废旧产品中，没有可循环利用的部件和材料，废旧产品将被废弃。

2）当废旧产品中，只有小部分可循环利用的材料，可通过破碎、分类，实现材料的循环利用。

3）当废旧产品中，有部分能再使用、再制造或循环利用的，则可拆解废旧产品。拆解的结果如下：对于可再使用的部件，可返回到制造厂，组装新的产品；对于可再制造的材料，可返回到制造厂，经重新制造，组装新的产品；对不适合返回到制造厂的可循环利用材料的，直接循环利用；对含少量可循环利用材料的部分，可通过破碎、分类，再循环利用，剩余的丢弃；当旧产品功能正常，则可进入二手市场，可以被再使用；制造商回收废旧产品，再制造；当废旧产品为可循环利用材料时，可进行材料循环利用。

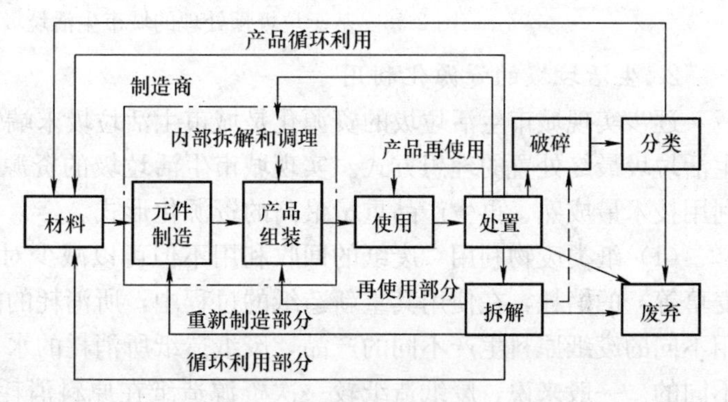

图2-55　不同废旧产品部件的减量化、再使用、循环图

（3）基于垃圾预处理的城市生活垃圾综合处理途径　统一的垃圾处理系统不仅难以达到处理垃圾资源化的要求，而且可能造成不必要的浪费，也限制了垃圾资源化技术的发展。只有将垃圾预处理和实际的垃圾资源化方式有机地结合起来，才能克服垃圾组成多变的特性，从而提高垃圾资源化的效率。

对垃圾进行有效的前期预处理，不仅可以减少垃圾处理量，而且可以回收部分资源性物质。垃圾预处理是根据垃圾处理时的实际需要将垃圾分成不同种类，从而提高处理的效果。根据不同的需要，可以分成筛选、重选、磁选、电选、浮选、光电分选等不同手段。如筛选是让垃圾进入滚筒筛，小尺寸的筛出物（一般小于20mm）主要是灰渣，它的热值极低，可堆肥的成分极少，一般用于填埋或作堆肥的添加料，中尺寸的筛出物（一般为20～100mm）可资源化的成分最大，可根据后续的资源化方法进行二次分选，大尺寸的筛出物有用成分很少可直接用于填埋。如通过磁选和电选可以分离出金属和玻璃，通过光电分选可以将不同的塑料分离出来。由于采取的垃圾资源化技术不同，选择的垃圾预处理的手段也要根据实际情况的需要来确定，只有这样才能因地制宜，取得好的经济效益。在分析国内外城市生活垃圾资源化技术的基础上，结合我国城市生活垃圾组成的实际情况，我们提出了如下的城市生活垃圾资源化处理新模式——基于垃圾预处理的城市生活垃圾资源化综合处理系统，其工艺流程如图2-56所示。

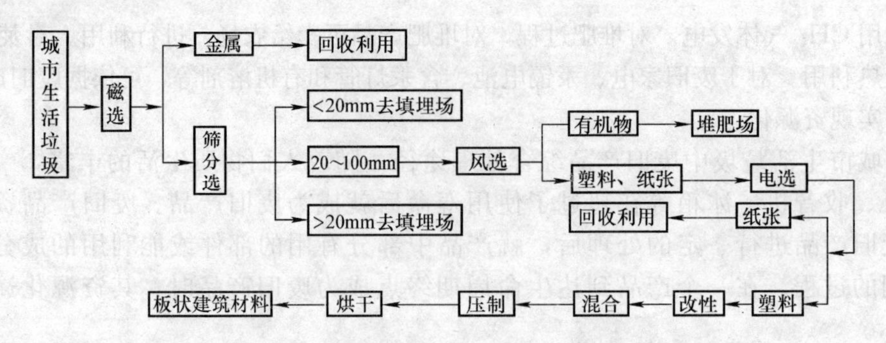

图 2-56 基于垃圾预处理的城市生活垃圾资源化示意图

2. 生活垃圾的资源化利用

逐步实现城市生活垃圾的资源化是城市生活垃圾末端管理的最理想方式，也是较少城市生活垃圾最终处置的理想方式。实现城市生活垃圾的资源化，单材质的废物利用是最经济、利用技术最成熟、再生产品重量最高的资源化形式。

(1) 纸类废物利用 废纸的回收利用不但可以减少对一次资源（如木材、竹材、芦苇、麦草等）的消耗，在使用其重新造纸的过程中，所消耗的能源及产生的污染都要少得多。采用不同的废纸原料生产不同的产品，废纸造纸所消耗的水、电、汽、化学药品等原料用量是不同的。一般来说，废纸造纸较一次资源造纸在原料消耗上节省 40%以上，耗水量减少约 50%，节约能源 60%～70%，减少大气污染 60%～70%，生物耗氧量减少 40%，水中悬浮物减少 25%，固体垃圾减少 70%。

废旧书刊报纸、废旧纸板箱和未污染的白纸等废纸可回收用于制浆造纸生产过程，生产纸板箱、涂布白纸板、瓦楞纸和新闻纸等，也可以制作农用育苗盒，采用生物技术生产乳酸等化工产品，生产各种功能材料。根据不同用途选择不同原料，形成梯级利用，做到物尽其用。如将纸打浆模塑成形制成缓冲衬垫包装材料，该材料回收后部分仍作为包装材料的原材料，一部分可用于生产复合材料、隔热隔声材料，或用生物技术将其转化成甲烷或酒精等化学品，也可用于废纸发电，燃烧产生的 CO_2 气体通入氧化钙溶液生产碳酸钙，得到的碳酸钙在用作造纸填料，做到既节约资源，又不造成新的环境污染。

(2) 塑料类废物利用 废塑料的再生利用可分为直接再生利用和改性再生利用两大类。直接再生利用指将回收的废旧塑料制品经过分类、清洗、破碎、造粒后直接加工成型或与其他物质经过简单加工制成有用的制品，该种利用属于较低层次的利用模式，可以在工业化水平较低的地区推广。目前，直接再生制品已经广泛应用于农业、渔业、建筑业、工业和日用品等领域。改性再生利用指将再生料通过物理或化学方法改性（如复合、增强、接枝）后再加工成型。经过改性的再生塑料，机械性能得到改善或提高，可用于制作档次较高的塑料再生制品。改性利用工艺较复杂，需要特定机械和设备，但再生制品性能好，是一种很有潜力的发展方向。

塑料热分解是将废旧塑料制品中原树脂高聚物进行较彻底的大分子链分解，使其回到低相对分子质量状态，经蒸馏分离可获得使用价值高的石油类产品。根据采用的技术可分为高温分解和催化低温分解，这是一种对废旧塑料较彻底的回收利用模式，主要用于热塑性的聚烯烃类废塑料。

废塑料的性能虽然有所降低，但其塑料性能依然存在，废塑料和其他材料复合能形成具有新性能的复合材料。利用稻草秸秆经粉碎、表面处理后与聚丙烯塑料复合制备秸秆/塑料复合材料。已废弃的PE、EVA为改性剂，对铺路沥青进行改进，EVA能有效地改善废弃PE和沥青的相容性，克服沥青含蜡量高而造成的抗老性、抗稳定性、可塑性差等困难，达到了作为铺路材料的要求。

(3) 玻璃类废物利用 废旧玻璃的再生利用途径多样，可以用来生产高压线路绝缘子、泡沫玻璃、玻璃马赛克、玻璃棉、玻璃沥青等多种产品，还可与钢渣一起生产玻璃装饰板，与粉煤灰配料生产烧结型饰面材料。用废旧玻璃生产泡沫玻璃不需要考虑玻璃的脱色问题，生产工艺简单，成本低、质量好，而且产品用途广泛。其工艺过程是：将玻璃清洗干净、磨粉，加入发泡剂并混合均匀，经高温融化、膨胀、冷却、退火等过程，最后慢慢冷却至常温，制成泡沫玻璃。泡沫玻璃可广泛用作隔热材料和隔冷材料，还可用作建筑和空调方面的保温材料。

(4) 金属类废物利用 废旧金属，如铜、铝等可经重新加工作为二次资源回收利用，成为重要的工业原材料。再生铜资源的利用可分为直接利用和间接利用。间接利用是指将废铜送到冶炼厂进行加工生产精铜。直接利用是指制造业直接使用废铜来加工生产新产品。废易拉罐、牙膏皮，废铝电线、电缆等废铝材料可以通过破碎、洗涤、干燥、筛分、熔炼等工序生产出纯度为99.7%的金属铝锭，废旧铝料也可以再生成铝合金。

(5) 清扫垃圾利用 清扫垃圾的主要成分是渣土和植物落叶等生物垃圾，还包括部分散落的塑料废纸等。这些废物在密度上存在很大的差异性，可采用重力分选法把渣土和其他废物分离，渣土用于生产建筑材料，其他废物进一步分选后按材质采取不同的资源化利用方式，生物垃圾既可以和易腐有机垃圾一起用于堆肥，也可以和其他可燃物一起生产固体燃料RDF。

3. 城市生活垃圾资源化技术

垃圾卫生填埋依然属于废物“消纳”管理的范畴，虽然是垃圾最终处置不可缺少的一部分，但是不应是垃圾管理和研究的主流。垃圾焚烧可以达到垃圾减量化的目的，焚烧发电也属于垃圾资源化的范畴，但是垃圾焚烧过程中带来的种种问题说明垃圾焚烧也不能作为垃圾处理的最终方式。进行垃圾处理新技术，特别是垃圾资源化技术的研发，使垃圾得到最大程度的利用，是今后垃圾管理的必然要求。现阶段较为成熟的垃圾资源化新技术有垃圾热分解、垃圾衍生燃料、垃圾生产建筑材料、垃圾制炭技术等。

(1) 热分解 城市生活垃圾热分解是利用有机物的热不稳定性，在缺氧条件下加热使相对分子质量大的有机物产生裂解，转化为相对分子质量小的燃料气、液体（油、油脂）等。热分解反应条件不同，其生成物有所不同。

城市生活垃圾热分解与焚烧不同，焚烧只能回收热能，而热分解可以从废物中回收可贮存、输送的能源（油或燃料气等）。这是热分解的一大优点。但废物的热解因废物的种类多、变化大、成分复杂，要稳定连续的热分解，在技术上和运转操作上要求都十分严格。因此，热分解设备费用和处理成本也较高，热分解的经济性就成了能否实用化的一个关键。

热解处理系统主要有两种：一是以回收能源为目的的处理系统，另一种是以减少焚烧造成的二次污染和需要填埋处理的废物量，以无公害型处理系统的开发为目的的处理系统。其中，对于前者，由于城市垃圾的物理化学成分极其复杂且变化较大，如果将热解产物作为资源回收，要保持产品具有稳定的质和量困难较大。即使对成分复杂，破碎性能各异的城市垃圾增加破碎、分选等预处理技术，不仅需要消耗大量的动力和极其复杂的机械系统，且总效率又非常低。对于后者，将热解作为焚烧处理的辅助手段，利用热解产物进一步燃烧废物，在改善废物燃烧特性、减少尾气对大气环境造成的二次污染等方面，却是较为可行的，许多工业发达国家已经取得了成功的经验。

（2）衍生燃料　垃圾的衍生燃料（RDF）一般是垃圾经过破碎、分选、干燥和成型之后制成的。与垃圾的直接焚烧相比，RDF 焚烧技术具有燃烧稳定、二次污染低等特点；同时 RDF 在各个分散的处理场所制造后，减容除臭，便于输运和贮藏；可以在 RDF 中添加氧化钙和煤等，提高热值，燃烧时可以减少 HCl 的排放，减少尾部烟道的腐蚀，同时减少二恶英排放。RDF 焚烧技术中的关键步骤是垃圾预处理，即垃圾的破碎、分选过程。垃圾成分复杂，除了有机物质外，还含有无机物质，金属类物质，选择和研究适合的工艺用于垃圾的预处理是关键的 RDF 的制备工艺如图 2-57 所示。

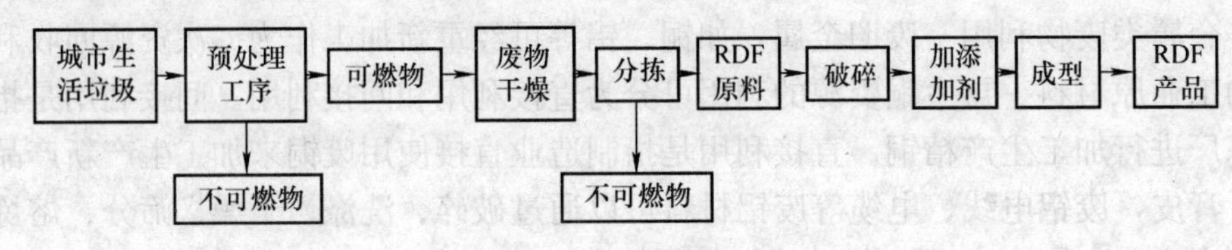

图 2-57　RDF 制备工艺

（3）生产建筑材料　城市生活垃圾经分选出的不可燃物可用于生产建筑材料，目前在国内已有很多成功的案例。如北京绿新华清洁生产技术开发中心研发的无机垃圾生产建筑材料项目，采用一种新型固化剂——专用改性剂，以及专用成熟的工艺和成套设备，对从生活垃圾中分出来的无机物进行除臭、消毒、重金属包容、粉碎等处理后，固化成型为路牙石、防浪石、彩色道板砖等建筑材料，可用于公路路基，填海造田，修筑渠、河、江、海堤坝。

（4）制炭　“垃圾制炭”新技术是处置城市生活垃圾的新突破，全国首例城市生活垃圾制炭环保工程项目已在南京浦口工业园正式投产。该技术使生活垃圾经过分拣、脱水、粉碎、压缩、高温炭化等流程后，转变成热值较高的新能源——半焦式炭，其热值达 5000 大卡左右，能直接用于发电、制热、制蒸汽。与其他处理方式相比，垃圾制炭工艺投资较少，仅为同等规模垃圾焚烧发电投资的 1/15 左右。

4. 城市生活垃圾综合处理对策

（1）垃圾综合处理是近期方向

当前处理城市垃圾的方法有多种，都有一定的经济和环境效益，应根据各地垃圾组分、地理气候、经济状况及技术水平等条件的不同，选择适宜的处理方法。纵观国内主要几种垃圾处理方法的优缺点和发展趋势，更好的发挥某一种方法的优点，采用多种方法联合处理，势在必行。综合处理不仅符合我国城市生活垃圾处理的实际情况，也是垃圾处理从单一处理走向资源化处理的必然发展方向。

在垃圾综合处理中，垃圾的资源化、处理的合理化、运转成本的降低、经济效益的提高等，实现这一切的关键技术是垃圾的分选，垃圾分选是后续各种处理的基础。分选技术主要依据垃圾中各组分物理化学性质的差异性，例如，密度、颗粒大小、磁化率、光电性质等，采用适当的设备，将垃圾分成性质相近的若干类。有效的分选不仅可以减少垃圾处理量，而且还能回收部分资源性物质。

垃圾综合处理主要包含可用物资（废纸、金属、玻璃和塑料等）的回收再生利用；易腐有机物（如餐厨垃圾）的生物发酵处理，发酵后的腐殖质制肥，产生的沼气可燃烧发电或供热；高热值不易腐烂有机物（织物、木竹等）的能量利用，制作 RDF 燃料等；灰渣（如砖头和瓦砾等）的材料化利用；剩余残渣填埋等内容。分选垃圾相对于混合垃圾而言，所选择的处理方法更有针对性，能够取得更好的处理效果。总的来说，回收了生活垃圾中的部分物质，提高了资源化水平；由于堆肥只是针对易腐物进行的，将各种金属进行了回收、废旧电池及废灯管等物理性质相近、可能含有金属的物质进行了填埋，极大减少了堆肥中重金属的来源，一定程度上保证了制肥的质量；采用分选后的织物、木竹等制备 RDF 燃料，将塑料分离出去，减少了形成二恶英的前驱物氯化物的来源，在一定程度上降低了焚烧产生二恶英的可能性；分选出的无机物可制造混凝土建材；部分不可利用物质及其他处理后的残渣填埋，分选处理后需填埋的垃圾仅占生活垃圾体积的 15%～20%，极大地减少了填埋土地面积。

(2) 垃圾分类收集是长远目标

垃圾分类不仅能减少垃圾产生量，还能降低处理费，提高垃圾处理资源化效率。国外多数发达国家和地区都已实行垃圾的分类收集，如德国、日本、瑞士等。垃圾处理应该将重点集中在前端和中端处理环节，即垃圾的分类收集和垃圾中转站的分选。应加大垃圾分类的宣传力度，参照《城市生活垃圾分类及其评价标准》等相关标准对垃圾进行分类，并配套建设相应的收集设施，提高垃圾处理的有效性。

在我国推行垃圾分类，必须做好以下工作：

1）制定行业规范和标准，实施垃圾分类、推广垃圾分类收集，将废品收购个体行为纳入企业管理轨道。

2）完善配套措施，垃圾管理部门应该为垃圾分类提供方便的基础设施，能够方便地进行生活垃圾分类投放，或为分类收集的垃圾提供及时的上门服务。

3）建立和健全废旧物资回收系统，提高废旧物资回收利用率。

4）通过宣传教育，提高居民对城市生活垃圾分类处理的技能和思想认识。

按照我国目前的现状，垃圾分类任重而道远，国民环保意识的提高、相关政策的出台、配套设施的完善甚至垃圾收费体制的建立等，都需要逐步完善，可能需要 15～20 年或是更长的时间才能成熟。在完善的垃圾处理体系建立起来之前，垃圾仍然需要有一个妥善的处理方式，综合处理在这个阶段能够有效地解决这一问题。

(3) 因地制宜是处理垃圾的根本原则

不同地区的垃圾产生量、经济发展水平和垃圾组分等都有所不同，应根据各地的实际情况，采用不同的处理方式。垃圾处理规模较大时，综合考虑处理成本、资源环境承载力和垃圾特点等因素，采用以垃圾分选为关键技术，对分选后的垃圾采用不同处理方式为原则的综合处理模式将是较好的选择，且能获得较好的经济和社会效益。针对垃圾处理规模较小的地区，可根据当地经济技术水平、垃圾组分等，参照各种处理技术的发展趋势，采用各自适宜的处理模式。

(4) 产业化建立

目前，我国的废物再利用尚未形成大规模产业化，众多的废物再利用工厂缺乏统一管理，一边利用废物再生产，一边产生新的污染问题。通过培育大批环保产业群，可大大推进垃圾产业发展和高新技术开发，培育贯穿垃圾收集、分类、运输和处理全过程的产业链，减少中间成本，提高垃圾产业规模化水平和效益。在目前已有多种较成熟的城市生活垃圾处理工艺的基础上，加快城市生活垃圾处理的产业化进程，通过设计、生产等不同单位组建集团公司等，实现工艺设计、设备制造、现场安装、维护运转一条龙服务，必将对城市，特别是生活垃圾污染较为严重的中小城镇的生活垃圾资源化起到十分重要的作用。

(5) 实现原生垃圾的零填埋

1) 卫生填埋并非经济省钱。实际从建设运行成本来说，严格规范的卫生填埋场的运行费用与焚烧厂基本是持平的，甚至还要高于焚烧厂。因为填埋技术需要高昂的材料费和安装费，还要求操作人员有良好的技术，封场后还必须进行长期维护，这些大大增加了填埋场的建设运行维护成本；原生垃圾含有大量的人工合成化工产品，属“持久有机污染物”，所谓的填埋只是“搁置和贮存”，就成了一个隐形的污染，数十年甚至几百年后，填埋的垃圾仍需重新处理；土地资源是不可再生的，填埋场占用的不仅仅是征用的土地，其辐射范围内的土地贬值损失也是不可估量的。因此，从社会综合成本来讲，填埋场并不如人们所想的经济省钱。

2) 卫生填埋的地基和衬垫系统并非安全无污染。事实上，卫生填埋的地基和衬垫系统安全性是不可保证的，虽然目前填埋场的防渗衬层设计已从单衬层改进到双衬层、三衬层甚至更多，但是，在垃圾堆平和压实的过程中，人工地膜还是容易被穿刺，地膜焊接处的防渗性能也难以保证；填埋场的稳定期时间较长，据国外一些报道，填埋场沉降至最终稳定时间一般为40～50年甚至更长，最终沉降量可达填埋总高度的30%～40%，可想而知，大量的沉降，或者是不均匀沉降易导致固结填埋物裂纹扩展、覆盖层破坏、防渗层撕裂，这对于周边地下水，土体的破坏是严重的，甚至可能祸延子孙后代。发挥垃圾处理的应急保障功能，确立无机垃圾和焚烧灰渣的进场填埋，从根本上解决填埋场的污水和恶臭污染，逐步实现原生垃圾的零填埋，使之成为生活垃圾的终极处理手段。

(6) 保护有限的填埋库容资源　出台垃圾处理税收政策，如开征填埋税来降低原生垃圾填埋量，以保护填埋场库容资源。在英国，目前已实行了垃圾填埋税，标准是16英镑/t，到2010年增至33英镑/t。如果英国居民不将垃圾分类，则必须缴纳另一种税（垃圾分类税）。合理制订各区环卫部门的填埋配额，允许配额交易，即可以按最近的填埋配额填埋生物可降解垃圾，不进行配额交易，也可以将节余的配额卖出去，若自己的配额不够，也可向其他环卫部门购买，而超出配额的部门将面临高额罚款。

我国在城市生活垃圾资源化的历史并不短，但技术落后，与国际水平相差很大。只有纸张、部分玻璃、塑料、金属容器等可以回收处理，垃圾中绝大部分则送往填埋场或焚烧厂。总之，除了堆肥技术外，我国城市生活垃圾资源化与国际接轨的工作刚刚开始。

国外许多国家如瑞士等，均已颁布法律，取消城市生活垃圾的卫生填埋处理。因此，大约在15年前，发达国家就开始进行城市生活垃圾的焚烧与综合处理研究，并迅速在工程上应用。

垃圾资源化处理必须在积极推行生活垃圾分类收集的基础上开展，这是处理垃圾的重要一环。生活垃圾分类收集要按回收利用系统及垃圾处理系统的不同要求，建立适当的分类收集体系，建设分类收集配套设施，建立家庭危险废物如废旧电池、废旧荧光灯管、废旧家电、IT废物等的区域性分类收集系统。在此基础上，搞好纸张、金属、塑料、玻璃、橡胶、织物等废物的再生利用与转化利用，如废塑料、废轮胎热解制造气体或液体燃料，废旧家电、IT废物回收有用成分，焚烧废渣制建材等。

目前我国城市生活垃圾采用混合收集的方式，而且无机物所占比例较大，针对这一特点城市生活垃圾资源化综合处理利用工艺流程如图2-58所示。

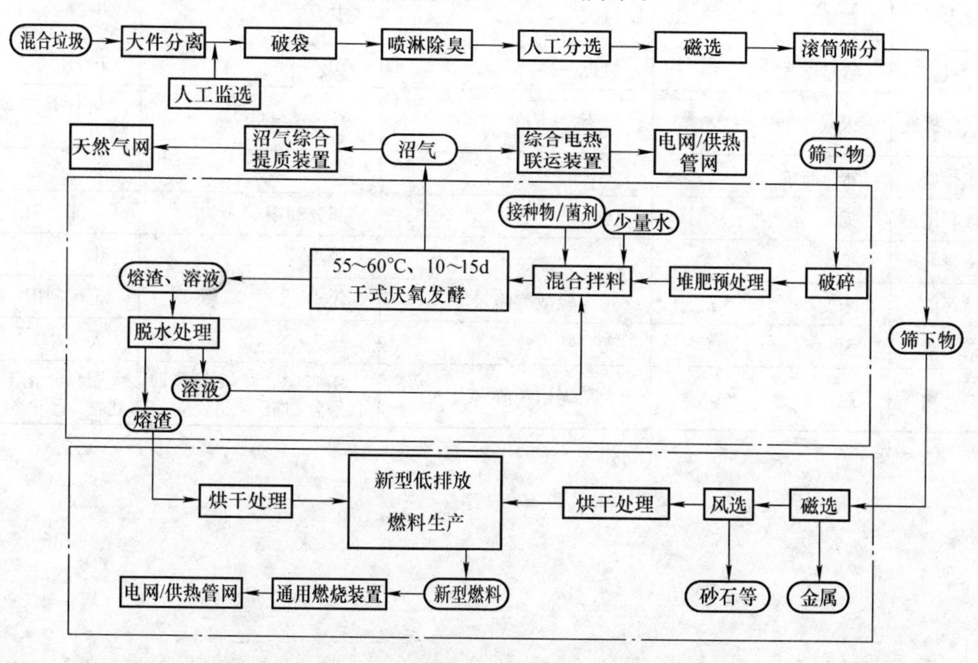

图2-58　城市生活垃圾资源化综合处理利用工艺流程

总之，城市生活垃圾的处理方法很多，具体实际工程中采用何种方法要结合城市经济发展水平和城市垃圾的具体特点来确定，填埋法、焚烧法、堆肥法和综合利用资源化法的比较见表2-58。

表2-58　四种垃圾处理方法和技术经济特点比较

方式	填埋法	焚烧法	堆肥法	资源化法
选址	较难，一般远离市区10km，还要考虑水文、地质、气候条件	较易，可靠近市区，但应避开主导上风	较易，可在市郊，但需避开住宅密集区	较易，可利用原有填埋场
占地	大，按容积与使用年限计算	小，90～120m²/t	小，180～330m²/t	只一次性用地10hm²
适用条件	使用范围广，对垃圾成分无严格要求	垃圾热值要大于3347～3766kJ/kg	垃圾中有机物含量不低于20%～40%	垃圾中有机质含量不低于20%
工艺	工艺简单，管理方便	设备复杂	季节性运行	工艺先进
最终处理	无	残渣需作填埋处理，约占初始量的10%～25%	非堆肥物需作填埋处理，约占总量的30%	无
资源利用	垃圾分选回收部分废品；填埋气收集；终场复垦再生土地资源	发电、供热；垃圾中的可燃物质全部烧掉	作农肥；垃圾分选回收部分物资	全部利用
大气污染	较小，填埋气体有污染，处置不当易爆炸	较大，烟气处置不当有一定污染	较小，有轻微气味	无

（续）

方式	填埋法	焚烧法	堆肥法	资源化法
水污染	较大（渗滤液量大，达标难度大）	可能性较小	可能性较小	无
成本	较小（运行费较低）但投资大	较大	中等	中等
减容量	容量增大	接近一半	70%	100%
有害气体排放	未减	增大	有轻微气味	达标排放或回收利用
污水排放	永久排放	无	无	无
有效利用	无	无	部分利用	全部利用
环境影响	很大	大	较小	小
自然污染	未变	转为轻微气体	较小	再生利用
有益贡献	无	无	较大	大
最终产物	原样未变	大量无用灰渣	作农肥、垃圾分选回收部分物资	肥料、化工原料、建材

第3章 工业固体废物的资源化处理

3

3.1 粉煤灰的资源化处理

3.1.1 粉煤灰的形成过程

粉煤灰是从煤燃烧后的烟气中收捕下来的细灰，它是燃煤电厂排出的主要废物。粉煤灰的形成过程如下：

首先，煤粉在开始燃烧时，其中气化温度低的挥发分首先自矿物质与固体碳连接的缝隙间不断逸出，使煤粉变成多孔型炭粒。该多孔型炭粒基本保持原煤粉的不规则碎屑状，但因其多孔，故表面积较大。

其次，随着多孔型炭粒中的有机质完全燃烧和温度的升高，其中的矿物质脱水、分解、氧化变成无机氧化物，并成多孔玻璃体状，其形态大体上仍与多孔炭粒相同，但比表面积明显小于多孔型炭粒。

再次，随着燃烧的进行，多孔玻璃体逐渐熔融收缩而形成颗粒，其孔隙率不断降低，圆度不断提高，粒径不断变小，最终由多孔玻璃体转变为密度较高、粒径较小的密实球体，颗粒比表面积下降为最小。不同粒度和密度的灰粒具有显著的化学和矿物学方面的特征差别，小颗粒一般比大颗粒更具玻璃性和化学活性。

最后形成的粉煤灰（其中 80%～90%为飞灰，10%～20%为炉底灰）是外观相似、颗粒粗细不均匀的复杂多变的多相物质。飞灰是进入烟道气灰尘中颗粒粒径最细的部分，炉底灰是分离出来的比较粗的颗粒或炉渣。

3.1.2 粉煤灰的性状和技术特征

粉煤灰的性状是粉煤灰颗粒和混合粉料的物理、化学性质以及形态、结构等的统称。粉煤灰的性状除包括化学组成和矿物组成外，一般还包括表观色泽、粒径、细度、级配、比表面积、密度、堆积密度、含水率、烧失量、需水量比、火山灰活性以及其他各种物理力学性质和化学性质、均匀性等。

粉煤灰技术特征是指粉煤灰用作水泥和混凝土原材料时，与粉煤灰的用途和质量有关的组成成分、结构和性能的技术信息是与粉煤灰混凝土技术相关的重要参量。粉煤灰技术特征大体上可以分为结构特征和功能特征两大类。粉煤灰的化学组成、矿物组成、表观色泽、粒径和细度、比表面积、颗粒级配、密度、堆积密度等都属于结构特征；粉煤灰的需水量比、火山灰活性、稳定性等都属于功能特征。

（1）粉煤灰的化学组成　我国粉煤灰主要由一些氧化物组成，即 SiO_2、Al_2O_3、FeO、Fe_2O_3、CaO、TiO_2、MgO、K_2O、Na_2O、SO_3、MnO 等，此外还有 P_2O_5 等。其中 SiO_2 和 TiO_2 主要来自黏土和页岩，Fe_2O_3 主要来自黄铁矿，MgO 和 CaO 主要来自与其相应的碳酸盐和硫酸盐。粉煤灰的化学组成见表 3-1。

表 3-1　粉煤灰的化学组成

化学成分	SiO_2	Al_2O_3	Fe_2O_3	CaO	MgO	SO_3	K_2O	Na_2O
范围（%）	33.9～59.7	16.5～35.4	1.5～15.4	0.8～8.4	0.7～1.8	0～1.1	0.7～3.3	0.2～1.4

粉煤灰的化学组成随煤的产地、煤的燃烧方式和燃烧程度等的不同变化很大，即使是同一地区的不同煤层，或同一煤矿不同位置，其化学组成变化也很大。

粉煤灰本身略有或没有水硬胶凝性能，但当粉煤灰以粉状及水存在时，能在常温［特别是在水热处理（蒸汽养护）］条件下与氢氧化钙或其他碱土金属氢氧化物发生化学反应，生成具有水硬胶凝性能的化合物。此时，粉煤灰便成为一种增加结构物强度和耐久性的材料。

（2）粉煤灰的矿物组成　粉煤灰的矿物组成按照粉煤灰的物相组成分为晶体矿物和非晶体矿物。晶体矿物一般包括石英、莫来石、磁铁矿、氧化镁、生石灰及无水石膏等，其含量与粉煤灰的冷却速度有关；非晶体矿物一般包括玻璃体、无定形碳和次生褐铁矿等，粉煤灰的矿物组成见表 3-2。

表 3-2　粉煤灰的矿物组成

矿物名称	莫来石	石英	一般玻璃体	磁性玻璃珠	碳
波动范围（%）	11.3～30.6	3.1～15.9	42.4～72.8	0.0～21.0	1.2～23.6
平均值（%）	20.7	6.4	59.7	4.5	7.2

注：一般玻璃体包括密实玻璃体和多孔玻璃体。磁性玻璃珠含有磁铁矿。

（3）表观色泽　由于粉煤灰化学组成和矿物组成不同，其表观色泽变化很大。粉煤灰按碳含量高低可分为低钙粉煤灰和高钙粉煤灰。低钙粉煤灰表观色泽随着碳含量从低到高，从乳白色变至灰黑色；高钙粉煤灰一般呈浅黄色。

（4）粒径和细度　粉煤灰粒径变化范围一般为 0.5～300μm，与水泥接近。粉煤灰的粒径和细度越小越能增加混凝土的润滑性、泌水量，增加粉煤灰反应能力，提高混凝土的保水能力，减小混凝土的收缩、徐变，提高其强度及抗渗透、抗炭化、抗硫酸侵蚀、抗冻性能等。

（5）比表面积　粉煤灰比表面积的变化范围一般为 1500～5000cm^2/g，改变粉煤灰的粒径和细度可改变其比表面积。常用比表面积测量方法有碳吸附法和透气法。粉煤灰具有比表面积较大、表面能大、密度小等优点，因此广泛用于公路工程。

（6）颗粒级配　粉煤灰颗粒级配大致可分为细灰、粗灰、混灰三种形式。粒径大于 0.08mm 的粉煤灰为粗灰，粒径小于 0.08mm 的粉煤灰为细灰。细灰的颗粒级配细于水泥，主要用于钢筋混凝土中取代水泥或水泥混合材料。粗灰包括统灰和分选后的粗灰，颗粒级配粗于水泥，主要用于素混凝土和砂浆中取代集料。混灰是与炉底灰混合的粉煤灰，可用作集料，或用作水泥混合材料（还需与熟料共同磨细或分别磨细），或者用作填筑路基的材料。

（7）密度　普通粉煤灰密度为 1.8～2.3g/cm^3，约为硅酸盐水泥密度的 2/3。粉煤灰堆积密度的变化范围为0.6～0.9g/cm³，振实后的堆积密度为1.0～1.3g/cm³。高钙粉煤灰密度略大。密度是粉煤灰技术特征中一个很重要的参数，它可用于混凝土用粉煤灰的质量评定和质量控制。

（8）需水量比　粉煤灰需水量比是按规定的水泥标准砂浆流动性试验方法，以30%的粉煤灰取代硅酸盐水泥时所需的水量与硅酸盐水泥标准砂浆需水量之比。这个性质指标能在一定程度上反映粉煤灰物理性质的优劣，而且可以用来估计粉煤灰对混凝土的一些性质的影响。最劣粉煤灰的需水量比高达120%以上，特优粉煤灰则可能在90%以下。GBJ 146—1990《粉煤灰混凝土应用技术规范》、GB 1596—2005《粉煤灰标准》和JGJ 28—1986《粉煤灰在混凝土和砂浆中应用技术规程》都规定Ⅰ级粉煤灰需水量比不大于95%，Ⅱ级灰不大于105%，Ⅲ级灰不大于115%。

（9）火山灰活性　火山灰活性是在潮湿条件下能与石灰反应生成胶凝性水化物的性质，粉煤灰的火山灰活性是指其水化硬化的能力。粉煤灰火山灰活性越高则粉煤灰混凝土的抗压强度越高。世界各国的混凝土用粉煤灰标准中，大多用"抗压强度比"来测定粉煤灰火山灰活性，这种方法是根据所掺粉煤灰对水泥砂浆或消石灰砂浆强度的贡献来评定粉煤灰活性的高低。GB 1596—1991《用于水泥和混凝土中的粉煤灰》中对用于水泥的粉煤灰规定了"抗压强度比"。

（10）烧失量　烧失量指在105～110℃烘干的原料在1000～1100℃灼烧后失去的质量百分比。它是针对粉煤灰中未燃尽的碳含量或煤中碳含量而言，粉煤灰中碳分被认为是有害物质。粉煤灰中的未燃碳是有害成分，烧失量越大，碳含量越高，混凝土的需水量就越大，从而导致水胶比提高，严重影响了粉煤灰效用的充分发挥，同时粉煤灰烧失量过高会严重影响对混凝土中含气量的控制。烧失量是粉煤灰含量高低的重要指标，它的数值直接影响到粉煤灰的分级。因此，国家标准中对控制碳含量的烧失量指标最大限值的规定则越来越严格。JGJ 28—1986《粉煤灰在混凝土和砂浆中应用技术规程》、GBJ 146—1990《粉煤灰混凝土应用技术规范》和GB 1596—2005《粉煤灰标准》都规定Ⅰ级粉煤灰烧失量不大于5%，Ⅱ级粉煤灰烧失量不大于8%，Ⅲ级粉煤灰烧失量不大于15%。

（11）含水率　粉煤灰的含水率高低直接影响到粉煤灰的卸料、储藏等操作。对混凝土来说，粉煤灰的含水率直接影响到混凝土的需水量和水胶比。GB 1596—2005《粉煤灰标准》和JGJ 28—1986《粉煤灰在混凝土和砂浆中应用技术规程》中规定Ⅰ级和Ⅱ级粉煤灰中含水率不得超过1%。由于高钙粉煤灰中含有较高成分的氧化钙，含水率会明显影响高钙粉煤灰的活性，造成固化结块。

（12）均匀性　粉煤灰的均匀性是粉煤灰粒径和细度的重要体现。美国ASTM C—618—2001《混凝土中用作矿物外加剂的煤炭飞灰和生的或煅烧的天然火山灰标准规范》明确规定对粉煤灰密度和细度的均匀性变化范围不得大于5%，这是粉煤灰重要的品质指标，不容忽视。我国对此未作规定，但强调应在粉煤灰产品生产控制中测定粉煤灰的均匀性。ASTM C—618—2001还规定引气剂需要量的均匀性不得大于20%（非强制性）。

3.1.3　粉煤灰的综合利用

目前我国粉煤灰综合利用的途径主要有烧结砖、蒸养砖、硅酸盐砌块、加气混凝土、陶粒、水泥、代替黏土生产水泥和代替部分水泥、石灰或砂的原料等方面。

（1）生产粉煤灰烧结砖　粉煤灰烧结砖是以粉煤灰和黏土为原料，经搅拌、成型、干燥、焙烧制成的砖。粉煤灰掺量为30%～70%，其生产工艺及主要设备与普通黏土砖基本相同，主要是增加了粉煤灰的贮运、计量、脱水和搅拌设备。利用粉煤灰生产烧结砖的技术成熟，所用的粉煤灰烧失量不限，但要求黏土有足够的塑性。过去砖厂采用国产设备和传统生产方法，粉煤灰掺量只有40%左右。近几年采用了国外的技术和设备，粉煤灰掺量提高到60%～70%，图3-1所示为生产的粉煤灰烧结砖。

图3-1　粉煤灰烧结砖

（2）生产粉煤灰蒸养砖　粉煤灰蒸养砖是以粉煤灰为主要原料，掺入适量骨料生石灰、石膏，经坯料制备、压制成型、常压或高压蒸汽养护而制成的砖。生产工艺分高压养护和常压养护两类。高压养护的砖强度较高，要求粉煤灰碳含量低，活性高。生产工艺包括原料处理、计量、搅拌、消化、轮辊、成型和养护等工序。消化可提高料温，缩短砖坯静停时间；轮辊可起到搅拌、活化和压实的作用。砖坯通常采用半干压法成型，常用设备有8孔、16孔转盘式压砖机及杠杆式压砖机等。采用蒸汽养护时，蒸汽压力一般为0.8MPa，具体流程如图3-2所示。

（3）生产粉煤灰硅酸盐砌块　粉煤灰硅酸盐砌块以粉煤灰、石灰、石膏为胶结料，以炉渣为骨料，经加水搅拌、振动成型、蒸汽养护而成。粉煤灰掺量为30%左右，炉渣占55%。生产粉煤灰硅酸盐砌块要求粉煤灰的烧失量不大于15%。胶凝材料中要含有足够高的氧化钙，水胶比不宜大于0.55。生产工艺包括原材料加工处理、混合料的计量和制备、振动成型和蒸汽养护。砌块的密度一般为1800kg/m³ 左右，其缺点是收缩值偏大，碳化系数偏低，抗冻性稍差。图3-3所示为生产的硅酸盐砌块。

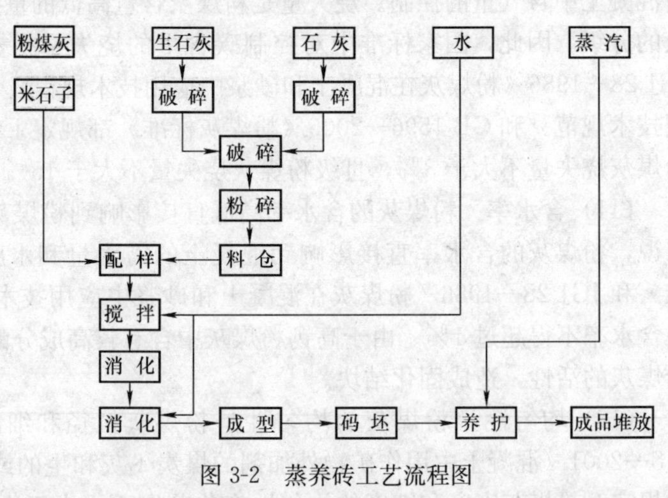

图3-2　蒸养砖工艺流程图

（4）生产加气混凝土　粉煤灰加气混凝土是以粉煤灰为基本原料，配以适量的生石灰、水泥、石膏及铝粉等添加剂制成的一种轻质混凝土建筑材料，粉煤灰掺量一般可达70%。有关粉煤灰加气混凝土的规范有JG 256—275—1980《加气混凝土的试验方法》、JG 315—1982《产品标准》JGJ/T 17—2008《蒸压加气混凝土建筑应用技术规程》等。生产工艺和

图 3-3　硅酸盐砌块

设备与其他种类加气混凝土大致相同。将经过加工的、符合要求的粉煤灰和发泡剂等添加料按一定比例混合后，经搅拌浇注入模、发泡膨胀、静停、切割，进高压釜养护。养护的蒸汽压力一般为 1.0～1.6MPa。若生产加气混凝土板材，还需配备钢筋车间，浇注前先将加工好的钢筋网片固定在模具中。粉煤灰加气混凝土的性能及使用范围和其他种类加气混凝土基本相同。用于水泥和混凝土中的粉煤灰标准见表 3-3。

表 3-3　用于水泥和混凝土中的粉煤灰标准（GB/T 1596—2005）

序号	指标	级别		
		Ⅰ	Ⅱ	Ⅲ
1	细度（0.045mm 方孔筛筛余）	≤12%	≤20%	≤45%
2	需水量比	≤95%	≤105%	≤115%
3	烧失量	≤5%	≤8%	≤8%
4	含水量	≤1%	≤1%	不规定
5	三氧化硫	≤3%	≤3%	≤3%

（5）生产粉煤灰陶粒　以粉煤灰为原料，加入一定量的胶结料和水，经成球、烧结而成的轻骨料即为烧结粉煤灰陶粒。它是一种性能较好的人造轻骨料。其用灰量大，还可以充分利用粉煤灰中的热值，粉煤灰掺量约为 80%。生产工艺一般由原料的磨细处理、混合料加水成球、焙烧等工序组成。烧结通常采用带式烧结机、回转窑和立波尔窑等。带式烧结机对原料的适用范围大，生产操作方便，产量高，质量较好，工艺技术成熟。用烧结机生产的粉煤灰陶粒的密度一般为 650kg/m³。图 3-4 所示为生产的粉煤灰陶粒。

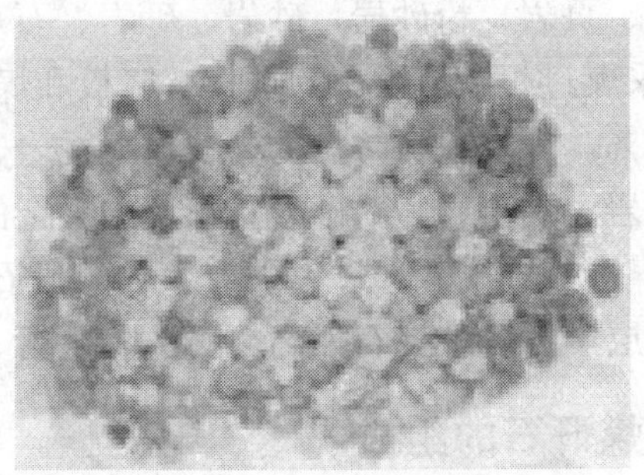

图 3-4　生产的粉煤灰陶粒

（6）替代黏土做生产水泥的原料　由于粉煤灰的成分与黏土相似，可以替代黏土作为生产水泥的配料。粉煤灰生产水泥的生产工艺和技术装备与生产普通硅酸盐水泥一样，无特殊工艺技术要求。但要注意配料方案的调整，严格控制各种原料的掺入量，以保证生料化学成分符合要求。

（7）粉煤灰在砂浆中可以替代部分水泥、石灰或砂　用于砂浆中的粉煤灰质量要求不高，砂浆在建筑工程中用量很大，可消化大量粉煤灰。目前该应用领域尚无国家或行业技术标准和施工规范，在使用前需经过配比试验。

（8）作混凝土的掺合料　粉煤灰作混凝土掺合料时，有较高的质量要求，如细度要大、活性要高、碳含量要低。因此，常用磨细粉煤灰，每立方米混凝土可用灰50～100kg，节约水泥50～100kg。掺粉煤灰的水泥凝结较缓慢，和易性好，能减少离析和泌水，可泵送性能好，有利于较长距离运输和泵送施工。掺粉煤灰混凝土的制作工艺流程与普通混凝土基本相同，只是增加了粉煤灰这种原料需要增加相应的贮存、计量和输送设备。

（9）粉煤灰用于筑路和回填　用粉煤灰、石灰和碎石按一定比例混合搅拌可制作路面基层材料。粉煤灰的掺加量最高可达70%，此工艺对粉煤灰质量要求不高，粉煤灰均可满足回填材料的质量要求，可根据CJJ 4—1997《粉煤灰石灰类道路基层施工及验收规程》进行生产和施工。粉煤灰代替黏土筑路堤有全灰和间隔灰两种，施工设备和步骤与黏土路堤相同。工程回填、围海造田和矿井回填等可大量使用粉煤灰，并不会造成环境污染。

3.2　煤矸石的资源化处理

3.2.1　煤矸石的来源

煤矸石是煤矿在建设和生产过程中所排放出的固体废物的总称，主要是指煤矿在建井、开拓掘进、采煤和煤炭洗选过程中排出的岩石。煤矸石包括岩巷矸石、煤巷矸石、夹岩和洗矸石等，主要矿物组成有高岭石、石英、蒙脱石、长石、伊利石、石灰石和氧化铝等。煤矸石的来源主要有以下三个方面：

1）岩石巷道掘进时产生的煤矸石，通常称为原矿石，占煤矸石的60%～70%，主要岩石有泥岩、页岩、粉砂岩、砂岩、砾岩、石灰岩等。

2）采煤过程中从煤矿的顶板、底板和煤层的岩石夹层里所产生的煤矸石，占煤矸石的10%～30%。煤层顶板常见的岩石包括泥岩、粉砂岩、砂岩、砂砾岩；煤层底板的岩石多为泥岩、页岩、黏土岩、粉砂岩；煤层中夹杂的岩石有黏土岩、碳质泥岩、粉砂岩、砂岩等。

3）煤炭分选或洗选过程中产生的煤矸石，又被称为洗矸石，约占煤矸石的5%。其中主要由煤层中的各种夹石如高岭石、黏土岩、黄铁矿等组成。

3.2.2　煤矸石的组成

（1）煤矸石的化学组成　煤矸石由无机矿物质、少量有机物以及微量稀有元素（如钒、硼、镍、铍等）组成。尽管煤矸石的化学组成较为复杂，但一般情况下煤矸石中的化学成分主要以硅、铝、钙和铁为主。

1）无机矿物质。煤矸石中无机物质主要为矿物质和水，通常以氧化硅和氧化铝为主，另外还有含量不等的Fe_2O_3、CaO、MgO、SO_3、Na_2O、K_2O等。如黏土岩类煤矸石主要由SiO_2和Al_2O_3组成，SiO_2含量为40%～60%，Al_2O_3含量为15%～30%；砂岩类煤矸石SiO_2含量最高，一般可达70%；铝质岩类Al_2O_3含量可达40%左右；碳酸盐煤矸石CaO含量可达30%左右。氧化硅和氧化铝的比例是煤矸石中最为重要的因素，它将决定煤矸石的综合利用途径，煤矸石的化学组成见表3-4。

表3-4 煤矸石的化学组成

成分	SiO_2	Al_2O_3	Fe_2O_3	CaO	MgO	SO_2	K_2O+Na_2O
含量（%）	52～65	16～36	2.3～14.6	0.4～2.3	0.4～2.4	0.9～4.0	1.5～3.9

2）有机物。煤矸石中有机物主要是煤分，包括C、H、O、N、S等多种化学元素。其有机物的组成决定了煤矸石热值的高低。煤矸石的碳含量是选择其工业利用途径的依据。煤矸石硫含量对煤矸石应用的影响较大。我国大部分矸石硫含量比较低，一般低于1%，但也有煤矸石中硫的含量很高，如贵州六枝矿、内蒙古乌达矿、江西丰城矿等，部分矿的煤矸石含量甚至高达18.98%，并多数以黄铁矿形式存在，是宝贵的提硫资源。

3）稀有元素。煤矸石中常见的伴生元素及微量元素很多，如铀、锗、镓、钒、钍、铼、钛、锶、锂等。除此之外，还含有多种有害、有毒以及放射性元素，会对环境和人类健康造成危害，如汞、铍、铅、铬、镉、氟、锰以及一些放射性元素等。在煤矸石综合利用过程中，要针对不同煤矸石中有害元素的构成及含量采取适当的污染防治措施。因此，对煤矸石进行元素分析时，除了需要对煤矸石中主要构成元素含量进行分析外，还要对煤矸石中各种有毒、微量元素进行充分掌握。

（2）煤矸石的矿物组成 煤矸石是由各种岩石矿物所组成的复杂混合物体系，主要由黏土矿物（高岭石、伊利石、蒙脱石）、砂岩（石英）、碳酸盐（方解石、菱铁矿、白云石）、硫化物（黄铁矿）以及铝质岩（三水铝石、一水铝石和勃姆石）组成。不同地区的煤矸石由不同种类矿物组成，其含量相差也很悬殊。

3.2.3 煤矸石的外观特征与显微结构

煤矸石的外观和显微结构与其矿物组成有关，由于含碳质页岩、泥质页岩和砂质页岩的煤矸石的含量占据煤矸石的绝大部分，含碳质页岩、泥质页岩和砂质页岩的煤矸石外观特征和显微结构如下所述。

（1）外观特征 煤矸石碳质页岩为黑色或黑灰色，层状结构，表面有油脂光泽，不完全理解，不规则块状，断面参差，易碎，滴入稀盐酸有小气泡缓慢放出。煤矸石泥质页岩为黄灰色或黑褐色，土状光泽，有疏松的黑色小粒，片状结构，不完全理解，质软性脆，不规则块状，易碎，滴入稀盐酸不起反应。煤矸石砂质页岩为深灰色或灰白色，蜡状光泽，结构较泥质、碳质页岩粗糙坚硬，组成均一，沿着层理有草叶状条痕，极不全完节理，滴入稀盐酸有气泡放出，还有铁锈斑点。

（2）显微结构 碳质页岩以不透明黑色矿物为主，有少量石英和黏土矿，泥质页岩以石英为主，有一定量的不透明黑色矿物和少量云母；砂质页岩主要是石英和云母，还有一定量的不透明矿物与碳酸盐矿物，石英颗粒较粗，显微结构如图3-5所示。

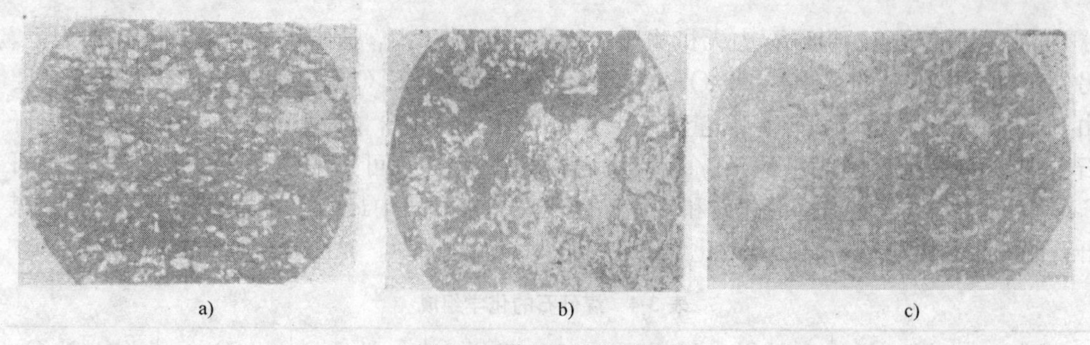

a)　　b)　　c)

图 3-5　煤矸石的显微结构

a）煤矸石碳质页岩正交光 80×　b）煤矸石泥质页岩正交光 80×　c）煤矸石砂质页岩正交光 80×

3.2.4　煤矸石的综合利用

开发利用煤矸石，不仅具有重大的环境意义和较好的社会与经济效益，而且也是实施可持续发展战略的需要。因此，根据煤矸石的热值和物理性质，如何治理和综合利用煤矸石这一问题逐渐得到重视。

（1）煤矸石发电　煤矸石的主要特点是灰分高（40%～70%），发热量低（3.7～6.2MJ/kg），是一种低热值燃料，利用其热值发电和采暖供热，化害为利，可以提高资源利用率，缓解能源紧张局面，具有相当的经济效益和社会效益。由于煤矸石发热值低，一般锅炉无法单独将煤矸石作为燃料利用，可将煤掺入煤矸石燃烧或采用流化床锅炉燃烧。燃烧后生成的灰渣，化学活性较高，也可作为建筑材料、化工及农业原料加以利用。图 3-6 所示为煤矸石发电厂。

a)

b)

图 3-6　煤矸石发电厂

a）赤峰　b）安稳

（2）煤矸石制砖和水泥　利用与黏土成分相近的煤矸石烧制砖，可实现烧砖不用或少用土，不用或少用煤，能够大量节约黏土原料，减少对环境破坏。制砖煤矸石的 SiO_2 含量应为（55%～70%），Al_2O_3 含量应为（15%～25%），Fe_2O_3 含量应小于（5%），CaO 含量应小于（2.5%），MgO 含量应小于（1%），S 含量应小于（1%）；塑性指数为 7～17，粒度小于 3mm，收缩率小于 4%。煤矸石砖的量完全能满足建筑行业要求，其强度、耐酸碱和抗冻性均优于普通黏土砖。我国已禁止使用黏土烧砖，故在这种环境条件下，煤矸石制砖的市场前景广阔。

煤矸石可以全部或部分代替黏土，作为生产普通水泥熟料的黏土原料或作为铝质校正原料，为生产水泥提供所需的硅、铝成分，同时煤矸石能释放一定热量，代替部分优质燃料。如果煤矸石中 Al_2O_3 含量高，还可用来代替黏土和部分矾土作为生产特种水泥的高铝原料。特别是燃烧过的矸石，由于含有一定活性的硅铝酸盐，可用于制造彩色水泥并能提高水泥的标号，图 3-7 所示为某机械厂利用煤矸石制砖的工艺流程。

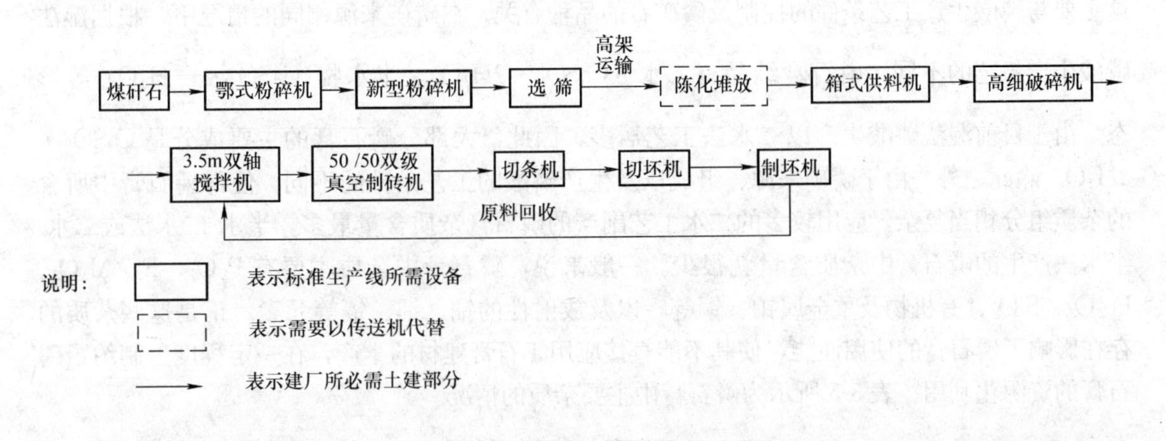

图 3-7 煤矸石制砖工艺流程

(3) 煤矸石生产复合肥料 煤矸石中含有碳质页岩和含碳粉砂岩，有机质含量在 15%左右，并含有植物生长所需的 Cu、Co、Mo、Mn 等微量元素。近年来我国开始大力发展以煤矸石为载体生产优质、高效、营养全面、对环境无污染的无机复合肥和微生物肥料。据不完全统计，全国有微生物菌肥厂 50 余座，年生产能力超过 40 万 t，大部分以煤矸石为载体，取得了显著的环境效益和社会效益。经国家农业部谷物及制品质量监督检验测试中心检测：施用煤矸石复合微生物肥料的青椒、玉米、谷子分别要比施普通化肥的同类农作物增产 8.3%、0.4%和 8.3%，VB_1 含量提高 103.1%，粗纤维、硝酸盐等含量则大为降低。煤矸石复合微生物肥料具有克服施用化肥导致的环境污染、肥效不长、农作物品质下降等功效，具有无毒、无害、无污染、广谱、优质、高效等优点。

(4) 煤矸石的工程应用 煤矸石在工程方面主要应用于铁路和公路路基、土地复垦、矿区回填。煤矸石中含有一定活性物质，具有较好的路用性能和强度，同时具有很好的抗风雨侵蚀性能，因此，可用作一般铁路和公路的底基层或路基填料。对于没有工业利用价值的煤矸石，可充填塌陷区、沟谷和复垦造地，这样既可使采煤破坏的土地得到恢复，又可减少矸石占地，减少煤矸石造成的生态问题。一般用于复垦的煤矸石以砂岩、石灰岩为主，采用推土机回填、压实，根据复垦地耕作、建房、修路等不同的用途进行处理。

煤矸石除了上述用途外，还有很多用途，如采用洗选的方法回收其中的精矿，可用作化工产品的原料，人行道地砖、下水管道等建筑材料，硅酸铝耐火纤维系列产品的原料等。

3.3 磷石膏的资源化处理

磷石膏是化工湿法生产磷酸时硫酸与磷酸作用产生的副产品。磷石膏类似天然石膏，主要成分 $CaSO_4 \cdot 2H_2O$，此外还有较多的杂质和水。

3.3.1 磷石膏的特性

磷石膏是外观呈黄白色、浅灰白色或黑灰色的细粉状，主要化学成分为 CaO 和 SO_3，同时含有 P_2O_5、F、Fe_2O_3、SiO_2、有机物等杂质。其晶体形式主要有针状晶体、板状晶体、密实晶体、多晶核晶体四种。不同生产企业、同一企业不同批次的磷石膏的化学组成都略有不同，这主要与磷酸生产工艺条件的控制及磷矿石的品种有关。在磷矿来源相同的情况下，根据湿法磷酸生产工艺的不同，磷石膏结晶有二水（$CaSO_4 \cdot 2H_2O$）、半水物（$CaSO_4 \cdot \frac{1}{2}H_2O$）等形态。由于目前湿法磷酸生产以二水法工艺居多，因此，大部分磷石膏的主要成分是 $CaSO_4 \cdot 2H_2O$。除此之外，由于磷矿来源、组成以及生产磷酸的工艺条件的不同，使得磷石膏中所含的杂质组分相当复杂。应用较多的二水工艺副产的磷石膏杂质含量最多，半水-二水法或二水-半水法产生的磷石膏中杂质含量就很少。一般来说，磷石膏中杂质主要有 P_2O_5、F、Al_2O_3、Fe_2O_3、SiO_2、有机物及重金属铂、铜等，以及放射性的铀、镭、镉等元素。正是这些杂质的存在影响了磷石膏的使用性能，使其不能直接应用于石膏建材的生产，在一定程度上制约了磷石膏的资源化利用。表 3-5 所示为磷石膏中主要杂质的情况。

表 3-5 磷石膏中主要杂质的情况

序号	杂质种类	溶解性	存在形式
1	磷酸和磷酸盐	可溶	H_3PO_4、$H_2PO_4^-$、HPO_4^{2-}
2	$CaHPO_4 \cdot H_2O$	难溶	磷酸盐络合物、未分解的磷石灰
3	氟化物	可溶	F^-、SiF_6^{2-}
4	有机物	难溶	CuF_2、$CuSiF_6$
5	其他杂质	难溶	磷矿石中夹杂的植物残枝等
		可溶	Na^+、K^+
		难溶	石英 SiO_2，Fe、Mg 氧化物或与磷酸盐、硫酸盐生成的络合物

3.3.2 磷石膏的综合利用

在国务院 2009 年节能减排工作计划中，磷石膏的综合利用被列为资源化重点工程。搞好磷石膏的综合利用和无害化处理成为磷肥行业的重要任务。在可持续发展理念的影响下，各国都十分重视对磷石膏综合利用的研究，其中日本利用得最好。我国磷石膏的综合利用始于 20 世纪 90 年代初，十多年来，这个行业中蕴藏的巨大商机正被越来越多的企业所重视。

（1）磷石膏在建筑领域的应用

1）用作水泥缓凝剂。水泥缓凝剂可以调节水泥的凝结时间，原来的工艺均是采用天然石膏为缓凝剂，现在越来越多的水泥企业采用磷石膏来代替天然石膏。但磷石膏中含有微量的磷、氟等有害杂质，且湿含量大，颗粒细，若不经有效改性处理，难以得到大规模推广使用。磷石膏改性常用的处理方法主要有水洗法、石灰中和法、煅烧法及碱性物质中和再造粒等方法。改性后的磷石膏用作水泥缓凝剂，能有效控制磷石膏中的杂质对水泥凝固时间的影响。由于磷石膏和天然石膏存在较大的价格差，因此，磷石膏在水泥企业应用良好。该用途不但节约了大量的天然石膏资源，而且实现了变废为宝，创造了可观的经济效益。目前，磷石膏替代天然石膏用作水泥缓凝剂方面的应用正在逐步推广。

2）制造石膏建材。磷石膏要用于作石膏建筑材料，就必须将占其主要成分90%左右的二水硫酸钙转变成半水硫酸钙。工艺的主要流程是：首先，对磷石膏进行净化处理，除去其中的磷酸盐、氟化物、有机物和可溶性盐；然后，经干燥、煅烧脱去物理水和一个半结晶水；最后，经陈伏成为半水石膏。半水石膏有β和α两种，前者称为高强石膏，后者称为熟石膏。以半水石膏为原料可生产纸面石膏板、纤维石膏板、石膏砌块或空心条板、粉刷石膏等，其中以纸面石膏板的市场需求量最大，应用范围最广。

3）用作筑路材料。我国具有丰富的石灰及粉煤灰资源，而这些原料是良好的路用材料。二灰土是由石灰、粉煤灰和土三种材料组成的常用的筑路承重材料，而直接使用二灰土作为农村道路的路面结构，存在如早期强度过低、抗冲刷能力较低、水稳定性较差、表面功能不够理想等问题。采用粉煤灰-石灰-磷石膏可直接改善二灰土强度过低的问题，并不同程度改善二灰土的其他性能。粉煤灰-石灰-磷石膏稳定碎石材料保留了二灰土后期强度发展良好的优点，使其保持更持久，并且充分利用了工业固体废物，节约堆场，改善了生活环境。因此，粉煤灰-石灰-磷石膏稳定类材料具有成本低廉、性能优越、环保等诸多优点。

（2）磷石膏在工业领域的应用

1）制硫酸联产水泥。在我国使用磷石膏、石膏制水泥的研究开展比较早，工艺较为成熟。该工艺利用磷石膏作水泥原料，与焦炭、砂岩等辅料在烘干机中烘干，然后送入球磨机混磨。均化后生料送入回转窑中烧制熟料，入窑生料和窑内热气逆流接触，形成水泥熟料，经冷却后送熟料库，将熟料、石膏、混合材料按一定比例输入球磨机混磨为水泥。回转窑排出的炉气经干法除尘、温泡、温水洗净化，入干燥塔用浓硫酸干燥，SO_2气体干燥后送转化工序，作为制造硫酸的原料气。这不仅使磷石膏得到了再利用，还在一定程度上弥补了我国硫资源的不足。此技术已成功地在我国上百套磷铵装置上推广。其优点是没有废气排放，缺点是生产设备效率低、投资大、能耗高。硫酸联产水泥生产工艺流程图如图3-8所示。

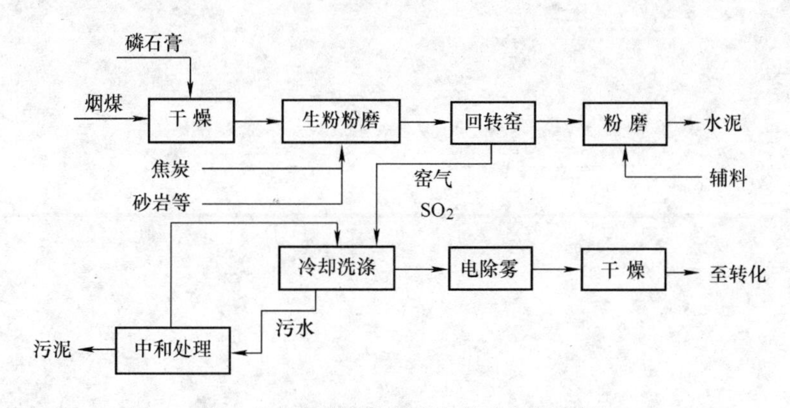

图3-8 硫酸联产水泥生产工艺流程图

2）制硫酸铵。硫酸铵是最早的氮肥品种，石膏生产硫酸铵是一个古老而成熟的技术。磷石膏制硫酸铵的化学反应式如下：

$$CaSO_4 \cdot 2H_2O + (NH_4)_2CO_3 \rightarrow CaCO_3 + (NH_4)_2SO_4 + H_2O$$

生产中磷石膏经漂洗处理，除去磷、氟和其他有害杂质，得到洁净的磷石膏，洗涤液经水处理后，循环使用，不足部分加水调节。洁净磷石膏与碳酸氢铵和水一起送入结晶反应器，在一定温度下，加入促进剂，进行反应和结晶。控制反应条件，得到一定晶粒的料浆，经脱卤分离得到含量为38%左右的硫酸氢铵母液和副产品碳酸钙，母液经蒸发结晶及分离干燥可得硫酸铵。磷石膏制备硫酸铵生产工艺流程如图3-9所示。

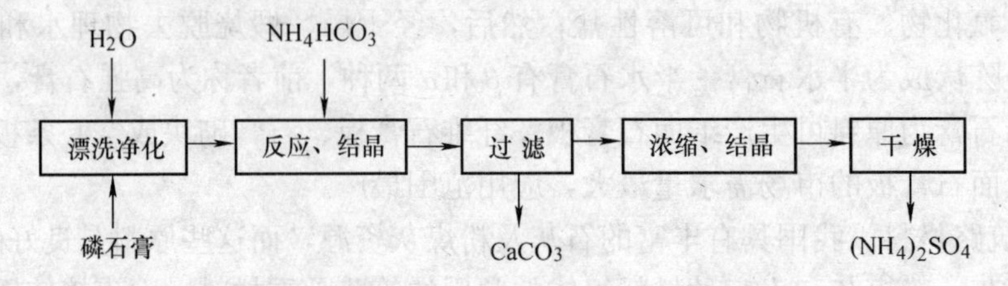

图3-9 磷石膏制备硫酸铵工艺流程图

(3) 磷石膏在农业领域的应用

1) 直接用作肥料。磷石膏中含有水溶性 P_2O_5，这部分磷可作为营养物质被农作物吸收。由于磷石膏中含有大量的硫和钙，对农作物生长具有速效性。S是土壤中与N、P、K并列的四种营养元素，Ca是农作物需要的第五种营养元素。因此，磷石膏既是一种良好的硫肥，还可作为钙肥。磷石膏在缺硫的土壤和喜硫、钙的农作物的土地上可广泛使用，这样既可节省大量的硫、钙资源，又可充分利用磷石膏这一废弃资源。

2) 用作土壤改良剂。盐碱性土壤在我国华北、东北、西北地区均有分布，pH值在9以上，透气性差，严重影响农作物生长。磷石膏呈酸性，可用作盐碱地的改良剂。磷石膏中的钙离子可置换土壤中的钠离子，生成的硫酸钠随灌溉水排走，从而降低了土壤的碱性，改良了土壤的渗透性。通过磷石膏的改良，可有效降低土壤的碱性，同时土壤酸化后可释放存在于土壤中的微量元素，促进农作物吸收。

第 4 章 农村固体废物的资源化处理

4

4.1 农村固体废物

4.1.1 农村固体废物的组成

从广义上说，农村固体废物是产生在农村的固体废物，农村固体废物是由农村生产垃圾、农村生活垃圾和乡镇工业固体废物组成。

农村生产垃圾一般由畜禽粪便、农作物秸秆和农用塑料残膜等组成。随着农业生产现代化水平的发展，农业生产资料产生的垃圾问题也越来越严重，如塑料大棚种植蔬菜、水果和粮食、地膜育秧等。这些废弃的塑料制品都没有进行处理，随处乱扔或任之随风乱飘，形成二次污染。现在农村剩余劳动力外出务工者多，使农业生产观念发生了重大转变。过去因为劳动力过剩，使得大部分农业生产是精耕细作（注重返草还田和对土壤墒情的保护），而现在由于从事农业生产的人口相对减少，中耕锄草、田间管理的方法较以往发生了改变，除草和消除病虫害主要依赖于化学药品。所以现在的田间地头、滩涂沟壑经常能见到用完乱扔的除草剂包装袋和农药瓶。这些生产垃圾有的进入土壤造成对土质结构的深层次破坏，有的进入河流湖泊造成更大范围的污染。

农村生活垃圾由厨房废弃物（废菜、煤灰、蛋壳、废弃的食品）以及废塑料、废纸、碎玻璃、碎陶瓷、废纤维、废电池及其他废弃的生活用品等组成，有时还掺杂化肥、农药等与农业生产有关的废弃物。随着农村经济结构的巨大变化和农民生活水平的提高，农村生活垃圾成分发生了明显变化，包装废弃物、一次性用品废弃物也明显增加，如婴儿使用的一次性尿不湿、一次性垃圾塑料袋、塑料瓶、泡沫等不易分解成分占很大比例，组成十分复杂，有害性一般大于城市生活垃圾，这些废弃物进入水体或渗入土壤中，不仅破坏生态环境，而且会经食物链积存在人体内，危害人类健康。

乡镇工业企业的固体废物产生量和排放量主要集中在煤炭采选业和矿业，其产生量和排放量分别占乡镇工业固体废物产生量和排放量的 75%和 83.5%。乡镇工业固体废物污染源的危害主要为侵占大量农田，影响人类生存，恶化工作环境，污染水环境，污染大气环境，破坏农业生产。

4.1.2 农村固体废物的分类

农村垃圾与城市垃圾的基本构成不同，目前国家还没有制定统一的农村垃圾分类标准。针对农村地区的特点，按照是否有害和能否回收利用，大概可以分为可回收垃圾、可堆肥垃圾（有机垃圾）、不可回收垃圾（无机垃圾）和有害垃圾四类。

可回收垃圾是指适合回收再利用的物质，包括纸类、塑料、金属、玻璃、织物以及废家用电器和家具等；可堆肥垃圾是指垃圾中适宜利用微生物发酵处理并制成肥料的物质，包括剩余饭菜等易腐食物及厨房垃圾，树叶、菜叶等植物垃圾；不可回收垃圾，不适宜回收的卫生间废纸、废织物、不可降解塑料制品（超薄塑料袋、农膜）等；有害垃圾是指垃圾中对人体健康和自然环境造成直接或潜在危害的物质，主要包括日用小电子产品、电池、灯管灯泡、农药瓶、油漆桶、过期药品及医疗垃圾。

4.1.3 农村固体废物的收集和处理

2006～2007 年，对全国部分省、市、自治区和新疆建设兵团项目村垃圾产生量、堆放方式及处理方式进行全面的现状调查，共调查了 657 个县，6590 个村，调查结果见表 4-1。其中生产性垃圾主要分为工业垃圾、养殖业垃圾、秸秆杂草垃圾和其他垃圾，生产性垃圾主要以养殖业垃圾和秸秆杂草垃圾为主，分别占 44.11%和 33.36%；工业垃圾占 21.48%，其他垃圾占 1.05%。

表 4-1 不同来源垃圾的堆放和处理方式的构成比

来源	人均日垃圾产量/（kg/d）	堆放方式（%）		收集堆放垃圾的处理方式（%）			
		随意堆放	收集堆放	填埋	焚烧	高温堆肥	直接再利用
生活	0.86	36.72	63.28	57.03	14.26	13.88	14.83
生产	2.03	16.56	83.44	16.55	10.85	26.29	46.31
工业	0.44	10.73	88.27	62.65	8.33	2.73	25.29
养殖业	0.90	18.82	81.18	2.57	1.53	46.47	47.33
秸秆杂草	0.68	18.82	81.18	3.06	24.19	14.05	58.70
其他	0.02	21.34	78.66	63.86	8.04	13.24	14.86

农村生活垃圾及生产性垃圾按统计局分类方法分为东、中、西、东北部地区。人均日生活垃圾量东部地区为 0.96kg，中部 0.88kg，西部 0.77kg，东北 0.81kg。生活垃圾收集堆放东部占 73.79%，中部 59.63%，西部 56.77%，东北 53.98%。东部集中堆放垃圾的处理方式主要为填埋，占 73.93%；中部主要为填埋和再利用，分别占 45.48%和 27.81%；西部主要为填埋，占 38.94%，其他三种方式均约为 20%；东北主要为填埋和高温堆肥，分别占 65.06%和 23.57%，具体如图 4-1 所示。各地区生产性垃圾均以养殖业垃圾和秸秆杂草为主。东部地区的两种垃圾类型分别占 30.54%和 33.56%，中部为 44.27%和 31.84%，西部为 46.26%和 36.36%，东北为 70.50%和 20.89%，具体如图 4-2所示。

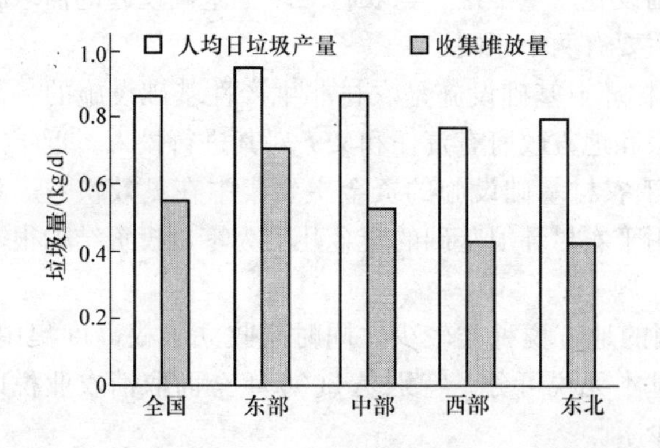

图 4-1 不同地区人均日生活垃圾产量及收集堆放垃圾量

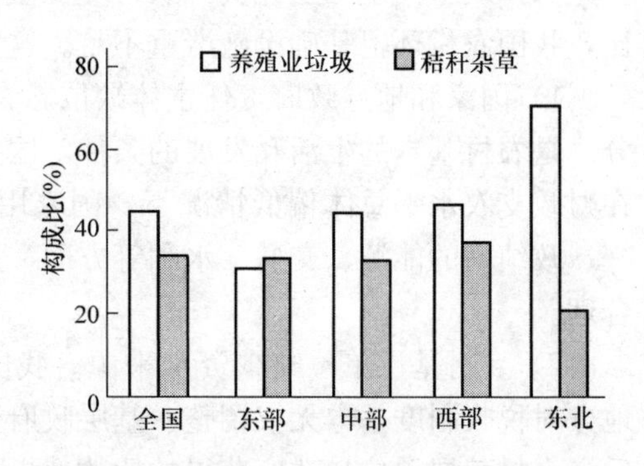

图 4-2 不同地区生产性垃圾的主要类型

农村垃圾应分类收集、分类处理，根据农村垃圾的特点，结合当地实际情况，推出图4-3所示处理模式。垃圾从源头开始分类收集，分为可回收物、有害垃圾、有机垃圾和无机垃圾。可回收物再利用；有害垃圾由保洁员负责集中收集，由乡（镇）负责统一运送到危险废物处置场；有机垃圾和无机垃圾分别装入垃圾袋内，放在家门口，保洁员负责将其运到垃圾房，垃圾运送工具为小型农用机动车（人力三轮车），垃圾收集做到日产日清，垃圾房的垃圾由乡（镇）负责定期用封闭式自卸车直接运送到垃圾处理场或转运到垃圾处理场。农业废物由乡（镇）负责直接运送到处理场地，秸秆可集中进行厌氧发酵对产生的能源加以利用，畜禽粪便可集中进行堆肥或进行厌氧发酵。

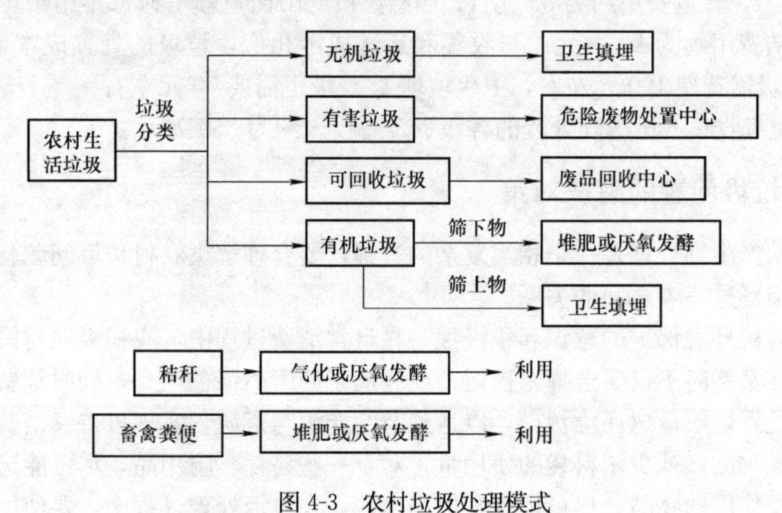

图 4-3 农村垃圾处理模式

4.2 农村垃圾问题和解决对策

4.2.1 农村垃圾问题

目前，日益增长的农村垃圾量与农村垃圾处理能力欠缺之间的矛盾已成为农村垃圾的主要问题。

（1）缺少环境卫生经费，农村环卫基础设施严重不足　与农村对环卫基础设施的需求相比，我国农村环卫基础设施严重不足。这主要有两个原因：

1）国家和地方政府责任主体缺位。农村环卫基础设施是农村非生产性基础设施的一部分，是农村基本的生活和发展的条件，国家和地方政府有责任和义务对其进行投入。近年来在财政支农水平总体偏低情况下，国家用于农村基础设施的资金主要集中在见效快、形象好、政绩高的能源、交通、水利等方面，用于农村环卫基础的资金几乎为零，投资结构很不合理。

2）乡村基层单位缺少资金来源。我国的地方税种类较少，同时税收立法权高度集中，地方对税收制度基本无权调整，基层政府基本无税可分。特别是2006年全面取消农业税以后，乡村基层单位从政府获得的拨款就更少了。

（2）日常管理不到位　随着垃圾的增加，开始在村内设置垃圾箱，但由于没有根据村民的居住特点来布置垃圾箱数量和位置，垃圾箱得不到专人管护和定时清理，形成二次污染，故农村垃圾问题并没有得到有效的改善。不少区县的环境卫生管理部门没有把农村垃圾收集、处理纳入发展规划，专业环卫队伍主要负责城区和卫星城的垃圾清运等环卫保洁工作。各建制镇虽已组建了环卫队伍，但作业范围仅仅限于集、镇街道，而对广大农村的垃圾收集、转运、处置缺少规范和统一管理。因此，即便农村垃圾有时得到了清理，但始终没能进入正规、有效的垃圾处理渠道，农村垃圾往往被转运到村外更大的公有场地。

（3）昂贵的处理成本　目前，农村垃圾处置成本主要包括收集、运送和处置三个方面。按照现行的“统一收集、统一运输、统一处置”要求测算，一般沿海地区农村垃圾收集成本约为30～40元/t，转运费用约为35元/t。如慈溪市浒山街道赖王村每年用于垃圾清理为主的村落卫生保洁费用约为20万元。与收集和运送成本相似，垃圾的处置成本也颇为昂贵。一般焚烧1t垃圾需花费100元左右，卫生填埋1t垃圾也需要70元左右。一个5万人口的乡镇，一年用于垃圾收集、运送和处置的各级资金总投入约为350万元。

4.2.2 农村垃圾问题的解决对策

农村垃圾从产生到处理是一个相当复杂的过程，要合理解决农村垃圾问题就必须处理好农民、政府、市场这三者之间的关系。

（1）提高村民环境保护的意识和积极性　在日常消费过程中，应积极向村民倡导绿色消费，即消费者在消费时不仅要选择未被污染或有助于健康的绿色产品，同时消费过程中还应注重对垃圾的处置，不造成环境污染，以达到节约能源与资源，实现可持续消费的目的。少用或不用一次性物品，减少塑料袋的使用量，对于一些易耗、耐用品，尽可能选择大包装商品，对于能重复使用的物品，尽量提高其使用次数。在垃圾处理过程中，要使用创新的方式来提高农民对垃圾有效处理的积极性（如北京郊县某村采取以洗衣粉换塑料袋的方法，就比较可取），引导村民从自身做起，提高农村参与垃圾治理的积极性，共同把农村垃圾管好。

（2）加强政府在农村垃圾治理中的作用

1）加大政府动用财政和税收资金直接处理农村垃圾的力度。我国特有的“二元”发展模式，使政府长期以来有着强烈的非农偏好，形成了我国城乡有别的差异性基础设施供给体制和基本制度。这种供给制度主要表现为：城市基础设施建设所需资金主要由财政预算安排，而农村所需的基础设施政府提供较少，许多方面主要由农村基层负责提供。因此，在农村垃圾处理和村庄整治方面应该进一步加大政府财政投入，即按照投入多元化、运作市场化的要求，积极争取中央财政、国债等国家专项资金的支持，鼓励社会资本参与垃圾集中处理，加快垃圾处理设施建设和运营的市场化步伐。采取财政补一点、集体出一点、村民拿一点的办法，建立农村垃圾集中收集处理的经费筹措机制。

2）建立相应制度，使农村垃圾在村基层组织得到有序处理。要制定和执行有利于资源综合利用的优惠政策，促进农村垃圾的减量化、资源化和无害化，以保护农村生态环境，维护农村社会的稳定，促进农村经济可持续发展。农村生活垃圾的处理，需要一定的法规来保障。通过立法手段，确立垃圾产生者对垃圾的产生、收集、清运、处理中的行为规范、义务和权利，明确垃圾产生者对垃圾处理必须承担责任。农村生活垃圾的处理，需要一定的法规来监督。现阶段我国农村居民对垃圾合理处理的意识不是很强，农民还是会按照原来垃圾处理方式来处理。在这种情况下建立适当的惩罚制度，对随意倾倒垃圾等行为进行惩罚，以规范垃圾处理行为，有利于农村垃圾有效处理。

在农村垃圾的管理中，力求做到“三个有”：一是有人管理，即构建“县、乡、村”三级联动管理机构，加强县（市、区）、乡镇（街道）环保管理机构，明确村垃圾处理专职管理人员，落实村保洁员配置标准及其责任、报酬；二是有集中存放地点，即针对村庄不同地域环境，采取不同的垃圾集中收集、存放办法，加快临时堆放场、垃圾房、垃圾箱等垃圾存放硬件设施的建设；三是有处理设施，即依据人口密度和运输半径，加快建设乡镇中转站等垃圾处理设施建设，适当增建农村垃圾焚烧场和简易垃圾填埋场，按照标准配置村垃圾箱、垃圾集中房和垃圾清运工具。

（3）建立市场导入制度　把农村垃圾处理作为一项产业来经营，而不是仅作为一项事业来做，这样才能为农村垃圾处理寻找一条新的出路。虽然目前将农村垃圾处理完全导入市场比较困难，但可以将农村垃圾处理部分程序导入市场竞争机制，如将环境卫生的清扫权、垃圾初步处置权等向社会公开招标。放开投资市场，引导并鼓励各类社会资本参与农村垃圾处理设施的建设和运营，实现投资主体多元化、运营主体企业化、运行管理市场化。

（4）解决农村垃圾集中处理终端问题　进一步推广完善适合不同类型地区的农村垃圾收集处理模式，健全运转机制，提高处理水平。按照运作规范化的要求，健全农村生活垃圾集中无害化处理运作机制，已建立集中无害化处理制度的地区，要做好提升；尚未建立集中无害化处理制度的地区，要加快相关的处理设施和体系建设的进度。要求原则上每个县（市）建设一座无害化处理厂（场），没有达标的县级填埋场要抓紧改造达标，没有县级无害化处理厂（场）的要抓紧建设投运，鼓励跨县域共建共享无害化处理设施。当农村居民地比较分散时，可以采取一家一个相当规模的沼气池处理方式，当农村居民地比较集中时可以采取几家一个沼气池的处理方式。与生态农业、循环经济、生物质能发展紧密结合起来，大力推动农村垃圾分拣处理、分类处理和综合利用。

4.3　农村垃圾的收集、运输与处理

4.3.1　农村垃圾的收集、运输

如何建立农村垃圾收集、运输、处理网络，各地进行了许多尝试。实践中主要推行两种

模式：

一是在城郊、平原发达和交通便利的地区，按照城乡一体化的要求，实行“户收、村集、乡镇中转、县市处置”。在各级财政的资助下，政府向农户发放垃圾桶、为村里购建垃圾箱房和清运车辆，每天由村保洁员定期清扫并把垃圾运送到乡镇设立的中转站，乡镇再把垃圾压缩后运送到县指定的垃圾处理场所，由县政府统一进行无害化处理。这种模式收集效率高，处理效果好，但对运转设施要求高，运转费用大，一个县一年的运转费用约需3千万元。目前，嘉兴、湖州等20多个市县垃圾处理基本实现城乡一体化。

二是在山区、海岛和交通不便的地区，推行“集中收集、就地分拣、综合利用、无害化处理”的模式，以村或乡镇为单位设立垃圾分拣场，聘请专门的分拣员或由保洁员对垃圾进行分拣，对金属、纸、塑料等资源性垃圾进行回收，对剩饭馊菜、瓜果皮壳等有机物垃圾进行堆肥处理并回田，对砖瓦、渣土、沙石等建筑垃圾进行就地堆置或填埋，对废电池等有害垃圾以及破旧衣服等不可回收分解的垃圾，由镇或县环卫部门统一处理。这种方式运转费用低，适合行政范围广、经济条件差的山区海岛等，但要求分拣场地大，以镇为单位处理往往难以保证处理标准。当前，衢州、丽水及其他地处偏远的县（市）采用这种模式。总体来说，浙江省已基本建立了适合当地情况的垃圾收集处理系统。

我国农村地域广大，交通落后，各类废物集中收运比较困难，对其进行分类收集后，可就地分化处理掉一部分，当地无法处理的再集中收运处理，这就减少了废物的运输量；分类收集使各组分相互分离，增加纯度，方便进行资源化、能源化和综合利用。所谓集中处理，即在各村设立垃圾分拣场、有机垃圾堆沤场、无机垃圾填埋场和建筑垃圾堆置场。每天由村里聘用的保洁员将垃圾统一收集起来，再由分拣员细分为建筑垃圾、可回收废品垃圾、纯垃圾和有机垃圾等四类分别处理。可以用建筑垃圾回填机耕路面，将回收废品垃圾卖给回收公司，纯垃圾进行堆集焚烧，有机垃圾通过发酵成为有机肥。

要彻底解决农村生活垃圾的清理问题，就要制定切实可行的垃圾收运制度。建立农村生活垃圾收集、运输与处理系统，即以村为中心，镇为枢纽，县为中心的垃圾收集模式，形成村、镇（乡）、县三级垃圾处理作业链。

1）建立垃圾收集站。由村里负责收集各家农户产生的垃圾，进行定点收集并运输至乡镇中转站，注意收集过程中要遵循农村固体废物分类原则，避免产生不必要的负担。

2）建立乡镇垃圾中转站。由镇一级负责周边若干个村的垃圾中转处理，并运输至县级垃圾处理中心。对纸类、塑料、废金属等可回收物由当地废品回收站处理。

3）建立县级垃圾处理中心，由县级政府组织建立垃圾卫生填埋场或垃圾焚烧厂等，作为垃圾最终无害化处理场所。

4.3.2 农村垃圾收运系统的设计案例

威戎镇总面积74km²，交通条件便利。2009年城镇总人口为33294人，其中镇区人口10273人，农村人口23021人，镇区人口综合增长率为47‰、农村人口综合增长率取8‰（县域综合增长率）。根据《镇生活垃圾处理工程可行性研究报告》，确定设计服务范围为镇内及能够收集生活垃圾的10个村，规划2012年镇城镇人口为11791人，人均生活垃圾产量的控制值为1.25kg，2012年镇服务农村人口为19441人，人均生活垃圾产量的控制值为1.30kg，规划2026年城镇人口为22429人，人均生活垃圾产量的控制值为1.12kg；2026年农村人口为 21736 人，人均生活垃圾产量的控制值为 1.16kg。设计年限内平均处理量 45t/d，累计总量为 24.47 万 t，压实后容积（密度按 0.80 t/m^3 计）$31\times10^4m^3$。

（1）垃圾收运 乡镇垃圾收运分为两个部分，一是镇区垃圾收运，二是农村垃圾收运。根据威戎镇镇域特点及环卫系统人力、物力和实际垃圾清运状况，威戎镇垃圾的收集拟采用如下方案：镇区主、次干道过往行人产生垃圾拟采用道路两边设置果皮箱的方法进行收集，设置原则为镇区主干道每 80m 设置 1 个，次干道每 100m 设置 1 个；镇区商业区、居民聚居区生活垃圾采用塑料袋装，以定时、定点投放收集的方式进行，每个投放收集点按服务半径 250m、服务面积 $1.96\times10^5m^2$ 计；杨桥、下沟等 10 个村的垃圾根据各村人口数相应配置数个 0.3t 垃圾桶进行收集，其垃圾投放收集点布置如图 4-4 所示。

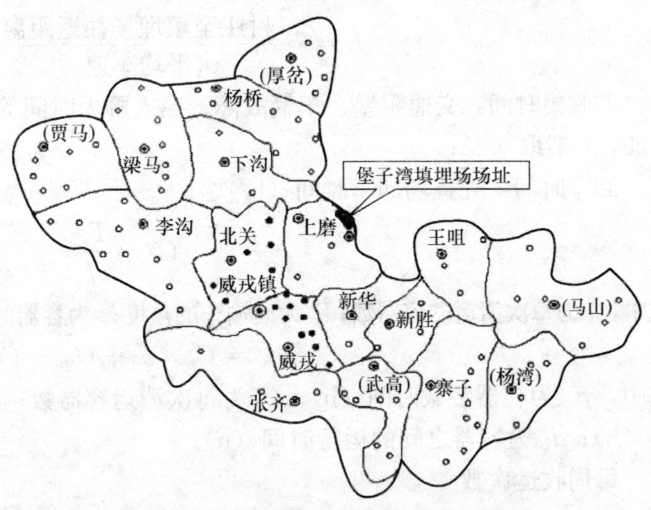

图 4-4 威戎镇垃圾投放收集点布置

（2）垃圾转运 城镇街道果皮箱垃圾利用人力三轮车就近定时转运至垃圾投放收集点，再由新增后装压缩式垃圾运输车运往填埋场。城镇商业区、居民聚居区定时、定点投放垃圾利用新增后装压缩式垃圾运输车运往填埋场。工业园区垃圾经垃圾箱，由新增侧装垃圾运输车运往填埋场。杨桥、下沟等 10 个村的垃圾经垃圾桶，由新增侧装式垃圾运输车运往填埋场，其垃圾收运系统工艺流程如图 4-5 所示。

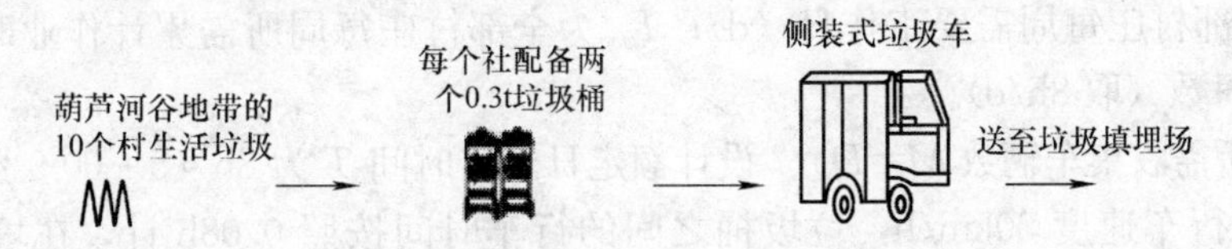

图 4-5 农村垃圾收运系统工艺流程

（3）农村垃圾收运运力计算

1）农村垃圾收运的必要性。镇区以及工业园区垃圾收集主要以公共垃圾箱为主，近年来收集量逐年增加。由于收集场地和环卫设施不配套等原因，镇区局部以及农村的生活垃圾乱置于河道、排洪沟和部分居民聚集区，难以及时清运，严重影响河道排洪并污染水体，对居民的生活环境造成影响。根据 GB 50445—2008《村庄整治技术规范》，农村垃圾应及时收集、清运，保持村庄整洁。生活垃圾处理设施应在县域范围内统一规划建设，推行村庄收集、乡镇集中运输、县域内定点集中处理的方式，暂时不能纳入集中处理的垃圾，可选择就近简易填埋处理。

2）运力计算公式。农村运输车辆的配置数量采用以下公式计算：

每次收运需时间＝集装时间＋运输时间＋卸车时间＋非收集时间，即

$$T=\frac{P+h+S}{1-\omega}$$

式中，P 为每次集装时间（h/次）；h 为每次运输时间（h/次）；S 为每次在处置场卸车时间（h/次）；ω 为非生产性时间因子（非收集时间）（%）。

运输时间

$$h=\frac{x(\text{村庄至填埋场往返距离})}{v(\text{平均车速})}(\text{h/次})$$

非收集时间：交通阻塞、车辆故障、熟人聊天时间等时间（h/次）；ω 取值范围为 0.1～0.25，一般取 0.15；

卸车时间：处置场卸车时间（h/次）。

$$C_t=\frac{T_r}{cf}$$

式中，C_t 为每次清运的容器数；T_r 为运输车的重度；c 为容器的重度；f 为加权平均的容器利用率。

$$p_{scs}=C_t\times u_c+(n_p-1)d_{bc}$$

式中，p_{scs} 为容器装载时间（h）；C_t 为每次清运容器数；u_c 为收集一个容器中的废物所需时间（h）；d_{bc} 为容器之间的运行时间（h）。

每周收运次数

$$N_w=P_w/T_r$$

式中，P_w 为每周产生垃圾总量（t）；T_r 为每辆车的装载量（t）。

某村庄每周所需作业时间

$$T_w=N_wT$$

式中，T 为每辆车收运一次所需时间（h）。

每周所需工作日

$$D_w=T_{wn}/H$$

式中，D_w 为全部村庄每周需要工作日（d）；T_{wn} 为全部村庄每周所需累计作业时间（h/周）；H 为每日工作时数（取 8h/d）。

村庄每周所需收集车辆数 $M=D_w/7$ 设计额定日运转时间 T 为 8h（5：00-9：00，18：00-22：00），平均行车速度 30km/h，垃圾桶之间的行车时间按照 0.08h 计，在填埋场时间为 0.133h。根据现场调查对杨桥等 10 个村庄的垃圾收运车辆选用 2.5t 与 3.5t 的侧装式垃圾车。计算结果见表 4-2。

表 4-2 收集运输系统计算结果

区域	杨桥	下沟	梁马	李沟	张齐	武高	寨子	新胜	新华	上磨
人口数(平均)/人	2124	1418	2970	2749	1033	3124	2256	1715	1722	1758
产生垃圾量/(t/d)	2.53	1.67	3.50	3.24	1.22	3.69	2.66	1.97	2.03	2.07
公社数量/个	7	2	7	9	3	6	7	3	1	2
垃圾桶数量/个	14	6	14	18	6	14	14	8	8	8
各村庄到填埋场距离/km	11	9	11	9	7.8	10.2	11.4	9.8	7.2	2.8
采用收运车辆吨位/t	2.5	2.5	3.5	3.5	2.5	3.5	3.5	2.5	2.5	2.5
每周需要收运次数/次	7	5	7	7	4	7	6	6	6	6
每次收运需要的时间/h	2.45	2.9	3.06	2.91	2.2	3	3.1	2.36	2.24	1.82
每周需要作业时间/h	16.15	14.5	21.42	20.37	8.8	21	18.6	14.16	13.44	10.92
全部村庄每周作业时间/h	160.36									
每周工作天数/d	20.045									
需要车辆数/辆	3（1 辆 3.5 t，2 辆 2.5 t）									

以上是每日垃圾处理量为45t的车辆配置，考虑到本城镇生活垃圾填埋处理工程的设计年限2012～2026年，时间跨度较长，且日收集量变化大（2012年40.01t/d，2026年50.33t/d），建设单位可根据实际情况对垃圾运输车辆逐步增加配置。

村庄垃圾收运根据每个村庄人口数（设计年限内平均人口）计算出每个村庄产生垃圾量，通常农村收运垃圾不能像城市里一样做到每日清空，所以是以周来计算垃圾产生总量。具体操作如下：

1）参考每个村庄公社数量、垃圾产生量来设计垃圾桶（0.3t）的个数，垃圾桶总容量要不小于该村庄的垃圾日产量，也要保证每周至少收运一次，还要保证每个公社设置两个以及以上垃圾桶。

2）收运车辆的配置。垃圾日产量在2.5t以上的村庄用3.5t侧装式垃圾车，垃圾日产量低于2.5t的采用2.5 t垃圾车收运。

3）根据村庄垃圾收集路线计算出每个村庄与垃圾填埋场之间的距离，再根据垃圾车的平均运速得到往返一次所用时间。

威戎镇农村垃圾收集采用0.3t的垃圾桶收集，侧装式垃圾车进行收运，依据村庄产生的垃圾量与道路的实际情况选择合适的垃圾车（威戎镇是采用2.5t与3.5t的侧装式垃圾车），根据经验可以得到垃圾车装卸一个垃圾桶的时间，以及在两个垃圾桶之间的运行时间，这样可以得到垃圾车每收运一次所用总时间，然后，根据每个村庄每周需要收运次数，计算出每个村庄每周需要的收运时间，再根据所有村庄需要的收运时间与收运车辆类型，计算出所需的车辆数。

4.3.3　农村生活垃圾的处理

（1）随意倒弃　野外产生的垃圾一般是就地处理，随意丢弃。生活垃圾和建筑垃圾则是只清理个人居住周围部分，而不注重整体生态状况，随意倾倒现象极为普遍。倾倒地点一般为河流沟溪、树下坎内、滩涂草地等。一些垃圾倾倒过多的地方，不仅产生刺鼻的臭味，而且滋生大量蚊蝇，传播疾病，直接影响当地群众的身体健康，成为环境卫生隐患。部分有河流水域的地方，人们直接将垃圾倾倒其中，造成了河道的堵塞和下游水体的污染，给下游居民的生活带来了危害。

（2）焚烧处理　为了处理垃圾，部分地方采取焚烧的办法加以处理。以前垃圾中多为秸秆和木屑等有机物质，焚烧垃圾不仅可以把垃圾解决掉，还可以通过焚烧产生农业生产用的肥料。而现在垃圾多是塑料、化纤等无机化学制品，焚烧后不仅不能用作肥料，还会产生大量的有毒气体，污染空气。

（3）异地掩埋　异地掩埋通常在设有专职或兼职环卫人员的小城镇或规模较大、经济条件较好的乡村使用。应该说这种办法是当前比较可行的处理垃圾方法，既清运了垃圾，又不至于使垃圾堆放在一起而造成环境问题，但其前提是专人管理、集中处理，最重要的是要有资金保证。垃圾中除了塑料、化纤、橡胶等无机原材料的垃圾降解较难外，其他如棉麻、纸质等有机材料的垃圾是可以降解的，经过一定的分类处理即可以被利用，尤其是柑橘种植等需要深层土壤翻耕的果园，这些垃圾则可作基肥深埋于土壤。此外还有一些竹园林地，在作物表面堆放部分可降解的垃圾用作肥料，用于填地。

（4）沼气转化　垃圾沼气转化是一种既科学又环保的垃圾处理方法，把易腐化分解的垃圾投入沼气池，不但有效处理了垃圾，还为广大农户节省了燃料费用。但用于转化的仅限于易腐化分解的垃圾，如人畜粪便、稻草秸秆等，具体流程如图 4-6 所示。

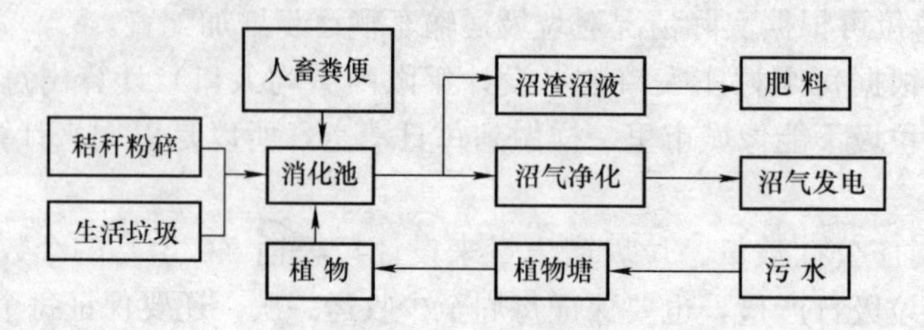

图 4-6 农村垃圾沼气处理流程图

4.4 农村垃圾的管理

4.4.1 农村垃圾管理的有益尝试

我国部分地区对于农村垃圾的处理、管理等做了一些有益的尝试，归纳起来主要有：有末端处理无前端分类型、有前端分类无末端处理型、前端分类收集末端集中处理型以及城乡一体化管理型等。

（1）有末端处理无前端分类型　在农村垃圾管理中，集中力量建立垃圾处理设施，实现垃圾的无害化处理。浙江新昌县对农村垃圾进行了末端集中处理，并制定了《新昌县城乡垃圾集中处理实施方案》，新昌县每天产生的生活垃圾运到处理厂后，通过人工拣选和机械分选，将垃圾内的有机物、废金属、废电池、废橡胶、废塑料以及泥沙等分离，可回收部分由废品回收人员收购，有机物进入制肥设备，进行高温高压水解反应，然后通过干燥技术处理制成有机肥料，剩余垃圾用于制砖。

（2）有前端分类而无末端处理型　对无力承担建立垃圾无害化处理设施费用的农村，在垃圾管理中应加强垃圾源头分类，对有用部分充分回收利用，实现源头减量和资源化的目的。如湖北省襄阳市谷城县五山镇堰河村建起了垃圾分类中心，推广四位一体沼气技术，基本做到了垃圾不出村，就地处理，并把垃圾分类作为干部的考核指标。

（3）前端分类收集末端集中处理型　生活垃圾源头分类，可以大大提高其资源化率。2006 年 11 月开始，北京市农研中心与门头沟区王平镇共同开展了“农村生活垃圾源头分类、资源化利用模式研究和试验”，旨在探索农村垃圾源头分类，村和镇集中收集，根据垃圾不同性质，选择最佳资源化利用途径，取得了很好的成效。王平镇政府免费为各家各户配备统一的垃圾桶、垃圾袋，村民按照灰土垃圾、厨余垃圾、可回收再生垃圾、可燃垃圾、有害垃圾五类分类存放垃圾，用流动垃圾车定时、定点收集。为了鼓励农民做好源头分类工作，除灰土垃圾以外的垃圾都作价收集，平均每户每年卖垃圾可得 240 元左右的收入。村内将回收的灰土垃圾、厨余垃圾进行有机堆肥，就地消纳；可回收垃圾统一出售给废品回收部门；有害垃圾集中存放，统一送到有资质的单位处理。农村厨余垃圾、灰土垃圾占农村生活垃圾总量的 70%以上，不出村或镇就地消纳，可以大大减少传统模式垃圾收集、运输和处理过程中的固定设施投入和运营成本，并且杜绝了对环境的二次污染。

（4）城乡一体化管理型　一些经济发达的农村地区或城镇周边的农村地区，实施城乡一体化管理，对农村生活垃圾进行统一收集、运输、集中处理。目前，北京市郊区垃圾密闭化管理工作取得了初步成果，农村地区以村收集、镇运输、区处理的模式已经形成。一是实现密闭化管理的地区垃圾密闭化收集、清运的专用设施基本到位，由垃圾楼、垃圾房和密闭垃圾容器组成的收集设施网络逐渐形成。二是各区除了原有的环卫服务中心外，街、乡（镇）也都组建了专职保洁队伍，各行政村设立了保洁员，负责道路清扫和垃圾收集、运输以及环卫设施的日常维护。三是各区建立了区、乡（镇）、村三级资金保障机制。村级承担垃圾收集费，乡（镇）保证专职队伍的运行费，区财政承担部分建设资金和处理费，为实现“垃圾不落地工程”奠定了基础。

4.4.2　农村垃圾管理的建议

农村垃圾管理是一项系统工程。综合分析我国农村垃圾管理的实际情况，特别是农村垃圾管理中存在的突出问题，对加强我国农村垃圾管理提出以下建议原则。

（1）合法性原则　一是严格执行《固废法》的规定，坚持先减量化、资源化、再无害化的原则。日本等发达国家和我国城市垃圾的处理都经历了先进行末端治理—无害化，后来才开始关注源头减量、资源化的历程，浪费了大量资源。农村垃圾不能再走城市垃圾治理的弯路。与其忍受巨额投资大规模建设处理厂，长期背负沉重的运营负担，不如少产生垃圾，将其转化为资源，即在农村垃圾管理过程中，减量化、资源化要依法优先考虑。二是需要制定具体的操作性法规，加大对我国农村垃圾管理的立法和执法力度，确保垃圾管理有法可依，有章可循。目前农村环卫整治工作的现状是管理力度不大，缺乏适合农村垃圾管理的具体规定。2005年修订的《固废法》已经将农村生活垃圾的管理纳入到国家管理体系中，并明确规定农村生活垃圾污染防治办法由地方性法规规定，需要对地方政府作进一步的要求和规定，以保证管理办法的制定和实施。通过制定农村环境卫生的领导管理体制、目标、内容、方式、财政投入、违规处罚等，可以规范公众行为，并为健全农村环卫管理体系提供法律依据。

（2）系统性原则　把农村垃圾管理作为一项系统工程，统筹考虑各方面因素及系统中的各个环节，提升垃圾管理效率，提高垃圾处理质量。农村生活垃圾管理由收集、运输、处理等多个环节组成。在收集方面，应充分考虑源头分类收集和废品回收，最大化资源回用并降低运输和处理量，使用便于清洁的密闭设备，防止对环境卫生的影响；在运输方面，应确定运输与集中处理容量，使用密闭压缩车等专用车辆，以最大化利用运输和处理设施，防止浪费或运输处理能力不够的问题；在处理方面，应结合当地垃圾的特性和农村环境的自净和消纳能力，合理选择处理与利用工艺，减少运输和最终处置量。为此，应针对我国农村实际情况，对包括上述各个环节在内的垃圾管理制定系统的规划和详细的实施方案，打破行政区域界限和部门管理界限，在明确分工的基础上加强合作，确保农村垃圾管理和处理的各个环节紧密相扣，努力提高垃圾有效处理比例，减少二次污染。

（3）经济性原则　主要是指运用成本收益的分析方法支撑决策系统，即追求成本的最小化、收益（含环境收益）的最大化，如采用机会成本、边际成本分析法及支付意愿调查等环境经济学手段，选择政策和评价政策的效果。根据多年的经验和成本分析，考虑到垃圾收集车面临农村交通不便及走街串巷的实际情况，垃圾专用收集车多采用5t以下的载重车，而这种垃圾专用车辆合理运距约为14.5km，此时t/km费用最低。然而，面对农村地广人稀、居住分散的特征，在合理的运输范围内能够收集到的垃圾量通常只有100～300t/d，这就决定了建设垃圾处理厂的规模及其面对的技术设备。资金方面，首先政府要加大对农村环境治理的投资力度，将农村垃圾处理设施建设纳入当地国民经济和社会发展总体规划之中，制定和执行有利于资源综合利用的优惠政策，促进农村垃圾的减量化、资源化和无害化；其次，规范农村垃圾处理的管理制度和投入机制，政府资金专款专用；第三，多渠道筹集资金，加快农村垃圾处理的企业化和市场化进程；最后，考虑健全农村垃圾收费制度，通过构建科学的、可操作性强的收费体系，促进垃圾源头减量。

(4) 差异性原则　对农村垃圾的管理，一方面不可照搬城市垃圾管理模式。农村生活垃圾产生源分散，不便集中收运处理；而农村地域广阔，比起有限的城区来，拥有更大的环境自净能力；另外农村垃圾收费难于实现，治理资金不易筹集。针对农村生活垃圾的以上特点，处理应充分利用农村巨大的环境自净能力，采取各种措施尽量就近处理掉最大量垃圾（如厨余、灰土等），把需要集中收运处理的垃圾量降到最低点，最大程度减轻农村生活垃圾处理的费用负担。另一方面，不同农村地区垃圾管理要充分结合当地实际情况，区别对待。不同农村之间由于气候条件、经济水平、生活习惯、地理条件、管理现状和发展规划等方面存在着差异，而这些差异又导致各地产生的废弃物种类和数量不同，可资源化程度不同，要因地制宜采用不同的方法。

(5) 可行性原则　与城市垃圾相比，农村垃圾成分明显不同、分布更加广泛、收集更为困难，同时存在人力资源丰富、环境自净能力强等特点。如有机垃圾堆肥是一种传统的做法，通过微生物作用使有机物进入稳定循环。如果只考虑源头分类、不考虑分别加工利用和分别处理，那样的分类是徒劳的。

(6) 监督、管理原则　在制定合理可行的垃圾管理办法的基础上，要建立有效的管理组织和监督机制。一方面，要进行人员培训，加大宣传力度，提高领导干部和农户的生态环境意识并使之充分了解垃圾管理实施办法的内容和必要性；另一方面，要建立相应的规章制度，建立健全监督责任制和责任追究制度，将环卫责任制和环卫发展指标纳入各级领导的考核指标，此外对监督管理措施的有效性进行验证和修订。

4.5 农作物秸秆的资源化处理

农作物秸秆本身作为某种物质和能量的载体，是当今世界上仅次于煤炭、石油和天然气的第四大能源，在世界能源总消费量中占14%，预计到21世纪中叶，采用新技术生产的各种生物质替代燃料将占全球总能源的40%以上，如何让农作物秸秆能源发挥最大的效益，已成为越来越多的国家所关注的问题，并且已经把农作物秸秆等可再生资源的转化利用列入社会经济可持续发展的重要战略。

4.5.1 国内外秸秆的利用现状

农作物秸秆自身具有极高的利用价值。首先，农作物秸秆热值高，大约相当于标准煤的1/2。其次，农作物秸秆中除了绝大部分碳之外，还含有氮、磷、钾、钙、镁、硅等矿质元素，有机成分有纤维素、半纤维素、木质素、蛋白质、脂肪、灰分等，具体见表4-3和表4-4。农作物秸秆是可作为资源加以利用的。例如，玉米秸秆主要由植物细胞壁组成，基本成分为纤维素、半纤维素和木质素等。纤维素是由葡萄糖组成的大分子多糖，是重要的造纸原料。以纤维素为原料的产品可广泛应用于塑料、炸药、电工及科研器材等方面；半纤维素主要由木糖、阿拉伯糖、半乳糖、甘露糖组成，是木浆的主要成分之一，水解后提取的木糖可以制成木糖醇、木糖酸和聚木糖硫酸酯；木质素是由四种醇单体（对香豆醇、松柏醇、5-羟基松柏醇、芥子醇）形成的一种复杂酚类聚合物，可用作混凝土减水剂、陶瓷、耐火材料、选矿浮选剂和冶炼矿粉胶粘剂等。

表 4-3 农作物秸秆养分含量 （单位：%）

作物	有机质	氮（N）	磷（P_2O_5）	钾（K_2O）	钙（Ca）	硫（S）
小麦	81.1	0.48	0.22	0.63	0.16～0.33	0.12
玉米	80.5	0.75	0.40	0.90	0.39～0.80	0.12～0.19
棉花	—	0.92	0.27	1.74	—	—
花生	—	1.62	0.25	0.74	—	—
大豆	82.8	1.31	0.31	0.50	0.79～1.50	0.23
油菜	—	0.56	0.25	1.13	—	0.35

注：各养分含量为各养分占干物重的比例。

表 4-4 农作物秸秆及副产品的化学成分 （单位：%）

种类	水分	粗蛋白	粗脂肪	粗纤维	无氮浸出物	粗灰分
小麦秸秆	10.0	3.1	1.3	32.6	43.9	8.1
玉米秸秆	11.2	3.5	0.8	33.4	42.7	8.4
棉花秸秆	12.6	4.9	0.7	41.4	36.6	3.8
棉铃壳	13.6	5.0	1.5	34.5	38.5	5.9
花生藤	11.6	6.6	1.2	33.2	41.3	6.1
花生壳	8.1	7.7	5.9	59.9	8.4	6.0
玉米芯	8.7	2.0	0.7	27.2	58.4	20.0
甘薯藤（鲜）	89.8	1.2	0.1	1.4	6.3	0.2

（1）国外农作物秸秆的利用现状　随着传统能源煤、石油、天然气的逐渐减少，农作物秸秆作为生物质能源的重要组成部分，正在成为传统能源的替代品。丹麦是世界上最早使用农作物秸秆发电的国家。丹麦建有许多小型的利用农作物秸秆的气化炉，用于家庭冬季供暖。在丹麦的首都哥本哈根以南的阿维多发电厂是全球效率最高、最环保的热电联供电厂之一，每年可满足几十万用户的供热和用电需求。日本地球环境产业技术研究机构与本田技术研究所共同研制出从农作物秸秆纤维素中提取酒精燃料的技术，向实用化发展。美国利用农作物秸秆气化发电技术的总装机容量已达 9×10^3MW，单机容量达 10～25MW，预计 2020 年将达 3×10^5MW。

（2）国内农作物秸秆的利用现状　我国农作物种植面积达 1.57 亿 hm^2，2010 年秸秆产量达到 7.7 亿 t，其中稻草类 2.3 亿 t，小麦秸秆 1.2 亿 t，玉米秸秆 2.2 亿 t，其他农作物 2 亿 t，在黑龙江、吉林、河北、河南、山东、山西、安徽、江苏、湖南等九省份产量最高，占全国总产量的 50%以上。2001～2008 年我国主要农作物秸秆资源量见表 4-5。

表 4-5　2001～2008 年我国主要农作物秸秆资源量　　（单位：10^7 t/年）

年份	秸秆总量	稻谷	小麦	玉米	谷子	高粱	其他谷物	豆类	薯类	油料	棉花	麻类	糖类	烟叶
2001	67.17	17.76	8.33	22.82	0.31	0.54	1.02	3.28	3.56	5.73	1.60	0.12	0.87	0.23
2002	69.63	16.35	9.93	24.26	0.35	0.67	1.01	3.59	3.67	5.80	1.47	0.16	1.03	0.24
2003	66.43	16.07	9.95	23.17	0.31	0.57	1.04	3.40	3.51	5.62	1.45	0.15	0.96	0.23
2004	72.36	17.91	8.11	26.06	0.29	0.47	0.98	3.57	3.56	6.13	1.90	0.18	0.96	0.24
2005	74.58	18.06	10.72	27.87	0.29	0.51	0.97	3.45	3.47	6.15	1.71	0.19	0.95	0.24
2006	76.95	17.26	11.49	28.10	0.27	0.42	0.97	3.37	3.41	6.12	2.02	0.15	1.10	0.27
2007	76.11	18.60	12.02	30.46	0.24	0.38	0.84	2.75	2.81	5.14	2.29	0.12	1.22	0.24
2008	82.27	18.19	12.37	33.18	0.21	0.37	0.81	3.27	2.98	5.91	2.25	0.11	1.34	0.28

以农作物秸秆为例，将目前的 7 亿 t 秸秆转化成电能，按 1kg 秸秆产生电 1kW·h 计算，就具有产生 7 亿 kW·h 电能的潜力；作为肥料可提供大约氮 2438.6 万 t、磷 494.4 万 t、钾 2924.6 万 t。然而，目前我国农作物秸秆的利用率却很低乃至没有利用。2008 年 7 月 27 日国务院办公厅发出“关于加快推进农作物秸秆综合利用的意见”［国办发（2008）105 号］，其主要目标是秸秆资源得到综合利用，解决由于秸秆废弃和违规焚烧带来的资源浪费问题和环境污染问题。力争到 2015 年，基本建立秸秆收集体系，基本形成布局合理、多元利用的秸秆综合利用产业化格局，秸秆综合利用率超过 80%。

4.5.2　秸秆的资源化利用技术

农作物秸秆资源化利用主要有秸秆还田、秸秆能源化、秸秆饲料化、工业原料四种途径，所占比例分别为 15%、15.6%、20.1%和 2.2%。

4.5.2.1　秸秆还田技术

秸秆还田是利用秸秆粉碎机将摘穗后的农作物秸秆当场粉碎，并均匀地抛撒在地表，然后深耕土地将其掩埋土下，使其腐烂分解成为有机肥料的一项农机化适用技术。秸秆还田能够增加土壤有机质和速效养分含量，节省土地化肥投入，培肥地力，缓解氮、磷、钾肥比例失调的矛盾；调节土壤物理性能，改造中低产田；形成有机质覆盖，抗旱保墒；降低病虫害的发生率；增加农作物产量，优化农田生态环境；避免了因焚烧秸秆造成的大气污染或引起的火灾，保护了生态环境；因此秸秆还田与土壤肥力、环境保护、农田生态环境平衡等密切相关，成为持续农业和生态农业的重要内容。

1. 秸秆还田的方式

秸秆还田一般有直接还田技术和间接还田两种形式。

直接还田是以机械的方式将田间的农作物秸秆直接粉碎并抛撒于地表，随即耕翻入土，使之腐烂分解有机肥。直接还田是秸秆资源利用中最原始的技术，因其简单易被广大农民掌握，故得到了大量应用。该技术又可分为机械粉碎还田、覆盖还田及整秆还田。

间接还田就是将秸秆高温堆沤、过腹、沼渣等几种方式处理后再撒入地表，是一种无环境污染和肥效高且稳定的综合效益较高的秸秆利用生产技术模式，间接还田包括堆沤还田、过腹还田、沼渣还田、菇渣还田及生化腐熟快速还田。秸秆堆沤还田利用夏季高温季节把秸秆堆积，采用厌氧发酵沤制，成本低廉，但是时间长、受环境影响大，劳动强度高；过腹还田、沼渣还田及菇渣还田是一种效益很高的秸秆利用方式，提高秸秆的经济价值，但由于种种原因所能消纳的秸秆量仍然很有限；生化腐熟快速还田是利用生物技术，把秸秆快速转化为有机肥，但需要先收集秸秆，费工费时，且优良微生物复合菌种和化学制剂筛选困难，操作条件需严格控制，秸秆需严格预处理，设备成本和运行费用较高。

2. 秸秆还田的益处

(1) 秸秆还田对土壤肥力的影响

1) 增加土壤保水能力，改善热量状况。土壤含水率提高，有利于农作物抗旱。土壤矿物颗粒的吸水量最高为50%～60%，腐殖质的吸水量为400%～600%。因此，施用农作物秸秆可使土壤持水量提高，且随秸秆还田量的增加，土壤保水性增强，使土壤保水能力增加，比热较大，导热性好，颜色加深较易吸热，调温性好，改善土壤热量状况。秸秆还田有优化农田生态环境的效果，其中以覆盖还田效果最为显著。覆盖秸秆，冬季5cm地温提高0.2～0.5℃。夏季高温季节降低2.5～3.5℃，土壤水分提高32%～45%，杂草减少24.9%～40.6%。连续多年秸秆还田的耕地，不仅能提高磷肥利用率和补充土壤钾素的不足，地力也可提高0.5～1.0个等级。秸秆还田后，平均增产幅度在10%以上。

2) 改善土壤性状，增强土壤通透性。秸秆还田后经腐烂分解形成的腐殖质，是土壤结构的胶粘剂，有利于土壤团粒结构的形成，提高土壤团聚体和微团聚体的含量，使土壤疏松、通透性好。施用农作物秸秆能够提高耕层土壤孔隙度，改善土壤通气状况，降低土壤密度。土壤物理性状的改善使土壤的通透性增强，提高了土壤蓄水保肥能力，有利于提高土壤温度，促进土壤中微生物的活动和养分的分解利用，有利于农作物根系的生长发育，促进了根系的吸收活动。

3) 增加土壤有机质含量。农作物秸秆还田可提供植物生长必需的N、P、K等大量元素及各种微量元素，使土壤养分显著增加。一方面秸秆本身含有的元素必然增加土壤养分；另一方面，农作物秸秆在转化中可释放一些小分子有机酸，可分解土壤中的矿物质，使土壤中养分的有效性增加。对于耕种土壤来说，培肥的中心环节就是保持和提高土壤有机质的含量。实践证明，增加土壤有机质含量最有效的措施是秸秆还田和增施有机肥。秸秆还田和单施有机肥均能增加土壤有机质的含量，秸秆还田更有助于土壤有机质的增加，且试验表明长期的秸秆还田增加土壤有机质的效果优于单施无机肥。

4) 对土壤N、P、K等元素的影响。长期施用无机肥，可以提高土壤中养分的含量，但施入的无机肥很少能在土壤有机质中积累，只有同时增加有机肥（施用有机肥或秸秆还田等）时，才能提高土壤中养分的含量，并提高其矿化作用，促进农作物对N、P、K等的吸收利用。在中性和碱性土壤中，农作物秸秆在分解过程中产生的二氧化碳，特别是在渍水条件下产生的有机酸，可提高土壤素的有效性。

(2) 秸秆还田的生物学效应　土壤酶活性的提高可以促进土壤有机质的转化和养分的有效化。秸秆还田能促进真菌和细菌的大量繁殖，提高土壤中微生物的数量，同时给土壤酶提供了大量作用底物，因而提高了土壤酶活性。秸秆还田使土壤的淀粉酶、蛋白酶、转化酶、蔗糖酶、磷酸酶等的活性得到了不同程度的提高。5年盆栽土培定位试验结果表明：土壤有机质积累量，速效氮磷钾的生物有效性，脲酶活性强度等指标与秸秆还田量呈极显著正相关，长期秸秆还田并配施适量的无机肥，是培肥地力，提高产量的有效措施之一。我国100多个5年以上的土培定位试验结果表明，与不还田相比，秸秆还田平均增产率为12.8%。

(3) 秸秆还田的保护性耕作　保护性耕作是一项节水节本、蓄水增肥、低碳节能、增产增效、可持续发展的环保型农业生产技术。其主要技术特征是地表秸秆残茬覆盖和少免耕播种。秸秆还田是保护性耕作技术的关键技术措施之一，在保护性耕作技术中秸秆还田主要以地表覆盖为主。地表秸秆有效地遮挡阳光直射地表，减弱地表空气流动，降低地温，减少土壤水分蒸发和地表土壤风蚀，提高土壤水分利用率，节约农业生产用水，增强农作物抗旱能力。

3. 秸秆直接还田规避措施

(1) 控制秸秆直接还田数量　注意提高粉碎质量，秸秆粉碎的长度应小于10cm，最好小于6cm，并且要撒匀。对还田的地块一定要用旋耕机作业一遍，使秸秆和土壤充分混合拌匀。此外，还要用铧式犁将秸秆连同无机肥、农家肥翻入10cm以下的土壤内以利播种。秸秆直接还田数量一般以每亩100～150kg的干秸秆或350～500kg的湿秸秆为宜。可铡成10～15cm长，铺撒于田中，翻压于10～15cm土壤内。铡草长度大于20cm难翻压，小于10cm费工多，如采用机耕可以铡或不铡。玉米、小麦、油菜收割时，采用秸秆还田机（粉碎机）粉碎秸秆还田最理想。秸秆高留茬还田的，如水稻等在前作收割时，留茬控制在12～24cm高，以达到翻耕时完全将它们埋压于犁坯下。

(2) 忌连作重茬　秸秆直接还田后进行连作，病虫害的发生比常规连作更严重，如麦秸还田后春小麦根腐病和全蚀病都会加重发生；春大豆秸秆还田后茬秋大豆根腐病和蚜虫发生率明显提高。因此，秸秆直接还田，一方面要严格实行轮作换茬；另一方面对有些害虫还要注意及时用药进行有效防治。

(3) 化学除草时要适当提高有效剂量　秸秆直接还田可以增强土壤微生物活性，但也相应加快了除草剂等在土壤中的降解速度，缩短了药剂的残效期。因此，在秸秆直接还田的土壤中实施化学除草时，特别是播前施用除草剂时，其有效施用剂量应适当提高。

(4) 要适当补充土壤水分　土壤墒情好，水分充足，是保证微生物分解秸秆的重要条件，秸秆还田后因土壤更加疏松，需水量更大，故要早浇水、浇足水，为微生物活动创造一个合适的生态环境，以利于秸秆充分腐熟分解。

(5) 要科学增施氮素化肥　小麦秸秆还田后，秸秆腐烂过程会出现反硝化作用，微生物吸收土壤中的速效氮素，把农作物所需要的速效氮素夺走，使幼苗发黄，生长缓慢，不利于培育壮苗。一般水稻、小麦、玉米等禾本科农作物秸秆的碳氮比为（80～100）∶1而土壤微生物分解有机物需要的碳氮比为（25～30）∶1，故秸秆直接还田后需要补充大量氮肥，保持秸秆合理的碳氮比。否则，微生物分解秸秆会与农作物争夺土壤中的氮素与水分，不利作物正常生长。一般情况下，每亩生产小麦500kg，要比没有实行秸秆直接还田的增施尿素20～25kg，同时结合浇水，有利于秸秆吸水腐解，发挥秸秆直接还田效果。

4. 秸秆直接还田方法

(1) 机械化秸秆直接粉碎还田　秸秆直接粉碎的目的主要是提高播种机播种通过性和播种质量。主要应用于玉米和小麦等农作物秸秆粉碎还田。

1) 玉米秸秆粉碎还田。玉米人工摘穗收获后，要求遗留在地表的秸秆直立或均匀铺放地表，用秸秆还田机对秸秆直接进行粉碎，或用配带秸秆粉碎装置的玉米联合收获机收获玉米，并对玉米秸秆直接进行粉碎。玉米秸秆粉碎质量要求是：粉碎后的秸秆成丝状，平均长度小于10cm，玉米根茬高度小于6cm，碎秸秆地表覆盖均匀一致。在旱地区，秋季玉米秸秆粉碎后要及时旋耕整地，旋耕深度不超过 12cm，次年春季采用少免耕播种技术播种玉米，播种后地表秸秆覆盖率大于 30%，这种模式在保护性耕作技术推广应用中面积大、范围广。在可浇水地区，玉米秸秆粉碎后，播种小麦采用两种模式，一是先进行旋耕整地，后进行旋播或条带免耕播种，此模式播种质量较高，但生产工序多，生产成本较高；二是直接进行旋播或条带免耕播种，此模式播种质量符合播种质量标准，播种后地表秸秆覆盖率较高，节水效果明显，生产成本较低，是保护性耕作技术推广的重点模式。

2）小麦秸秆粉碎还田。小麦高茬秸秆粉碎还田一般用于水地两熟地区。在小麦产量大于 6000kg/hm^2 的高产地区，小麦联合收获机留高茬（留茬高度大于 25cm）收获小麦后，为解决玉米播种机播种通过性问题，先要进行小麦秸秆直接粉碎作业，再进行旋耕播种或免耕播种玉米。这种模式播种机播种通过性好，播种质量较高，但生产成本较高。在小麦产量小于 6000kg/hm^2 的地区，小麦联合收获机留高茬（留茬高度小于 25cm）收获小麦后，一般不进行小麦秸秆直接粉碎作业，而是直接进行旋耕播种或免耕播种玉米，播种质量符合玉米播种质量标准要求，播种后地表大量秸秆覆盖，节水保墒效果较好，生产成本较低，这种模式在临汾市应用面积达到 70%以上。小麦高茬秸秆不粉碎直接进行免耕播种玉米是保护性耕作重点推广的技术模式。

（2）秸秆残茬直接还田　在旱地小麦生产区，小麦产量较低（小于 4500kg/hm^2）。小麦收获后，到小麦播种要经历 3 个月时间的休闲期，遗留在地表的小麦秸秆在较长时间阳光、高温和雨水的联合作用，秸秆韧性和强度大大降低，对播种机播种通过性影响较小，所以一般不进行秸秆直接粉碎作业。小麦秸秆还田采用两种技术模式，一是小麦休闲期采用化学除草，播种时直接在小麦高茬覆盖地表进行免耕播种或旋耕播种小麦，播种后地表秸秆覆盖率高，蓄水保墒效果好，增产效果明显，生产成本较低，是保护性耕作技术推广的高标准模式；二是在小麦高茬覆盖地表直接旋耕整地，在小麦播种前 15d 左右内再次旋耕整地，用常规播种机播种小麦，或直接旋耕播种小麦。播种后地表秸秆覆盖率要求大于 30%，旋耕深度要求小于 8cm。

4.5.2.2 秸秆能源化技术

为提高秸秆能源利用效率及减少因秸秆燃烧对环境的污染，充分发挥秸秆蕴藏着的巨大能量，将秸秆转化为其他能源利用方式已成为一种发展趋势。现行主要的秸秆能源化利用技术有秸秆直燃供热技术、秸秆气化集中供气技术、秸秆发酵制沼气技术、秸秆压块成型及炭化技术等。

1. 秸秆直燃供热技术

作为传统的能量转换方式，直接燃烧秸秆具有经济方便、成本低廉、易于推广的特点，直接燃烧秸秆主要化学反应式如下：

生物质＋$O_2 \rightarrow CO_2 + H_2O$(氧化反应)　　$C + CO_2 \rightarrow CO$(还原反应)

$H_2O + C \rightarrow CO + H_2$(还原反应)

（1）秸秆直燃工艺流程　秸秆在气化炉内经缺氧燃烧，生成含有一定量的 CO、H_2 及 CH_4 等的可燃气体，依靠小型风机产生的压力将可燃气体由气化炉上方压出，所产燃气经集水过滤、除尘、除焦油装置并通过输气管道与灶具相连。

（2）小型气化炉制作方法

1）所需材料及尺寸。旧铁桶 1 个；40～60W 风机 1 台；开关 2 个；三相接头 2 个；管件直径均为0.033m（1 寸），长短按实际要求准备；1 台简易气化炉的制作成本不超过 100 元人民币，小型气化炉示意图如图 4-7 所示。

2）炉篦子的安装。沿铁桶内壁底部摆放一圈立砖（高为 24cm），然后将长短合适的钢筋炉条按间隔 1cm 放在砖上，并用泥或水泥固定。在炉篦子上方沿铁桶周围摆放两层立砖，然后再用泥在砖面抹炉膛，炉膛最好抹成略微锅底形，以便于燃料向喷咀中间集中，炉膛内径为 35cm 左右（一定要等炉膛干透后才可点火使用）。

图 4-7 小型气化炉示意图

3）喷嘴的安装。喷嘴是气化炉的关键部位，因炉内燃烧时的温度较高，喷嘴容易受到损伤，所以要求采用专用喷嘴。喷嘴可以用法兰盘固定（方便更换），也可以直接焊在铁桶上（如需要更换可重新进行焊割）。

4）集水瓶的安装。集水瓶的作用是收集管道内积水、除焦油，同时具有安全限压作用。

5）室内灶具安装。气化炉灶具在正常点燃后，火焰应为蓝、红色，室内无烟、无尘、无味。灶具应靠窗户安放，并在灶具上方的窗户上加一排风扇，炒菜时排放厨房内的油烟。

（3）秸秆气化技术指标　原料：玉米秸秆、玉心芯、薪柴、木材加工废弃物等，原料含水量要求小于 20%；产气率：每千克秸秆可产 $2m^3$ 燃气；燃气成分：CO（11%～20%），H_2（10%～16%），CH_4（0.5%～5%），CO_2（10%～14%），O_2（含量小于 1%），H_2S（含量小于 $20mg/m^3$），焦油及灰尘（含量小于 $10mg/m^3$），燃气热值为 $4000～5000kJ/m^3$。

（4）使用说明　气化炉制作完成后，即可进行点火使用。使用方法如下：

1）准备燃料。气化炉对燃料含水率的要求非常严格，含水率不能超过 20%，如果燃料过湿，可事先将燃料晒干。选用不同的燃料，气化效果也有所不同，选用锯末、稻壳、花生壳、麦糠效果最好，燃料不需要粉碎，可直接使用。选用玉米芯、玉米秸、麦秸，则需要事先粉碎或切短成 3～5cm。经测算，每千克燃料可产气 $2m^3$，一般家庭每天用气量约为 5～$6m^3$，每日约需燃料 3kg 左右。该气化炉配一功率为 40W 左右的小型风机，用电量少，在正常使用的情况下，每月电费不到 2 元钱。

2）点火。关闭灶具开关，打开排烟开关，从填料口向炉内填入少量的干柴或茅草等易燃物并点燃，为使底火充分燃烧，可打开风机助燃，为了保证气化效果，炉内底火一定要充分。底火点燃后先关闭风机，这时可将事先准备好的燃料填入气化炉内，填料高度要求燃料高出喷咀 20cm。燃料填好后，盖严填料口盖板。打开风机，这时可以看到排烟口有大量烟气排出，2～3min 后打开灶前开关点火，点燃后将气化炉的排烟开关关闭。如果灶具未点燃，说明燃料气化还不完全，应立即关闭灶前开关，再经过适当排烟后即可点燃，火焰大小由灶前开关控制。

3）封火。做完饭后，关闭风机，关闭灶前开关，打开排烟开关及清灰口插板。该气化炉只需一次点火，封火后炉内留有底火，下次做饭时，只需打开填料口，补充少量燃料即可。

（5）注意事项

1）应注意安全，要严格按照使用说明进行操作，一定要确认使用者能独立操作后才可交付使用。按资料要求，厨房内应加一排风扇，以便排除室内有害气体。

2）尽量选择高热值燃料，如木屑、锯末等，并要求燃料越干燥、越细碎越好，不同的燃料使用效果也不尽相同。如发现灶头有烟气，说明燃料太大或太湿。

3）做饭时，如气化炉连续使用时间过长，会发现灶具进气口有白色烟气，说明炉内喷咀周围缺少燃料，可将炉内燃料向中间搅拌或者再加入适当燃料。

4）经常用炉钩子清理喷咀周围及内部的灰尘，防止喷咀阻塞。

2. 秸秆气化集中供气技术

(1) 气化原理 气化是将固体或液体燃料转化为气体燃料的热化学过程。当秸秆类物料燃烧时，需要一定量的氧气，如果提供的氧气等于或多于这个值，秸秆便可以充分地燃烧，最后的残余物为灰分。如果提供的氧气少于这个值，秸秆在燃烧过程中便不能全部烧掉，提供的氧气越少，没能烧掉的可燃成分就越多，这些可燃成分包括碳和挥发分气体（CO、H_2、CH_4）等。

(2) 气化过程 为了更好地描述秸秆的气化过程，以第六代固定床气化炉为例，秸秆气化过程如图 4-8 所示。秸秆从上部加入，气化剂（空气）从底部吹入，气化炉中参与反应的秸秆自上而下分成干燥区：热分解区（裂解区）、还原区和氧化区。下面就四个反应区分别描述秸秆的气化过程。

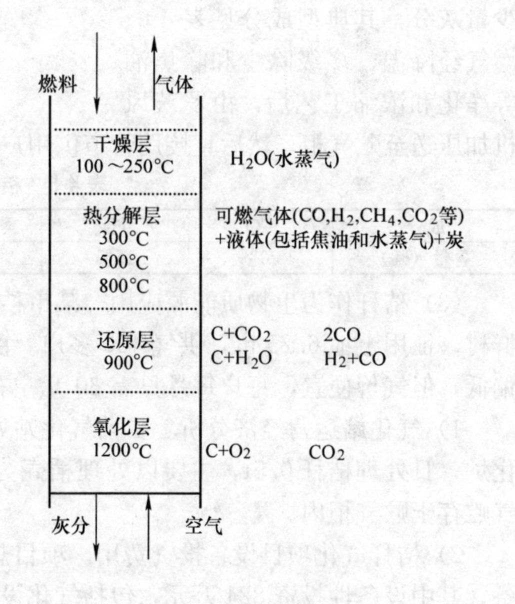

图 4-8 秸秆气化过程

1）氧化反应。空气由气化炉的底部进入，在经过灰渣层时被加热，加热后的气体进入气化炉底部的氧化区，在这里同炽热的炭发生燃烧反应，生成 CO_2，同时放出热量，由于是限氧燃烧，因而不完全燃烧反应同时发生，生成 CO，同时也放热量。在氧化区，温度可达 1000～1200℃，反应方程式为：

$$C+O_2= CO_2+\Delta H，\Delta H=408.8kJ。$$

在氧化区进行的均为燃烧反应，并放出热量，也正是这部分反应热为还原区的还原反应、物料的裂解和干燥提供了热源。在氧化区中生成的热气体（CO 和 CO_2）进入气化炉的还原区，灰则落入下部的灰室中。

2）还原反应。在还原区已没有氧气存在，在氧化反应中生成的 CO_2 在这里同碳及水蒸气发生还原反应，生成 CO 和 H_2。由于还原反应是吸热反应，还原区的温度也相应降低，约为 700～900℃。还原区的主要产物为 CO、CO_2 和 H_2，这些热气体同在氧化区生成的部分热气体进入上部的裂解区，而没有反应完的碳则落入氧化区。

3）裂解反应。在氧化区和还原区生成的热气体，在上行过程中经过裂解层，同时将秸秆加热，当秸秆受热后发生裂解反应。在反应中，秸秆中大部分的挥发分从固体中分离出去。由于秸秆的裂解需要大量的热量，在裂解区温度已降到 400～600℃。在裂解反应中还有少量烃类物质的产生。裂解区的主要产物为碳、H_2、水蒸气、CO、CO_2、CH_4、焦油及其他烃类物质等，这些热气体继续上升，进入到干燥区，而碳则进入下面的还原区。

4）秸秆的干燥。气化炉最上层为干燥区，从上面加入的物料直接进入到干燥区，物料在这里同下面三个反应区生成的热气体产物进行换热，使原料中的水分蒸发出去，该层温度为100～300℃。干燥层的产物为干物料和水蒸气，水蒸气随着下面的三个反应区的产热排出气化炉，而干物料则落入裂解区。气化实际上总是兼有燃料的干燥裂解过程。气体产物中总是掺杂有燃料的干馏裂解产物，如焦油、醋酸、低温干馏气体。所以，在气化炉出口，产出气体成分主要为 CO、H_2、CO_2、CH_4、焦油及少量其他烃类，还有水蒸气及少量灰分，其典型成分见表 4-6。燃气经降温、多级除尘和除焦油等净化和浓缩工艺后，由罗茨风机加压送至贮气柜，然后直接用管道供用户使用如图 4-9 所示。

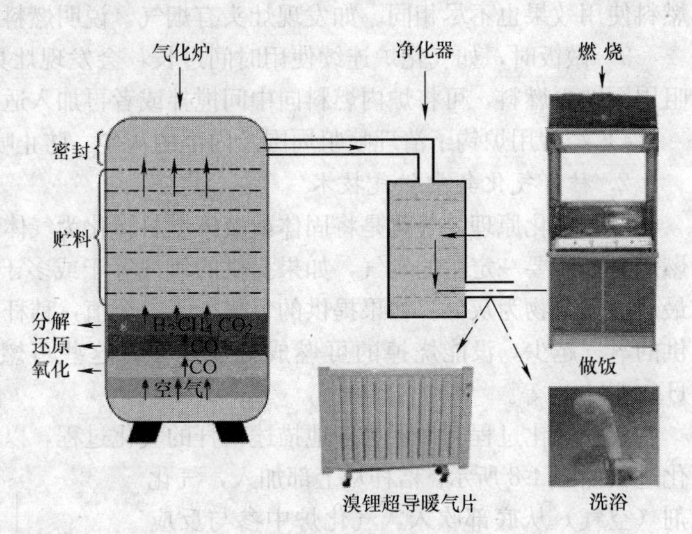

图 4-9 秸秆气化应用工艺流程示意图

表 4-6 秸秆中的典型成分

成分	CO	H_2	CO_2	CH_4	O_2	N_2
含量（%）	20%	15%	12%	2%	1.5%	48.5%

（3）秸秆作为生物质能源应用　某市秸秆生物质干馏气化集中供气工程位于某市山区联群村，征用土地 6.25 亩，供气 400 多户。由于采用下吸式气化炉工艺，产生的秸秆气热值偏低，但气价便宜，每户每月只需 30 元左右。

1）气化站运营经济分析。目前气化站处于试运行阶段，使用设备为第三代立式干馏气化炉，日处理秸秆 0.5t，主要以处理稻壳为主，机组工作 2.5～3.0h，日产气 1000m^3，产气贮存于贮气柜内。

2）秸秆气化项目设备投资费用。项目总投资近千万元，包括前期的生产用房和基础设备，其中设备性投资 824 万元，包括气化设备及安装费 395 万元，生产用房及设备基础 117 万元，室外主管网及户内管线灶具的费用为 482 万元。

3）单位秸秆气生产成本分析。单位秸秆气生产成本分析见表 4-7。

表 4-7 各种有机组分的产气量及气体组成

内容	费用(元/m^3 秸秆气)	计算依据
原材料（秸秆）	0.150×(300÷2000)	每 1t 秸秆 300 元，可产气 2000m^3
人工	0.201×(67×6÷2000)	每处理 1t 秸秆，需 6 个工日，平均日工资 67 元
耗电	0.03×(5×8×0.7÷2000)	机组平均负荷 8kW，处理 1t 秸秆需 5h，电力单价 0.7 元/kW·h
维护	0.055×(2÷36.5)	每年维护费 2 万元，每天处理秸秆 0.5t，产气 1000m^3，一年产气 36.5 万 m^3
设备折旧	0.577×(57.7÷100)	气化站设备投入 824 万元，按照设备使用寿命为 10 年，年产气按 100 万 m^3 计算，假设设备及厂房的残值为投入的 30%，即 247 万元，折旧费用每年为（824-247）/10＝57.7 万元
合计	1.013	

从表4-7可看出，秸秆气生产成本为1.013元/m^3，而目前农户用气的价格为0.9元/m^3，表面上看公司无利润，但这种成本计算是考虑设备费用完全由公司投入，设备折旧完全打入成本。实际上公司设备很大一部分由公共财政投入，打入成本的设备折旧只能计算公司投入的部分。经计算，企业投入的设备费367万元（包括偿还世行贷款的386万元的20%），按残值30%计算，每年折旧费仅为257万元，以10年每年产气100万m^3测算，秸秆气设备折旧为0.257元/m^3。公司的办公、福利、日常开支等费用每天约200元，合计费用0.200元/m^3，连同原材料（秸秆）0.150元/m^3、人工0.201元/m^3、耗电0.03元/m^3、维护0.055元/m^3，实际秸秆气成本为0.893元/m^3，公司只能保本运营。

4）盈亏点的用户量分析。仅以设备折旧计算盈亏点的用户量。气化站设备投入824万元，按照设备使用寿命为10年计算，折旧费用为57.7万元/年（设备及厂房的残值为投入的30%，即247万元）。假设每户每天用气3m^3，价格按0.9元/m^3计算，静态计算气化站用户量达586户企业才能保本运行。增加用户量，企业就会有一定的利润空间。从试运行的一段时间看，用气户不足600户，则气化站无利运营；目前供应700余户农户使用，干馏过程中形成的木炭或木炭灰成为公司盈利点。随着液化气价格的上涨，将会有更多农户使用秸秆气，公司的利润空间将会增大。

5）单位热量经济性比较。根据秸秆气的低热值1500kcal/m^3，计算单位热量的价格：0.9元/m^3÷1500kcal/m^3＝0.60元/1000kcal，根据2011年4月上旬调查数据，瓶装液化石油气130元/瓶（15kg），合8.67元/kg，其热值为11000kcal/kg，则其单位热量价格为：8.67元/kg÷11000kcal/kg＝0.788元/1000kcal，从单位热量价格看，秸秆气有较好的经济性，使之具有竞争性，能够促进秸秆气化产业的发展。

3. 秸秆发酵制沼气技术

秸秆制沼气历史悠久，它是多种微生物在厌氧条件下，将秸秆降解成沼气，并副产沼液和沼渣的过程。据测算，在室温条件下秸秆的产气率可达到0.25mL/kg，产气效果与畜禽粪便相当。沼气含有50%～70%的甲烷，是高品位的清洁燃料，它可在稍高于常压的状态下，通过PVC管道供应农家，用于炊事、照明、果品保鲜等，或加工成动力燃料和甲醇等，做双料发动机燃料。

秸秆中木质素最初的裂解需要分子氧存在，未经过好氧处理的木质素几乎不能在厌氧环境下被微生物降解，由此造成秸秆沼气发酵进出料困难，液态发酵易出现漂浮和结壳，固态发酵传质效果差，搅拌阻力大，易酸化，气体释放困难等一系列问题，严重制约了秸秆沼气的发展，而有效的预处理是避免这些问题的必要条件之一。秸秆发酵制沼气利用的预处理方法主要有物理预处理、化学预处理、生物预处理。每种预处理方法又有其各自不同的处理方式，并且各种方法在不同的应用领域也不尽相同。这些方法既可以独立使用也可以组合使用。

（1）秸秆发酵制沼气利用的预处理方法

1）物理预处理。通常将机械加工预处理、高压预处理以及辐射预处理等利用物理条件来改变生物质秸秆特性，使其便于后续发酵的方法统称为物理预处理。目前，物理方法主要有机械加工法和蒸汽爆破法。机械加工是通过机械粉碎或者研磨等方法使原料粒径减小，以增加原料与微生物接触面积，并破坏原料坚硬的细胞壁与三素（纤维素、半纤维素、木质素）的晶体结构，使原料更易于微生物的侵入和分解。蒸汽爆破法是在一定的蒸汽、温度、压力的作用下，使纤维原料在压力突然释放的瞬间，细胞内的蒸汽突然膨胀，从而使纤维得以离析、分散，部分剥离木质素，并将原料撕裂为小纤维，如同发生了“爆破”，此法对于三素含量很高的生物质秸秆的处理效果很好。

① 粉碎法预处理。粉碎法是目前秸秆沼气最为普遍使用的机械预处理方法。研究发现对稻草进行厌氧发酵，粉碎的稻草比未经处理的稻草产气率提高17%。但实际应用中发现，粉碎预处理效果很有限，因此，它常与化学预处理和生物预处理结合使用，作为化学和生物预处理方式的前处理，以提高整体预处理效果。

② 研磨预处理。研磨预处理是在切碎秸秆的同时辅助压榨作用，有效地破坏秸秆的内部结构，故其效果比粉碎法预处理好。在其他因素相同条件下，10mm 和 25mm 两种粒径通过研磨可以使产气效果比粉碎提高 16.4%和 12.2%。但研磨处理能耗远远高于粉碎，成本也较高，故很少采用。

③ 蒸汽爆破预处理。蒸汽爆破预处理是将需要处理的原料放入蒸汽发生器中，将处理温度设置为 200℃，压力调整为 1.5MPa，持续一段时间后，突然减小压力而使原料的体积迅速膨胀。由于压力的突然变化及其体积迅速膨胀使得细胞壁和木质素坚固的结晶结构被破坏，因而更易被厌氧菌群分解。对蒸汽爆破预处理方式在玉米固态秸秆沼气发酵中的应用研究发现，秸秆经过蒸汽爆破预处理后，在 50℃的高温条件下进行固态厌氧发酵，沼气产量 TS 达到 137.2 mL/g，沼气产量是未进行蒸汽爆破预处理秸秆的 2.9 倍。由此可见，蒸汽爆破对多种农作物秸秆都具有很好的预处理效果，处理后原料的厌氧发酵产气效果明显提高。但由于需要高温高压，此法对设备的要求较高，成本相对较高，限制了它在实际工程中的应用。

2）化学预处理。化学预处理是利用化学试剂对秸秆原料进行预处理。常用的秸秆化学预处理有臭氧预处理、酸处理、碱处理、氧化法处理及有机溶剂处理。但目前在沼气研究和生产中，运用较多的仅有酸处理和碱处理。

① 酸处理。强酸具有很强的腐蚀性和氧化性，可以有效地对纤维素原料进行水解，H_2SO_4 和 HCl 等强酸就是很好的酸处理试剂，但由于强酸的腐蚀性和氧化性很强，对反应器的耐蚀性要求很高，并且废液也可能造成二次污染。因此人们开始尝试用稀酸对秸秆原料进行预处理，研究发现稀酸对秸秆同样具有很好的预处理效果。

② 碱处理。碱处理是碱提供的氢氧根离子可以与木质素分子中的化学键发生反应，通过皂化反应除去木质素，但对半纤维素和纤维素的破坏较小，这使得原料的利用率较高。随着碱处理研究的深入，开始使用稀碱法对秸秆进行预处理。

3）生物法预处理。生物法预处理是通过具有生物质降解能力的好氧微生物菌群，将秸秆类物质中的木质素分解，从而使得秸秆更利于厌氧发酵菌群的利用和分解的预处理方法。与化学法预处理和物理法预处理相比，生物法具有反应温和、能耗较小，设备简单，不会带来环境污染等诸多优点，因此也成为近年来研究的热点。

① 复合菌剂预处理。复合菌剂一般包括多株纤维素、木质素分解菌以及由霉菌、细菌和放线菌等多种微生物菌种组成的一些辅助功能菌。研究发现很多复合菌剂对秸秆有着很好的预处理效果，能明显提高厌氧发酵消化率和产气率。

② 白腐真菌预处理。降解木质素的真菌可以分为白腐真菌、褐腐菌及软腐菌三类。但只有白腐真菌降解木质素的能力较强，而后两者能力较弱。白腐真菌能够分泌胞外氧化酶降

解木质素，因此被认为是主要的降解木质素的微生物，也是目前研究最多的木质素降解真菌。

4）其他预处理方法

① 超声波与稀碱法联合预处理。以水稻秸秆为原料，联合超声波与稀碱法对秸秆进行了预处理，研究发现联合预处理比单纯用碱进行预处理的最大产气量提高了21.5%。以玉米秸秆为原料，对其进行超声波辅助处理后，再进行氢氧化钠-纤维素酶水解综合预处理，然后进行沼气发酵试验，研究发现玉米秸秆经超声波-氢氧化钠-纤维素酶水解综合处理后，产气能力明显提高。

② 青贮预处理。青贮技术是目前较为成熟的秸秆饲料化的化学处理方法，其原理主要是通过乳酸菌发酵，利用青贮原料中的可溶性碳水化合物合成乳酸，使得pH值下降为3.8～4.2，以抑制各种微生物的繁衍，达到保护饲料的目的，同时得到青绿多汁、适口性好、营养丰富的“草罐头”。

（2）秸秆发酵制沼气技术要点

1）沼气池型选择。由于秸秆由粗纤维、纤维素、半纤维素、木质素等组成，干物质含量在90%以上。因此，其作为发酵原料，往往会出现易结壳、出渣困难等问题，这就需要在沼气池型上进行选择和改进。沼气池型应选择底部出料式，并设置2～3级台阶，以便于出料操作。沼气池必须设置天窗口和活动盖。进料管设置为y形管，短管与厕所、猪圈连通；长管为秸秆专用进料通道，其内径不得小于300mm。池内应设搅拌装置或池外设置沼液回流装置，可以通过池内预埋破壳秆或池拱设置回流池等方式解决秸秆原料易结壳的问题。

2）原料的准备与处理。玉米、小麦、水稻等农作物秸秆都可以作为沼气发酵原料。在池温20℃和90d的条件下，每千克干物质的产气量分别为麦秸0.27m^3、稻草0.24m^3、玉米秆0.3m^3。三口之家年用气量约为400m^3，需要投入麦秸量为1500kg，其他秸秆依次推算。农作物秸秆必须粉碎，麦秸、稻草、玉米秆的含水率分别低于18%、17%、20%。秸秆粉碎后长度应在50mm以内，长度越短越好，便于投料和堆沤处理。粉碎后的秸秆必须进行堆沤预处理。将粉碎秸秆加水（或等量沼液），充分拌匀，湿润程度为用手捏指尖能滴水为宜，秸秆中另加碳铵25kg或秸秆复合菌剂1kg（绿秸灵），添加时再翻堆1次，使菌剂和碳铵充分混匀。经湿润处理的秸秆，应进行堆沤。将秸秆堆为矩形立方体，上部用塑料薄膜覆盖，并均匀分布3排约40个气孔，薄膜覆盖下部周边留10cm空隙，以利滤水和透气。夏季堆沤3～4d，春、秋季4～5d，冬季6～7d，具体堆沤时间长短的确定以秸秆表面长满菌丝为宜。同时，也可以选择在沼液中堆沤，将粉碎后秸秆装袋，全部浸入预处理池或水压间内进行堆沤，浸透后晾置2～3d投入沼气池内，此方法一般作为启动后沼气池的投料方式。

3）投料运行。秸秆原料经堆沤好后，进池前应添加接种物，接种物有沼渣液或活性污泥。接种物选用沼液、沼渣时，沼液应占总池容的20%～30%，沼渣应占10%～15%。10m^3的沼气池需加入沼液2000～3000kg，或加入沼渣1000～1500kg。接种物投放方式为分层加入，即边装料边加入接种物。由于秸秆C/N比较大，需要添加氮源才能达到沼气发酵的碳氮比。氮源种类有碳铵或人粪尿。加碳铵10～15kg或加人粪尿400～600kg。先装堆沤好的干料，然后加入溶化好的碳铵，有人粪尿可不加碳铵，加人粪尿400～600kg，再加水直至超过出料管下口10cm。

4）日常管理。沼气池正常运行过程中应注意补充氮源。添加氮源周期及数量，每月加5～10kg碳铵；与厕所连通有粪便进入可不加碳铵，厕所粪便直接进入沼气池。添加氮源方式是从进料口加入正常运行的沼气池，在60d后，应按期添加秸秆，每7d左右向池内补充粉碎后并经预处理的秸秆20～30kg，并根据水压间水位高低补充水量或出一定量的沼渣、沼液。每次加氮源、加秸秆时必须用手动强回流搅拌，厕所与沼气池连接处要每天用手动强回流搅拌一次，每次30min。以秸秆为主要发酵原料的沼气池，运行一年后必须进行大换料，大换料的时间应定在每年的10月或4月，池温不宜低于15℃。大换料前5～10d应停止进料，并准备好新料，以便于快速启动沼气池。出料方式为先抽出沼水，留10%～30%的活性污泥为主的料液作为接种物，然后从出料间用耙拉出秸秆渣。池内结壳严重的应打开活动盖，进行出料。

5）其他。沼气池内严禁加入农药、洗衣粉等使沼气发酵细菌中毒的物质；应经常检查管路和池体情况，及时消除安全隐患；强化沼气池出料安全意识，严禁进入池内出料或维修，出现问题应及时联系专业技术人员处理。

秸秆可直接投入沼气池，也常用作牲畜饲料，转化成粪便进入沼气池。池中秸秆、人畜粪便和水的配比一般为1∶1∶8，在产沼过程中，需定期投入发酵基质和不断清理沼渣。实践表明：一个3～5口人的家庭，建一口8～10m³的沼气池，年产300～350m³的沼气，可满足一日三餐和晚间的照明用能。因此，秸秆制沼不仅可优化农村能源结构，节约不可再生能源的消耗，还具有良好的经济、环境和生态效益。

（3）秸秆压块成型及炭化技术　秸秆的基本组织是纤维素、半纤维素和木质素，它们通常在200～300℃下软化，将其粉碎后，添加适量的胶粘剂和水混合，施加一定的压力使其固化成型，即得到棒状或颗粒状“秸秆炭”，若再利用炭化炉可将其进一步加工处理成为具有一定机械强度的“生物煤”。秸秆成型燃料密度为1.2～1.4g/cm³，热值为14～18MJ/kg，具有近似中质烟煤的燃烧性能，且硫含量低，灰分小。其优点有：制作工艺简单、可加工成多种形状规格、体积小，贮运方便；品位较高，利用率可提高到40%左右；使用方便、干净卫生，燃烧时污染极小；除民用和烧锅炉外，还可用于热解气化产煤气、生产活性炭和各类“成型”炭。

4.5.2.3 秸秆饲料技术

秸秆作为饲料是缓解未来我国农产品供需矛盾和节粮路线的重要一环。秸秆饲料的加工调制方法一般可分为物理处理、化学处理和生物处理三种。如切段、粉碎、膨化、蒸煮、压块等物理方法虽简单易行，容易推广，但一般情况不能增加饲料的营养价值。化学处理法可以提高秸秆的采食量和体外消化率，但也容易造成化学物质过量，且使用范围狭窄、推广费用较高。生物处理法可以提高秸秆的营养价值，但要求技术较高，处理不好，容易造成腐烂变质。目前出现了秸秆氨化、秸秆青贮及微贮、秸秆菌化和秸秆颗粒化等饲料化秸秆技术。

1. 秸秆氨化

在农村，每年在收获谷物时都产生大量的农作物秸秆，如玉米秸秆、小麦秸秆、高粱秸秆等，秸秆经氨化处理后，可用来饲喂牲畜，起到“过腹还田”的作用。秸秆氨化后，一是可提高秸秆的营养价值，一般可提高粗蛋白质含量4%～6%；二是可以提高秸秆的适口性和消化率，一般采食量可提高20%～40%，消化率提高10%～20%，从而使奶牛的产奶量提高10%左右；三是氨化秸秆（指用尿素）的成本低，操作简单，易于推广。

（1）秸秆氨化饲料的原理　秸秆氨化饲料是采用含氮的化学物质处理秸秆，利用碱和氨与秸秆发生碱解和氨解反应，破坏连接与多糖木质之间的酯键，如纤维素、半纤维素化学反应被破坏分解，并增加了氮元素，促进反刍畜瘤胃内微生物大量繁殖，提高了秸秆的可消化性。

（2）氨化池制作　选择一个向阳、背风、地势较高、土质坚硬、地下水位低、而且便于制作、饲喂、管理的地方建氨化池。池的形状可为长方形或圆形。池的大小及容量根据饲养家畜的种类、数量及饲喂需要量确定。一般1m³氨化池可装切碎的风干秸秆为100kg左右，一头体重200kg的牛年需要氨化秸秆1.5～2.0t。挖好氨化池后，用砖铺底、砌垒四壁、水泥抹面。

（3）氨化原料选择　以麦秸、稻草、玉米秸为主，原料要新鲜干净，无霉变物质。含水量要求在20%～40%，秸秆粉碎或铡短为2～3cm。

（4）氨化饲料的制作　氨化处理秸秆饲料的氨源有很多，各种氨源的用量和处理方法也不相同，其处理结果因秸秆种类而异。通常液氨的用量为秸秆质量的3%，尿素用量为5.0%，氨水为10%～12%。氨化饲料制作方法主要有：氨化池氨化法、窖贮氨化法和塑料袋氨化法，具体如图4-10所示。

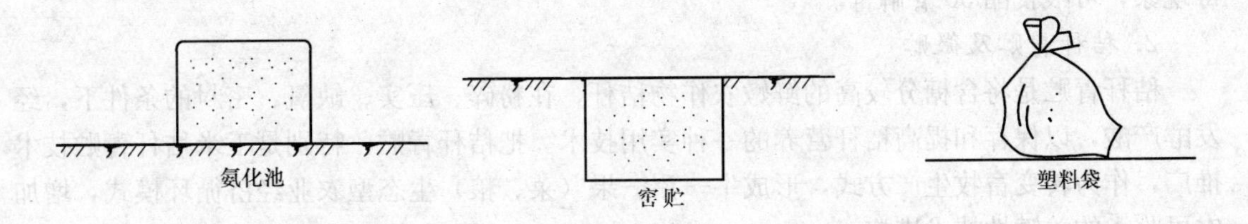

图4-10　秸秆氨化的方法

1）氨化池氨化法。首先将秸秆粉碎或切成1.5～2.0cm的小段。然后，将秸秆质量3%～5%的尿素用温水配成溶液，温水多少视秸秆的含水量而定，一般秸秆的含水量为12%左右，而秸秆氨化应该使秸秆的含水量在40%左右，所以温水的用量一般为每100kg秸秆加30kg左右。再将配好的尿素溶液均匀地洒在秸秆上（一般100kg秸秆需尿素3～5kg，水10kg），边洒边搅拌，或者一层秸秆均匀喷洒一次尿素溶液，边装边踩实。最后，装满池后，用塑料薄膜盖好池口，四周用土覆盖密封。

2）窖贮氨化法。首先，将秸秆切成1.5～2.0cm的小段。然后，配制尿素水溶液，方法同上。再将秸秆边装窖，边喷洒尿素水溶液，方法同上。最后，原料装满窖后，在原料上盖一层5～20cm厚的秸秆或碎草，上面覆土20～30cm，并踩实。封窖时，原料要高出地面50～60cm，以防雨水渗透。经常检查，如发现裂缝要及时补好。

3）塑料袋氨化法。塑料袋的大小以方便使用为好，塑料袋一般长2.5m，宽1.5m，最好用双层塑料袋。把切断的秸秆，用配制好的尿素水溶液（方法同上）均匀喷洒，装满塑料袋后，封严袋口，放在向阳的干燥处。存放期间，应经常检查，若嗅到袋口处有氨气味，应重新扎紧，发现塑料袋有破损，要及时用胶带封住。

（5）氨化饲料的品质鉴定　秸秆氨化一定时间后，就可开窖饲用。氨化时间的长短要根据气温而定。气温低于5℃，要56d以上；气温为5～10℃，需28～56d；气温为10～20℃，需14～28d；气温为20～30℃，需7～14d；气温高于30℃，只需5～7d。氨化秸秆在饲喂牲畜之前应进行品质鉴定，一般来说，经氨化的秸秆颜色应为杏黄色，氨化的玉米秸为褐色，质地柔软蓬松，用手紧握有明显的扎手感。氨化秸秆有糊香味和刺鼻的氨味。氨化玉米秸秆的气味略有不同，既有青贮的酸香味，又有刺鼻的氨味。若发现氨化秸秆大部分已发霉时，则不能用于饲喂家畜。

（6）氨化秸秆的饲喂方法　窖开封后，经品质检验合格的氨化秸秆，需在阴凉的通风处晾晒几天，消除氨味后方可饲喂。放氨时，应将刚取出的氨化秸秆放置在远离畜舍和住所的地方，以免释放的氨气刺激人畜呼吸道和影响家畜食欲。若秸秆的湿度较小，天气寒冷，通风时间应较长。取喂时，应将每天要喂的氨化秸秆于饲喂前2～3d取出放氨，其余的再密封起来，以防放氨后含水量仍较高的氨化秸秆在短期内饲喂不完而发霉变质。

氨化秸秆只适用于饲喂反刍动物如牛、羊，不适宜饲喂单胃家畜马、骡、驴、猪等。初喂氨化秸秆时，家畜不适应，需在饲喂氨化秸秆的第一天，将1/3的氨化秸秆与2/3的未氨化秸秆混合饲喂，以后逐渐增加，数日后家畜不再愿意采食未氨化的秸秆。氨化秸秆的饲喂量一般可占牛羊日粮的70%～80%，家畜饲喂氨化秸秆后0.5h或1h方可饮水。饥饿的家畜不宜大量饲喂。有条件的地区，可适当搭配一些含碳水化合物较高的饲料，并配合一定数量的矿物质和青贮饲料饲喂，以便充分发挥氨化秸秆的作用，提高利用率。如果发现家畜中毒现象，可喂食醋500g解毒。

2. 秸秆青贮及微贮

秸秆青贮是将含糖分较高的鲜嫩农作物秸秆，在粉碎、压实、缺氧、密封的条件下，经发酵产酸，以保存和提高秸秆营养的一种实用技术。把秸秆青贮，特别是玉米秸秆青贮技术推广，作为转变畜牧生产方式，形成牛—沼—果（菜、粮）生态型农业经济循环模式，增加农民收入的关键性技术措施。

（1）青贮池修建　青贮池应修建在地势高燥、排水容易、地下水位低、土质坚硬、靠近畜舍、远离水源和粪坑、背风向阳、便于运送原料及取用方便的地方。建造的青贮池要坚固牢实、不透气、不漏水，内部要光滑平坦，上宽下窄，底部必须高出地下水位0.5m以上，以防地下水渗入。其形状呈长方体或圆形，上口稍开敞，一般要求窖的口径不小于2.0～2.5m，修好暴晒两日后方可起用。

（2）青贮原料的选择　青贮原料要力争干净，忌泥土，因为泥土中有大量的霉菌和丁酸菌。收割玉米秸秆时既不要留茬太长，也不能带根，这样能多收秸秆，防止秸秆污染。青贮的秸秆湿度以达到60%～75%为宜，水分过高易使酸菌发酵，产生丁酸，不利于青贮。适时收割既保证水分和可溶性碳水化合物含量适当，又有利于乳酸发酵，可获得优质青贮料。玉米秸秆应在果穗成熟、秸秆仅有下部1～2片叶枯黄时立即收割青贮。收割时间过晚或露天堆放将造成含糖量下降、水分损失、秸秆腐烂，最终造成青贮料的质量和青贮成功率的下降。如果收获适时，大部分为绿叶，水分为60%左右，可不必加水；若黄叶占一半以上，就应加水，一般加水量10%～15%，边加边装，确保水和原料混合均匀。

（3）青贮的方法　青贮时应做到随铡、随装，不能时停时续。在装填时必须集中人力和机具，尽量缩短原料在空气中暴露的时间，尤其是铡好的碎料堆放一天就大量产热，既损失养分，又影响质量。装填越快越好，小型池应在1d内完成，中型池在2～3d内完成。装填前先将青贮池打扫干净，池底部填一层10～15cm厚的切短秸秆或软草，以便吸收上部踩实时流下的汁液；接着把新鲜的玉米秸秆铡成2～5cm的长度，然后将切碎的原料填入池中，边入料边压实，以排除空气，创造无氧条件，防霉菌繁殖。要求每填25cm左右高度压实一次，特别是窖的周边，更应注意压实，可用人工脚踏或机械压实，青贮饲料紧实度要以发酵完成后饲料下沉不超过深度的8%～10%为宜。在装填时添加尿素0.5%、食盐0.3%能明显提高其营养价值。装填的原料与窖口平行时，中间可稍微高一点并成弓形，在原料上面盖一层10～20cm切碎的秸秆或软草，再覆盖一层塑料布，然后在上面压30～50cm土拍实并堆成馒头形，以利于排水。要随时检查，防牲畜践踏、防鼠，当封口出现塌裂或塌陷时，应及时进行培补，以防漏水、漏气，保证青贮质量。

（4）青贮饲料品质检测及利用　原料经过40～50d封存后已发酵完毕，即可开池饲喂。青贮饲料利用前需要判定青贮料品质的好坏方。首先通过感官对青贮饲料的气味、颜色、质地、机构等指标进行鉴定。品质优良者具有较浓的芳香酒酸味；中等品质青贮料香味。

（5）秸秆微贮　秸秆微贮饲料是在农作物秸秆中加入微生物高效活性干菌——秸秆发酵活杆菌，放入密封的容器中贮藏，经过一定的发酵过程，使农作物秸秆在微贮过程中，由于秸秆发酵活杆菌的作用，在适宜的温度和厌氧环境下，将大量的木纤维类物质转化为糖类，糖类有经过有机酸发酵转化为乳酸和挥发性脂肪酸，使pH值降低到4.5～5.0，抑制了丁酸菌、腐败菌等有害菌的繁殖，使秸秆变的能够长期保存不坏。

微贮饲料的特点是：成本低，效益高，每吨秸秆制成微贮饲料只需3g秸秆发酵干菌，成本仅为尿素氨化饲料的2%。微生物处理后纤维素类物质在微生物的作用下降解，并转化为乳酸和挥发性脂肪酸，加之所含的酶和其他生物活性物质的作用，提高了反刍动物瘤胃微生物的纤维素酶和解脂酶的活性，提高了消化率和营养价值，适口性好，采食量高，生物发酵秸秆能量显著提高秸秆的粗蛋白质水平，降低秸秆的粗纤维含量，大大缩短秸秆的加工周期，而且可以减少家畜的发病，提高营养价值和适口性，是一种比较有效的提高纤维消化率的方法。

3. 秸秆菌化饲料

秸秆菌化是采用食用菌来处理秸秆，利用食用菌分解纤维，合成菌体蛋白，改变秸秆、壳、饼、渣等原料的营养状态，使之呈一种易消化的状态，使秸秆成为优质的生物饲料。也就是在物理和化学处理过程中，利用食用菌来做微生物处理，分解纤维，降低粗纤维含量，提高家畜对粗纤维的利用率，同时利用食用菌中的脉酶将添加的尿素等非蛋白氮转化成菌体蛋白，增加饲料中蛋白质的含量，形成可供家畜饲用的优质生物饲料，它属于微生物处理方法中的一种。微生物中可作为菌源的菌很多，如酵母菌、乳酸菌、放线菌、真菌、光合菌、食用菌等，食用菌在自然界普遍存在并且生命力极强，以它作为菌源有明显的优势。选择它来处理秸秆，其结果优于其他秸秆处理方法，见表4-8。

表4-8　菌化处理秸秆优于其他秸秆处理方法

项目	粗蛋白	粗纤维	半纤维素	木质素	pH值	氧气	尿素	微生物
干麦草	2.25	51.81	31.42	23.23	—	—	—	—
氨化	7.92	46.52	26.83	22.29	弱碱	不	需	—
微贮	2.94	44.51	17.64	20.85	4～5	不	不	活杆菌
青贮	—	—	—	—	4	不	需	乳酸菌
菌化	7～27	44.5以下	17.64以下	20.85以下	6.5	需	需	食用菌

秸秆菌化包括切碎、碱处理、原料配比、堆料发酵、接种、二次发酵、菌化等过程，综合了物理、化学、生物处理秸秆方法之长，实现了菌分解与酵解纤维，更主要的是将添加的尿素等非蛋白氮经脉酶作用转化成蛋白质，使蛋白含量提高，处理后的饲料对反刍动物和非反刍动物均可使用，增加了单胃动物和复胃动物的蛋白质来源，降低了成本，提高了饲料报酬。

4.5.3 秸秆的工业应用

当前，作物秸秆工业用途广泛，它们不仅可作保温材料、纸浆原料、菌类培养基、各类轻质板材和包装材料的原料，还用于编织业、酿酒制醋、生产人造棉、人造丝、饴糖等，或从中提取淀粉、木糖醇、糖醛等。

（1）生产可降解的包装材料　用麦秸、稻草、玉米秸、苇秆、棉花秆等生产出的可降解型包装材料，如瓦楞纸芯、保鲜膜、一次性餐具、果蔬内包装衬垫等，具有安全卫生、体小质轻、无毒、无臭、通气性好等特点，同时又有一定的柔韧性和强度，制造成本与发泡塑料相当，而大大低于纸制品和木制品。在自然环境中，一个月左右即可全部降解成有机肥。

（2）用作建筑装饰材料　在建材方面，以麦秸、稻草为材料的人造板材开始进入实质性的发展阶段，形成了多种板材，如秸秆轻体板、纤维密度板材、轻型墙体隔板、木塑复合材料、蜂窝芯复合轻质板等共同发展的局面。但鉴于消费者观念和制作成本的限制，秸秆板材全面推广仍需较长时间。

将粉碎后的秸秆按一定比例加入胶粘剂、阻燃剂和其他配料，进行机械搅拌、挤压成型、恒温固化，可制得高质量的轻质建材，如秸秆轻体板、轻型墙体隔板、黏土砖、蜂窝芯复合轻质板等，这些材料成本低、重量轻、美观大方，且生产过程中无污染，因此，受广大用户欢迎。目前，秸秆在建材领域内的应用已相当广泛，秸秆消耗量大、产品附加值高，又能节约木材，很有发展前景。按胶凝剂分有水泥基、石膏基、氯氧镁基、树脂基等。按制品分有复合板、纤维板、定向板、模压板、空心板等。按用途分为阻燃型、耐水型、防腐型等。图 4-11 所示为秸秆做填充材料的新型建筑装饰材料。

图 4-11　秸秆做成的新型建筑装饰材料

（3）生产工业原料　玉米秸、豆荚皮、稻草、麦秸、谷类秕壳等经过加工所制取的淀粉，不仅能制作多种食品与糕点，还能酿醋、酿酒、制作饴糖等。如玉米秸含有 12%～15%的糖分，其加工饴糖的工艺流程为：原料→碾碎→蒸料→糖化→过滤→浓缩→冷却→成品。

（4）用作食用菌的培养基　秸秆营养丰富、来源广泛、成本低廉，非常适用于多种食用菌的培养料。据不完全统计，目前国内外用各类秸秆生产的食用菌品种已达20多种，不仅包括草菇、香菇、凤尾菇等一般品种，还能培育出黑木耳、银耳、猴头、毛木耳、金针菇等名贵品种。据测定，秸秆栽培食用菌的氮素转化效率平均为20.9%左右，高于羊肉（6%）和牛肉（3.4%）的转化效率，是一条开发食用蛋白质资源，提高人民生活水平的重要途径。

（5）秸秆用于编织业　秸秆用于编织业最常见、用途最广的就是稻草编织帘、苫、席、垫等编制品。如草帘、草苫等可用于蔬菜工程的温室大棚中；草席、草垫既可保温防冻，又具有吸汗防湿的功效；而品种花色繁多的草编制品，如草帽、草提篮、草毡、壁挂及其他多种工艺品和装饰品，由于工艺精巧，透气保暖性好，装饰性极佳，深受国内外消费者的喜爱，因而已经成为一条效益很好的创汇渠道。图4-12所示为秸秆编织的工艺品。

图4-12　秸秆编织的工艺品

4.6　农村畜禽粪便的资源化处理

随着人民生活水平的提高和饮食结构的巨大变化，畜禽产品在饮食结构中所占比重逐渐增大，因此，养殖业也得到了迅猛发展。近20年来，我国禽畜养殖业年均增长9.9%，规模养殖业的迅速发展，在解决人类肉、蛋、奶需求的同时，也带来严重的环境污染问题。据测，一个万头生猪养殖场日排泄物约150t。环保部2002年对规模化畜禽养殖污染情况调查结果显示：中国年畜禽粪便量约为19亿t，其中，COD（化学需氧量）排放量已达7.118万t，畜禽粪便产量和COD排放量都远远超过工业废水和生活用水排放量之和。因此，对畜禽粪便进行减量化、无害化和资源化，防止和消除畜禽粪便污染，对于保护城乡生态环境，推动现代农业产业和循环经济发展具有十分积极的意义。表4-9为GB/T 25246—2010《畜禽粪便还田技术规范》中规定的禽畜养殖业废渣无害化的环境标准。众所周知，禽畜粪便是一种宝贵的资源，可以作为饲料、肥料等。

表4-9　禽畜养殖业废渣无害化环境标准

控制项目	指　标
蛔虫卵	死亡率≥95%
粪大肠菌群数/(个/kg)	$\leqslant 10^5$

农村畜禽粪便主要有猪粪、鸡粪、牛粪及其他牲畜粪便，全是易腐易降解有机物，这类废物成分单一、数量大、易于收集、处理方便。它们富含农作物生长所需要的养分，经发酵可以成为良好的有机肥料，是当地农作物生长的最大有机肥来源。主要畜禽粪便组成见表

4-10。畜禽养殖场应采取将畜禽废渣还田、生产沼气、制造有机肥料、制造再生饲料等方法进行综合利用，实现生态养殖。

表 4-10 主要畜禽粪便的组成 （单位:%）

项目	含水率	有机物	挥发性固体	全N	全P	全K
鸡粪	66.9	45～58.0	58.1	2.7～4.0	1.9～3.4	1.7～2.9
猪粪	75.2	473.0～55.0	78.0	2.1～3.6	0.5～2.0	1.5～3.6
牛粪	78.0	73.4～85.0	78.4	1.9～2.4	1.4～1.6	0.9～1.2

4.6.1 禽畜粪便肥料化

堆肥化是处理有机废弃物的有效方法之一，是集处理和资源循环再生利用于一体的生物方法。畜禽粪便是一种有价值的资源，它包含农作物所必需的N、P、K、有机物和蛋白质等多种营养成分。经过处理后可作为肥料和饲料，具有很大的经济价值。

粪便用作肥料。首先对粪便要及时清除，尽量做到使干粪与冲洗水分离，对含固体粪便的污水要进行固液分离。干粪和通过固液分离出的畜禽粪便不能直接用作肥料还田，需进行无害化和资源化处理，通常有堆肥发酵、制作生物复合肥和蚯蚓资源化处理法。

（1）堆肥发酵　畜禽粪便通过堆肥发酵的方式直接还田作肥料是一种传统的、经济有效的粪污处置方式，可以在不外排污染的情况下，充分循环利用粪污中有用的营养物质，改善土壤中营养元素含量，提高土壤的肥力，增加农作物的产量。堆肥发酵的好处在于：

1）畜禽粪便在堆肥过程中，产生60～80℃的温度，可以有效地消灭畜禽粪便中各种病原体和寄生虫卵的存活。

2）经过堆肥发酵后，粪便中可以产生一些有利于植物生长的物质，从而防止农作物生物生育障碍。

3）堆肥发酵过程中所产生的热量，可以杀灭畜禽粪便中杂草的种子，避免施用以后杂草的滋生。

4）经过合理有效的堆肥处理，还可以减轻粪便的恶臭对空气的污染，并且便于长途运输和贮存。

5）堆肥后粪便中的有机质极易分解，因此可以降低施用后对地下水所造成的污染。表4-11所示为GB/T 25246—2010《畜禽粪便还田技术规范》中规定的堆肥发酵的卫生要求。

堆肥发酵的方法主要有以下两种：

1）自然堆沤发酵法：建造较大的堆粪发酵棚，中温堆放20d以上，无害化后归田。此法适用于畜禽场场地较大，周围居民少，农田较多，就近可解决畜禽粪出路的情况。

2）自然堆沤喷洒生物菌法：通过喷洒生物菌群，加快堆沤速度，去除粪便恶臭，袋装贮存或外运进入农田、菜园或鱼塘。此法适用于畜禽场场地较小，周围居民多，需外运解决畜禽粪出路的问题。

表 4-11 堆肥发酵的卫生要求

项　目	要　求
蛔虫卵死亡率	95%～100%
粪大肠菌值	10^{-1}～10^{-2}
苍蝇	堆肥中及堆肥周围没有活的蛆、蛹或新孵化的成蝇

(2) 制作生物有机复合肥料　有条件的畜禽场可以建设有机复合肥料厂，畜禽干粪经粉碎、搅拌、加生物菌发酵、烘干造粒加工成便于运输与贮藏的系列固体肥料，产品可用于城市绿化、蔬菜、瓜果、苗圃的施肥。例如，在日本大阪市郊，以禽畜粪便为原料加入矿质肥和"多种酶"后发酵而成的各种专用商品有机肥料，在大阪注册销售的就有18种之多。

(3) 畜禽粪便蚯蚓资源化处理　利用经过发酵的畜禽粪便养殖蚯蚓，其有机质通过蚯蚓的消化系统，在蛋白酶、脂肪酶、纤维酶、淀粉酶的作用下，能迅速分解、转化成为自身或其他生物易于利用的营养物质。利用蚯蚓处理有机废弃物，既可以生产优良的动物蛋白，又可以生产肥沃的生物有机肥。

据调查表明，冬作种植绿肥的田块，与种植大麦、小麦、油菜相比，全年每亩化肥用量（折纯）可减少15kg，农药用量（折纯）可减少85g，减少农业能耗，实现低碳效果。但应注意的是，若土地处理利用粪便量过多，超过了其承载能力，不仅影响植物的正常生长，造成产量降低，而且污染环境。《畜禽粪便还田技术规范》中规定了小麦、水稻、果园和菜地禽畜粪便的施用限量，见表4-12～表4-14。

表4-12　每茬小麦、水稻的猪粪施用限量　（单位：t/hm^2）

农田本底肥力水平	Ⅰ	Ⅱ	Ⅲ
麦和玉米田施用限量	19	16	14
稻田施用限量	22	18	16

表4-13　果园每年猪粪施用限量　（单位：t/hm^2）

果树种类	苹果	梨	柑橘
施用限量	20	23	29

表4-14　每茬菜地的猪粪施用限量　（单位：t/hm^2）

蔬菜种类	黄瓜	番茄	茄子	青椒	大白菜
施用限量	20	23	29	30	16

4.6.2　禽畜粪便生产沼气

畜禽粪便和废水有机物含量很高，易于进行厌氧发酵处理，回收具有能源价值的沼气，经处理后的排水可用于农业灌溉和生产杂用。

(1) 农村户用沼气技术　农村户用沼气技术是利用沼气发酵装置，将农户养殖产生的畜禽粪便和人粪便以及部分有机垃圾进行厌氧发酵处理，生产的沼气用于炊事和照明，沼渣和沼液用于农业生产。这一技术既提供了清洁能源和无公害有机肥料，又解决了粪便污染问题。农村户用沼气池一般为6～10m^3，包括沼气发酵装置、沼渣沼液利用装置和沼气输配系统等。目前我国建设的农村户用沼气池，一般都采用底层出料水压式沼气池型。在水压式沼气池的基础上进行改进和发展，研究出了强回流沼气池、分离贮气浮罩沼气池（非水压式）、旋流布料自动循环沼气池等。工艺流程如图4-13～图4-15所示。

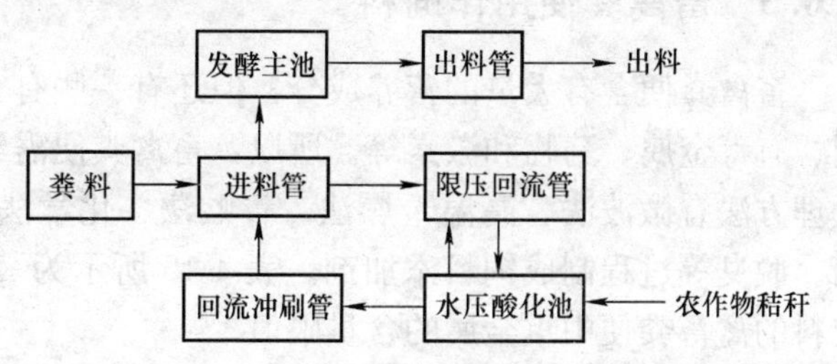

图4-13　强回流沼气池发酵工艺流程

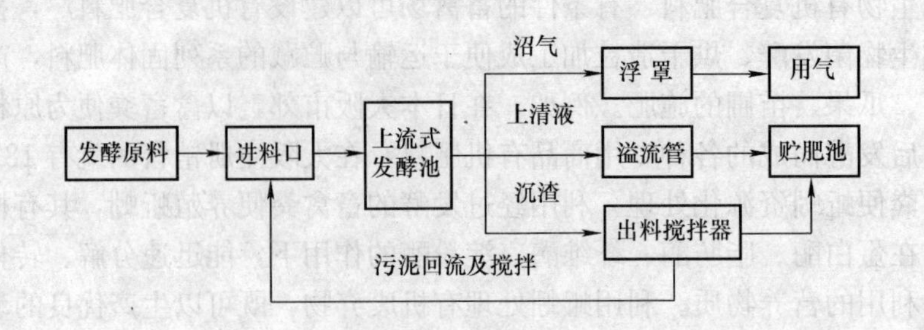

图 4-14　分离贮气浮罩沼气池发酵工艺流程

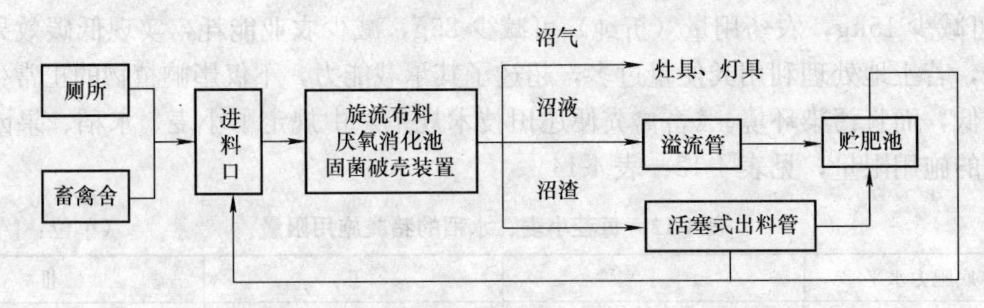

图 4-15　旋流布料自动循环沼气池发酵工艺流程

（2）集约化畜禽养殖场大中型沼气工程技术　畜禽养殖场大中型沼气工程技术是以规模化畜禽养殖场禽畜粪便污水的污染治理为主要目的，以禽畜粪便的厌氧消化为主要技术环节，集污水处理、沼气生产、资源化利用为一体的系统工程技术。它主要由前处理、厌氧消化、后处理、综合利用四个环节组成。图 4-16 所示为畜禽养殖场能源-环保型沼气池发酵工程工艺流程。

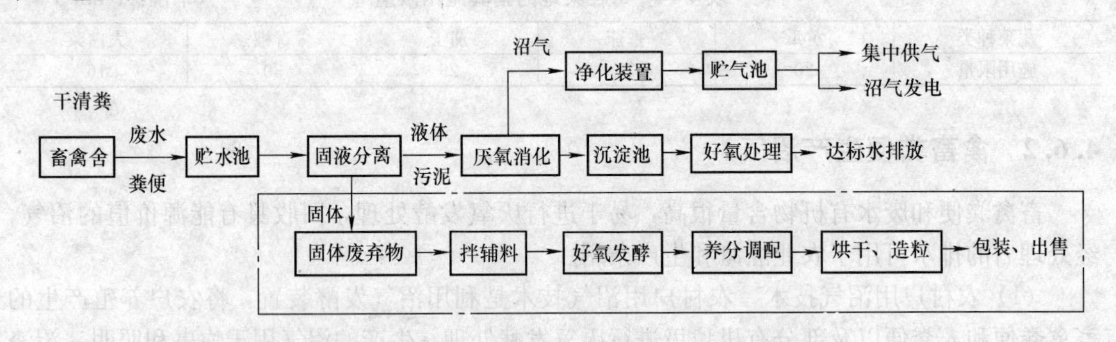

图 4-16　畜禽养殖场能源-环保型沼气池发酵工艺流程

4.6.3　畜禽粪便用作饲料

畜禽粪便含有大量的营养成分，但还有一些有害物质，如病原微生物、化学物质、杀虫剂、有毒金属、药物和激素等。所以，畜禽粪便需经过无害化处理后才能用作饲料。主要的处理方法有微波法、高温干燥法、青贮法、化学法等，畜禽粪便经过高温高压、热化、灭菌、脱臭等过程制成饲料添加剂。表 4-15 所示为《畜禽粪便还田技术规范》中规定的制作肥料的禽畜粪便中重金属的含量限值。

表4-15 制作肥料的畜禽粪便中重金属含量限制（干粪含量）（单位：mg/kg）

项目		土壤pH值		
		<6.5	6.5～6.4	>6.4
砷	旱田作物	50	50	50
	水稻	50	50	50
	果树	50	50	50
	蔬菜	30	30	30
铜	旱田作物	300	600	600
	水稻	150	300	300
	果树	400	800	800
	蔬菜	85	170	170
锌	旱田作物	2000	2700	3400
	水稻	900	1200	1500
	果树	1200	1700	2000
	蔬菜	500	700	900

青贮法是将粪便与禾木科青饲料以适宜的比例一起青贮，并掌握好适宜含水量。此方法不仅可防止粪便中粗蛋白质损失过多，又可将部分非蛋白氮转化为蛋白质，杀灭几乎所有有害微生物。干燥法是处理鸡粪常用的方法，其处理效率高、设备简单、投资小，粪便经干燥后可制成高蛋白饲料。分解法是利用优良品种的蝇、蚯蚓和蜗牛等低等动物分解畜禽粪便，达到提供动物蛋白质和处理畜禽粪便的目的。此方法比较经济实用，生态效益显著。

畜禽粪便中的鸡粪较为适合加工成牛饲料。这是由于鸡的肠道短，对营养物质的吸收能力较差，其所食饲料中约70%的营养物质未被消化吸收而作为粪便排出体外。鸡粪中的粗蛋白含量为20%～30%（按干物质计算），其中氨基酸含量不低于玉米等谷物饲料，此外还含有丰富的微量元素和一些未被识别的营养因子。鸡粪饲料化加工工艺流程为鸡粪→干燥→分选→粉碎→筛分→搅拌及调配→产品。

4.7 农村建筑废物的处理

农村建筑废物已成为废物管理及环境污染的一大难题。农村建筑废物堆放和填埋则需耗用大量的征地、垃圾清运等建设投资，同时，清运和堆放过程中的遗撒和扬尘又加重了环境污染。加快建筑废物的资源化利用，不仅可解决建筑废物大量处置带来的环境问题，而且可以缓解建筑和建材业对砂石等自然资源的大量消耗和破坏。

建筑废物中的可再生资源主要包括渣土、废砖瓦、废混凝土、废木材、废钢筋、废金属构件等。建筑废物资源化利用应做到因地制宜、就地利用、经济合理、性能可靠。建筑废物的主要利用方面有生产混凝土、骨料、作为路基填料等。

1）利用废弃建筑混凝土和废弃砖石生产粗细骨料，可用于生产相应强度等级的混凝土、砂浆或制备诸如砌块、墙板、地砖等建材制品。粗细骨料添加固化类材料后，也可用于公路路面基层。再生集料具备其他建材无可比拟的优点：数量大、成本低、用途广。在德国，再生集料主要应用于公路路面、人造风景等；在美国，再生集料主要用于道路建设。泥土可用来回填、造景等。

2）利用废砖瓦生产骨料，可用于生产再生砖、砌块、墙板、地砖等建材制品。

3）渣土可用于筑路施工、桩基填料、地基基础等。

4）对于废弃木材类建筑废物，尚未明显破坏的木材可以直接再用于重建建筑，破损严重的木质构件，粉碎成碎屑后可作为木质再生板材的原材料或造纸等。

5）废弃路面沥青混合料可按适当比例直接用于再生沥青混凝土。

6）废弃道路混凝土可加工成再生骨料用于配制再生混凝土。

7）废钢材、钢丝、电线、废钢筋及其他废金属材料可直接再利用或回炉加工，可以加工制造成各种规格的钢材。

8）废塑料可采用减压法提炼成油用作燃料；再生加工成排水管；还可代替某些水泥制品，如碎玻璃可以加工成再生玻璃或某些装饰材料。

4.8 蚯蚓在农村固体废物处理中的应用

4.8.1 蚯蚓

（1）蚯蚓种类　蚯蚓是陆地生态系统中重要的大型土壤动物之一，属于无脊椎动物，环节动物门，寡毛纲，后孔寡毛目，穴居生活在土壤或凋落物层中，昼伏夜出，迁移能力相对较弱。依据其食性、习性及生态功能，自然界中的蚯蚓一般被分为三个生态类群：表层种（Epigeic）、内层种（Endogeic）和深层种（Anecic）。三个生态类群在分类学上并没有明显界限，而且经常会出现一些过渡类型，如表-内层种（Epi-endogeic）和表-深层种（Epi-anecic）。通常，表层种食量最大、食性最杂、分解有机质能力最强、活跃程度最高，而内层种和深层种则体形较大，对温度、氧含量等耐受性较好。由于环境的不同，不同地区分布的蚓种的分解能力和耐受性也会不同。

随着人们对自然界中蚯蚓分解有机质能力的深入了解，对蚯蚓处理有机废弃物的开发逐步展开。蚯蚓是自然生态系统中的分解者，具有促进物质分解转化的功能，可加快植物残体和落叶的降解、有机物质的分解和矿化等一系列复杂过程，促进自然界中生态系统的物质和能量循环，且蚯蚓在土壤中的运动可以混合土壤、改善土壤结构、提高土壤透气、排水和深层持水能力。

（2）蚯蚓堆肥处理技术的原理　蚯蚓堆肥处理是在普通堆肥处理的基础上结合生物处理发展起来的。它的基本原理是利用农业固体有机废弃物作为食物喂给蚯蚓，通过蚯蚓胃部砂囊的研磨作用将大颗粒的废弃物粉碎，再经过蚯蚓的消化道可分泌大量的酶形成丰富的酶系统（蛋白酶、脂肪分解酶、纤维分解酶、甲壳酶、淀粉酶等）的消化、代谢以及蚯蚓消化道的挤压作用，固体有机废弃物被转化为物理、化学、生物学特性都很好的蚯蚓粪，从而达到无害化、减量化、资源化的目的。蚯蚓堆肥处理不仅利用蚯蚓特殊的生态学功能，还利用了蚯蚓与环境中某些微生物的协同作用。

（3）蚯蚓堆肥处理方法　蚯蚓处理垃圾主要方法有蚯蚓生物反应器和土地处理法。蚯蚓生物反应器，可以和垃圾源头分类相配合，对混合收集的垃圾需要进行分选、粉碎、喷湿、传统堆肥等预处理。土地填埋法是在田地里采用简单的反应床或反应箱进行蚯蚓养殖并处理生活垃圾的一种方法，是目前应用较多的一种方法。此方法不仅适用于处理分类后的有机垃圾，而且适用于处理现阶段的混合垃圾。

（4）蚯蚓处理固体废物的优势　蚯蚓处理固体废物的优势如下：

1）蚯蚓对废弃物中的有机物质有选择吞食作用，有利于废弃物中初级分选未能分开的有机物和无机物的再次分选。

2）蚯蚓通过消化道的研磨和代谢活动使废弃物中的有机物质逐渐分解，并释放出可为农作物所利用的N、P、K等，同时代谢产物以颗粒状结构排出体外，利于垃圾中其他物质的分离，且颗粒状的蚓粪还可以促进硝化-脱氮过程，此外，垃圾组织中的N每日以10%以上的比例更新。

3）蚯蚓的活动改善废弃物中的水气循环，同时也使得废弃物及其中的微生物得到有效的活动，从而消除堆肥过程中产生的臭气，以减轻堆肥产生的空气污染，大大缩短堆肥处理中二次发酵的时间。

4）利用蚯蚓，可以对整个废弃物处理过程及其产品进行毒理监测。蚯蚓堆制处理是将传统的堆肥法与生物处理法相结合，通过蚯蚓的新陈代谢作用，将废弃物转化为物理、化学和生物学特性俱佳的蚯蚓粪，同时废弃物转化为稳定腐殖质类产物的生态一生物转化过程。

4.8.2 蚯蚓处理生活垃圾

蚯蚓在环境生态学中占有重要地位，其特殊功能如下：食性杂、食量巨大。除了金属、玻璃等不能消化的物质外，其他物质均能作为蚯蚓的取食来源。如在生活垃圾的生物发酵处理中，蚯蚓的引入可以起到以下几个方面的作用：

1）蚯蚓对垃圾中的有机物质有选择作用。

2）通过砂囊和消化道，蚯蚓具有研磨和破坏有机物质的功能。

3）垃圾中的有机物通过消化道的作用后，以颗粒状形式排出体外，利于与垃圾中其他物质的分离。

4）蚯蚓的活动改善垃圾中的水气循环，同时也使得垃圾和其中的微生物得以运动。

5）蚯蚓自身通过同化和代谢作用使得垃圾中的有机物质逐步降解，并释放出可为植物所利用的N、P、K等营养物质。

6）可以非常方便地对整个垃圾处理过程及其产品进行毒理监测。

采用蚯蚓堆肥处理农村生活垃圾合理选择蚯蚓品种是很重要的，国内外常用的是赤子爱胜蚓。采用蚯蚓堆肥处理前需要必要的垃圾分选，将不能为蚯蚓利用或对蚯蚓处理不利的物质（如金属、玻璃、塑料、橡胶等）去除，然后再进行粉碎、喷湿、传统堆肥等预处理，将其中的大部分致病微生物、寄生虫和苍蝇幼虫杀死，从而实现无害化。图4-17所示为蚯蚓堆肥用于农村生活垃圾处理的技术路线。

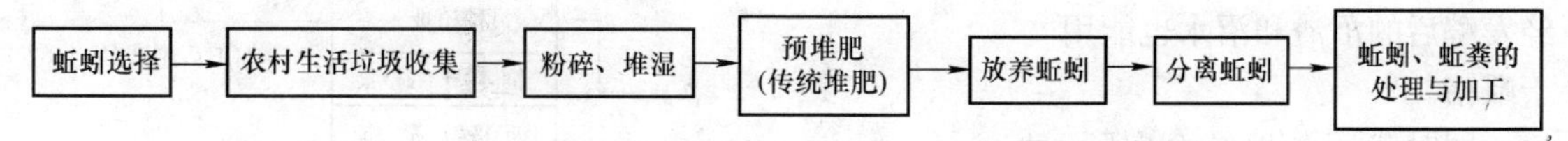

图4-17　蚯蚓堆肥用于农村生活垃圾处理的技术路线

同时在蚯蚓处理过程中需合理调节C/N值、空隙度、温度、湿度、通气度等因素，为蚯蚓的生长繁殖创造良好的条件，从而提高其垃圾处理效果。

4.8.3 蚯蚓处理畜禽粪便

畜禽粪富含许多营养成分，但有臭味和病源微生物，需处理才能用于农田。畜粪是蚯蚓喜欢的食料，用蚯蚓处理畜粪可以消除环境污染。这些畜粪等废弃物经过蚯蚓的生命活动后变为生物腐殖质。该腐殖质生物活性高，不含致病菌，有机物稳定，存在的植物生长必需的微量元素和常量元素都是易吸收态，且为 pH 为中性。将畜粪用于产生沼气，沼渣用蚯蚓处理产生蚓粪和蚓体，分别用于肥田和养畜禽，因此，蚯蚓在生态农业建设中起重要作用。

4.8.4 蚯蚓处理城市污水污泥和造纸厂污泥

将蚯蚓直接放于消化池污泥会导致蚯蚓很快死亡。通常将污水处理厂好氧污泥和厌氧污泥均脱水混合，预处理 15d 后，每立方米加 5kg 蚯蚓，定期往表层加污泥，控制床高。新污泥层对蚯蚓来讲是新鲜食物，蚯蚓不会逃跑。最后一层污泥加好后，经过 8～10 月，堆肥结束。在旁边放一堆新鲜垃圾可将堆肥中的蚯蚓引出。1∶1 污泥经堆肥后的体积减小 60%(床温为 28～30℃引入蚯蚓一个月)，这是因为水分挥发，易迁移的碳物质（糖、蛋白质、氨基酸和多糖等）转化为二氧化碳。然后与造纸厂污泥（纤维素材料）混合，室外堆集 20～30d,此时得到的产物具有良好的强度、化学构成及适合农用的营养结构。第二过程是堆肥过程，微生物降解易迁移的纤维素（温度升高至 40～60℃），其最终产物，碳含量与起始物质相当，但腐殖酸碳增加，在最后阶段氮含量有所下降，但有机氮减少，硝化速率增加。堆肥产物是高质量的腐殖质肥料，可作为土壤改良剂。堆肥产物中有机物稳定，其含量为 50%；总氮含量为 3.0%～3.5%；总磷含量为 2.0%～2.5%；是良好的肥料。

4.9 农村固体废物资源化处理的案例

我国典型的种、养、沼三结合物质循环利用系统如图 4-18 所示。在这一物质循环的系统中，沼气起到一个枢纽的作用，把系统中的各个部分都有机地联系起来。畜牧生产中的畜禽粪便进入沼气池后，经发酵产生沼气，用于农民生活的炊事、照明及取暖，甚至用于发电，还可用于孵育雏鸡的保温；沼气池底下的沼渣可用于培养食用菌或作为肥料，用于农田和果园，沼气池内的沼水可作为优质饵料来喂鱼，也可作为速效肥料，用于大田农作物或果树、蔬菜的施肥。甚至经发酵后的沼渣和沼水也能用于喂猪。

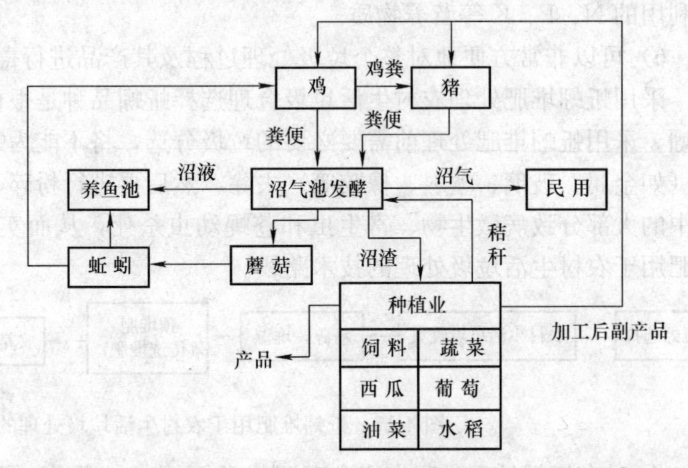

图 4-18 典型的种、养、沼三结合物质循环利用系统示意图

同时我国各地结合实际，发展了各具特色的模式，如：留民营村生态式的种、养、沼

三结合模式家用沼气池在北京市郊留民营村非常普遍，它一般建在屋前或与厕所及猪圈相邻之处。猪圈为一两层的小屋，上层饲养鸡和兔下层养猪，鸡粪和兔粪落入猪圈，作为猪饲料的一部分。猪粪和人粪便进入沼气池，加上部分青草和秸秆，通过发酵产生沼气，沼气供炊事和照明，部分沼渣和沼水用作棚内蔬菜和花草的肥料，菜叶喂兔，也可加入沼气池，用于沼气发酵。这样就形成一个“鸡（兔）—猪—沼气—菜（花）”的小型家庭式循环系统，如图 4-19 所示。

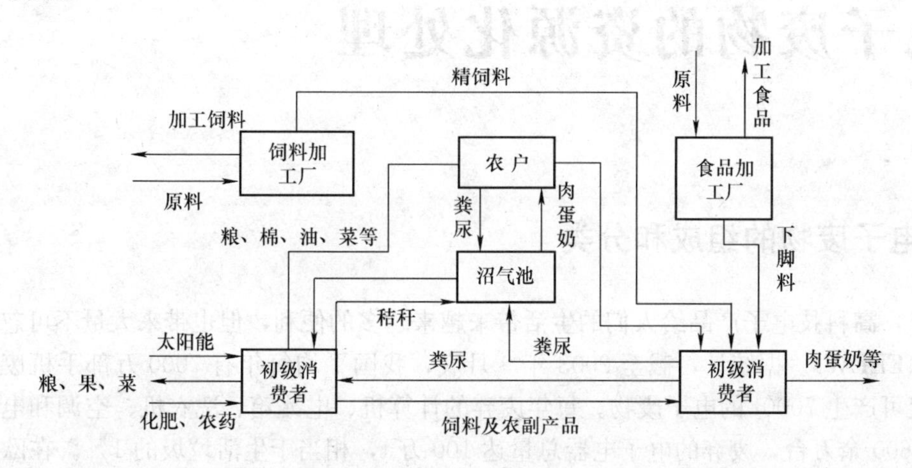

图 4-19　留民营村家庭型综合循环利用示意图

河北省廊坊市康益园食用菌开发有限公司（以下简称康益园）利用大田秸秆栽培食用菌，即采用二次发酵的方法将大田秸秆、鸡粪等制成食用菌基质。另外，秸秆栽培过食用菌后的菇渣，由于菌体的生物降解作用，氮、磷等养分的含量也有显著提高，对提高土壤肥力有良好效果，可作为优质肥料外售。施用该肥料对改良土壤有良好效果，土壤的理化性状，可保证农作物的增产。康益园充分利用自已的科研和生产条件，做到满负荷运转，每年生产 3 个周期（每个周期为 4 个月），年产各种鲜菇超过 510t，销售收入达到 255 万元；年产基质有机肥 1 万 t，收入 90 万元；年产匹配包装 2 万箱，净增 50 万元；另外，农民因外卖农作物秸秆每年可获利数千元，带动了地方经济的发展。康益园不断地加大科技技术示范力度，每年向社会提供菌种 100 万 t，带动 5000 户从事食用菌生产，使食用菌栽培面积达到 250 万 m^2。并且通过“公司＋农户”的形式，扩大生产规模，延伸产业链条，实现了产、加、销一体化经营，带动了食用菌这一特色产业的发展。通过园区示范辐射带动了 5000 户种植 250 万 m^2 食用菌，每年消耗利用秸秆 16.4 万 t（相当于 16.4 万亩的秸秆），约占全县年产秸秆总量的 40%，这大大减少露天焚烧农作物秸秆的现象。使大量农作物秸秆变废为宝的同时利用食用菌栽培后剩下的基质废料—菌糠，制成富含腐殖酸的有机肥达 10 万 m^3。此有机肥可改良土壤结构，大幅度增加土壤有机质含量，减少化肥施用量，降低生产成本，促进了生态农业的发展。

第 5 章 电子废物的资源化处理

5

5.1 电子废物的组成和分类

当今，高科技电子产品给人们的生活带来越来越多的便利，但也带来大量不可忽视的电子废物（EEEW）。据统计，截至 2003 年 9 月底，我国平均每年有 7000 万部手机废弃，废弃的手机可产生 7000t 的电子废物。每年废弃的计算机、电冰箱、洗衣机、空调和电视机等电器约 2600 余万台，废弃的电子电器总量达 100 万 t，相当于生活垃圾的 1%。在欧盟发表的一份有关电子废物的报告中指出，电子废物每五年便增加 16%～28%，比固体废物量的增长速度快三倍。与普通生活垃圾不同，电子废物的成分复杂，未经利用、覆盖的电子废物，如计算机和其他电子装置，可能释放出大量的重金属、卤族化学物质和石棉等污染物，给环境和人类健康带来巨大的危害。

5.1.1 电子废物的组成

电子废物（也称电子垃圾）主要是指人们在日常生活中淘汰或报废的电视机、电冰箱、洗衣机、空调器、计算机、手机、游戏机、收音机、录音机等各种家用电器及电子类产品。电子废物是由消费者废弃的电子电器产品，生产过程中产生的不合格产品及其元器件、零部件，维修、维护过程中废弃的元器件、零部件和耗材，根据相关法律视为电子废物的物品等组成。大部分电子产品含有多种对人体健康和周围环境有害的物质，见表 5-1。

表 5-1 电子废物中的污染物组成

污染物组成	来　源
氯氟碳化合物	冰箱
卤素阻燃剂	电路板、电缆、电子设备外壳
汞	显示器
硒	光电设备
镍、镉	电池及某些计算机显示器
铅	阴极射线管、焊点锡、电容器及显示屏
铬	金属镀层

5.1.2　电子废物的分类

目前，电子废物主要来源于家用电器，世界家用电器产品种类已达数百种、上万个款式规格，而其分类世界各国尚未统一。例如，美国对家用电器产品基本以复杂程度和大小件分类；德国和法国也是按家用电器产品的大小件来分类；日本则是按家用电器产品的用途分类。我国基本上是按家用电器产品的用途分类，一般可以分为14种，具体如下：

1）制冷器具，分为电冰箱、冷冻箱、冷饮机、制冰机、冰淇淋机等。

2）空调器具，分为空调器、电风扇、除湿机、加湿机、恒温恒湿机等。

3）取暖器具，分为空间加热器、板式电暖器、远红外电取暖器、电热毯、温足器等。

4）厨房器具，分为电饭锅、电炒锅、电煎锅、电火锅、电蒸锅、电热锅、电烤箱、三明治烤炉、多士炉、电烤箱、烤面包器、家用磁水器、家用净水器、油烟过滤器、开罐器、电水壶、电咖啡壶、电灶、微波炉、电切刀、洗碗机、搅拌机、果汁机、去皮机、混合机、食物保鲜器和嫩化处理机等。

5）清洁器具，分为洗衣机、干衣机、真空吸尘器、地板打蜡机、上蜡打光机、擦窗机、淋浴器等。

6）整容器具，分为电吹风、电推剪、电动剃须刀、多用整发器、烘发机、修面器等。

7）烫染工具，分为普通电熨斗、调温电熨斗、喷气电熨斗、熨衣机、熨压机等。

8）电声器具，分为收音机、录音机、电唱机、扩音机、对讲机、数字唱片及唱机、音箱、功放、调音台、立体声组合音响设备等。

9）视频器具，分为电视机、录像机、摄像机、CD、VCD、DVD等。

10）娱乐器具，分为电子玩具、电动玩具、电子游戏机、电子乐器、钓鱼器、音乐门铃等。

11）保健器具，分为空气负离子发生器、碱离子分解器、按摩器、催眠器、脉冲治疗器、磁疗机、远红外保健器、电动牙刷、口腔清洁器、助听器、电灸器、热敷器等。

12）照明器具，分为吊灯、吸顶器、壁灯、落地灯、台灯、射灯及其他新型灯具等。

13）其他器具，分为定时器、程序控制器电子、电动缝纫机、电动自行车、电子表、电子钟、电子门锁、计算器、翻译器、万用表、电度表等。

14）计算机和通信工具，分为家用计算机、各种手机、传呼机、电话等。

5.2　电子废物的特性

电子废物具有双重性，即环境污染性和资源性。

（1）环境污染性　电子产品在生产过程中需要大量的化学原料，而其中多数化学原料会对环境造成污染。如果废弃后处置不当，如随意丢弃，简易填埋或无控制焚烧，可能导致人类神经系统和免疫系统的疾病。综合考虑，电子废物对环境的影响因子主要是铅、汞等重金属、塑料（填埋很难降解，焚烧则因为塑料中含有的PVC、阻燃剂等易生成二恶英、呋喃等有毒有害物质）、一般金属、特殊污染物（如旧冰箱中的氟利昂，笔记本电脑中的液晶）等几类。

（2）资源性　目前，人类的矿产资源正在逐渐枯竭，被利用的资源都转入到人们生产的各种产品中，当产品的生命周期结束后（即产品成为废弃物时），该产品也将会成为未来的矿产资源。以计算机主机为例，其成分如下：钢铁约占54%，铜铝约20%，塑料17%，电路板（含金、银和钯等贵重金属）8%，其他 1%。而一部手机同样含有铜、金、银和钯等可回收的贵重金属。对于我国人均资源占有率仅为世界人均 58%的资源贫乏国家，如何以对环境友好的方式回收再利用废弃电子产品，对我国的可持续发展具有重要意义。

5.3 电子废物的管理

5.3.1 加强法制建设

我国已经制定了《电子废物污染环境防治管理办法》（以下简称《办法》），将拆解利用处置电子废物的活动纳入法制化轨道，是规范电子废物拆解利用处置活动，治理电子废物污染的必然需要。原国家环境保护总局公布的《办法》于 2008 年 2 月 1 日起正式实施。《办法》以《固废法》为依据，重点规范拆解、利用、处置电子废物的行为以及产生、储存电子废物的行为。另外，为了规范废弃电器电子产品的回收处理活动，促进资源综合利用和循环经济发展，保护环境，保障人体健康，2009 年国家颁布了《废弃电器电子产品回收处理管理条例》（以下简称条例），并于 2011 年 1 月实施。具体的政策措施由环境保护部会同国家发展与改革委员会和工业与信息产业部共同制定。环境保护部负责废弃电器电子产品处理的监督管理工作。商务部负责废弃电器电子产品回收的监督管理工作。《条例》中包括四项主要制度：目录制度、资格许可制度、基金制度、产业发展规划制度。

我国关于电子产品污染防治的标准制定工作已经启动，并明确规定投入市场的电子电器产品不得含有铅、汞、镉、铬、聚溴二苯醚和聚溴联苯等 6 种有害物质。这一方面保证了我国产品的出口与国际环保标准接轨，另一方面也避免由于我国缺乏相应法规而使不符合国际环保标准的产品流入。

5.3.2 建立回收系统

面对电子废物的威胁，必须尽快建立全社会回收系统。在近几年对电子废物基本信息收集、调研和回收试点经验总结的基础上，国家发展与改革委员会、信息产业部和原国家环境保护总局等部门联合发布了《建立中国废弃家电及电子产品回收处理体系初步方案》，首次提出以“生产者责任制”为核心的废旧家电回收处理体系，明确规定家电生产企业、经销商、消费者、处理公司和政府部门都必须承担相应的责任和义务。生产企业必须从源头控制有毒、有害物质的使用，采用有利于产品回收和再利用的设计方案；经销商可以接受生产企业委托，回收废旧家电，交给有处理资质的公司处理；销售的二手电器要符合质量标准；消费者有义务把废旧家电交给生产企业或有处理资质的公司；家电处理公司必须得到相关部门的认证，经其检测、维修后达到二手家电质量标准的电器，要贴上“再利用品”标志后出售，氟利昂等有害物质必须交环保部门处理；政府部门负责制定相关法律法规和规范，引导和监管回收处理过程。目前电子废物回收系统当务之急是要尽快建立市场准入机制，保证有能力、有资质的企业进入废旧电子产品拆解市场，扶助专业电子废物处理企业进行技术升级，实现规模化无污染生产，坚决取缔用落后工艺提取贵金属的小作坊和污染严重的企业，彻底清理整顿进口废旧电器的非法市场。电子废物的回收可以走规模化回收—科学化分类—专业化处理—无害化利用的路子，由生产商、分销商、零售商、消费者和环保部门合作建立电子废物的回收系统。另外，对于积极参与电子废物回收利用的科研单位和企业，要给予政策和资金支持以确保其产品的优先推广。

电子废物回收系统的建立应从以下几个方面着手：

（1）建立有偿回收为主的多主体、多渠道、开放式回收体系

1）实行电子废物“有偿回收”。我国“废旧家电是有价值的”已经是普遍共识，再加上城乡消费水平的差异，各区域经济发展的不均衡，使得二手家电的需求依然存在而且巨大。因此，“无偿交投”“付费排放”目前在我国都尚无实施的群众基础。而“有偿回收”既符合中国的消费观念，也利于回收处置体系建设的市场化运作。

2）构建“多主体、多渠道、开放式”电子废物回收网络。“多主体”是指由废物排放者到最终无害化处理企业之间，存在多个回收主体。“多主体”不是人为设定的，而是符合市场需求自发形成的。“多主体”不但能满足废物排放者位置分散、数量众多、排放量少、排放频率相对低的特点，也能满足处理企业大批量运输处理的要求，实现收集、运输、处理的总成本最小化，具有规模经济效益。“多渠道”是指从废物排放者到最终无害化处理企业之间具有多种途径。“多主体”的存在决定了回收网络的“多渠道”，即家庭可通过个体回收户上门收购，也可到社区回收站、家电维修店有偿交投，还可到零售商“以旧换新”；生产商可通过售后服务网点回收；处理企业可通过专职的回收公司，或自建回收网点回收等。“多渠道”回收电子废物的经济效益由各市场主体自发完成。“开放式”回收电子废物的体系是依靠市场力量建立和运行的。政府不是通过行政命令指定或建立各级回收者，而是通过相应的法律法规和相应的职能部门引导、监管。价值杠杆对引导生活电子废物最终流向具有环保资质、无害化处理能力的正规企业有绝对的推动作用，这一点是政府干预不能达到的。

（2）规范化管理旧货市场　首先，实行废旧电器回收许可制度，其次，建立废旧电器处理许可制度，即对废旧电器的回收公司、旧货经营业主和处理企业实行许可制度，并对其进行资格审查及登记。

设置废旧电器收集许可证、处理许可证、收集处理综合许可证3种。凡获得收集许可证的企业只能进行废旧电器的收集、运输、仓贮，不得进行拆解、销售活动，并保证将收集到的废旧电器售给具有处理许可证和收集处理综合许可证的企业。凡获得废旧电器处理许可证与收集处理综合许可证的企业可对废旧电器进行集中拆解、无害化、资源化处理，并保证不可资源化部分的填埋与焚烧。凡获得收集处理综合许可证的企业可同时展开上述收集许可证、处理许可证涉及的全部业务。

此外，对于二手电器要实行登记、标志制度，此外要严格区分废电器与旧电器。废电器是严禁进入再流通，只能进行无害化、资源化处理的电器；旧电器是可回收利用的，故对旧电器要实行登记、标志制度进行回收。只有具备检测维修能力，且维修后的电子电器产品能达到质监部门标准的废旧电器回收、处理企业（包括旧货经营业主、专职回收公司、综合回收公司、处理企业），才有权使用“旧货”“再利用产品”的标志。收集到的旧电器经检测维修贴上“再利用产品”标志后，才允许进入合法的旧货市场。废旧电器回收、处理企业定期向监管部门上报其检测维修产品的数量、类型、去向；回收且销售旧电器的旧货经营业主定期向监管部门上报其销售的旧电器的来源、类别、数量，并承担售后服务责任。

（3）推行“延伸生产者责任”制度　“延伸生产者责任”制度（Extended Producer Responsibility，EPR），其核心是“谁生产，谁负责”，即产品消费后回收、处理以及再利

用责任从由政府承担转向由生产者承担，将产品生产者的责任延伸到产品的整个生命周期，特别是产品消费后的回收、处理、再利用阶段。简单讲，就是产品生产者要负责消费后产品的回收、处理、再利用。目前，在日本和欧洲等国执行的"延伸生产者责任"回收处理模式有以下三种：

1）生产商独立回收、处理。该模式是指生产商自建回收网络、处理工厂，独自负责其产品的收集、拆解、无害化、再利用，即生产商自行承担消费后产品回收处理的实物责任和经济责任。如惠普的"星球伙伴（Planet Partners）回收与再生计划"形成了惠普产品的全球回收网络。

2）行业联盟负责回收、处理。该模式是指行业中若干生产商自愿结成联盟，由联盟来承担消费后产品回收处理的实物责任和经济责任。这个联盟被称为"产品责任组织（Product Responsibility Organization，PRO）"，PRO通常是一个非营利性组织，按企业化模式运作，一般由商业协会组建，企业加盟。PRO可以自己组建电子废物回收公司和处理工厂，也可以选择已有的回收公司与处理工厂。生产商则可以选择一个加盟费用比较低的PRO，由PRO来履行延伸生产者责任。比如，东芝、松下在日本北九州联合建立的日本家电再利用公司，就是一个典型的产品责任组织。

3）第三方代理回收、处理。该模式是指生产商将自己应履行的延伸生产者责任委托给第三方（回收公司或处理企业），由独立的第三方来代理承担消费后产品回收处理的实物责任和经济责任。这个第三方企业被称为"产品责任提供商（Product Responsibility Providers，PRP）"。

5.3.3 借鉴国外先进经验

发达国家在电子废物综合处理、循环利用方面为人们提供了可以借鉴的经验。主要经验有：

1）制定较为严格的法律法规。美国从2002年开始，针对废弃家电的回收利用出台了一系列法规。例如，对从事回收家电产品中制冷剂的人员资格、使用的设备以及回收比率等进行明确规定，通过采取采购优先政策，来推动包括废旧家电在内的废弃物的回收利用等。马萨诸塞州制定了美国第一部禁止私人向填埋场或焚烧炉扔弃计算机显示器、电视机和其他电子产品的法律。日本东芝公司专门建立了回收电子废物的工厂，并于1998年开始使用不含卤素的底板生产笔记本电脑；索尼在2002年开始停产含有有毒化学物质HFR的产品；东芝公司和松下电工联合投资在福冈县的北九州市建立了西日本家电再利用工厂，该工厂可以对电冰箱、洗衣机、电视机和空调器进行回收再利用。2003年7月，欧盟1993～2003年国民经济和社会发展统计公报正式颁布了《报废电子电器设备指令》（WEEE指令）和《关于在电子电器设备中禁止使用某些有害物质指令》（RoHS指令），明确要求欧盟所有成员国必须在2004年8月13日前，将此指导法令纳入其正式法律条文中，并要求成员国确保从2006年7月1日起，投放于市场的电子电器设备不包含铅、汞、镉、铬、聚溴二苯醚和聚溴联苯等6种有害物质。该指令从产品设计、使用材料、回收处理、循环利用等方面，对几乎所有的电子产品都提出了要求。

2）履行生产者责任延伸制度。除了传统的回收渠道外，政策鼓励家电生产商和销售商的商品配送渠道，在销售新家电的同时，将废旧家电回收，从而履行生产者延伸的责任。在国外，这种回收也是覆盖面最广，回收效率最高的一种形式。

3）投入高，采用先进技术和设备。为了提高资源再生利用效率，降低处理成本，德国、日本等人工费用较高的发达国家，均采用机械化、自动化程度高的，以破碎、分选技术为主的处理工艺，并以回收的各种金属碎料作为冶炼的炉料。

5.3.4 发展循环经济

德国实际生活中对电子废物坚持“循环经济”的处理理念。以废旧家用电器来说，在波恩小城，每年有两天是收废旧家电的日子，市民会把自己家里淘汰的旧电视、冰箱、收音机等拿出来，统一堆在路边，由市政公司收走处理。在市政公司有专门的工厂处理旧电器。以废旧冰箱为例，首先由工人手工操作，将其中残存的制冷剂放出，以免后续处理中泄漏出来污染环境；然后用机器先将其压扁、破碎，再将不同的成分筛选出来。筛分的原则可根据电子废物的导电性将金属和非金属分开，再根据电子废物的磁性和密度筛选出钢铁、铜、铝等不同金属。经分选后的电子废物变为成分比较单一的各种碎片，其中，回收的金属可回炉冶炼后作为材料，回收的合成塑料可以再生成更低级的塑料或者作为燃料，回收的合成橡胶粉碎后可以和沥青搀在一起，成为铺路材料。

我国的废旧家电回收再利用工作尚属起步阶段，但随着循环经济理念的兴起，部分企业也开始有所行动。例如，海信集团出资成立的我国首家家电服务商——赛维集团的业务范围包括回收废旧家电、二手家电交易等一系列服务。2005 年 7 月 13 日，苏宁电器和 TCL 公司在首次提出了“生产者—经销商延伸责任”，率先在北京推出“我消费、我环保——回收您家中的电子废物”的环保促销活动。凡家中有废旧彩电的消费者，都可以到苏宁折价换购任何一款新电器，其中购买 TCL 彩电可根据新旧程度折合 100～500 元。而苏宁和 TCL 收购上来的废旧电器，将送到国家认证的废旧电器回收机构进行无害化处理。

5.4 电子废物的处理与处置

5.4.1 电子废物的资源化处理

1. 电子废物资源化的含义和实现条件

（1）电子废物资源化　电子废物资源化是以电子废物为对象，在规范的市场运作下，通过先进技术、工艺和手段，最大限度地开发利用其中蕴含的材料、能源及经济附加值等，将其转化为有用资源的过程，从而达到低能耗、低物耗、低环境影响、延长生命周期、达到资源循环等目的，最终实现可持续发展。

（2）电子废物资源化的实现条件

1）建立和实施生产者责任延伸制度（EPR），即将生产者的责任延伸到其产品的整个生命周期，特别是产品消费后的回收处理和再生阶段，促进改善生产系统全部生命周期内的环境影响状况的一种环境保护政策原则，体现了发达国家环境管理模式的重要转变。

2）充分发挥财产及人力资源优势。

3）鼓励和监督生产企业开展以旧换新活动，一方面便于生产商的集中回收处理，另一方面也减少个体小商贩对电子废物不合理的处理与处置。

4）完善和精简对生产企业和回收行业的规范管理，明确各环节责任和职责，减少拖沓、推诿。

5）变传统的以需求为目的的生产体系为末端控制为主的逆生产分析体系，即以可能产生的排出物及报废物的分析入手，根据资源情况、环境影响、再生利用、资源循环的可能性确立原料、工艺及排出物的最优化利用及再资源化情况。

6）加强对旧货市场的正规化、规模化建设。

2. 电子废物资源化的途径和技术路线

由于电子废物中含有可回收的有色金属、黑色金属、塑料、玻璃等，对其实施资源化、减量化、无害化处理，既可以减少焚烧、填埋时造成的负面环境效应，又可以使资源再利用，从而促进社会的可持续发展。

电子废物资源化的实现途径　电子废物资源化的实现途径应坚持废物避免和循环利用过程，包括四层含义。

1）再使用，对电子废物进行翻新、再生或升级等以延长其使用寿命。

2）再生产，对从电子废物上拆解下的元器件经检测合格后回收重用，用于新产品制造。

3）再循环，指最大限度地回收其有用成分实现其资源化。

4）无害化处理，指以对人类生存环境没有侵害为条件，对废物进行处理的一种方式（如焚烧和填埋等）。电子废物资源化途径如图 5-1 所示。

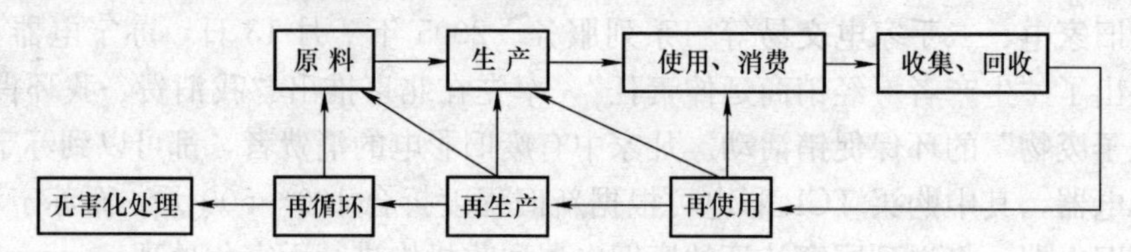

图 5-1　电子废物资源化途径

根据电子废物的来源可提出图 5-2 所示的具体技术路线。

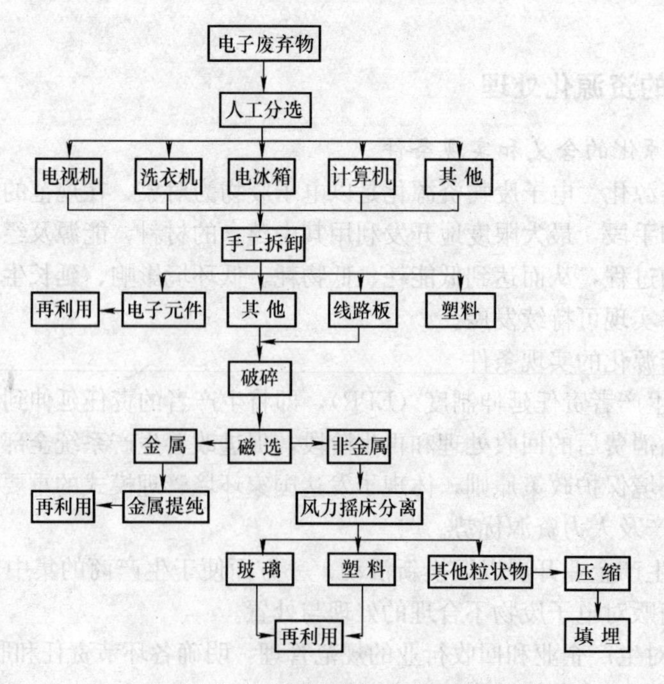

图 5-2　电子废物资源化处理技术设想

3. 建立绿色生产新理念

一件崭新的家电出厂，也就意味着将有一件废物流向社会。所以要建立固体废物防治的基本理念，把现行的开环生产模式变成闭环（或循环）生产模式，这是对废物从产生到进入“坟墓”实行全过程管理。要实现闭环生产模式，必须从源头开始考虑。设计产品时就要注重绿色理念，实现绿色设计，如图 5-3 所示。对设计出的每一件产品都要组织有关专家及公司的职能部门，评出最终环境责任率（R）。根据 R 值，判定环境性能，最后决定是否投产，以从源头上减少污染的产生。具体方法如下。

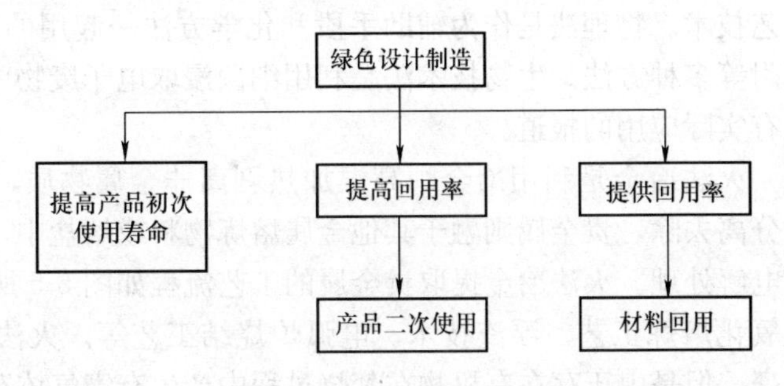

图 5-3　绿色生产工艺

1）产品的绿色设计。以计算机为例，追求废旧计算机的最大剩余价值只能通过再制造来实现对废旧计算机的处理。由于市场推动，出现了性能水平更高的产品，使用者进行技术更新换代。所以产品的绿色设计制造可以从以下两个方面来进行，其一，如果在计算机绿色设计与制造中考虑这些问题，使硬件及软件具有较好的兼容性或在设计上具有前瞻性，可以使计算机的第一次使用周期加长；其二，计算机最终总是要被拆卸的，所以在设计时最好采用拆卸方便的设计。总之，绿色设计的原则是坚持生产生命周期长、高回用率材料、对环境污染小、能做到环境经济两不误的产品，最终促使企业生产实现循环生产模式，如图 5-4 所示。

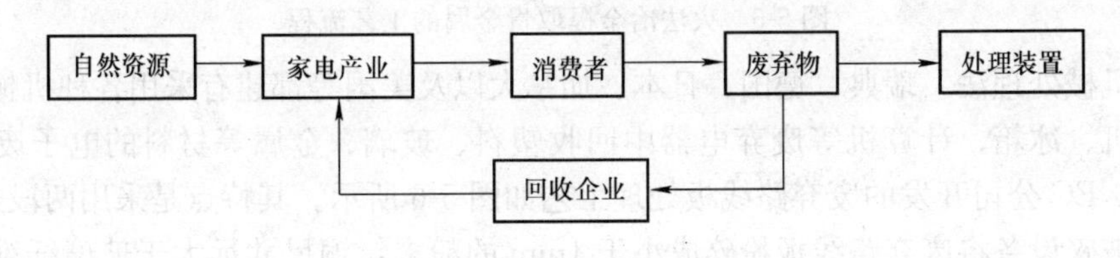

图 5-4　家电产品的闭环生产模式

2）提高回收率，为提高回收率就要求建立良好的回收网络。这种回收网络首先要依靠规模大有实力的企业，组织经过专业培训的工人按质计价或按件计价进行上门回收，并运用以互联网为代表的网络技术，辅以传统的报刊、电视、杂志等媒体，使回收工作快捷、方便、合理地进行。

3）提高再制造商品的回用率。首先，在产品回收的同时要对产品进行科学的分类（可根据产品所具有的类型分），一件产品回收回来，厂家必须对商品进行技术经济分析，确定部件或整机是否值得用当前可以采用的修复工艺进行再制造。其次，厂商必须具备环境意识，诸如采用低能耗电路和低辐射的显示器，这些节能低污染的部件对于增加商机和客户是非常重要的。最后，厂商必须开发新工艺以对采用当前技术尚不能进行再制造的、含有高附加值的元器件及部件进行再制造。

5.4.2 电子废物的资源化处理与处置技术

1. 电子废物的资源化技术

从电子废物中回收贵金属的方法可以概括为化学法、物理法和生物技术法。化学法是广泛应用于提取电子废物中金、银等贵金属的成熟方法，它包括火法冶金、湿法冶金、电解法提取、硫酸法等工艺技术。物理法是作为辅助手段和化学方法一起用的，它包括机械破碎、空气分选和磁性吸附等多种方法。生物技术法是利用细菌浸取电子废物中的贵金属，目前仍处于研究中，未见有实际应用的报道。

（1）火法冶金　火法冶金是利用冶金炉高温加热剥离非金属物质，如电路板有机材料等，一般呈浮渣物分离去除，贵金属则融于其他金属熔炼物料或熔盐中，与其他金属呈合金态流出，再精炼或电解处理。火法冶金提取贵金属的工艺流程如图 5-5 所示。火法冶金有焚烧熔出工艺、高温氧化熔炼工艺、浮渣技术、电弧炉烧结工艺等。火法冶金提取贵金属简单、方便、回收率高，但是由于存在有机物在焚烧过程中产生有害气体造成二次污染、其他金属回收率低、处理设备昂贵等缺点，目前该方法已经逐渐淘汰。

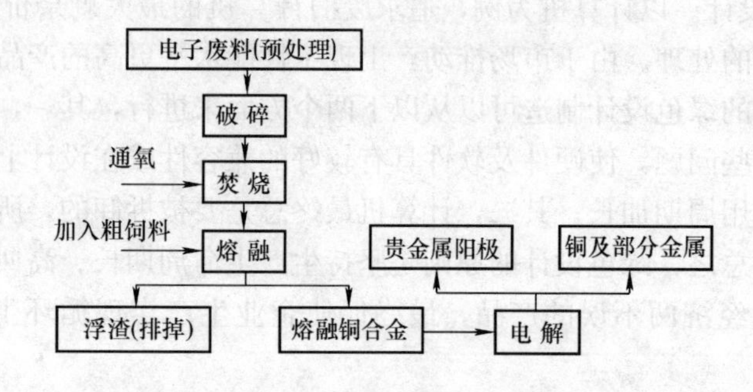

图 5-5　火法冶金提取贵金属的工艺流程

（2）机械处理法　瑞典、德国、日本、加拿大以及美国等都建有采用各种机械处理法从废弃电视机、冰箱、计算机等废弃电器中回收塑料、玻璃、金属等材料的电子废物回收工厂。日本 NEC 公司开发的废弃路线板处理工艺如图 5-6 所示。其特点是采用两段式破碎法，利用特制破碎设备将废弃路线板粉碎成小于 1mm 的粉末，铜尺寸远大于玻璃纤维，此时铜可以很好地离解。再经过两级分选可以得到铜含量约 82% 的铜粉，铜的回收率达到 94%。树脂和玻璃纤维的混合粉末主要在 100～300mm，可用作油漆、涂料和建筑材料添加剂。

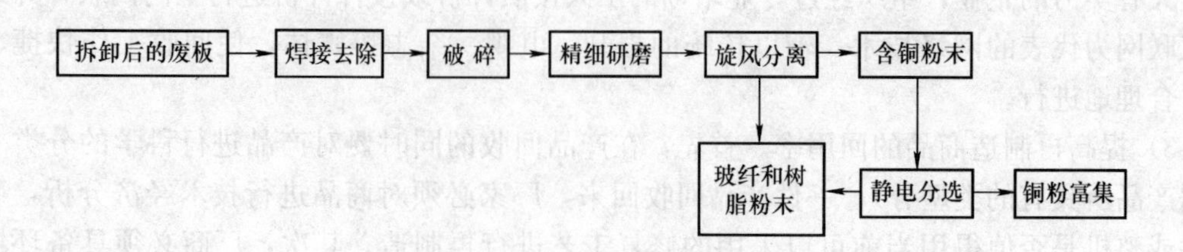

图 5-6　日本 NEC 公司开发的废弃路线板处理工艺

(3) 湿法冶金 湿法冶金是利用贵金属能溶解在硝酸、王水和其他苛性酸的特点，将其从电子废物中脱除并从液相中回收的技术，如图5-7所示。湿法冶金与火法冶金相比，具有废气排放少、提取贵金属后的残留物易于处理、经济效益显著、工艺流程简单等优点。

2. 电子废物的处置

电子废物处置技术很多，现在最常用的回收技术主要有机械处理、化学处理、生物处理或几种处理技术相结合的方法。采用预处理、拆解和机械物理回收的方法处理电子废物具有成本低、投资少和环境污染小等优点，具有很强的适应性和可操作性。但是机械物理方法通常只能实现各组分的粗分离或者只能得到相似组分的富集体，如果要得到纯度很高的原料，必须借助其他化学处理、生物处理或物理化学处理等方法。另外，电子废物组分非常复杂，许多属于危险废物，因此具体到某一种（类）危险废物，需要采用专门的技术和设施，如镍汞电池、含溴化阻燃剂塑料、废弃电路板等资源化处理。

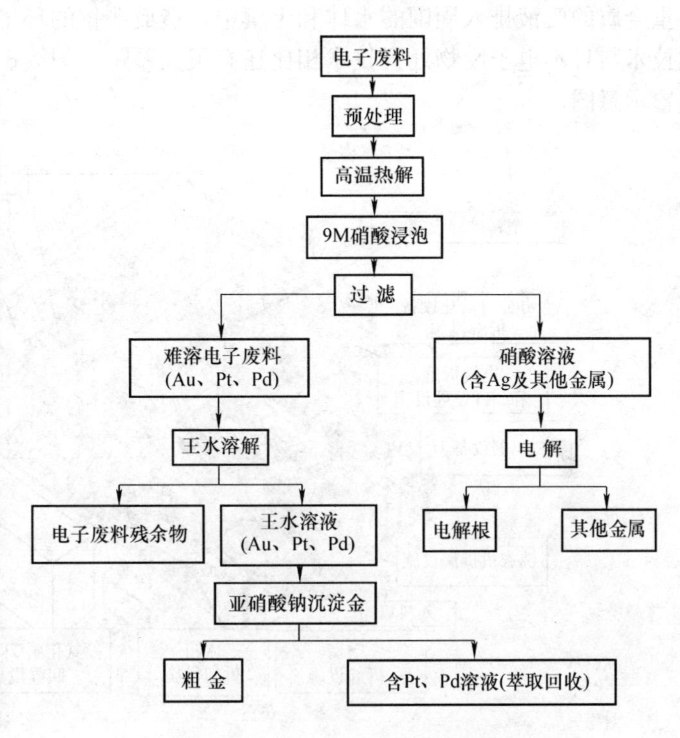

图5-7 湿法冶金提取贵金属工艺流程

(1) 电子废物处置方式

1) 家庭作坊式处理方式。采用手工或者依靠最简单的工具（螺钉旋具、钳子等）进行电子废物拆解，人工将有价成分分类回收；或者采用简单酸溶或露天焚烧等落后方式回收高附加值组分，难以回收利用的剩余组分就随意堆放或抛弃，污染极其严重。

2) 中等规模处理方式。有一些中等规模的企业，购买和安装了电子废物处置的主要设备，但是为节省资金，没有配套必要的污染防护措施，在连续生产过程中也易造成二次污染。

3) 环保型处理方式。严格按照环保要求，采用先进工艺，进行电子废物的资源化处理，加工处理过程中产生的废水、废气、废渣都能得合理处置。

(2) 电子废物处置存在的问题 在我国，电子废物大量出现只是近几年的事情，与发达国家相比，无论是法律法规还是收集方式及处置技术都存在很多不足之处，主要表现在：

1) 电子废物回收体系落后，回收再利用率低。未从法律上明确产品制造商/进口商和消费者对于电子废物的回收责任，没有形成社会化的回收体系和渠道，电子废物回收者仅限于一些小商贩，回收数量小。目前，电子废物回收利用厂规模小，多为一些乡镇企业和家庭小作坊，仅回收电子废物中利用价值高的金属，如金、银、铑、钯、铜以及部分塑料，总的回收率不超过废物总量的30%。

2）电子废物再生利用处置水平低，工艺相当落后，污染严重。目前，电子废物主要通过手工拆解来回收原材料。对于那些不能直接通过手工拆解的部分（如电路板和细电线），多采用酸溶、火烧等方式，提取电子废物中的金银等贵金属，而将含铅、锡、汞、镉、铬等有毒重金属的废液排入周围的水体和土壤中，造成严重的环境污染。目前，国内电子废物的处置技术与日本电子废物处置技术相比还有很大差距。图 5-8 所示为日本电子电器废弃物处置装置示意图。

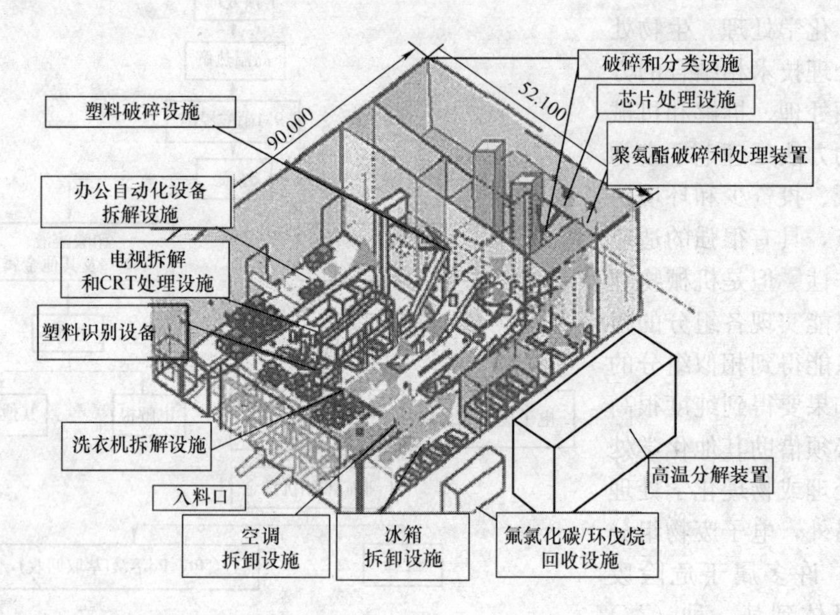

图 5-8　日本电子电器废弃物处置装置示意图

5.5　电子废物回收利用的实例

目前，国内外很多公司已经将电子废物回收处理作为一项主营业务，并取得了一定程度的成功。

德国是对电子废物进行综合回收利用较早的国家。德国 Daimler2Benz Ulm Research Centre 开发了废电路板四段式处理工艺：预破碎、液氮冷冻后粉碎、分类、静电分选，如图 5-9所示。具体特点：液氮冷却有利于破碎；破碎时会产生大量的热，在整个粉碎过程中持续通入－196℃的液氮可以防止塑料燃烧（氧化），从而避免形成有害气体；该公司研制的电分选设备可以分离尺寸小于 0.1mm 的颗粒，甚至可以从粉尘中回收贵重金属。

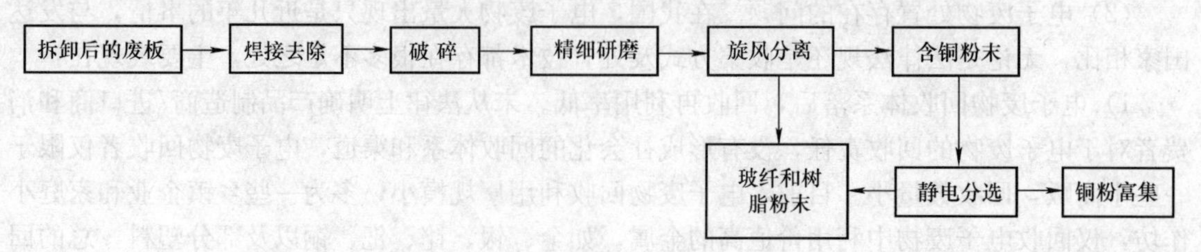

图 5-9　Daimler2Benz Ulm Research Centre 的废电路板处理工艺

日本NEC公司开发的废电路板处理工艺如图5-10所示，其特点是采用两段式破碎法，利用特质破碎设备将废电路板粉碎成小于1mm的粉末，铜可以很好的粉碎，而且铜的尺寸远大于玻璃纤维和树脂，经过两级分选可以得到铜含量约82%（重量）的铜粉，其中超过94%的铜得到了回收。树脂和玻璃纤维混合粉末尺寸主要为100～300μm，可以用作油漆、涂料和建筑材料的添加剂。

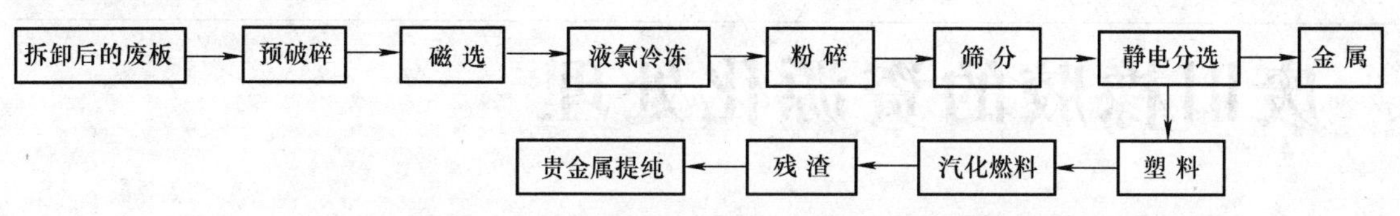

图5-10 日本NEC公司开发的废电路板处理工艺

我国广东清远进田公司引进国外（德国）成套备和技术，建立了从电子废物中提取贵重金属的产线。其处理工艺为：预选过的电子废物经过粉碎、研磨、重力分选几道工序之后，废旧计算机、电缆便被分解成铜粒、玻璃纤维粉末、塑料粉末，这些电子废物粉末通过重力摇床分选，铜、锡、钯等金属分离出来。据了解，公司每处理1t电子废物可以营利500～600元。

6

第 6 章 废旧橡胶的资源化处理

6.1 废旧橡胶的组成和分类

橡胶一词来源于印第安语，意为“流泪的树”。1770 年，英国化学家 J. 普里斯特利发现橡胶可用来擦去铅笔字迹，当时将这种用途的材料称为 rubber，此词一直沿用至今。橡胶及其制品在加工、贮存和使用过程中，由于受内外因素的综合作用而引起橡胶物理化学性质和机械性能的逐步变坏，最后丧失使用价值，表面上表现为龟裂、发黏、硬化、软化、粉化、变色、长霉等，即橡胶老化。橡胶老化导致其使用性能下降，最终不能满足生产生活需要，从而被丢弃形成废旧橡胶。

6.1.1 废旧橡胶的组成

橡胶是提取橡胶树、橡胶草等植物的胶乳，加工后制成的具有弹性、绝缘性、不透水和空气的材料，是具有可逆形变的高弹性聚合物材料。在室温下富有弹性，在很小的外力作用下能产生较大形变，除去外力后能恢复原状。橡胶属于完全无定型聚合物，它的玻璃化转变温度低，相对分子质量往往很大，大于几十万。橡胶的分子链可以交联，交联后的橡胶受外力作用发生变形时，具有迅速复原的能力，并具有良好的物理力学性能和化学稳定性。

废旧橡胶是固体废物的一种，其组成包括废旧橡胶制品，即报废的轮胎、人力车胎、胶管、胶带、工业杂品等，也包括橡胶制品厂生产过程中产生的边角料和废品。废旧橡胶是仅次于废塑料的一种高分子污染物，属于热固性聚合物材料，在自然条件下很难发生降解，丢弃于地表或埋于地下的废旧橡胶可以几十年不变质、不腐烂。

6.1.2 废旧橡胶的分类

(1) 按原橡胶的来源分类　按原橡胶的来源，废旧橡胶可分为天然橡胶型和合成橡胶型。天然橡胶是从橡胶树、橡胶草等植物中提取胶质后加工制成；合成橡胶则由各种单体经聚合反应而得。其中，合成橡胶型又可根据其成分与结构分为丁苯橡胶、顺丁橡胶、氯丁橡胶、丁基橡胶、丁腈橡胶、硅橡胶、氟橡胶、聚氨酯橡胶等。

(2) 按原橡胶制品的用途分类　按原橡胶制品的用途，废旧橡胶可分为外胎类、内胎类、胶鞋类和工业杂品类。外胎类包括汽车轮胎、拖拉机轮胎、飞机轮胎、手推车胎、自行车胎等，主要使用天然橡胶、顺丁橡胶、丁苯橡胶等。内胎类包括汽车轮胎、拖拉机轮胎、飞机轮胎、手推车胎、自行车胎等，主要使用天然橡胶、丁基橡胶、丁苯橡胶。胶管和胶带类包括氯丁橡胶、丁腈橡胶、丁苯橡胶、顺丁橡胶、乙丙橡胶、天然橡胶、丁基橡胶等。胶鞋类包括天然橡胶、丁苯橡胶、顺丁橡胶、乙丙橡胶、硅橡胶、氟橡胶等。工业杂品类包括天然橡胶、氯丁橡胶、丁腈橡胶、乙丙橡胶、硅橡胶、氟橡胶等。

（3）废旧橡胶按性质分类　废旧橡胶按照不同的性质有不同的分类，例如，按照颜色性质分为黑色橡胶、白色橡胶和杂色橡胶；按照刚度性质分为硬质橡胶和软质橡胶；按照橡胶含量的多少分为纯橡胶制品、高含胶橡胶制品和低含胶橡胶制品；按照老化程度分为轻微老化制品、中等老化制品和重度老化制品。

6.2　废旧橡胶的管理体系

6.2.1　国内外废旧橡胶的管理体系

随着科技的发展，人们发现回收利用废旧橡胶可以节约生产、合成橡胶所消耗的大量原油，并开始把废旧橡胶称为“新型黑色黄金”，千方百计设法回收利用，为了有效回收利用废旧橡胶，各国建立了不同的管理体系。

1. 美国

联邦政府固体废物综合利用研究所和加利福尼亚州环保局制定了《废轮胎回收利用五年强制计划》。美国在废轮胎回收处理再利用方面的政策与立法主要包括以下几个方面：

1）严格的行业准入制度。废轮胎的运输（10条以上）、堆放（500条以上）、处理（无论何种方法）均实行政府审批制度和许可制度，具体操作由州环保局审批。这样就将废轮胎的产生量、流向和再利用方式纳入了政府的统计资料库，有利于政府执法部门动态监控各个环节，以及对社会环境与资源效果进行定期评估，为他们每两年的政策调整提供了决策依据。

2）专项基金收费和补偿制度。按照“谁污染谁处理”的原则，由消费者承担相应的社会经济责任。加利福尼亚州自1992年开始建立废轮胎回收处理专项基金，基金来源是从新轮胎销售商销售新轮胎环节征收回收处理费（轮胎翻新的销售不再收取回收处理费）。轮胎销售商在新轮胎销售时将加利福尼亚州政府规定的废轮胎回收处理费加入零售价格中，再转入加利福尼亚州政府专用基金账号。

3）以法律方式强制实现资源配置，促进市场发展。法律规定，废轮胎不得与生活垃圾或其他废弃物一起运输和处理，否则将受到重罚。这样就迫使轮胎使用者将更换下来的废轮胎交给新轮胎销售商，销售商要付钱并且通过有废轮胎运输许可证的运输商和处理商对废轮胎进行处理，销售商再从轮胎使用者那里把钱赚回来。销售商在这个过程中可能还要盈利，这样就形成了一个废轮胎回收、运输、处理的市场化运作的产业链和资金流，平衡了各方的经济利益。

4）政府强制性的废轮胎回收利用计划。加利福尼亚州环保局发布最新的《2006/2007～2010/2011年废轮胎回收利用计划》，该计划是根据加利福尼亚州议会通过的废轮胎回收处理各项法律所制定的可操作性计划，与上一个《废轮胎回收利用五年计划》相比，新计划要达到的环境与资源目标更明确、监管力度更大，同时更多地支持资源化程度高、二次污染少的橡胶粉处理方法、更多地支持胶粉下游市场开发。

2. 加拿大

加拿大共有 11 个省（包括育康地区），每一个省均成立了省废旧轮胎回收利用协会。除安大略省以外，10 个省的协会共同组建了加拿大废旧轮胎回收利用协会。该协会是一个非牟利机构，其宗旨是协同管理部门执行和实施废旧轮胎回收利用政策，促进会员间的信息交流。省废旧轮胎回收利用协会的成员主要由轮胎制造商、零售商、运输商、废旧轮胎粉碎厂、橡胶粉末产品制造厂和研发机构等单位组成。

回收利用计划的费用主要来源于销售新轮胎时征收的环保费（或称废旧轮胎处理费），环保费一般在出售新轮胎（包括出售新车）时征收，以便保证废旧轮胎回收时的支出。目前每个省征收的轮胎环保费不等，小轿车征收 2～4 加元，大卡车征收 5～6 加元。

加拿大各个地方政府对废旧轮胎处理都会给予财政补贴支持，但补贴标准不同。目前加拿大各省都成立了废旧轮胎回收利用组织机构来合理地回收利用废旧轮胎，如安大略省成立了轮胎回收环保组织（ONTARIO TYR STEWARDSHIP，简称 OTS），OTS 规定，所有轮胎生产者和轮胎销售进口商必须向 OTS 支付一定的回收费用（费用标准见表 6-1）。

表 6-1　轮胎分类及需要支付的回收费用标准

轮胎分类	支付回收费用/加元	轮胎分类	支付回收费用/加元
乘用车轮胎和轻卡车胎	5.84	中型工程机械轮胎	96.20
中型卡车轮胎	14.65	大型工程机械轮胎(轮辋直径在 33～39 英寸间)	104.25
中型卡车轮胎	14.65	巨型工程机械轮胎（轮辋直径大于 39 英寸）	250.20
小型工程机械轮胎	22.24		

3. 中国

目前，我国还没有形成鼓励废旧轮胎资源再生和循环利用的制度体系、法律体系、政策体系和社会机制。尽管我国回收利用途径和技术并不落后，但管理、政策和立法的滞后已经严重阻碍了废旧轮胎回收利用产业的发展。我国尚无废旧轮胎回收利用的管理部门，也未建立正规的回收利用系统。企业之间盲目、无序竞争，市场管理不规范，使产品质量好、技术先进的企业得不到应有的支持。我国应加快制定废旧轮胎资源循环利用的管理法规，依法管理，规范行业发展。国家应当尽快建立和完善废旧轮胎回收利用管理法规和细则，明确生产、使用单位的责任和义务，对废旧轮胎综合利用进行科学定位；建立健全废旧轮胎的回收利用渠道，以及回收处置费的征收、登记、缴纳、使用及管理办法；规定行业的组织管理和协调监督、规划、优惠政策，废旧橡胶利用技术研究和开发、二次污染治理，产品及其原材料标准、回收、统计、公报、奖励和处罚，及对废旧轮胎回收利用企业实行资质认证制度等。

6.2.2　废旧橡胶再利用的四大优势

（1）价格优势　随着橡胶在全世界范围内的大幅上涨以及我国市场经济的蓬勃发展，各行各业对橡胶的需求越来越强烈，橡胶价格也由 2000 年的 5000 元/t 上涨到了 20000 万元/t。而利用废旧轮胎加工生产的精细胶粉（50～80 目）只有原橡胶的 1/4，企业降低了生产成本，也为胶粉销售带来了巨大的市场和商机。

（2）市场优势　废旧橡胶资源再生利用能有效缓解橡胶资源的紧缺趋势，特别是在新领域中起着不可替代的作用。废旧橡胶资源应用领域很广泛：一是建材行业，防水材料、沥青、防水油膏、橡胶卷材等；二是高速公路，高等级路面均需掺入一定比例胶粉，能增加汽车制动时的摩擦系数，降低噪声；三是体育场塑胶跑道、飞机跑道、高尔夫球场、健身房、配电室、计算机房、会计室、图书馆等消声、绝缘场所；四是密封圈、输送带、橡胶管；五是鞋底、运动鞋、家庭橡胶地板，成为欧美西方发达国家极为流行的新型环保材料。

(3) 政策优势　发展循环经济，再生资源综合利用是当今社会发展的主题。废橡胶再生利用已得到我国政府高度重视并提到了日程，国家鼓励变废为宝，以害为利，净化环境，建立节约型社会。如国民经济和社会发展“十二五”规划的第六篇“绿色发展，建设资源节约型、环境友好型社会”；第二十三章提出要“大力发展循环经济”；国务院以国发［1996］36号《关于进一步开展资源综合利用的意见》，《资源综合目录》(2003年修订本)，其中第三部分，第35条，利用废轮胎等生产橡胶粉、再生胶、液性沥青、轮胎、炭墨、钢丝、防水材料、橡胶密封圈，以及伐木产品。第40条“废旧轮胎翻新和综合利用产品按规定享受资源综合利用的优惠政策”。

(4) 资源优势　随着橡胶工业及汽车产业的发展，大量的废旧轮胎，橡胶制品及其他边角料不断增多。据统计，我国每年仅轮胎报废量不少于150万t，并以每年10%的速度递增，而目前回收率只有30%。我国年消耗橡胶量居世界第一位。与此同时，我国每年进口橡胶数量为总消耗量的60%。废旧橡胶资源再生综合利用，领域非常广泛，既可代替部分天然橡胶，又在新材料领域中是主要的原材料，如防水材料、橡胶跑道、橡胶地板等。

6.2.3 废旧橡胶再利用发展建议

1) 确立以生产再生橡胶为主的废旧橡胶综合利用发展方向。以生产再生橡胶为主的产业方向有效地解决了绝大多数废旧橡胶的出路问题。目前，我国可以根据橡胶烃和其特有的合成胶成分的恢复含量，分别生产出轮胎再生胶、胶鞋再生胶、杂品再生胶、浅色再生胶、彩色再生胶、无臭味再生胶、乳胶再生胶、丁基再生胶、丁腈再生胶和三元乙丙再生胶等，用于替代不同类型的橡胶以满足橡胶工业的需要。

2) 切实解决我国轮胎翻新率低的问题，推动翻胎行业稳步发展。从源头抓起，轮胎企业要及时调整、优化产品结构，不合格的产品不出厂，减少废旧轮胎的产生量；对用户进行科普教育，正确使用轮胎，进一步发挥交管、运管部门的监管职能，以延长废旧橡胶的产生周期；制定翻胎基本工艺规程，减少乃至杜绝低水平、低质量翻新和假翻新、伪翻新现象。

3) 拓展应用领域，适度发展橡胶粉的生产，在技术上已比较成熟，目前的瓶颈主要在市场，因此应大力拓展应用领域。在化工、轻工领域，应将橡胶粉用于汽车轮胎、自行车胎、生产胶管、胶带等橡胶制品生产；在建材领域，可将橡胶粉用于生产橡胶砖等地面材料和防水卷材及屋面材料，优化其性能；在交通领域，应进一步加强对橡胶粉改性沥青的应用研究，加快其在公路铺设上的应用和推广。

4) 在废旧轮胎处理和综合利用领域把好环保关。在再生胶生产企业中大力推广污染治理先进实用技术，坚决取缔利用废旧轮胎土法炼油，严格禁止废旧轮胎进口。

5) 出台环境经济政策，起好杠杆调节作用。对再生橡胶、橡胶粉、翻胎企业实行生产准入制度，对技术、装备落后的企业实行环保一票否决，对技术先进、环保达标的废旧橡胶综合利用企业予以必要的政策和财税扶持，明确回收是基础、利用是根本的经济政策。国家应在产业发展方向、新技术应用、环境保护方面给予明确规定；在废旧橡胶的收购、运输、加工及深加工利用上，以税收以及运费等为经济杠杆予以支持，对加工、利用环节通过减免税收，给予经济补偿等使企业有利可图，通过经济杠杆鼓励废旧橡胶利用企业发展；鼓励社会重视和使用再生资源产品。

6.3 废旧橡胶的资源化处理技术

废旧橡胶主要是废旧轮胎等橡胶制品，是国际公认的有害垃圾。而以废旧轮胎为主的废旧橡胶，又是一种可以再生利用的资源。国外废旧橡胶的综合利用通常是作为燃料（1t 废旧橡胶可以替代 1.74t 左右的煤，主要用于水泥、工业锅炉、发电厂等），或通过热裂解（废旧轮胎通过热裂解处理）制造再生橡胶或胶粉。

废旧橡胶的资源化处理技术主要有原形改制、旧轮胎翻新、生产再生橡胶、生产胶粉和胶粒、热分解。

废旧橡胶的资源化主要是再生加工，而再生利用主要分为整体利用、再生利用和热利用三种方法。以废旧轮胎为例，其主要资源化利用的途径如下：

整体利用：翻新轮胎；船坞防护物，渔船、运沙船漂浮信号灯，漂浮阻波物，游乐场工具等。

再生利用：剥皮，用于室内地板；再生，制作轮胎、衬垫、皮带等；胶粉，用于地板、跑道和路面的铺设材料，橡胶块、管、板，橡胶带和屋顶材料。

热利用：高温分解，用作燃料气体、燃料油、炭黑；直接燃烧，供给水泥厂、锅炉、金属冶炼厂。

目前，在我国废旧橡胶综合利用领域，原形改制、热分解和热能利用尚未形成产业规模，我国废旧橡胶综合利用的主要方式为轮胎翻新、生产再生胶和胶粉三种。橡胶综合利用产业链示意如图 6-1 所示。

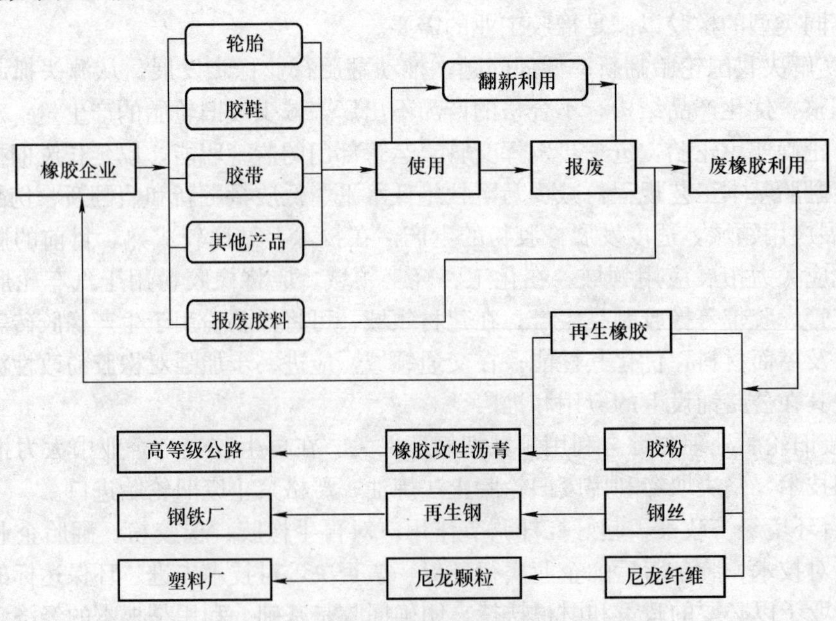

图 6-1 橡胶综合利用产业链示意图

6.3.1　原形改制

通过捆绑、裁剪、冲切等方式，将废旧橡胶（主要是废旧轮胎）改造成有利用价值的物品。最常见的是用作码头和船舶的护舷、沉入海底充当人工鱼礁、公路缓冲带等。例如，废旧轮胎可直接用于码头作为船舶的缓冲器，用于构筑人工礁或防波堤，用于公路作防护栏或水土保护栏，用于建筑作消声隔板等。废旧轮胎在用污水和油泥堆肥过程中可充当桶装容器，废旧轮胎经分解剪切后可制成地板席、鞋底、垫圈等。废旧轮胎还可以被削成填充地面底层或表层的物料。美国俄亥俄州的大陆场地系统有限公司将废旧轮胎研磨压制成像铅笔橡皮擦大小的小块后出售，商品名为轮胎地板块，主要用作运动场、跑马场或其他设施的石子或木条替代品。日本的一所学校将废旧轮胎有序堆积后作为运动场的看台，是很有创意的利用方式。原形改制方法消耗的废旧轮胎量不大，只能作为一种辅助途径。

6.3.2　旧轮胎翻新

旧轮胎翻新是指旧轮胎经局部修补、加工、重新贴覆胎面胶之后，再进行硫化，恢复其使用价值的一种资源再利用方法，是轮胎循环利用产业链中的重要环节。轮胎在使用过程中最普遍的破坏方式是胎面的严重破损。因此，轮胎翻新引起了世界各国的普遍重视。在德国，轿车翻新胎的比例为12%，卡车翻新胎的比例为48%，翻新胎的总产量为每年1万t。我国轮胎翻新业不景气，主要原因是国产轮胎质量普遍低下，废旧轮胎有翻新价值的数量有限。对轮胎进行LCA分析可知，轮胎、科学管理、合理使用、适时翻新、报废解体回收利用都与轮胎翻新有很大联系。翻新轮胎的使用寿命相当于新胎的60%～80%，预硫化翻新轮胎基本上接近新胎，而翻新1条旧轮胎的原材料消耗只相当于同规格新轮胎的15%～30%，能源消耗为新轮胎的20%～30%，一次翻新胎价格约为新轮胎的80%。2005年我国轮胎翻新量约为800万条，其中预硫化胎面翻新150万条左右，轮胎翻新量只占新胎产量的3.2%，远低于发达国家的水平。

轮胎翻新延长了轮胎使用寿命，减少了废轮胎的堆放对环境的污染，达到“自然资源—产品—废旧品—再生资源利用”的循环生产方式，轮胎翻新和再生胶生产方式如图6-2所示。

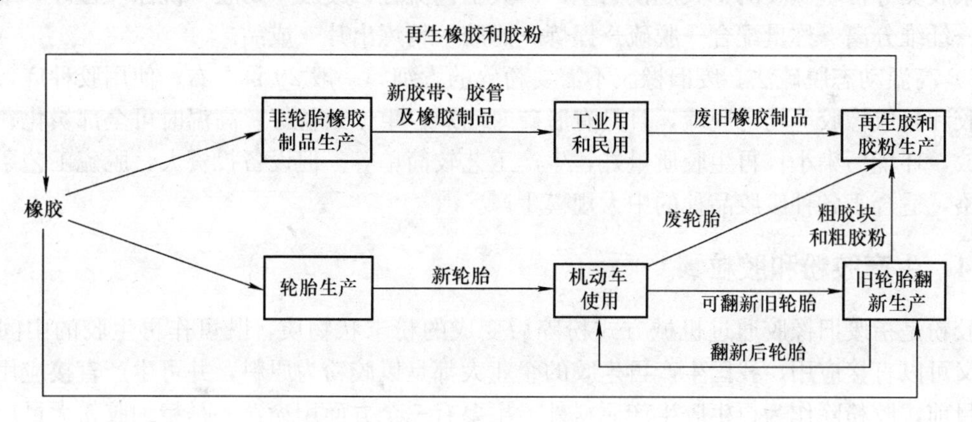

图6-2　轮胎翻新和再生胶生产方式

6.3.3 生产再生橡胶

再生橡胶是指废旧橡胶经过粉碎、加热、机械处理等物理、化学过程，使其弹性状态变成具有塑性和黏性的能够再硫化的橡胶。再生橡胶生产仍是我国废旧轮胎回收利用的主要途径，年产量超过100多万t，是名副其实的“再生胶王国”。

（1）再生机理 通过脱硫技术破坏废旧橡胶中硫化胶化学网状结构制成再生橡胶。硫化胶通常在热、氧、机械力和化学再生剂的综合作用下发生降解反应，硫化胶的立体网状结构被破坏，从而使废旧橡胶的可塑性有一定的恢复，达到再生目的。在再生过程中，硫化胶结构的变化为：交联键（S-S、S-C-S）和分子键（C-C）部分断裂，再生橡胶处于生胶和硫化胶之间的结构状态，其结构的变化可用以下假定反应式说明：

$$(C_5H_8)_6S(C_5H_8)_6 \rightarrow (C_5H_8)_3S(C_5H_8)_3 + (C_5H_8)_3 + (C_5H_8)_3 \rightarrow (C_5H_8)_3S(C_5H_8)_3 + (C_5H_8)_6$$

硫化胶经过再生，分解为含有硫黄的橡胶分子和不含硫黄的橡胶分子两部分。前者$(C_5H_8)_3S(C_5H_8)_3$含量为51.65%，后者$(C_5H_8)_6$含量为47.35%。此外，在生产新轮胎时，也可投入少量的再生胶作为原料。

（2）生产工艺 生产再生橡胶主要有油法（直接蒸汽静态法）、水油法（蒸煮法）、高温动态脱硫法、压出法、化学处理法、微波法等，但应用的原理基本上是油法和水油法。我国现在主要应用的再生胶制造方法有油法、水油法和高温动态脱硫法，其具体的工艺流程和方法特点如下：

1）油法。工艺简单，厂房无特殊要求，建厂投资低，生产成本少，无污水污染。但再生效果差，再生胶性能偏低，对胶粉粒度要求小（28～30目），适用于胶鞋和杂胶品种及小规模生产。其工艺流程：废胶→切胶→洗胶→粗碎→细碎→筛选→纤维分离→拌油→脱硫→捏炼→滤胶→精炼出片→成品。

2）水油法。工艺复杂，厂房有特殊要求，生产设备多，建厂投资大，胶粉粒度要求较小，生产成本较高。有污水排放，应有污水处理设施。但再生效果好，再生胶质量高且稳定，特别对含天然橡胶成分多的废旧橡胶能生产出优质再生胶。水油法适用于轮胎类、胶鞋类、杂胶类等再生橡胶的中大规模的生产。其工艺流程：废胶→切胶→洗涤→粗碎→细碎→筛选→纤维分离→称量配合→脱硫→捏炼→滤胶→精炼出片→成品。

3）高温动态脱硫法。废旧橡胶不需要粉碎的太细，一般20目左右；使用胶种广，如天然橡胶和合成橡胶等均可脱硫，且具有脱硫时间短，生产效益好；高温时可全部炭化；无污水排放，环境污染小；再生胶质量好，生产工艺较简单等。但设备投资大，脱硫工艺条件要求严格，适合于各种废胶品种的中大规模生产。

6.3.4 生产胶粉和胶粒

胶粉是指废旧橡胶通过机械方式粉碎后变成的粉末状物质，既可作再生胶的中间原材料，又可以直接应用。我国生产再生胶的企业大都是以胶粉为原料，并可生产直接应用的胶粉。目前，胶粉除作为再生胶生产原料外，主要有三个方面用途：一是精细胶粉大量应用到防水卷材的生产；二是精细胶粉批量应用到橡胶制品及自行车胎、农用车胎和载重斜交轮胎的生产；三是开始试点将废旧轮胎胶粉应用到公路铺设领域。废旧轮胎生产胶粉的过程中分离出来的钢丝和纤维还可以回收利用。胶粉的粒度大小分类见表 6-2。

表 6-2　胶粉粒度大小的分类

类　别	粒度/目	制造设备
粗胶粉	1239	粗碎机，回转破碎机
细胶粉	4079	细碎机，回转破碎机
微细胶粉	80200	冷冻破碎装置
超微细胶粉	200 以上	胶体研磨机

依据所用的废旧橡胶原材料来源不同，可分为轮胎胶粉、胶鞋胶粉、制品胶粉等。依据胶粉的活化处理可分为普通胶粉和活化胶粉（改性胶粉）。活化胶粉是为了提高胶粉配合物的性能而对其表面进行化学处理的胶粉。粒径较大的胶粉经改性后，可取得和精细胶粉相似的性质。依据胶粉的工业化制造方法可分为冷冻粉碎法和常温粉碎法。低温冷冻粉碎法的基本原理为：橡胶等高分子材料处在玻璃化温度以下时，它本身脆化，此时受机械作用很容易被粉碎成粉末状物质。常温粉碎法主要考虑的是胶粉可取得较好的表面性质以及可降低冷源的消耗。

废旧轮胎在常温时为韧性材料，粉碎功耗大，难以达到 40 目以下的粉粒。常规粉碎时，大量生热使胶粉老化变形，品质变差。为解决此问题，利用橡胶等高分子材料处在玻璃化温度以下时，本身脆化，此时受机械作用很容易被粉碎成粉末状物质的性质，可采用低温粉碎的方式。经过大量的科学研究和试验工作，目前应用已较成熟的工业化胶粉生产方法有冷冻粉碎法和常温粉碎法。冷冻粉碎法包括低温冷冻粉碎法、低温和常温并用粉碎法。

（1）预加工处理　废旧橡胶制品中一般都会有纤维和金属等非橡胶骨架材料，并且橡胶制品种类繁多，所以在废旧橡胶粉碎前都要进行预加工处理，其中包括分拣、去除、切割、清洗等加工。对废旧橡胶还要进行检验和分类，即对于废旧轮胎这类体积较大的制品，则要除去胎圈，也有采用胎面分离机将胎面与胎体分开。内胎则要除去气门嘴等。对不同类别、不同来源的废旧橡胶及其制品按要求分类。经过分拣和除去非橡胶成分的废旧橡胶长短不一，厚薄不均，不能直接粉碎，必须对废旧橡胶切割。国外对轮胎普遍采用整胎切块机切成 25mm×25mm 不等胶块。大的胶块重新返回切割机上再次切割，废旧橡胶特别是轮胎、胶鞋类制品，由于长期与地面接触，夹杂着很多泥沙等杂质，应先采用转桶洗涤机清洗，以保证胶粉的质量。

（2）冷冻粉碎法　在玻璃化温度以下，废旧轮胎本身脆化，此时受机械作用很容易被粉碎成粉末状物质，胶粉即按此原理制成的。低温冷冻粉碎是利用液氮为制冷介质，废旧橡胶深冷后用锤式粉碎机或辊筒粉碎机进行低温粉碎。低温、常温并用粉碎是利用液氮深冷技术把废旧轮胎加工成 80 目以上的微细橡胶粉，其生产过程中的温度、速度、过载均为闭环连锁微机控制，对环境无污染。该生产线的生产全过程均采用以压缩空气为动力的送料器和封闭式管道输送，除废旧轮胎投入和产品包装时与空气接触外，全线均为封闭状态。另外，由于采用冷冻法生产，无高温气味，所以不产生二次污染，并通过微细胶粉和粗粉的热交换过程达到了充分利用能源、降低能耗，即降低产品成本的目的。

（3）常温粉碎法　废旧橡胶经过预加工后进行常温粉碎，一般分粗碎和细碎。目前，我国的再生胶工厂常采用两种粉碎方式，一种是粗碎和细碎在同一台设备上完成；另一种是粗碎和细碎在两台不同的设备上完成。前者适合于小型工厂的生产。

1）粗碎和细碎同时进行。两个辊筒中一个表面带有沟槽，另一个表面无沟槽，即为沟辊机。通过输送带将洗涤后的胶块送入两辊筒间破胶，破碎后的胶块和胶粉落入设备底部的往复筛中过筛，达到粒度要求的从筛网落下，通过输送器入仓；未达到要求的胶块通过翻料再进入沟辊机中继续破碎。

2）粗碎和细碎在两台设备上进行。粗碎在两只辊筒表面都带有沟槽的沟辊机上进行，粗碎过的胶块大小一般在6～8mm。然后进入光辊细碎机上细碎，其粒度一般为0.8～1.0mm（26～32目）。胶粉的工厂粉碎设备（与传统的再生胶粉碎设备不同）都是专用的废旧橡胶破碎机、中碎机和细碎机。

6.3.5 热分解

废旧橡胶的热分解主要是废旧轮胎的热分解，它是一种有前景的再生利用技术。通过废旧轮胎热分解可以回收液体燃料和化学品。液体燃料质量符合燃油标准，可作燃料，也可作催化、裂化原料，生产高质量汽油；化学品主要为炭黑，可用于制备橡胶沥青混合物，也可作为固体燃料，或作为沥青、密封产品的填充剂和添加剂。废旧轮胎热分解主要有热解和催化降解，热解主要有常压惰性气体热解、真空热解和融盐热解三种；催化降解则采用锌和钴盐等作为催化降解剂。废旧轮胎热分解生产燃料及化学品在发达国家已经实现了工业化，该方法不仅能够处理大量的废旧轮胎，没有污染排放，保护环境，而且节约回收了能源，并有可观的经济效益。

（1）废旧轮胎热解原理　热解是将废旧橡胶在高温下分解提取燃料气、燃料油、炭黑、钢铁等。据报道，采用此方法可从1t废旧轮胎中回收燃料油550kg、炭黑350kg。但由于采用的设备系统复杂，治理费用高，这种回收利用方式目前较难推广。

已有的热解技术主要包括常压惰性气体热解、真空热解和熔融盐热解，但无论采用哪种方法，都存在处理温度高、加热时间长、产品杂质多等缺陷。催化降解则采用路易斯酸熔融盐作催化剂，反应速度快，产品质量较热解好。通过热分解可以得到和回收液体燃料和多种化学品，热分解工艺的设备投资较高，附加值低，更重要的是燃烧产生苯和二恶英类等致癌的毒害性气体，对大气环境造成严重的污染，对人类和生态构成严重威胁，目前在很多发达国家已经明令禁止。

（2）废旧轮胎热解工艺　流程一：废旧轮胎的热解炉主要应用流化床和回转窑，现已达到实用阶段，废旧轮胎经剪切破碎机破碎至小于5mm，轮缘及钢丝帘子布等绝大部分被分离出来，用磁选法去除金属丝。轮胎粒子经螺旋加料器等进入直径为5cm，流化区为8cm，底铺石英砂的电加热器中。流化床的气流速率为500L/h，流化气体由氮气及循环热解气组成。热解气流经除尘器与固体分离，再经静电沉积器除去炭黑，在深度冷却器和气液分离器中将热解所得油品冷凝下来，未冷凝的气体作为燃料气为热解提供热能或作流化气体使用。上述工艺需先进行破碎，因此，预处理费用较大。为解决此问题已研究出一种不必将整轮胎破碎加工即可热解处理的技术设备。这种设备采用一种由砂或炭黑组成的流化床，流化床内由分置为两层的辐射火管间接加热，生成的气体一部分用于流化床，另一部分燃烧为分解反应提供热量。

流程二：整轮胎通过气锁进入反应器，轮胎到达流化床后，慢慢地沉入砂内，热的砂粒覆盖在它的表面，使轮胎热透而软化；流化床内的砂粒与软化的轮胎不断交换热量、发生摩擦，使轮胎渐渐分解，2～3min后轮胎完全分解；在砂床内残留的是一堆弯曲的钢丝，钢丝由伸入流化床内的移动式格栅移走；热解产物同流化气体经过旋风分离器及静电除尘器，将橡胶、填料、炭黑和氧化锌分离除去；气体通过油洗涤器冷却，分离出含芳香族高的油品；最后得到含有甲烷和乙烯较高的热解气体。整个过程所需热量不仅可以自给，而且还有剩余。产品中芳香烃硫含量小于0.4%，气体硫含量小于0.1%。含有氧化锌和硫化物的炭黑，通过气流分选器可得到符合质量标准的炭黑，再应用于橡胶工业，残余部分可以回收氧化锌。采用这种整轮胎的流化床热解工艺，经济上是合算的。

废旧轮胎经过热裂解，可提取具有高热值的燃料气、富含芳烃的油以及炭黑等有价值的化学产品。废旧轮胎还可与煤共液化，生产清馏分油。据原联邦德国汉堡大学研究，轮胎热解所得主要成分的组成见表6-3。

表6-3 轮胎热解所得主要成分

组分	气体					液体		
	甲烷	乙烷	乙烯	丙烯	一氧化碳	苯	甲苯	芳香族化物
比例(%)	15.13	2.95	3.99	2.50	3.80	4.75	3.62	8.50

在气体组成中，除水蒸气外，CO、氢气和丁二烯也占一定比例。在气体和液体中还有微量的硫化氢及噻吩，但硫含量都低于标准。上述热解产品的组成随热解温度不同略有变化，当温度提高时气体含量增加而油品减少，碳含量也增加。热解所得产品中的液化石油气可进一步纯化、装罐；混合油经酸洗、碱中和、水洗和白黏土吸附后再经蒸馏，可制得各种石油制品（如溶剂油、芳香油、柴油等）；粗炭黑经过粗粉碎、磁分离、二次研磨和空气分离等步骤后，可得到各种颗粒度的炭黑，用以制成各种炭黑制品，但这种过程得到的炭黑产品中灰分和焦炭含量都很高，必须经过适当处理后才可作为吸附剂、催化剂或轮胎制造中作为增强填料的炭黑。利用废旧橡胶生产柴油和炭黑的工艺流程如图6-3所示。

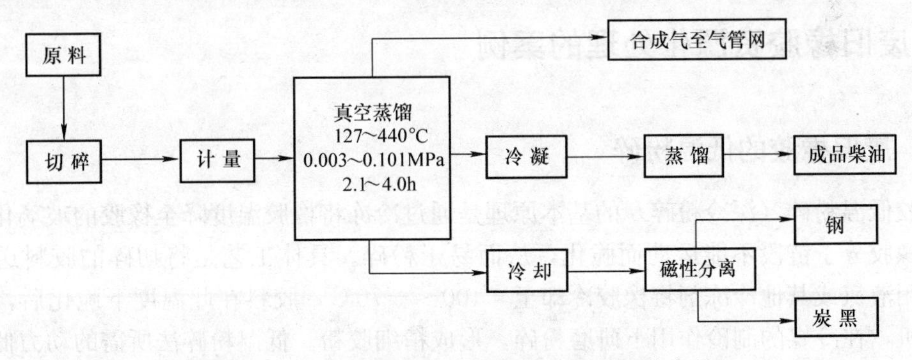

图6-3 利用废旧橡胶生产柴油和炭黑的工艺流程

煤与废旧轮胎共液化的条件：温度为400℃，氢气压为0～10MPa。在此条件下，随着废旧轮胎的加入，煤的转化率提高，转化率的提高程度与废旧轮胎/煤（质量比）的比值以及氢气的压力有关；当有以Fe_2S_3为基础的催化剂存在的条件下，煤的转化率会随催化剂负载量的增加而提高。煤与废旧轮胎共液化，可使煤具有较高的转化率，废旧轮胎中的有机物几乎可以完全转化为油，由于废旧轮胎为液化提供了氢而减少了进料氢气的消耗，降低了费用。最近，美国新泽西州的烃类研究公司已经将大规模的煤与废旧轮胎进行共液化处理，生产出了澄清的清馏分油（沸点小于343℃），其含氮量小于4×10^{-7}，含硫量小于2×10^{-7}，效果很好。

6.3.6 热能利用

废旧橡胶是一种高热值材料，每千克废轮胎的发热量比木材高69%、比烟煤高10%、比焦炭高4%。热能利用就是用其代替燃料使用：一是直接燃烧回收热能，此法虽简单，但会造成大气污染；二是将废轮胎破碎后，按一定比例与各种可燃废旧物混合，配制成固体垃圾燃料，同时该法生成的副产品炭黑活化后可作为补强剂再次用于橡胶制品的生产。

在国外，废橡胶热能利用在其综合利用途径中占主导地位。由于废轮胎是橡胶、钢丝、纤维等多种不同成分的复合体，给其利用增加了难度，而热能利用无此限制，热能利用的技术设备也较少。但是由于存在只追求热值利用而忽视资源再生并造成二次污染和热辐射危害等问题，热能利用在某些国家进展缓慢，最终将会受到限制。另一方面，随着滚动阻力低的“绿色轮胎”的不断开发和应用已是大势所趋，由于在其胶料中利用了大量不能燃烧的白炭黑代替炭黑，这样就会大大降低轮胎中的能量，所以焚烧废旧轮胎获取能源将逐渐被淡化。

与煤相比，轮胎具有更高的热值（2937MJ/kg），因此，废旧轮胎被认为是一种有吸引力的潜在燃料。废旧轮胎可作为水泥窑的燃料，可用来燃烧发电。普林斯顿轮胎公司与日本水泥公司共同研究的将废旧轮胎用作水泥燃料的方法已有应用，该方法工艺原理为利用废旧轮胎中的橡胶和炭黑燃烧产生的热来烧制水泥，同时利用废旧轮胎中的硫和铁作为水泥需要的组分。该法的工艺流程：废旧轮胎剪切破碎后投入水泥窑中，在1500℃左右的高温下燃烧，废旧轮胎中的硫元素最终氧化后与水泥原料石灰结合生成$CaSO_4$，避免了SO_2对大气的污染；轮胎中的金属丝在高温条件下与氧作用生成Fe_2O_3后与水泥原料中的CaO，Al_2O_3反应也转化为水泥的组分。在美国加利福尼亚州的摩德斯托牛津能源公司利用废旧轮胎做能源，每年可用废旧轮胎超过500万个，可产生14MW能量。该公司还配有容量为约3500万个废旧轮胎的贮存场，可保证连续运行。

6.4 废旧橡胶资源化处理的案例

6.4.1 废旧橡胶的低温粉碎

橡胶低温粉碎（深冷粉碎）的基本原理是通过冷冻将橡胶温度降至橡胶的玻璃化温度以下，使橡胶分子链段不能运动而脆化，从而易于粉碎。具体工艺是将切碎的胶料送入预冷箱，利用液氮或其他冷冻剂将橡胶冷却至−100～−70℃，胶料在此温度下脆化后，进入低温粉碎机，在冷媒的制冷作用下研磨粉碎，形成精细胶粉。低温粉碎法所需的动力低、粉碎效果好，生产出的胶粉流动性好，且粒径比常温粉碎法小。然而，由于需要耗费大量的制冷能量用于橡胶的冷冻和粉碎，成本高较高，这也严重影响了橡胶低温粉碎技术的经济性。

目前，低温粉碎方法主要有液氮法和空气膨胀制冷两种；另外，国内还研究出了利用天然气管网压力能制冷的低温粉碎法。随着国内液化天然气（LNG）产业的发展，LNG冷能利用引起了人们的高度重视，未来几年，我国将在沿海地区相继建成十几个LNG接收站，每年进口几千万吨的LNG，携带巨额冷能。而目前LNG接收站的冷能利用率还不到20%，于是，国内学者建议将LNG冷能利用技术与橡胶低温粉碎技术结合起来。在此基础上，为解决橡胶粉碎过程中的粉尘污染及胶粉变性等问题，可应用LNG液相冷媒深冷粉碎工艺，以有效降低低温粉碎成本，提高LNG冷能利用率。

（1）利用液氮制冷的低温粉碎法　液氮冷冻粉碎法是利用液氮作制冷剂，使废旧橡胶温度降低至玻璃化温度以下进行粉碎。大体上可分为两种工艺：一种是低温粉碎工艺，即利用液氮冷冻使废旧橡胶制品冷至玻璃化温度以下之后对其进行粉碎；另一种是常温、低温并用的粉碎工艺，即先在常温下将废旧橡胶制品粉碎到一定粒径，再将其送到低温粉碎机中进行低温粉碎。

（2）空气膨胀制冷的低温粉碎法　空气膨胀制冷工艺与液氮低温粉碎工艺基本相同，主要采用常温、低温并用粉碎法。北京航空航天大学的王屏、刘思永研究开发了一种利用空气涡轮机制冷生产精细胶粉的低温粉碎法，可制得60目以上的胶粉，简称ATCG法。其工艺流程如图6-4所示。

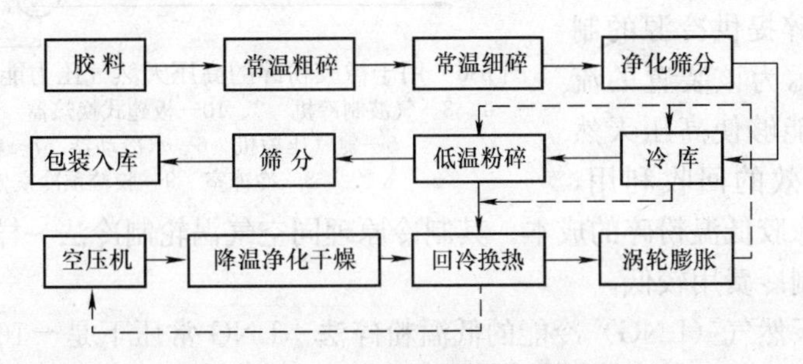

图6-4　冷冻胶粉流程示意图

（3）利用氨-乙烷复叠式制冷系统的低温粉碎法　以氨-乙烷为天然制冷剂的复叠式制冷系统，可以在低于−100℃的温度下将旧轮胎和塑料粉碎至80～100目的微粒来回收利用。此系统流程图如图6-5所示。在此工艺中，低温级与高温级制冷机均使用直接膨胀制冷，这样可以减少系统的乙烷充灌量，同样也可把系统的冷剂泄漏量降到最低。与现有的液氮粉碎

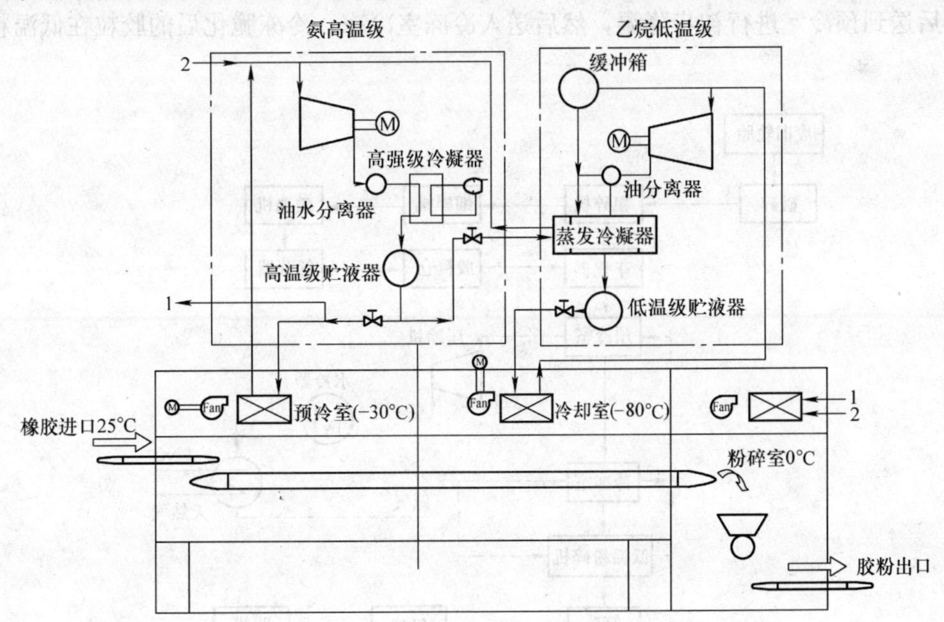

图6-5　氨-乙烷复叠式系统的流程示意图

1—液氨　2—氨气

系统相比，氨-乙烷复叠式制冷系统的运行费用节省了2/3。

(4) 高压天然气膨胀制冷的低温粉碎法　天然气的长途输送一般采用高压管输的方式，管网高压天然气进入城市调压站后都被降至约0.4MPa，这个过程释放了大量的能量。高压天然气膨胀制冷的低温粉碎法就是将此能量回收用于低温粉碎工艺。熊永强等介绍了一种利用回收高压天然气调压过程的压力能为废旧橡胶低温粉碎提供冷源的制冷装置，图6-6所示为该装置的流程图。该方法不仅能够使高压天然气的压力能得到有效的回收利用，而且能够降低废旧橡胶低温粉碎的成本。其制冷原理同空气涡轮制冷法一样，由于不需耗能来压缩气体，所以制冷费用较低。

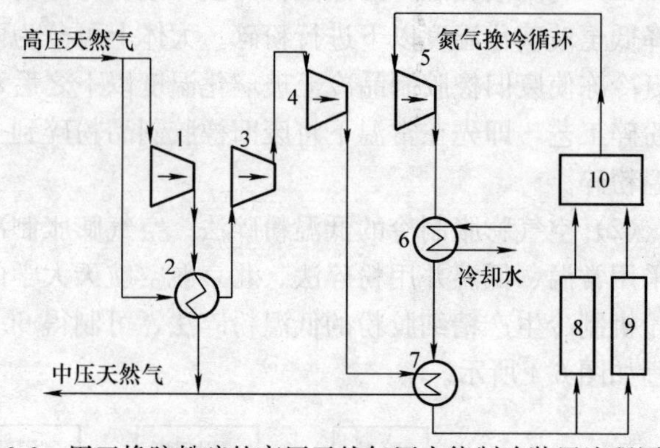

图6-6　用于橡胶粉碎的高压天然气压力能制冷装置流程图
1、3—气波制冷机　2、10—板翅式换热器　4—透平膨胀机
5—氮气压缩机　6—水冷动器　7—粉碎机
8—冷冻室　9—胶粒预冷室

(5) 利用液化天然气（LNG）冷能的低温粉碎法　LNG常压下是－162℃的低温液体，其体积仅为气态时的1/600，气化时制造大量冷能，约为830kJ/kg。采用LNG冷能的低温粉碎法有两种：一种是先将LNG用于空气分离，然后用分离后的液氮冷冻胶粉进行粉碎；另一种以氮气为冷媒回收LNG的冷能，并将其用于橡胶低温粉碎。氮气与－150.0℃的LNG换热而获得冷能，温度降至约－95.0℃后输入冷冻室和低温粉碎机用于橡胶的冷冻和粉碎，具体工艺如图6-7所示。废旧轮胎经初步破碎成一定粒度的胶粒后，再经磁选、筛分和干燥后送到预冷室进行初步降温，然后送入冷冻室冷冻，冷冻脆化后的胶粒在低温粉碎机中粉碎。

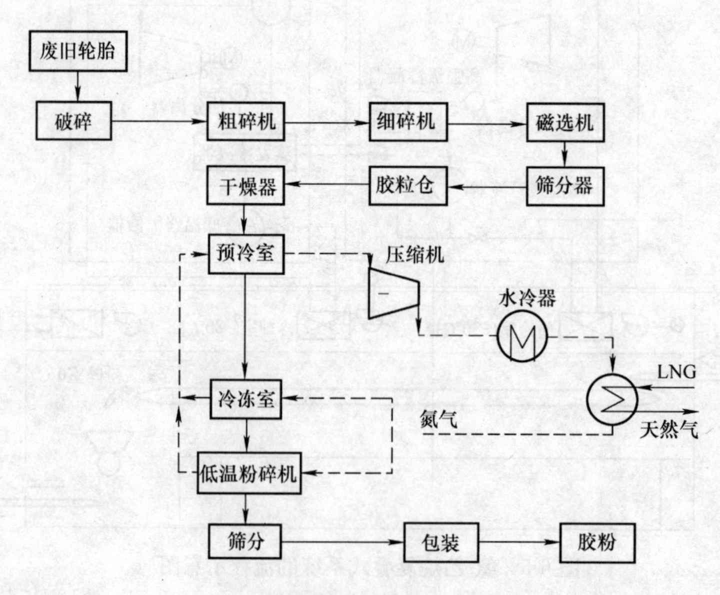

图6-7　废旧轮胎粉碎工艺流程

（6）LNG冷能液相废旧橡胶深冷粉碎技术　把固液混合物当成液体进行管道输送，既能节省输送动力，又能利于密封，设备易于大型产业化，还能大幅提高换热效率，利于产品的冷能回收利用；并且在液相中粉碎更容易控制产品粒度，易于产品改性，大幅降低粉碎能耗，降低粉尘污染，其工艺流程如图6-8所示。首先将粗碎后的胶粉（40～60目）与助粉媒混合，经低温两相套管换热器组由冷媒降温至约−70℃，进入胶体磨，在冷媒的冷却下粉碎，得到超细胶粉（150～200目）和助粉媒混合物。将该混合物送回低温两相套管换热器组换热，过滤分离出所需的超细胶粉，助粉媒循环利用。两相套管换热器组和粉碎过程中的冷媒通过与LNG换热再生利用。

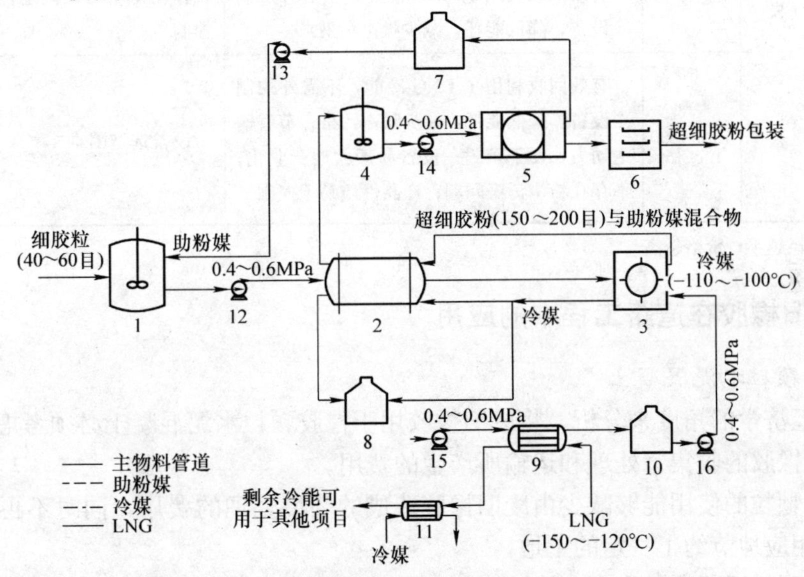

图6-8　LNG冷能液相冷媒粉碎橡胶工艺流程

废旧橡胶低温粉碎方法的优缺点见表6-4。

表6-4　废旧橡胶低温粉碎方法比较

粉碎方法（按制冷方式不同分类）	制得胶粉粒度/目	优点	缺点
液氮制冷法	≤100	原料来源丰富，无污染；预冷时间短，装置简单，不存在噪声、粉尘污染	投资大、液氮耗量高、能耗高，胶粉生产成本高；造成能量的降质使用
空气膨胀制冷法	≥60	只需将胶粒冷冻到约−56℃，降低制冷费用	需要使用大量的制冷设备，一次投资大，生产能耗较高；需使用剪切式粉碎机粉碎，增大能耗；存在粉尘、噪声污染问题
氨-乙烷复叠式制冷法	80～100	制冷剂用量少，节省运行费用	需要使用大量的制冷设备，一次投资大，生产能耗较高；存在粉尘、噪声污染问题
高压天然气膨胀制冷法	—	不需耗能来压缩气体，降低能耗；有效地回收了天然气管网压力能	存在粉尘、噪声污染问题

（续）

粉碎方法（按制冷方式不同分类）	制得胶粉粒度/目	优点	缺点
LNG-液氮法	—	有效回收利用了 LNG 冷能，不需外加制冷设备，降低能耗，减少噪声污染；省去了空气分离所需的设备，节省了大量成本；不存在粉尘污染	造成能量的降质使用
LNG-循环氮气法	—	有效回收利用了 LNG 冷能，不需外加制冷设备，降低能耗，减少噪声污染	存在粉尘污染问题；产品性质难以控制
LNG 液相冷媒法	150～200	有效回收利用了 LNG 冷能，不需外加制冷设备，降低能耗，减少噪声污染；节省输送动力，便于密封；设备易于大型产业化；不存在粉尘污染问题；产品性质易于控制	设备选型困难

注：胶粉粒径越小，价格越高。

6.4.2 废旧橡胶在道路工程中的应用

1. 橡胶颗粒水泥混凝土

从宏观经济学的角度来分析，将废旧橡胶用于橡胶颗粒水泥混凝土必须考虑以下几点：

1）废旧橡胶的收集、处理和运输所产生的费用。

2）橡胶颗粒的使用能够减少由废旧橡胶造成的环境处理的费用，同时不再将废旧橡胶填埋，也就相应地节约了一定的土地。

3）橡胶颗粒混凝土是将废旧橡胶取代一部分集料，即使用原来的石料量少了，节约了原始集料，具体如图 6-9 所示。

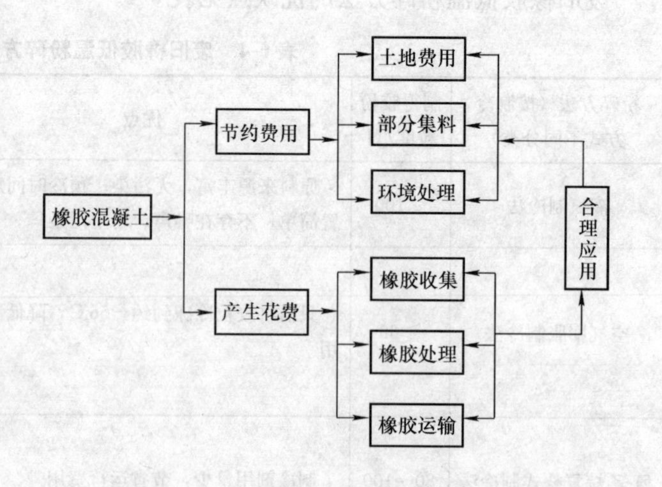

图 6-9 橡胶混凝土费用分析表

橡胶颗粒水泥混凝土的立方体抗压强度、劈裂抗拉强度、抗折强度等均随橡胶掺量的增加而降低，具有密度小、韧性好、抗裂性能强、变形能力大等传统混凝土难以企及的卓越性能。吕鹏等通过对橡胶混凝土与普通混凝土路面路用性能预测对比得出，橡胶混凝土弯拉模量比基质水泥混凝土低 5GPa，反映出橡胶混凝土路面受到较低的荷载与温度应力并且有较好的抗振、减噪功能和行车的舒适性。橡胶混凝土路面有较好的平整度，并且在荷载与气候的作用下，橡胶混凝土路面的裂缝，错台等病害要低于基质混凝土路面。王涛等将 80 目胶粉以 $0kg/m^3$、$30kg/m^3$、

60kg/m³、90kg/m³ 四种不同掺量掺入混凝土中，混凝土的坍落度随着橡胶粉的加入而不断减小，而橡胶粉的加入会使混凝土的含气量增加。同时随着胶粉掺量的不断增加，混凝土的强度和弹性模量都呈现减小的趋势。得出力学性能的衰减关系为：抗压强度损失>轴心抗压强度损失>抗压弹性模量损失>弯拉弹性模量损失>弯拉强度损失。橡胶粉对混凝土的抗冻性有明显改善，掺量越高，混凝土的抗冻性能越好。

Eshmaiel Ganjian 等研究得出：

1）橡胶混凝土的抗压强度主要取决于两个因素，包括橡胶颗粒的大小和掺量的多少。当橡胶颗粒取代集料的百分比为6.4%和10%时，抗压强度的下降是最明显的。在28d龄期的时候，用橡胶替代集料的混凝土的抗压强度减少10%～23%，而替代水泥的下降为20%～40%。

2）随着橡胶颗粒的增加，混凝土的弹性模量有一定的下降。橡胶颗粒替换5%～10%的集料的同时，混凝土的弹性模量下降17%～25%。

3）随着橡胶掺量的不断增加，混凝土的抗拉强度呈逐渐下降的趋势。强度下降的主要原因是由于橡胶与结合料的黏性不足，抗拉强度很大程度上取决于粘结性能的程度。用橡胶粉末替代部分水泥的混凝土的抗拉性能要优于用橡胶颗粒替代部分集料的混凝土。当橡胶颗粒取代5%～10%集料时，混凝土的抗拉强度下降30%～60%。当橡胶粉取代5%～10%水泥时，混凝土的抗拉强度下降15%～30%。

4）橡胶颗粒的加入使混凝土的抗折程度也表现出不同程度的下降。

5）橡胶颗粒的加入使混凝土的渗透性增强，吸水率增大，而用橡胶粉末替代水泥使混凝土的吸水性降低。橡胶颗粒的加入使混凝土的抗压、抗折、抗拉强度等一部分力学强度有所降低，但同时也使混凝土的韧性和抗裂性能增强。不同粒径和不同比例的橡胶颗粒加入使混凝土表现出了各异的性能表现，可以通过调节粒径和比例替代不同的集料以及添加外加剂等其他手段来使混凝土达到优良的性能，满足常规混凝土的力学性能要求的同时，还可以满足特殊领域的应用。

自密实混凝土的特点主要是压实非常容易，比起普通硅酸盐混凝土有更好的抗压强度和耐久性，这是由于添加了细集料和外加剂。外加剂的加入节约了施工时间、花费以及施工的程序。自密实混凝土的流动性大、强度高和孔隙率低，然而，加入橡胶后会获得更多的优良性能。橡胶的加入虽然使自密实混凝的抗压强度有一定的下降，但是混凝土本身的特性没有改变。M. C. Bignozzi 和 F. Sandrolini 研究指出在自密实混凝土中通过用废旧橡胶颗粒取代相同粒径的砂可以获得很好的工作性能和强度。研究设计了三种配合比，相同的水胶比（W/C）、相同的水粉比（W/P），采用0、22.2%和33.3%等三种不同比例的橡胶作为细集料替代砂，最后得出自密实橡胶混凝土达到自密实状态需要更多的高效减水剂；随着废旧橡胶掺量的不断增加，混凝土的抗压强度和刚度呈不断下降的趋势，但是与普通硅酸盐橡胶混凝土相比还是有一定的提高。自密实橡胶混凝土同时获得了很好的韧性和变形能力。

2. 橡胶颗粒沥青混凝土

橡胶粉用于沥青改性最初是为了处理废旧橡胶造成的环境问题，同时也起到改善沥青混合料性能的作用。40多年前美国诞生了第一条橡胶改性的沥青混凝土路面。橡胶改性沥青混合料的方法主要包括湿法和干法两种。干法是将废橡胶粉直接喷入拌和锅中拌和来制备废橡胶粉改性沥青混合料的方法，废橡胶粉加入量为混合料的2%～3%，所得到的混合物称为橡胶改性混合料。该方法的优点是无污染。由于橡胶颗粒分布在路面上，使路面保持粗糙，增加了路面的摩擦力，可明显减少制动距离。干法主要是将橡胶作为集料使用。湿法是将废橡胶粉在160～180℃的热沥青中拌和2h，制成改性沥青悬浮液，称为沥青橡胶，然后拌入混合物中。当废橡胶粉改性沥青用于热拌沥青混合料时，胶粉用量一般为沥青的6%～15%，最多不超过20%。如果废橡胶粉的加入量太大，泵送和施工将出现困难。废橡胶粉改性沥青用于应力吸收膜时，废橡胶粉的添加量宜为25%～32%。湿法制备改性沥青的工艺比较简单，不过改性效果与废橡胶粉的细度关系很大，粒度越细，与沥青的接触面积越大，越易拌和均匀，且不易发生离析、沉淀现象，有利于管道输送或泵送。

1）橡胶沥青具有较高的高温黏度，且胶粉在高温下溶胀，增加了混合料的内摩擦角，所以，高温抗裂性能得到了一定的提高。路面变形和车辙一直是柔性路面的一个难题，尤其是在发达国家这种现象更为明显。Liseane P. T. L. Fontes 等基于巴西的沥青路面研究发现，橡胶沥青混凝土路面在抗车辙方面明显优于常规的沥青混凝土路面，具有较高软化点的橡胶沥青具有更好的高温稳定性。沥青结合料的特性与沥青混合料的特性在黏弹性和变形方面存在着很大的相关性，而对于橡胶沥青结合料来说就不存在这种关系。

2）由于橡胶颗粒的高弹性，加入沥青后使得沥青路面在低温时有很好的弹性变形，改善了沥青路面的低温抗裂性能。陈子建通过湿法工艺制的橡胶沥青，通过SHRP指标试验采用弯曲梁流变试验对橡胶沥青的低温性能进行了分析。结果表明，橡胶沥青劲度模量随温度变化的幅度较小，温度敏感性小，低温劲度模量远低于一般SBS改性沥青，如图6-10所示，其低温抗裂性能优异。

3）橡胶沥青混合料的疲劳寿命的改善，一方面由于材料的弹性模量下降，材料弯拉应力也随之下降，这样在动荷载的作用下，混合料动态响应能力提升，从而延长路面疲劳寿命。另一方面与混合料的级配有很大关系。黄卫东等采用MTS控制加载，选择改进的三分点加载小梁弯曲疲劳试验评价了亚利桑那州体系下的橡胶沥青混合料的疲劳性能。试验结果表明：橡胶沥青混合料的疲劳寿命与应变水平有着很好的线性关系。

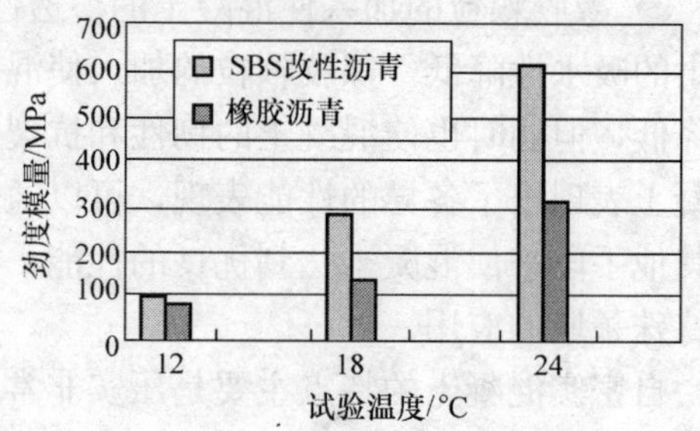

图6-10 劲度模量与温度关系

4）橡胶沥青路面的性能特点。提高了行车舒适性和安全性，增加了行人舒适感；降低了行车噪声，被誉为“消声沥青”，可下降5～7分贝；沥青面层可减薄30% ～70%，降低工程造价的20%左右；具有良好的高、低温性能，尤其是低温抗裂性能力的提高；黑色（炭黑）橡胶沥青路面与交通标线形成强烈反差，提高了行驶安全；提高了路面使用寿命，抗老化、耐磨耗（炭黑）和抗裂能力显著增强，可延长路面寿命3～5年；具有良好的密水性和防滑功能；路面黑色鲜艳恒久；实现了废旧利用，节约资源，保护环境。

综上所述，橡胶颗粒的加入对沥青混凝土路面的路用性能有了很大的改善，同时也解决了废旧橡胶的处理问题，但是，沥青混凝土的强度有了一定的下降。目前，国内外多是基于湿法所得的橡胶沥青，基于沥青路面也取得了不错的效果。但是在干法方面没有太多的成果，而且在压实、拌和等环节有很多问题需要进一步研究。所以橡胶沥青的应用还需进行大量的相关性试验研究和不断地探索发现。

3. 废旧橡胶生产再生胶

利用废旧橡胶制品生产的胶粉，不同粒度的胶粉应用范围不同。国外标准将8～20目的胶粉称为胶粒，主要应用在跑道、道路垫层、垫板、草坪、铺路弹性层、运动场地铺装等；将30～40目称为粗胶粉，主要应用于生产再生胶、改性胶粉、铺路、生产胶板等；将40～60目称为细胶粉，应用于橡胶制品填充用、塑料改性等；将60～80目称为精细胶粉，主要应用在汽车轮胎、橡胶制品、建筑材料等；将80～120目称为微细胶粉，主要应用在橡胶制品、军工产品；将200～500目称为超微细胶粉，主要应用于SBS材料改性，汽车保险杆、电视机外壳、军工产品，如果对胶粉进行针对用途的改性，不仅可大大提高掺混量，而且还在一定程度上提高复合材料的综合性能，扩展胶粉的应用范围。

(1) 微波脱硫法生产再生胶　微波在日常生活和工业生产中已有广泛应用，但微波进入化学领域的时间并不长，1992年9月在荷兰召开了第一次世界微波化学会议，首次提出了微波化学新概念，即采用微波能辅助催化化学反应。近年来，微波化学已在化工、橡胶硫化预热、微波脱硫、陶瓷烧结、微波烧结和新材料制造等领域取得了许多可喜成果。微波加热与传统加热方式不同，它是将微波能量穿透到被加热介质内部直接加热，所以加热迅速，降低能耗，并可采用自动化控制，改善劳动条件。

(2) 爆炸法生产再生胶粉　在封闭的爆炸仓中安放经过预处理的成组废弃轮胎和相应的炸药（可以是固体炸药也可是气体炸药），在自动起爆装置作用下，炸药将轮胎炸成碎块，破碎后的轮胎碎块随猛烈的气流向下做涡旋运动，并被回旋仓中刀片撞击，由于冲击速度大，被进一步粉碎成更细的胶块，然后，进入爆炸仓的下部漏斗箱内进行两次粉碎过程，最后获得最大尺寸不超过50mm的碎块，此时，尺寸小于20mm的碎块数量只占总体橡胶的25%左右。

6.5 废旧橡胶再生产品的种类

目前我国废旧橡胶的利用率很低，据有关部门统计，废旧橡胶的利用率不超过50%。而再生胶的生产占95%，活化胶粉和精细胶粉的生产只占5%，而世界上很多国家和地区（包括前苏联和西欧等）的废旧轮胎几乎100%用于生产胶粉，美国则有59%用于生产胶粉。在废旧橡胶的利用方面我们比发达国家要滞后20年。目前国内应用的空气涡轮膨胀制冷粉碎胶粉技术上很成功，但因其产品价格偏高，国内市场很难接受。

废旧橡胶的再生产品最多的是胶粉，可用于多种领域，其次是再生轮胎、衬垫、皮带等产品，还可以从中提取炭黑和燃料油。

目前胶粉在各类生产领域的实际应用如下：

(1) 生产片材　将胶粉经脱硫工艺制成再生橡胶生产片材，其主要用于制造机器垫、路基垫、缓冲垫等各类垫片以及挡泥板、吸声材料等对力学性能要求不高的低档产品。

(2) 彩色弹性地砖　采用废旧橡胶经清洗消毒加工再生而成的橡胶粉橡胶颗粒，由双层结构压制而成，底层为基，面层着色，层次分明而又浑然一体，即具备功能性，又有装饰性，其克服了硬质地砖的缺点，能使使用者在行走或活动时，始终处于安全舒适的生理和心理状态，脚感舒适，身心放松。用于铺设运动场地，不仅能更好的发挥竞赛者的技能，还能将跳跃和器械运动等可能对人体造成的伤害降低到最低程度。在老年和少儿运动场所铺设，能对老人和儿童的安全起到良好的保护作用。这种地砖的最大特点是防滑、减振、耐磨、抗静电、消声、隔声、防潮、防寒、隔热，不反光、耐水、防火、无毒、无放射、耐候性强、抗老化、寿命长、易清洗、易施工等。生产彩色安全橡胶地砖，能使再生橡胶回收利用率高达70%以上。

(3) 制备水乳型防水涂料　将胶粉、沥青、高效乳化剂在一定温度下进行搅拌乳化，可以制成水乳型防水涂料，用作地下建筑和屋面防水涂层。这种涂料可用机械喷涂工艺施工，不仅效率高，而且涂层均一，并增强了涂层与基面的粘结强度，在高温下变形很小，在低温时仍有一定的柔性。由于它属水乳型涂料，因此，不仅安全可靠、成本低，而且环保。该涂料除用作屋面、地下防水涂层外，还可作管道防腐蚀涂料，也可以通过调整配方用作建筑嵌缝油膏、防水密封膏、运动场和路面铺设材料等。

(4) 用胶粉制防水卷材　胶粉与氯化聚乙烯、聚氯乙烯可以使用多种配方和工艺，制得不同档次的防水卷材。此类防水卷材的突出特点是：易于粘结（与屋顶基面、卷材间搭接处），易使铺设层形成不漏水的整体，防水效果好；在寒冷气候下不脆裂，在炎热气氛中不变形。由于该防水卷材属于热塑性产品，加工过程所产生的边角料可回收再用，因此，原料利用效率高，价格便宜，市场竞争力强。

(5) 道路铺设材料　用橡胶粉改性沥青铺装高等级公路和飞机跑道在发达国家已进入实用阶段，并得到了迅速发展。由于胶粉中含有抗氧剂，从而可明显减缓路面的老化，使路面具有弹性、减少噪声，路面的耐磨性、抗水剥落性、耐磨耗寿命为普通路面的2～3倍，降低了路面的维护费用，同时车辆的制动距离缩短25%，提高了安全性。

(6) 用于改性沥青　用沥青改性橡胶粉制造改性沥青时，与沥青、沥青油和凝聚剂等原料的结合性好。制造的改性沥青铺筑的路面的耐磨性、抗剥落性大为提高，耐磨耗寿命为普通路面的2～3倍，降低路面维护费用30%～50%。据试：经每天8000辆车流量使用5年，无泛白，发软，推挤涌包和开裂现象，且能使车辆的制动距离缩短25%，可显著提高行车安全性。用该产品制造的沥青嵌缝油膏有效提高了产品的软化点，增加了低温延伸性。

(7) 制造新轮胎　普通再生胶粉在新轮胎胶料中的掺入量一般仅为10份，活化改性胶粉可达20份以上。若按轮胎每年用胶100万t，胶粉掺入量20份计算，再生胶粉的年需求量可达20万t左右。活化改性的方法包括表面氧化、表面降解、表面接枝、表面互穿网络、表面喷涂、表面用硫化活化体系、老化体系或增塑体系处理等。但活化工艺复杂，成本较高，加入再生胶粉的硫化胶和热塑性弹性体性能的提高也有一定的限制。

(8) 复合井盖　再生橡胶复合井盖具有良好的吸声减振性，汽车通过时没有声音，避免了汽车通过时铸铁井盖产生扰人的噪声。再生橡胶复合井盖的性能和成本都具有很强的市场竞争力和生命力，还能从根本上解决井盖丢失的问题，是取代传统铸铁井盖的理想产品。

(9) 用于油田堵漏固壁

(10) 用于铁道道轨　混凝土添加预制混料前，按一定比例加入所需添加的废旧橡胶再生产品也可用于油田堵、漏固壁。胶粉可制成各类高等级用途混凝土制品，直接浇筑成型，如用于制造火车道轨、特殊场合的隔离墙、特殊场合的基座等。

(11) 制造胶鞋　将未经表面改性的胶粉加入到橡胶中，通过CTC-IPN原位改性技术制备硫化橡胶，胶粉添加量大，产品性能优良，可用作鞋底材料。若按我国胶鞋年产量60亿双，每双鞋掺用胶粉50g计算，胶粉的年需求量约为30万t。

第 7 章

7

废旧塑料的资源化处理

7.1 废旧塑料

7.1.1 废旧塑料的定义

废旧塑料是指被废弃的各种塑料制品及塑料材料，包括在塑料及塑料制品生产加工过程中产生的下脚料、边角料和残次品。目前，我国废旧塑料主要为塑料薄膜、塑料丝及编织品、泡沫塑料、塑料包装箱及容器、日用塑料制品、塑料袋和农用地膜等。另外，我国汽车用塑料年消费量已达 40 万 t，电子电器及家电配套用塑料年消费量已超 100 多万 t，这些产品报废后成了废旧塑料的重要来源之一。废旧塑料质轻、体积庞大，它们被填埋后不分解，易造成土地板结，妨碍农作物呼吸和吸收养分，造成减产；残膜中的有毒添加剂和聚氯乙烯会富集于蔬菜和粮食及动物体；在紫外线作用和燃烧时，它们排放出的 CO、氯乙烯单体（VCM）、HCl、甲烷、NO_x、SO_2、烃类、芳烃、碱性及含油污泥、粉尘等污染水体和空气，含氯塑料焚烧释放二恶英等有害物质，故对废旧塑料的处理越来越显得迫切和必要。

7.1.2 废旧塑料的分类

塑料种类很多，到目前为止世界上投入生产的塑料大约有 300 多种。塑料分类方法较多，常用有三种。

（1）根据塑料受热后的性质　根据塑料受热后的性质不同，塑料分为热塑性塑料和热固性塑料两大类。热塑性塑料指在特定温度范围内，能反复加热软化和冷却硬化的塑料。如聚乙烯（PE）、聚丙烯（PP）、聚苯丙烯（PS）、聚氯乙烯（PVC）、聚对苯二甲酸乙二醇酯（PET）等。热塑性塑料成型过程比较简单，能够连续化生产，并且具有相当高的机械强度，故废旧热塑性塑料制品可通过熔融塑化而再生利用。热固性塑料指受热时发生软化，可以塑制成一定的形状，但受热到一定的程度或加入少量固化剂后，就硬化定型，再加热也不会变软和改变形状的塑料。热固性塑料加工成型后，受热不再软化，因此，不能回收再用，如酚醛塑料、氨基塑料、环氧树脂等都属于此类塑料。热固性塑料经成型加工为制品后，不能熔融也不能溶解，故废旧的热固性塑料一般经粉碎、研磨后仅能作为填料使用。

（2）根据塑料的物理-力学性能和使用用途　根据塑料的物理-力学性能和使用用途不同，塑料分为通用塑料、工程塑料及功能塑料。通用塑料的产量大、价格低、性能一般，是目前废旧塑料的主要组成部分。它主要有聚乙烯、聚丙烯、聚苯丙烯、聚氯乙烯、酚醛树脂（PF）和氨基树脂等。工程塑料一般具有密度小、化学稳定性高、机械性能良好、电绝缘性优越、加工成形容易等特点，可广泛应用于汽车、电器、化工、机械、仪器、仪表等工业和宇宙航行、火箭、导弹等方面。常用塑料的主要用途见表7-1。

表7-1　几种常用塑料的主要用途

序号	塑料名称	塑料代号	塑料的通常用途
1	低密度聚乙烯	LDPE	薄膜，食品袋，垃圾袋，药品包装瓶等
2	高密度聚乙烯	HDPE	牛奶及洗洁精瓶，电线电缆绝缘材料，汽车车身，耐磨零件等
3	聚丙烯	PP	冰淇淋杯，吸管，编织袋，打包带，渔网，周转箱等
4	聚氯乙烯	PVC	鞋底，塑料门窗，管材，建筑材料等
5	聚酯	PET	饮料瓶，复合食品袋，录音磁带，汽车车身，耐磨零件等
6	改性聚苯乙烯	ABS	电器用品外壳，日用品，机械零件，电冰箱，洗衣机的内衬等
7	酚醛树脂	PF	板，管，棒，电话机，手柄，灯头，插座，电熨斗的底座等
8	聚苯乙烯	PS	塑料餐具，衣架，录像带盒，办公文具，泡膜包装盘，光学玻璃及仪器等
9	聚碳酸酯	PC	汽车外壳，飞机座舱罩，灯罩，电器零件等

（3）按照废旧塑料的回收性分类　按照废旧塑料的回收性可分为公害性废旧塑料和可回收性废旧塑料两大类。公害性废旧塑料指在现有的技术经济条件下无法进行回收再加工的废旧塑料。可回收性废旧塑料指可以再加工成塑料制品或经过再利用回收其中的化学成分或经焚烧回收能量的废旧塑料。

（4）根据包装塑料的回收标志分类　目前，塑料工业最大的应用领域是包装行业，由于包装塑料的消费渠道多而复杂，很多消费后的塑料难以通过外观进行分类。因此，为了更好的回收利用塑料废品，我国参照美国塑料协会（SPE）提出并实施的材料品种标记制定了GB/T 16288—2008《塑料制品的标志》，包装用塑料用品在瓶底或盒底标注了一个可循环利用的标志，它由环形三角形图案、塑料代码与塑料缩写代码组成，一般以此来鉴别包装塑料的类别及材质，各种塑料名称对应的标志代码见表7-2。

表7-2　各种塑料名称对应的标志代码

序号	塑料名称	塑料代号	回收标志代码	塑料的注意事项
1	聚酯	PET	01	耐热至70℃，装高温液体或加热易变形，有对人体有害的物质溶出。这种塑料制品用了10个月后，可能释放出致癌物，对人体具有毒性
2	高密度聚乙烯	HDPE	02	可耐110℃高温，可用来盛装食品，但容器通常不好清洗，残留原有的清洁用品，变成细菌的温床，最好不要循环使用
3	聚氯乙烯	PVC	03	易产生的有毒有害物质，随食物进入人体后，容易致癌。这种材料的容器已经比较少用于包装食品。如果再使用，千万不要让它受热
4	低密度聚乙烯	LDPE	04	温度超过110℃时会出现热熔现象，会留下一些人体无法分解的塑料制剂。用保鲜膜包裹食物加热，食物中的油脂很容易将保鲜膜中的有害物质溶解出来。食物入微波炉，先要取下包裹着的保鲜膜
5	聚丙烯	PP	05	耐130℃高温，透明度差，这是唯一可以放进微波炉的塑料盒，在小心清洁后可重复使用。但一些微波炉餐盒，盒体以05号PP制造，但盒盖却以06号PS（聚苯乙烯）制造，PS透明度好，但不耐高温
6	聚苯乙烯	PS	06	又耐热又抗寒，但不能放进微波炉中，以免因温度过高而释出化学物。不能用于盛装强酸（如柳橙汁）、强碱性物质
7	其他塑料代码	others	07	PC中残留的双酚A，温度越高，释放越多，速度也越快。因此，不应以PC水瓶盛热水

利用“塑料包装制品回收标志”可以方便地对包装塑料进行分类，但由于我国目前尚有许多无标记的塑料制品，在对塑料制品进行分类时，还需要掌握其他的鉴别知识。

（5）城市生活垃圾中废旧塑料　我国废旧塑料主要来源于包装业、农业、建筑业和工业等领域，大类品种有塑料薄膜、塑料丝及编织品、泡沫塑料、塑料包装箱及容器、日用塑料制品、塑料袋和农用地膜、装饰装修用塑料等。城市生活垃圾中废旧塑料种类很多，按照塑料外形不同，主要有塑料瓶、塑料袋、塑料包装、塑料玩具、塑料器皿等；按照塑料成分不同，主要有聚乙烯（PE）、聚丙烯（PP）、聚苯乙烯（PS）、聚氯乙烯（PVC）和聚酯（PET）五大类。

国外废旧塑料的种类统计数据相对全面，以美国为例，不同种类废旧塑料所占比例分别为：聚烯烃类（PO，包括PE和PP）61%，PVC13%，PS10%，PET1%，其他占15%。目前，国内生活垃圾中废旧塑料主要来源是包装塑料，从消费领域来看，包装塑料中不同种类塑料所占比例分别为：PE 65%，PS10%，PP9%，PVC6%，其他10%。结合国内塑料制品的日常消费情况以及参考美国等国外废旧塑料的种类数据，推测国内生活垃圾中废旧塑料的种类构成情况如图7-1～图7-3所示，可以看出，聚烯烃类所占比例最大，约为40%～65%。

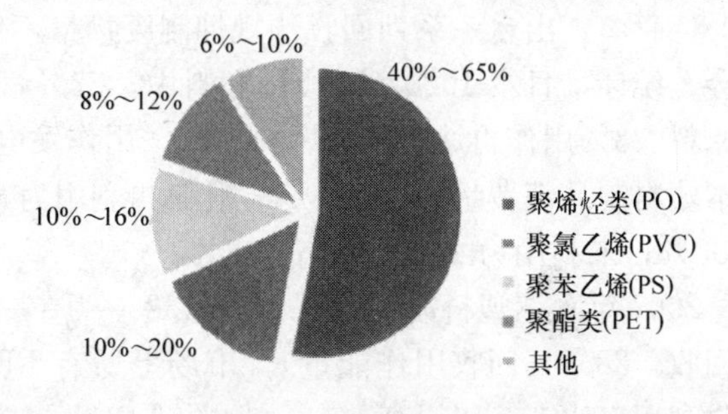

图7-1　国内生活垃圾中废旧塑料种类构成

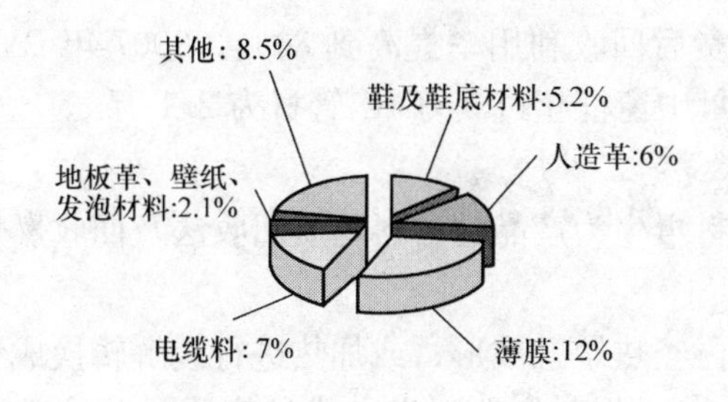

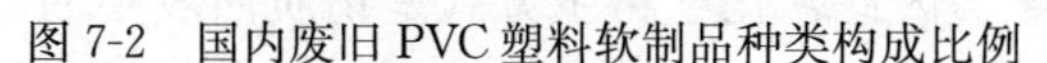
图7-2　国内废旧PVC塑料软制品种类构成比例

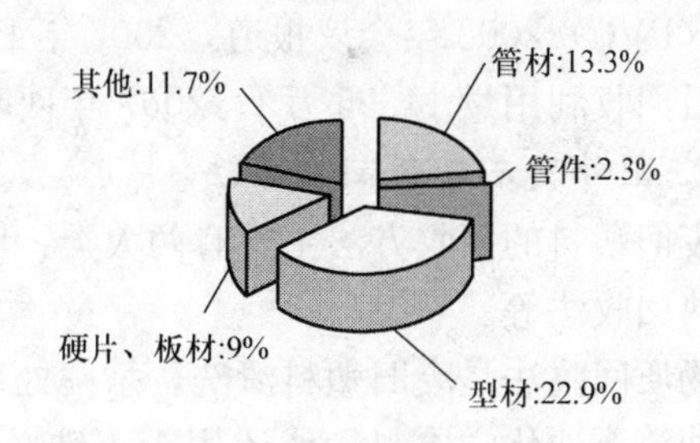

图7-3　国内废旧PVC塑料硬制品种类构成比例

7.1.3　废旧塑料的特点

（1）废旧塑料的优点　大部分塑料的抗腐蚀能力强，不与酸、碱反应；塑料制造成本低；防水、质轻；易被塑制成不同形状；良好的绝缘体；可以用于制备燃料油和燃料气，这样可以降低原油消耗。

（2）废旧塑料的缺点　回收利用废旧塑料时，分类十分困难，而且经济上不合算；塑料容易燃烧，燃烧时产生有毒气体。例如，聚苯乙烯燃烧时产生甲苯，这种物质少量会导致失明，吸入有呕吐等症状，燃烧也会产生氯化氢有毒气体，除了燃烧，就是高温环境，会导致塑料分解出有毒成分，如苯环等；塑料是由石油炼制的产品制成的，石油资源是有限的；塑料无法被自然分解。

7.2 废旧塑料的资源化处理技术

7.2.1 国内外塑料的回收现状

1. 国外塑料的回收现状

日本是塑料生产第二大国，对废旧塑料的回收利用一直持积极态度。日本自20世纪开始，在推进《循环型社会基本法》基础上，先后制定了《容器包装回收法》（简称）后相继制定了《家电回收法》（简称）、《食品回收法》（简称）、《建设回收法》（简称）、《绿色采购法》（简称），出台一系列回收法规抑制废物量，促进废旧塑料回收。据日本“废旧塑料管理协会”统计，日本1020万t废旧塑料中，52%（530万t）回收利用，其中包括2%用作化工原料、3%用作再熔化固体燃料、20%用作发电燃料、13%用于焚烧炉热能利用。2003年日本塑料制品消费量为1101万t，化学再利用为33万t，占3%左右；热能再利用为387万t，占39%；未利用为417万t，占42%。

2007年欧洲塑料需求增长3%至5250万t，其中约50%的塑料被回收利用（20.4%循环回收，28.2%回收用作能量）。市场上所有PET聚酯瓶收集加以回收利用已达到40%，回收利用率比上一年提高20%。据欧洲PET聚酯瓶回收利用组织称，2007年欧洲收集量达到了113万t。PET聚酯回收利用材料应用于制造纤维的吨位数增大，然而其在整个应用市场上所占份额从52%降低至47%；用于板材的吨位数增大，其所占份额增大到24%。2004/12/EC欧洲包装和包装废物导则要求欧盟大多数成员国2008年应至少回收塑料包装22.5%。目标是到2020年从家庭来源回收利用或再利用塑料比例增加到50%。据欧洲聚氯乙烯（PVC）2008年会议报道，2007年PVC消费后回收利用率提高到80%。2007年PVC消费后回收利用量14.95万t。2007年回收利用量中窗框超过5万t，管材为2.1万t。

2. 国外废旧塑料回收方法

废旧塑料的回收方法主要有两大类：废旧塑料再生为产品的材料物质回收法及回收燃烧能的热回收法等。

物质回收法是废旧塑料清洗，杀菌处理后，再经热熔融成形；或加热进行裂解转换成气体、油等石油化学原料；或还用于炼铁及煤化学。因此，化学再生方式是物质回收中的一种。热回收法是使用垃圾发电焚烧炉等设备，将废旧塑料直接燃烧回收热量；或加工成类似煤、石油、气体燃料后再燃烧回收热量。一般废旧塑料多以焚烧处理为主，直接燃烧回收热能。废旧塑料回收的方法如图7-4所示。

3. 国外废旧塑料回收技术

（1）焚烧发电　将废旧塑料直接焚烧产生的热量转换成蒸汽和电，用于热水池的热源、照明、工厂动力源等，但焚烧炉所排放的气体中二恶英含量要符合标准（0.1mg/Nm，TEQ、新建炉）要求，避免二恶英对环境产生污染。

（2）油化　从家庭丢弃的废旧塑料中分拣出金属、玻璃等杂物，在300℃高温下热裂解脱氯，再将温度提高到400℃使废旧塑料充分热裂解，生产烃类油。废旧塑料油化处理工艺流程如图7-5所示。日本为了推广该生成油的利用，在JIS基础上制定了《锅炉及柴油机用燃料TR草案》，还研究引进绿色采购法。

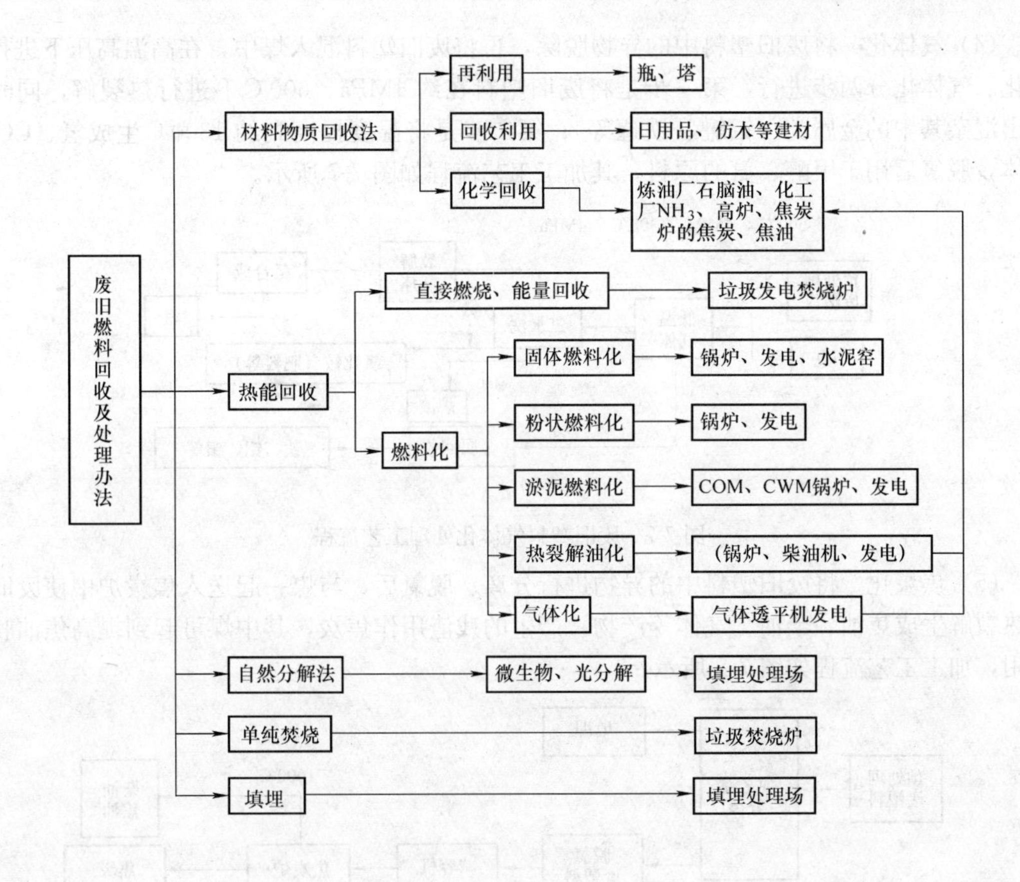

图 7-4　废旧塑料回收的方法

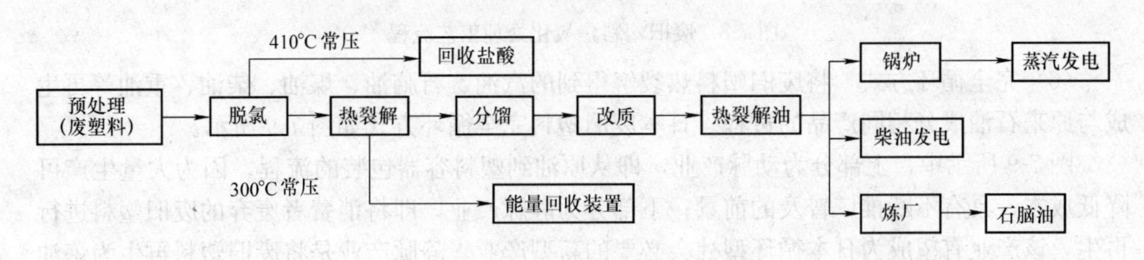

图 7-5　废旧塑料油化处理工艺流程

（3）高炉还原　从家庭废旧塑料中脱除异物及 PVC 送入高炉，还原成焦炭，替代钢铁矿石，加工工艺流程如图 7-6 所示。因为是将粉末碳和废旧塑料混合均匀一同送入高炉，所以废旧塑料需造粒成一定规格。

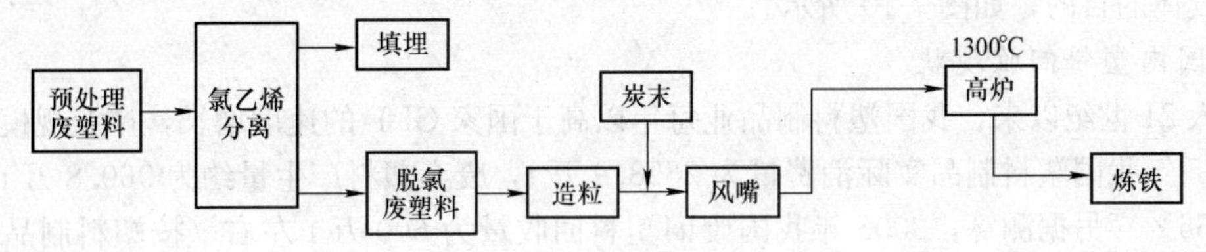

图 7-6　废旧塑料高炉还原处理加工工艺流程

(4) 气体化　将废旧塑料中的异物脱除，再将废旧塑料混入煤中，在高温高压下进行气体化。气体化分两步进行，第一步是将废旧塑料在约 4MPa、600℃下进行热裂解，同时分离出混杂其中的金属类（铝罐、铁罐等）；第二步是将温度提高到约 1300℃生成氢、CO 等气体，脱氯后用于甲醇、氨的原料。其加工工艺流程如图 7-7 所示。

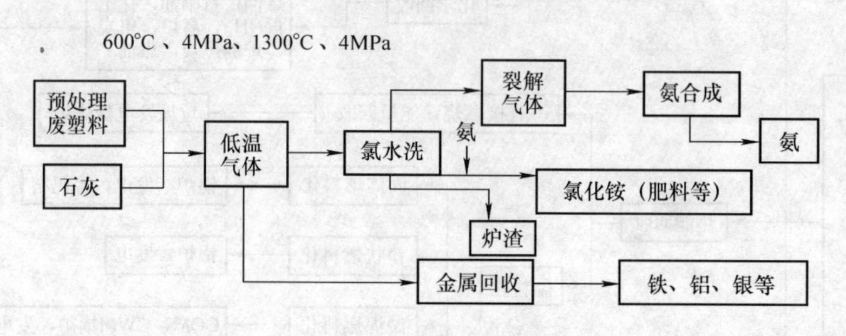

图 7-7　废旧塑料气体化处理工艺流程

(5) 焦炭化　将废旧塑料中的异物进行分离、脱氯后，与煤一起送入焦炭炉中使废旧塑料热裂解生成焦油、柴油、气体等产物，产生的残渣用作焦炭，其中煤可起到提高焦油收率作用，加工工艺流程如图 7-8 所示。

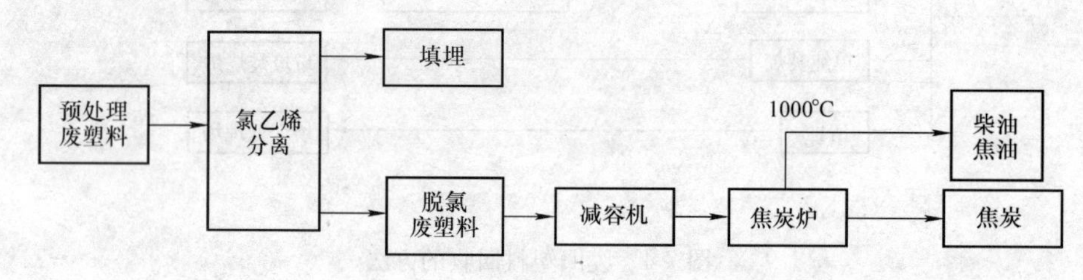

图 7-8　废旧塑料焦炭化处理工艺流程

(6) 完全循环方式　将废旧塑料热裂解得到的汽油、石脑油、煤油、柴油、重油等再生成与原来石油成分相同产品的过程。日本废旧塑料完全循环方式如图 7-9 所示。

图 7-9 所示中，上部分为动脉产业，即从原油到塑料容器包装的流程，因为大量生产可降低成本，具有不断推广普及的前景；下部分为静脉产业，即将消费者废弃的废旧塑料进行再生，该产业有望成为日本循环型社会必要的新型产业。静脉产业是将废旧塑料再生为炼油厂、石油化工厂的原料，如废弃饮料瓶再生为饮料瓶，废弃果盘再生为果盘，废弃塑料再生回原来的塑料，是永远的完全循环方式，是最好的再商品化方法。

(7) 工业系废旧塑料回收　随着二恶英排放标准出台，日本各企业小型焚烧炉处理越来越困难。目前，许多企业建设小型油化装置将废旧塑料转换成蒸汽、电能以期达到节能、削减碳酸气体的目的，如图 7-10 所示。

4. 国内塑料回收现状

进入 21 世纪以来，我国塑料制品业每年以高于国家 GDP 的速度增长，产业规模持续扩大。2005 年我国塑料制品实际消费量为 2658.9 万 t，废弃塑料产生量约为 960.8 万 t，排放比率约 36％。另据测算，2005 年我国废旧塑料回收量为 600 万 t 左右（按塑料制品实际消费量计算，回收率为 22.6％），处理进口废旧塑料 495.6 万 t，废旧塑料消费量超 1×10^{7} t。塑料原料在我国目前仍属短缺型产品，大量依赖进口的状况一直没有得到根本性改变。据我

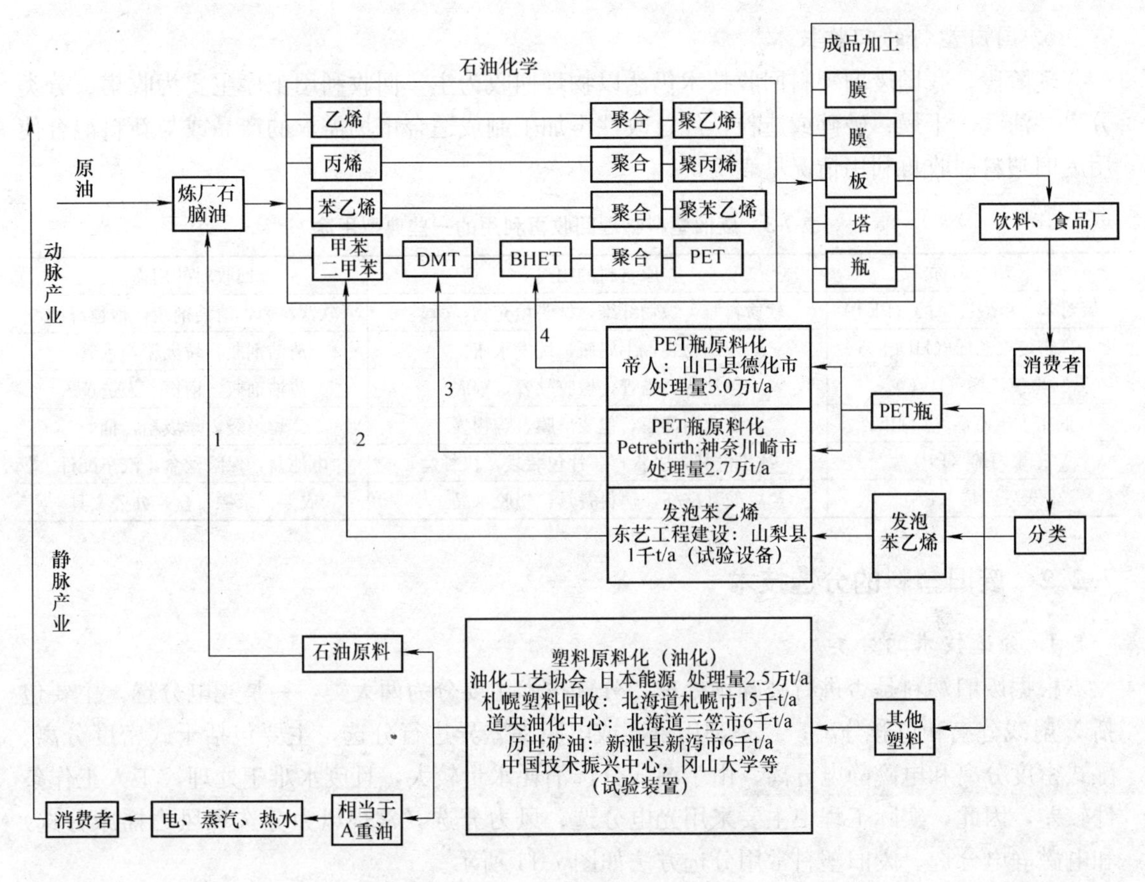

图 7-9 废旧塑料完全循环方式

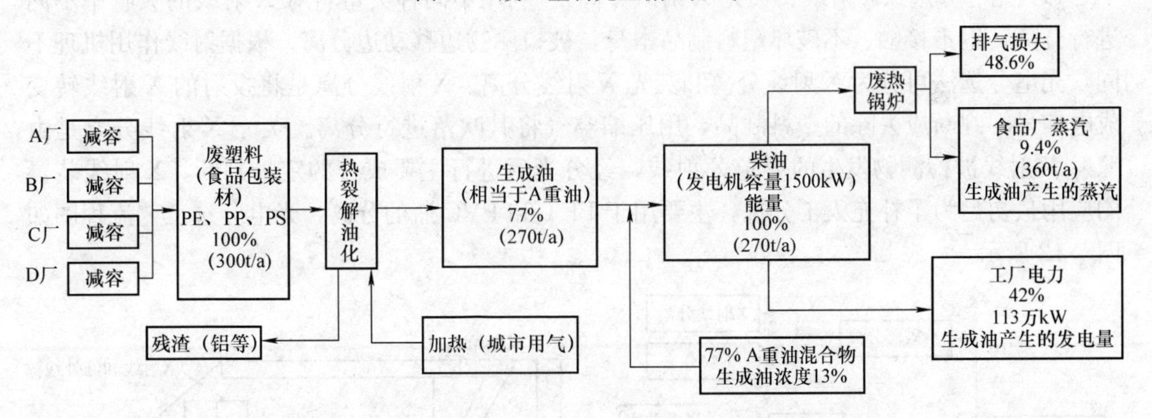

图 7-10 工业系废旧塑料回收节能、削减碳酸气体系统

国工程塑料协会提供的数据，2005 年我国合成树脂表现消费量达到 3835 万 t，而国内产量只有 2142 万 t，进口量为 1879 万 t，自给率仅 56%。并在每年利用国内再生塑料 600 万 t 基础上，每年约消化进口废旧塑料 500 万 t。2006 年 1～9 月，我国进口废旧塑料 421.4 万 t，比去年同期增长 16.6%。2008 年我国废塑料回收利用总量约 1600 万 t，其我国内废塑料回收量在 900 万 t 左右。废旧塑料年产生量约 1000 万 t，每年进口废旧塑料约 500 万 t，目前，我国每年的废旧塑料拥有量超过 1500 万 t。

5. 国内塑料的回收技术

现阶段，我国废旧塑料回收技术仍然以物理回收为主，回收利用工序主要为收集、分类分离、清洗、干燥、破碎或造粒，经过改性再加工制成适合市场需求的产品或与新料混合使用废旧塑料回收再利用情况见表 7-3。

表 7-3 废旧塑料物理回收再利用的一些典型用途

塑料名称	原材料的用途	回收料的用途
聚对苯二甲酸乙二醇（PET）	软饮料瓶，织物纤维，枕头填充物，睡袋	软饮料瓶，清洁剂瓶，地毯纤维
高密度聚乙烯（HDPE）	购物袋，牛奶瓶，洗发水瓶	清洁剂瓶，垃圾箱，水管
聚氯乙烯（PVC）	果汁瓶，铅管，橡胶软管，鞋底	清洁剂瓶，窗框，人造革
低密度聚乙烯（LDPE）	农业用薄膜，包装薄膜，购物袋	垃圾袋，垃圾箱，桶
聚丙烯（PP）	冰淇淋杯，吸管，薯片包装袋，快餐盒	电池盒，保险丝盒，汽车配件
聚苯乙烯（PS）	酸乳酪杯，塑料餐具，塑胶水晶	衣架，录像带盒，办公文具

7.2.2 废旧塑料的分选技术

1. 分选技术的分类

根据废旧塑料是否进行破碎预处理，分选技术主要分为两大类：一是光电分选，主要包括 X 射线分离和色彩分离；二是利用密度或电阻率差异进行分选，主要包括干式密度分离、湿式密度分离和电磁静电分离。由于湿式分选消耗水量较大，且废水难于处理，工人工作条件较差，因此，实际工程中主要采用光电分选、风力分选（常规风力分选和风力摇床分选）和电磁静电分选。废旧塑料常用分选方法如图 7-11 所示。

(1) 光电分选（X 射线、荧光 X 射线分离） 利用不同种类塑料对 X 射线的吸收率不同进行分离，但不接触、不破坏塑料制品本身，被检测物边移动边分离。根据射线作用机理不同，光电分选法可分为 X 射线分离和荧光 X 射线分离。X 射线分离是将投射的 X 射线转变成电信号，判断应去除的塑料制品，用压缩空气将其吹落进行分离。荧光 X 射线分离是由照射 X 射线被检测物发生的荧光 X 射线，经分光后进行主要成分的定量判断。X 射线装置的应用最初是为了补充人工分拣，主要用于 PET 和 PVC 瓶的分离，光电分选工艺流程图如图 7-12 所示。

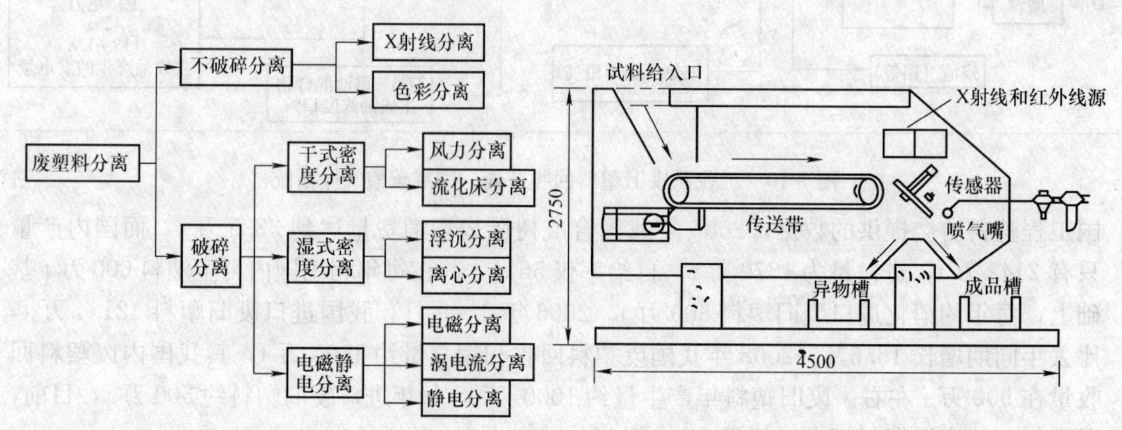

图 7-11 废旧塑料常用分选方法

图 7-12 光电分选工艺流程图

（2）色彩分离法　根据色彩进行分离的技术，被检测物的颜色通过数个滤色器，将各个不同亮度换算成电流值并以此分组，把颜色识别装置和材料分离装置组合，经光学辨别塑料瓶等的颜色后，鼓风吹落色瓶，该法主要应用于颜色存在差异的塑料制品。

（3）常规风力分选　将经破碎的塑料放在分选装置内喷射，风从横向或逆向吹入，利用不同塑料对气流的阻力与自重的合力差进行分选。由于破碎后粒度的粗细会影响分选效果，所以此法要求破碎后的粒度粗细均匀，而且粒度粗细均匀程度是影响风选效果的重要因素。此外，该法也可用于分选塑料中混入的石子和砂子等，但是对于密度近似及碎片形状不规则的塑料分离效果较差，风力分选装置示意图如图7-13所示。

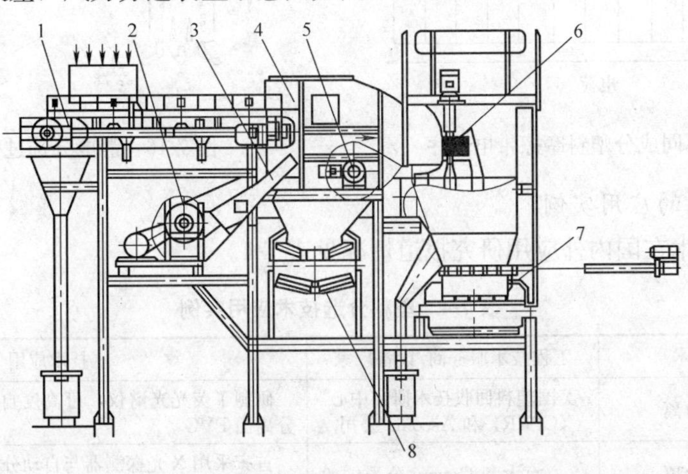

图7-13　风力分选装置示意图

1—喂料皮带机　2—风机　3—封嘴　4—风选室　5—接力滚筒
6—离心沉降分离机　7—轻质物输送机　8—重质物输送机

（4）风力摇床分选　利用床面的振动和上升的空气气流使颗粒按密度分层。具体过程是从有孔的振动床下边吹出上升空气气流（流速为1.0m/s），密度大或粒径大的颗粒分布在下层，而密度小或粒径小的颗粒分布在上层，在振动加速度和床底面的摩擦力作用下，下层重颗粒向倾斜的振动床上侧运动；相反，上层轻颗粒与下层重颗粒之间的摩擦力小，运动到振动床较低的一侧，从而使两者得到分选。风力摇床装置示意图如图7-14所示。

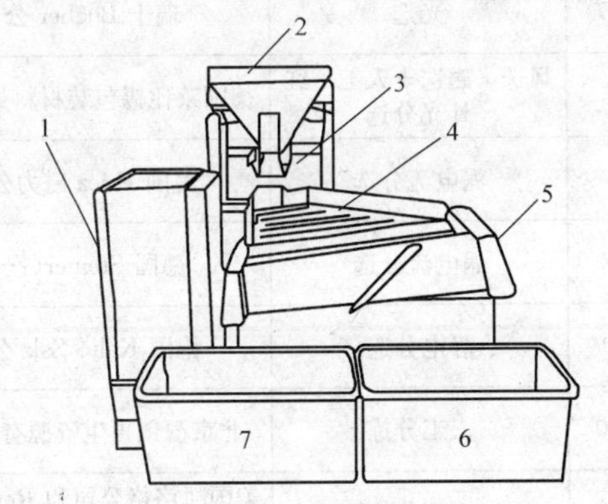

图7-14　风力摇床装置示意图

1—控制装置　2—漏斗　3—振动给料机　4—波纹
5—振动床　6—重产品　7—轻产品

（5）电磁静电分选　电磁静电分选主要有电磁分选、涡电流分选和静电分选。电磁分选主要用于去除金属铁；涡电流分选主要用于去除铝等有色金属；静电分选是利用正负静电的吸引力进行分离的技术，该法必须预先调整好塑料的粒径、形状并且要求物料干燥。具体过程是将破碎的废旧塑料加上高电压使之带电，再使其通过电极之间的电场分选，其关键是使不同种类的塑料携带极性相反的电荷。不同成分塑料摩擦带电顺序如图7-15所示。静电分选是干式分离法，适用于带极性的聚氯乙烯塑料的分选，其优点是无废水排放，密度几乎相同的混合塑料也能分离；缺点是对于多种混杂在一起的废旧塑料需经多次分选，因为一次预选设定电压的高压电极只能分选出一种塑料。静电分选过程示意图如图7-16所示。

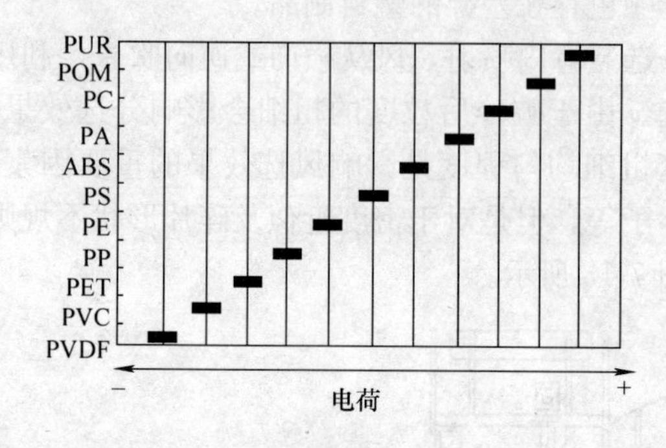

图 7-15 不同成分塑料摩擦带电顺序

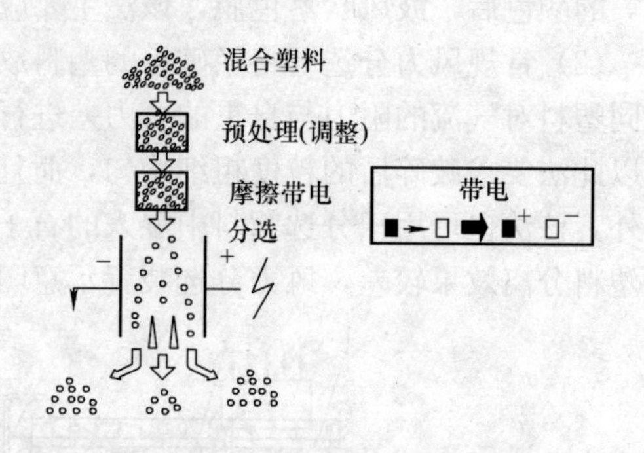

图 7-16 静电分选过程示意图

2. 分选技术的应用实例

塑料分选技术在国内外应用研究报道情况见表 7-4。

表 7-4 塑料分选技术应用实例

序号	分选技术	工程技术服务商/设备厂家	技术应用
1	X 射线分离	美国塑料回收技术研究中心（CPRR）和 Ascoma 公司	研制了荧光光谱仪，可高度自动化地从硬质容器中分离出 PVC
2	X 射线分离	意大利 Govoni 公司	首家采用 X 光探测器与自动分类系统，将 PVC 从相混塑料中分离出来
3	NIR 光谱（近红外线）	德国 UNISORT 公司	研制成功 UNISORTP 分选器 UNISORTCX 颜色分选机，实现混合塑料分选
4	光选	德国 Refrakt 公司	利用热源识别技术，通过加热将在较低温度下熔融的 PVC 从混合塑料中分离出来
5	光选	瑞士 Bueher 公司	在卤素灯作为强光源照射下，经过过滤器识别，分离 PE、PP、PS、PVC 和 PET 废塑料
6	风选＋磁选＋人工＋红外光分选	德国莱比锡包装材料处理企业	经风选＋磁选＋人工＋红外光分选，可将塑料分类挤压成不同材料的压缩块
7	涡电流分选	美国 Eriez 磁力公司	“高强度除铁器与涡流分选机”的组合，能够从 PET 中可靠地分离铝片
8	涡电流分选	德国 Steinert 公司	研制涡电流分选机，可分选铝、锌、铜等非铁金属（有色金属）和玻璃、塑胶等物质
9	静电分选	德国 Kali&Sslz 公司	开发研制 ESTA 工艺，可以分离两种及以上成分的混合塑料
10	人工分拣	北京盈创再生资源有限公司	国内首家集中处理废弃 PET 饮料包装瓶的企业，是北京循环经济试点单位
11	溶剂分选	美国凯洛格公司和 Rensselaser 工学院	将混杂的废塑料碎片加到溶剂中，溶剂在不同温度下有选择地溶解不同的聚合物
12	空气分离和水分离	日本富士技术研究所与大日本树脂研究所	将 PET 瓶破碎后经空气分离和水分离，分出标签和瓶盖后，回收片状 PET
13	综合技术	德国双仕分拣技术有限公司（S+S）	可同时完成三种分选任务（金属分拣、色选、塑料分类）

从表 7-4 可知，目前，塑料分选技术的应用在干式分离方面主要有光电分选和电磁静电分选，并且以组合工艺为主。

（1）分选技术选用 结合国内分选设备应用情况，设计采用风力分选—X射线分选—光电分选组合工艺。

1）粗分选。首先根据密度差异，采用一级风力分选系统将混合塑料分成轻、重两大类，轻组分塑料以PE、PP和PS为主，重组分塑料以PVC、PET为主，不同种类塑料的密度见表7-5。然后根据密度和摩擦系数的差异，可采用风力摇床分选系统将经过一级风力分选后获得的轻组分塑料再次分成轻、重两大类，其中轻组分塑料主要是密度相近的PE和PP，重组分塑料主要是密度较大的PS。最后根据塑料吸光性差异，采用X射线分离系统，将经过一级风力分选后获得的重组分塑料中的PVC和PET进行有效分离。目前，PE和PP可混合回收利用用以制作低品质聚烯烃类塑料制品。因此，在满足回用生产要求的前提下，可不再进行深度分选。

表7-5 不同种类塑料的密度

序号	塑料种类		简称		密度/（g/cm³）
1	聚乙烯	高压低密度	PE	HDPE	0.89～0.93
		低压高密度		LDPE	0.92～0.98
2	聚丙烯		PP		0.85～0.91
3	聚苯乙烯		PS		1.04～1.08
4	聚酯		PET		1.3～1.38
5	聚氯乙烯		PVC		1.4

2）精分选。PE回收后用于提炼高纯度的PE塑料，可以通过增加一级光电分选装置将PE和PP进一步分离；此外，还可根据再生塑料的需要精度，适当增加色彩分选系统对分选后的同种类塑料进行不同颜色的细分，进一步提高纯度和再生产品质量。

混合废旧塑料分选的工艺流程图如图7-17所示。

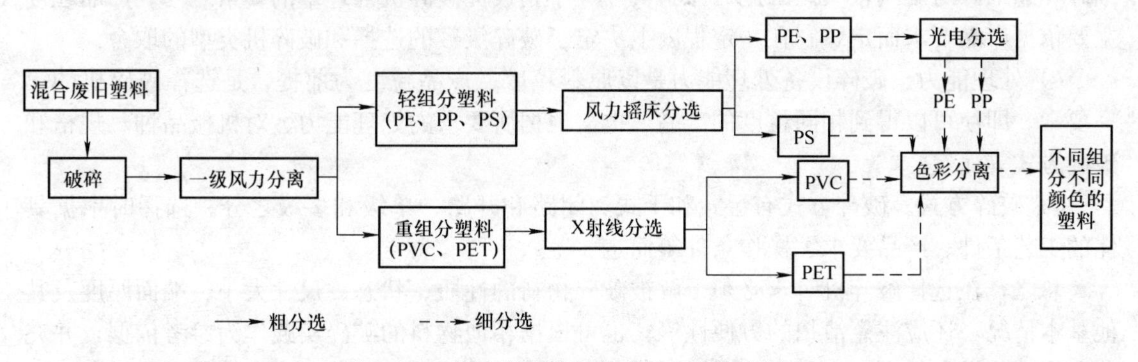

图7-17 混合废旧塑料分选的工艺流程图

（2）工程可行性分析 废旧塑料分选工程应用以设备的合理配置为基础。分选设备主要有风力分选机、X射线分选机和光电分选机。目前，风力分选机已实现国产化，X射线分选机在国内也有部分厂家开始生产，光电分选机在国外研究和应用较多，国内主要代理国外光电分选设备，在化纤等行业有一定应用。工程应用中设备配置可根据分选效率、分选级别等不断调整分选工艺参数，针对不同的混合塑料实现不同的分离效果。塑料分选工程的投资较大，以设备投资为主，其中风力分选机投资较低，而X射线分选机，特别是光电分选机投资较高。此外，就运行成本而言，各种分选设备均以耗电为主，因此，运行成本相对较低。

7.2.3 废旧塑料破碎技术

破碎是废旧塑料回收利用的关键步骤。破碎必须考虑废旧塑料断裂的有关特性，以及影响材料断裂的各种因素，如施力方式、类型、速率的大小、环境的影响等。

（1）破碎机理　塑料属于黏弹性材料，它既有刚性固体的弹性，又有黏性液体在外力作用下不可逆的流动性。它具有黏弹性的高分子材料宏观的破坏，可分为脆性断裂和塑性断裂。蠕变断裂是在应力作用下随着时间推延，过度的应变所引起的。材料内不均匀质点和细微裂纹，由于能量积聚使裂纹不断扩展，裂纹的存在，会增加蠕变和应力松弛的速率，是破坏的内在因素。银纹化和裂纹化结果是使应力更集中，使部分分子链滑动或断裂。因此，拉伸蠕变比压缩蠕变更大、更快。充填有低相对分子质量的聚合物或矿物油的材料，或浸入液体中，所有使裂纹产生和扩展的因素都会加速黏弹性材料的蠕变和应力松弛。

（2）破碎设备的选择原则　破碎设备有辊式破碎机、锤式破碎机、冲击破碎机、喷雾式磨机、微破碎机、球磨机、气流磨机等。选择破碎设备时，主要应考虑原料性质、原料状态、原料大小、处理能力、破碎方式等基本条件。

1）原料性质。原料性质包括可破碎性、比重等。对于塑料聚合物，与可碎性有关的因素很多，但影响较大的主要有力学性能、热物理特性等。塑料力学性能变化很大，从柔顺到坚韧、硬脆。

2）原料状态。原料状态是指原料的湿度和温度。因为塑料大多属于热敏性材料，在选择破碎设备时，不仅要考虑原料的初始状态，还应考虑破碎过程中材料状态的变化。如原料的温度或在破碎过程中温升太高时，则应考虑采用低温破碎或采用常温破碎进行适当的冷却处理等。

3）原料和产品粒度大小。原料尺寸大小在粗碎时对破碎机的处理量影响比较小，但在细碎和超细碎时影响很大。因此，原料尺寸大小是表征破碎机处理量的要素之一。产品粒度主要依据产品要求而定，它在一定程度上决定了破碎级数的选择和破碎机类型的取舍。

4）处理能力。破碎设备处理能力是以原料粒度、产品粒度为前提，是选择破碎机的第一要素。即使可以得到相同粒度的产品，也需根据所要求的处理能力、对机械品种、规格和破碎方式等而定。

5）破碎方式。破碎方式有湿式和干式、闭路和开路、单级和多级之分。选择时根据具体的工艺条件、产品要求、操作条件等而定。

总之，在选择破碎机时，必须了解被破碎物料的性质、状态、尺寸大小、端面厚度及其他基本情况，还应注意清扫的方便性等；也可根据相似物料的破碎实践作为参考依据，并充分考虑破碎设备的类型、处理能力、适用范围、操作条件等必要情况。否则，需经过试验研究再行决定。

7.2.4 废旧塑料再生造粒技术

废旧塑料再生造粒基本工艺路线如图 7-18 所示。

（1）造粒前的处理　在生产过程中产生的边角料或试车时产生的废料，不含杂质，可以直接粉碎、造粒，进行回收利用。使用过的废旧塑料的回收，需进行分选和除去杂质及附着在薄膜表面的灰尘、油渍、颜料等其他物质。收集到的废旧塑料需要剪切或研磨粉碎成易处

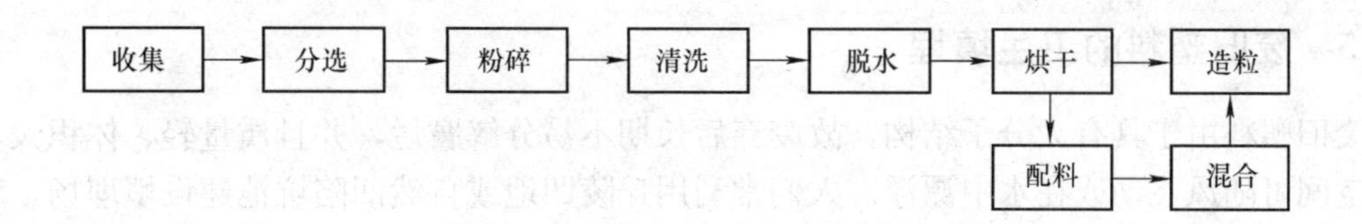

图 7-18 废旧塑料再生造粒基本工艺路线

理的碎片。粉碎设备有干式和湿式之分。清洗的目的是除去附着在废旧表面的其他物质，使最终的回收料有较高的纯度和较好的性能。通常用清水清洗，用搅拌的方法使附着在表面的其他物质脱落。对附着力较强的油渍、油墨、颜料等，可用热水清洗或使用洗涤剂清洗。在选用洗涤剂时，应考虑塑料材料的耐化学药品性及耐溶剂性，避免洗涤剂损害塑料性能。经清洗后的塑料碎片含有大量水分，必须脱水，脱水方法主要有筛网脱水和离心过滤脱水。经脱水处理的塑料碎片仍然含有一定水分，必须进行烘干处理，特别是易发生水解的 PC、PET 等树脂必须严格干燥。烘干通常使用热风干燥器或加热器进行。

(2) 造粒的方式　废旧塑料经过分选、清洗、破碎、干燥（及配料、混合）等处理后，即可进行塑炼造粒。塑炼的目的是改变物料的性质和状态，借助于加热和剪切力的作用使聚合物熔化、混合，同时驱出其中的挥发物，使混合物各组分分散更趋均匀，并使混合物达到适当的柔软度和可塑性。塑炼在聚合物流动温度以上和较大的剪切速率下进行，有可能造成聚合物分子的热降解、力降解、氧化降解而降低其质量，因此，对不同的塑料品种应各有其相宜的塑炼条件。塑炼条件可根据塑料配方大体拟定，但仍需依靠试验来决定塑炼的温度和时间。塑炼所用的设备主要有开炼机、密炼机和挤出机等，物料在热、力的作用下，应形成塑化良好、不发生或极少发生热分解的均匀熔体。

(3) 能耗成本的降低　节约能源、降低成本，要达到单位质量的合格再生粒料所消耗的能量最小，就涉及回收再生的每一环节。

1) 选择合适工艺路线、合理设备。合适的工艺路线可减少工序、便于操作、提高粒料合格率。例如，目前，废旧薄膜再生造粒主要有湿法和干法两种工艺。湿法造粒基本工艺流程为：废旧农膜收集→破碎→清洗→脱水→熔融造粒。干法造粒基本工艺流程为：废旧农膜收集→破碎→分离（除杂质）→熔融造粒。干法造粒省去了清洗和脱水，增加了分离除去杂质这一环节，目的是除去薄膜中含有的大量泥沙。干法造粒工艺若能开发经济可靠的杂质分离技术和切粒技术，将有较好效益。含水挤出造粒技术研究，主要用于废弃的 PE、PP、PVC、PS 等塑料膜片的回收，加工、再利用，其设计工艺为废旧塑料分拣、破碎、离心水洗、除水、挤条、切料等，实现了机械化、连续化生产，解决了废旧塑料回收造粒需用人工多、占地大等问题。

2) 对造粒工艺的改进。整个造粒工艺流程科学合理，无污染且效率高；烘干时的干燥器或加热器产生的热风应循环使用；挤出熔融温度控制能得到均匀塑化熔体、满足造粒要求即可，过高温度将消耗过多能量且易使物料降解，造粒工艺条件控制合理，再生粒料合格率高。

3) 合理制定配方。采用各种共混、增强等各种改性方法，合理制定配方，通过提高再生粒料的性能而提高废旧塑料回收经济效益。

7.2.5 废旧塑料的卫生填埋

废旧塑料由于具有大分子结构，故废弃后长期不易分解腐烂，并且质量轻、体积大，暴露在空间可随风飞动或在水中漂浮。人们常利用丘陵凹地或自然凹陷坑池建设填埋场，对其进行卫生填埋。卫生填埋法具有建设投资少、运行费用低和回收沼气等优点，已成为现在世界各国广泛采用的废塑料最终处理方法。在填埋过程中如果合理调度，操作机械化，可大幅度减少处理费用。一般来说，填埋场均铺设防渗层，并用机械压实压平，上面覆盖土层，进行绿化，植草、建公园或自然景观，供人们休息游玩。但填埋处理同时也存在着严重弊端，塑料废弃物由于密度小、体积大，占用空间面积较大，增加了土地资源压力；废旧塑料难以降解，填埋后将成为永久垃圾，严重妨碍水的渗透和地下水流通；塑料中添加剂如增塑剂或色料溶出还会造成二次污染，同时该法填埋了大量可利用的废塑料，这与可持续利用背道而驰。因此，建议填埋时先对废塑料及其包装物进行破碎，填埋已经综合利用和综合处理后的残余物。

7.2.6 废旧塑料的焚烧技术

焚烧处理废旧塑料的方法具有处理数量大、成本低、效率高等优点，其方式主要有三种：

1）使用专用焚烧炉（流动床式燃烧炉、浮游式燃烧炉、转式燃烧炉等）焚烧废旧塑料回收利用热能。

2）将废旧塑料作为补充燃料与生产蒸汽的其他燃料掺混使用。

3）通过氢化作用或无氧分解，使废塑料转化成可燃气体或其他形式的可燃物，再通过燃烧回收热能。

废塑料焚烧的主要产物是 CO_2 和 H_2O，但随着塑料品种、焚烧条件的变化，也会产生多环芳香烃化合物、CO 等有害物质。例如，PVC 会产生 HCl，聚丙烯腈会产生 HCN，聚氨酯会产生氰化物等。另外，在废塑料中还含有镉、铅等重金属化合物，在焚烧过程中，这些重金属化合物会随烟尘、焚烧残渣一起排放，污染环境。因此，必须安排排放气体的处理设施以防止污染，否则这些物质若直接进入大气，其结果是破坏臭氧层，形成温室效应、酸雨，危及人类身体健康。

7.2.7 废旧塑料的再生技术

废旧塑料的再生技术可分为简单再生和改性再生两大类。

（1）简单再生　简单再生指回收的废旧塑料制品经过分类、清洗、破碎、造粒后直接进行成型加工，或是塑料制品加工厂的过渡料或产生的边角料，经过适当添加剂的配合、再成型的利用。这类再生利用的工艺路线比较简单且表现为直接处理和成型。国内外均对该技术进行了大量研究，且制品已广泛应用于农业、渔业、建筑业、工业和日用品等领域。例如，将废硬聚氨酯泡沫精细磨碎后加到手工调制的清洁糊中，可制成磨蚀剂；将废热固性塑料粉碎、研磨为细料，再以15%和30%的比例作为填充料掺加到新树脂中，则所得制品的物化性能无显著变化；将废软聚氨酯泡沫破碎为所要求尺寸碎块，可作为包装的缓冲填料和地毯衬里料；粗糙、磨细的皮塑料用聚氨酯胶粘剂黏合，可连续加工成为板材；把废塑料粉碎、造粒后可作为炼铁原料，以代替传统的焦炭，可大幅度减少 CO_2 的排放量。

（2）改性再生　改性再生是将再生料通过机械共混或化学接枝进行改性的技术，如增韧、增强、并用、复合，活化粒子填充的共混改性，或交联、接枝、氯化等化学改性，经过改性的再生制品的力学性能得到改善，可以做档次较高的再生制品。常用的改性方法有物理改性和化学改性两种。

1）物理改性。采用物理方法对废旧塑料进行改性主要包括以下几个方面。

① 活化无机粒子的填充改性。在废旧热塑性塑料中加入活化无机粒子，既可降低塑料制品的成本，又可提高温度性能，但加入量必须适当，并用性能较好的表面活性剂处理。

② 废旧塑料的增韧改性。通常使用具有柔性链的弹性体或共混性热塑性弹性体进行增韧改性，如将聚合物与橡胶、热塑性塑料、热固性树脂等共混或共聚。近年又出现了采用刚性粒子增韧改性，主要包括刚性有机粒子和刚性无机粒子。常用的刚性有机粒子有聚甲基丙烯酸甲酯（PMMA）、聚苯乙烯（PS）等，常用的刚性无机粒子为$CaCO_3$、$BaSO_4$等。

③ 增强改性。使用纤维进行增强改性是高分子复合材料领域中的开发热点，它可将通用型树脂改性成工程塑料和结构材料。回收的热塑性塑料（如PP、PVC、PE等）用纤维增强改性后其强度和模量可以超过原来的树脂。

④ 回收塑料的合金化。两种或两种以上的聚合物在熔融状态下共混形成的新材料即为聚合物合金，主要有单纯共混、接枝改性、增容、反应性增容、互穿网络聚合等方法。合金化是塑料工业中的热点，是改善聚合物性能的重要途径。

2）化学改性。化学改性指通过接枝、共聚等方法在分子链中引入其他链接和功能基团，或是通过交联剂等交联，或是通过成核剂、发泡剂改性，使废旧塑料被赋予较高的抗冲击性能、优良的耐热性、抗老化性等，以便进行再生利用。目前，国内在这方面已开展了较多的研究工作。用化学改性的方法把废旧塑料转化成高附加值的其他有用材料，已成为当前废旧塑料回收技术研究的热门领域，并涌现出了越来越多的成果。

7.2.8 废旧塑料的其他处理技术

（1）废旧塑料的热能利用技术　热能利用技术是对难以进行材料再生或化学再生的废旧塑料通过焚烧，利用其热能的技术。聚乙烯与聚苯乙烯的燃烧热高达46000kJ/kg，超过燃料油平均值的44000kJ/kg，聚氯乙烯的热值也高达18800kJ/kg。废旧塑料燃烧速度快，灰分低。美国开发了RDF技术（垃圾固体燃料），将废旧塑料与废纸、木屑、果壳等混合，制成固体燃料，便于贮存运输。对于那些技术上不可能回收（如各种复合材料或合金混炼制品）和难以再生的废旧塑料可采用焚烧处理，回收热能。对于没有进行分类收集和分选的混合废旧塑料，焚烧回收热能是最为实用的方法之一。焚烧废旧塑料可有两种方法。

1）直接燃烧利用其热能，燃烧废旧塑料时，发热量高达33.6～42.0MJ/kg，比煤高、相当于重油。据估算，燃烧120t的废旧塑料相当于2400t木材或相当于100t煤焦油的发热量；而且在燃烧过程中产生的硫只有煤炭的1/20和重油的1/40，灰分也较少；但产生的氯是燃烧煤的3倍和重油的19倍，并有产生二恶英的危险。此外，还需要专门的焚烧装置，并且对于中小城市，收集足够的废旧塑料和设置高效焚烧设备均有困难（因高温腐蚀和排气处理不易解决）。所以，除了个别回转窑、高炉等，直接燃烧废旧塑料不应提倡。

2）制造垃圾固体燃料，简称RDF，是将难以再生利用的废旧塑料破碎，并与生石灰为主的添加剂混合、干燥、加压、固化成直径为20～50mm颗粒的方法，具体沥青混合料添加剂和废旧塑料颗粒的示意图如图 7-19 和图 7-20 所示。

图 7-19 沥青混合料添加剂

图 7-20 废旧塑料颗粒

（2）废旧塑料用作高炉中的还原剂　用磨碎的废旧塑料代替焦炭和粉煤从生产铁水的高炉底部进料作矿石还原剂的方法。废旧塑料用作高炉中的还原剂技术是利用高炉独特的高温、高还原性环境，将废旧塑料作为一种燃料喷入高炉中，故该法也称为高炉喷吹废旧塑料法。它不仅充分实现了废弃物的资源回收和再利用，节约了煤炭资源，而且，具有传统废旧塑料处理技术无可比拟的能量利用率高、处理后无污染的优点，在当前节能减排、发展低碳经济的大形势下，具有极大的示范意义。

（3）废旧塑料的催化裂解技术　废旧塑料的催化裂解是在催化剂存在下进行的热解反应。催化裂解反应的产物为汽油、柴油和焦炭。其应用范围主要是聚烯烃类塑料。由于废旧塑料中可能存在的 Cl 和 N 的毒化，以及无机填充剂和杂质的毒化作用，需要先进行预处理。催化剂是反应的关键，常用的催化剂包括 ZMS-5 沸石催化剂、H-Y 沸石催化剂、REY 沸石催化剂和 Ni-REY 催化剂等，催化剂的活性点强度和含量、比表面积、平均孔径、孔径的尺寸分布等均影响催化反应速度和对产物的选择性。

废旧塑料的催化裂解生产工艺流程为：废旧塑料→净塑料（溶化脱渣）→热解→提馏→分馏→冷凝→精馏→冷凝→汽油→柴油。当裂解炉温度到 70℃开始出油，到 100℃汽油出完；再加热到 150℃出柴油到 200℃。

（4）废旧塑料的其他处理技术

1）用混合废旧塑料制造代木制品。利用混合废旧塑料和破布、烂麻等纤维垃圾，不分选、不清洗，利用特有的技术装备，形成“泥石流效应”，经初级混炼、混熔造粒、混合配方、混熔挤出、压延、冷却加工成各种厚度和宽度的改性混塑板材，代替木材用于机床、设备等的包装箱板，并符合包装通用的技术条件。

2）废旧塑料油化。废旧塑料经打土机处理，去除土块、石块、金属，经双螺杆加料机加入流化床反应器中，同时催化剂通过加料器按比例加入流化移动床反应器内与废旧塑料混合，搅拌机以 2r/min 的速度运行，废旧塑料在反应器内得到充分的裂解，裂解后的炭黑、土和催化剂一起由卸出设备送入再生器，再生后的催化剂被气吹入旋风分离器，由催化剂加料器再加入反应器中。所有裂解气从输出管道进入旋风分离器，其中重组分粉尘留在底部，然后进入催化改质反应塔，进行催化改质，改质后的气体进入精馏塔分馏，然后经冷却器冷凝后得到汽油、柴油、重油等，剩余不凝气体经压缩进入再生器燃烧。

3）玻璃-塑料复合材料。它是一种由玻璃、塑料复合而成的产品。如复合砖是由多种塑料组分包括聚对苯二甲酸乙二醇、聚丙烯、聚苯乙烯、聚氯乙烯及丙烯腈-丁二烯-苯乙烯共聚物等，以相同的粒径形态、较窄的尺寸范围和尺寸分布与近似尺寸的棕色玻璃混合成玻璃塑料复合材料，其中玻璃的质量百分比可为15%、30%、45%。这种材料在20～50℃范围变化时，经过抗压试验，发现其断裂应力是普通黏土砖的两倍多。制备该产品不需要区分热塑性和热固性塑料，具有将废旧塑料和玻璃应用到商业建筑材料的美好前景。

7.3 废旧塑料的管理制度

根据《废旧塑料回收与再利用污染控制技术规范》（试行）的内容，对于废旧塑料的回收、运输、贮存、预处理、再生利用、管理等方面有了一系列的要求。

7.3.1 废旧塑料的回收、运输和贮存要求

（1）废旧塑料的回收要求

1）废旧塑料的回收应按原料树脂种类进行分类回收，并严格区分废旧塑料的来源和原用途。不得回收和再生利用属于医疗废物和危险废物的废旧塑料。

2）含卤素废旧塑料的回收和再生利用应与其他废旧塑料分开进行。

3）废旧塑料的分类鉴别采用GB/T 19466.3—2004《塑料差示扫描量热法（DSC）第3部分：熔融和结晶温度及热焓的测定》与红外光谱相结合的方法。

4）废旧塑料回收中转或贮存场所（企业）必须经过当地人民政府环境保护行政主管部门的环保审批，并有相应的污染防治设施和设备。

5）废旧塑料回收过程中不得进行就地清洗，如需进行减容破碎处理，应使用干法破碎技术，并配备相应的防尘、防噪声设备。

6）废旧塑料回收过程中应避免遗撒。

（2）废旧塑料包装和运输要求

1）废旧塑料运输前应进行包装，或用封闭的交通工具运输，不得裸露运输废旧塑料。

2）废旧塑料包装应在通过环保审批的回收中转场所内进行。

3）废旧塑料包装物应防水、耐压、遮蔽性好，可多次重复使用；在装卸、运输过程中应确保包装完好，无废旧塑料遗撒。

4）包装物表面必须有回收标志和废旧塑料种类标志，标志应清晰、易于识别、不易擦掉，并应标志废旧塑料的来源、用途和去向等信息。废旧塑料回收的种类标志执行GB/T 16288—2008《塑料制品的标志》。

5）超高、超宽、超载运输废旧塑料，宜采用密闭集装箱或带有压缩装置的箱式货车运输。

（3）废旧塑料贮存要求

1）废旧塑料应贮存在通过环保审批的专门贮存场所内。

2）贮存场所必须为封闭或半封闭型设施，应有防雨、防晒、防渗、防尘、防扬散和防火措施。

3）不同种类、不同来源的废旧塑料，应分开存放。

7.3.2 废旧塑料的预处理和再生利用要求

(1) 预处理工艺要求

1) 废旧塑料的预处理工艺主要包括分选、清洗、破碎和干燥。

2) 废旧塑料的预处理工艺应当遵循先进、稳定、无二次污染的原则，应采用节水、节能、高效、低污染的技术和设备；宜采用机械化和自动化作业，减少手工操作。

3) 废旧塑料的分选宜采用浮选和光电分选等先进技术；人工分选应采取措施确保操作人员的健康和安全。

4) 废旧塑料的清洗方法可分为物理清洗和化学清洗，应根据废旧塑料的来源和污染情况选择清洗工艺；宜采用节水的机械清洗技术；化学清洗不得使用有毒有害的化学清洗剂，宜采用无磷清洗剂。

5) 废旧塑料的破碎宜采用干法破碎技术，并应配有防治粉尘和噪声污染的设备。

6) 废旧塑料的干燥方法可分为人工干燥和自然干燥。人工干燥宜采用节能、高效的干燥技术，如冷凝干燥、真空干燥等；自然干燥的场所应采取防风措施。

(2) 再生利用技术要求

1) 废旧塑料应按照直接再生、改性再生、能量回收的优先顺序进行再生利用。

2) 宜开发和应用针对热固性塑料、混合废旧塑料和质量降低的废旧塑料的新型环保再生利用技术。

3) 含卤素的废旧塑料宜采用低温工艺再生，不宜焚烧处理；若采用焚烧处理时应配备烟气处理设备，焚烧设施的烟气排放应符合 GB 18484—2001《危险废物焚烧污染控制标准》的要求。

4) 不宜以废旧塑料为原料炼油。

(3) 项目建设的环境保护要求

1) 废旧塑料再生利用项目必须经过县级以上地方人民政府环境保护行政主管部门的环保审批，严格执行环境影响评价和“三同时”制度。未获环保审批的企业或个人不得从事废旧塑料的处理和加工。

2) 进口废旧塑料作为生产原料的企业应具有固体废物进口许可证，进口的废旧塑料应符合 GB 16487.12—2005《进口可用作原料的固体废弃物环境保护控制标准　废塑料》的要求。

3) 新建废旧塑料再生利用项目的选址应符合环境保护要求，不得建在城市居民区、商业区及其他环境敏感区内；现有再生利用企业如在上述区域内，必须按照当地规划和环境保护行政主管部门的要求限期搬迁。

4) 再生利用项目必须建有围墙并按功能划分厂区，包括管理区、原料区、生产区、产品贮存区、污染控制区（包括不可利用的废物的贮存和处理区）。各功能区应有明显的界线和标志。

5) 所有功能区必须有封闭或半封闭设施，采取防风、防雨、防渗、防火等措施，并有足够的疏散通道。

6) 各地应根据本地情况，逐步改造或取缔不符合本标准要求的废旧塑料回收和加工企业，规划建设规范化的废旧塑料回收站、再生加工厂和循环经济园区。

7.3.3　废旧塑料的回收和再生利用企业

废旧塑料回收和再生产业已经逐步发展起来，因此，对于废旧塑料的回收和再生利用企业要有健全规范的管理制度和管理要求，具体如下：

1）企业应建立、健全环境保护管理责任制度，设置环境保护部门或者专（兼）职人员，负责监督废旧塑料回收和再生利用过程中的环境保护及相关管理工作。

2）企业应对所有工作人员进行环境保护培训。

3）企业应建立废旧塑料回收和再生利用情况记录制度，内容包括每批次废旧塑料的回收时间、地点、来源（包括名称和联系方式）、数量、种类、预处理情况、再生利用时间、再生制品名称、再生制品数量、再生制品流向、再生制品用途，并做好月度和年度汇总工作。

4）企业应建立环境保护监测制度，不同污染物的采样监测方法和频次执行相关国家或行业标准，并做好监测记录以及特殊情况记录。

5）企业应建立废旧塑料回收和再生利用企业建设、生产、消防、环保、工商、税务等档案台账，并设专人管理，资料至少应保存五年。

6）企业应建立污染预防机制和处理环境污染事故的应急预案制度。

7）企业应认真执行排污申报制度，按时缴纳排污费。

8

第8章

建筑废物的资源化处理

8.1 建筑废物

在城市化进程中，建筑废物作为城市代谢的产物曾经是城市发展的负担，世界上许多城市均有过建筑废物围城的局面。而如今，建筑废物被认为是最具开发潜力的、永不枯竭的“城市矿藏”，是“放错地方的资源”。这既是对建筑废物认识的深入和深化，也是城市发展的必然要求。

8.1.1 建筑废物（即建筑垃圾）的定义

原建设部在2003年6月颁布的《城市建设垃圾和工程管理规定（修订稿）》中对建筑废弃物作出了解释，建筑废弃物（即建筑废物）是指建设、施工单位或个人对各类建筑物、构筑物等进行建设、拆迁、修缮及居民装饰房屋中所产生的余泥、余渣、泥浆及其他废弃物。

原建设部2005年颁布的《城市建筑废物管理规定》中，将建筑废物定义为建设单位、施工单位新建、改建、扩建和拆除各类建筑物、构筑物、管网等以及居民装饰、装修房屋过程中所产生的弃土、弃料以及其他废弃物。

学者们对建筑废物的定义不尽相同。有的学者将建筑废物定义为在建（构）筑物的建设、维修、拆除过程中产生的固体废弃物，主要包括废混凝土块、废沥青混凝土块以及施工过程中散落的砂浆、混凝土、碎砖渣等。通俗地说，就是工程槽土、拆迁废物、各类装修垃圾。另外，有的学者把建筑废物更加细致地定义为“包括建筑物拆除下来的砖，旧建筑拆除后不能再使用的废弃部分，建筑物施工过程中产生的废弃物，如未用完木材、落地砂浆、混凝土、金属制品、钢筋头、钢材、塑料制品、小五金等，建筑物施工中开挖基础的基坑土、边坡土或碎石等，家庭装修过程中产生的各类废料，道路翻修产生的废料六大部分”。

美国环保局将建筑废物定义为：“建筑结构（包括建筑物、道路以及桥梁等）在新建、翻修或拆除过程中产生的废物材料，主要包括砖、混凝土、石块、渣土、岩石、木材、屋面、玻璃、塑料、铝、钢筋、墙体材料、绝缘材料、沥青屋面材料、电器材料、管子附件、乙烯基、纸板以及树桩等。”

欧盟按照建筑废物的来源将其分为以下四类：建筑物或构筑物拆除产生的垃圾；建筑物或构筑物新建、改建、扩建、翻新过程中产生的垃圾；土地平整、土建工程或一般的基础设施建设产生的渣土、石头和植被等；道路规划和养护活动中产生的相关废料。

日本将建筑废物定义为建设工程副产物，包括再生资源和废弃物两类。其中，再生资源主要指建设工程排出土和可以再生利用作为原材料使用的物质，如混凝土块；废弃物包括建设污泥等不能作为原材料使用的物质。

我国香港环境保护署将其定义为："任何物质、物体或东西因建筑工程而产生，不管是否经过处理或贮存，而最终被弃置，工地平整、掘土、楼宇建筑、装修、翻新、拆卸及道路等工程所产生的剩余物料，统称为建筑废物。"

综上所述，可见目前对建筑废物还没有明确统一的定义，不同的国家和地区对建筑废物的界定都存在一定的差别，主要体现在以下几个方面：来源上是否包括建筑材料生产过程中产生的垃圾和场地清理、基础开挖土；建设活动是否包括所有类型的土木工程；内涵上是否包括在现场直接利用的部分；形态上是否仅为固体废弃物等。

1. 建筑废物组成

建筑废物成分和含量随着建筑结构的类型、建筑物的用途、施工技术及所采用的材料等的不同而存在一定的差异。如表8-1所示，各国和地区的建设施工产生建筑废物成分和比例有较大不同，如香港地区包括渣土，欧盟各国则包括绝缘材料，美国广泛使用板墙等；但是也有一些共同之处，如大部分国家和地区的建筑废物中，惰性部分如混凝土、砖、碎石、陶瓷等占的比例较大（在美国，住宅建设所产生的建筑废物中废木材占很大的比例，这主要是由于美国的住宅普遍是木结构的单栋房屋）。我国建筑废物主要由新建筑物建设施工所产生的垃圾和旧建筑物拆除所产生的废物组成。新建筑物施工产生的建筑废物占建筑总废物量的5%～10%（北京为7%），随着建筑施工单位技术和管理的不断完善，该比例会不断下降。废弃建筑物拆除所产生的废物组成根据建筑物结构类型的不同均有所不同，一般由渣土、灰尘、砖块、混凝土、沥青、玻璃、竹木、塑料、金属、有机杂质以及其他杂物等组成。

表8-1 各国（地区）建筑废物的主要组成成分及比例

<table>
<tr><th rowspan="2">组成成分</th><th colspan="3">中国</th><th rowspan="2">中国香港</th><th colspan="2">美国</th><th rowspan="2">欧盟</th></tr>
<tr><th>砖混</th><th>框架</th><th>框剪</th><th>商业</th><th>住宅</th></tr>
<tr><td>混凝土</td><td>8～15</td><td>15～30</td><td>15～35</td><td>18.42</td><td rowspan="2">16.2</td><td rowspan="2">39.6</td><td rowspan="3">76.28</td></tr>
<tr><td>碎砖块</td><td>30～50</td><td>15～30</td><td>10～20</td><td>5.00</td></tr>
<tr><td>瓷砖</td><td>—</td><td>—</td><td>—</td><td>—</td><td>—</td><td>—</td></tr>
<tr><td>砂石</td><td>—</td><td>—</td><td>—</td><td>25.57</td><td>—</td><td>—</td><td>—</td></tr>
<tr><td>砂浆</td><td>8～15</td><td>10～20</td><td>10～20</td><td>—</td><td>—</td><td>—</td><td>—</td></tr>
<tr><td>桩头</td><td>—</td><td>8～15</td><td>8～20</td><td>—</td><td>—</td><td>—</td><td>—</td></tr>
<tr><td>渣土</td><td>—</td><td>—</td><td>—</td><td>30.55</td><td>—</td><td>—</td><td>—</td></tr>
<tr><td>金属</td><td>1～5</td><td>2～8</td><td>2～8</td><td>4.36</td><td>1.6</td><td>8.8</td><td>1.09</td></tr>
<tr><td>木材</td><td>1～5</td><td>1～5</td><td>1～5</td><td>10.83</td><td>44.3</td><td>18.8</td><td>2.67</td></tr>
<tr><td>包装材料</td><td>5～15</td><td>5～20</td><td>10～20</td><td>—</td><td>4.5</td><td>6.4</td><td>—</td></tr>
<tr><td>屋面材料</td><td>2～5</td><td>2～5</td><td>2～5</td><td>—</td><td>5.6</td><td>9.6</td><td>—</td></tr>
<tr><td>塑料</td><td>—</td><td>—</td><td>—</td><td>1.13</td><td>0.90</td><td>0.50</td><td>0.32</td></tr>
<tr><td>玻璃</td><td>—</td><td>—</td><td>—</td><td>0.56</td><td>—</td><td>—</td><td>0.13</td></tr>
<tr><td>沥青</td><td>—</td><td>—</td><td>—</td><td>0.13</td><td>0.0</td><td>0.6</td><td>—</td></tr>
<tr><td>板墙</td><td>—</td><td>—</td><td>—</td><td>—</td><td>16.3</td><td>6.6</td><td>—</td></tr>
<tr><td>绝缘材料</td><td>—</td><td>—</td><td>—</td><td>—</td><td>—</td><td>—</td><td>2.10</td></tr>
<tr><td>其他</td><td>10～20</td><td>10～20</td><td>10～20</td><td>3.44</td><td>9.6</td><td>7.1</td><td>16.32</td></tr>
</table>

废弃建筑物产生的建筑废物组成成分和含量与建筑物种类有关。如废弃的旧居民建筑物中，砖块、混凝土块、瓦砾占大部分，约为80%（其中废弃混凝土约为38%），其余为木料、碎玻璃、石灰、黏土渣等；废旧工业厂房、楼宇建筑中，混凝土块约为50%，其余为金属、砖块、砌块、塑料制品、玻璃、有机涂料等；桥梁、道路、堤坝等建筑中主要为废弃混凝土，约为80%。

另外，我国建筑废物组成成分及其含量还与建筑年代有密切关系，通常20世纪60年代前的建筑物所拆除的垃圾主要是混凝土、砖块、金属及木材等，从总体组成来看，混凝土约占48%，陶瓷、玻璃、石膏板、瓦、石材等占23%，木材以天然实木和胶合板为主，约占20%。60年代后的建筑物，逐步使用复合材料、塑料等替代木材，所以废物中木材含量相对较少，有机废料含量逐步增加。到了20世纪70年代后，由于混凝土结构的大量出现，建筑废物中混凝土含量增加到55%。建筑结构形式对建筑废物各成分比例有明显的影响。

2. 建筑废物的特点

（1）化学稳定性　建筑废物中，无污染的无机物（包括泥土、石块、混凝土块、碎砖等）占90%以上。这些无机材料，具有耐酸、耐碱、耐水性，化学性质稳定，同时也具有稳定的物理性质的特点。

（2）产生量大　全国城市都在搞建设，建筑废物每天都在不间断地产生。每拆除一处建筑物，都会产生几百吨甚至上千吨的建筑废物，致使建筑废物排放距离越来越远，有些城市已经无处排放建筑废物。

（3）污染性大　建筑废物对植被和耕地及环境造成污染，侵占土地对土壤造成无机物污染，使土壤长期无法生长植物。建筑废物运输和装卸过程中产生大量粉尘，对城市的空气质量产生极大影响。

8.1.2 建筑废物的分类

建筑废物主要集中在生产地基与基础阶段、主体阶段、机电安装阶段、装修阶段施工的过程中产生，根据建筑废物产生阶段、物理组成和利用价值的不同，其分类方法也多种多样，具体分类如下。

（1）建筑废物产源地分类　按照城市建筑废物产源地分类，可分为基坑弃土、道路及建筑等拆除物、建筑弃物、装修弃物和建材废品废料五类，主要由渣土、砂石块、砂浆、砖瓦碎块、混凝土块、沥青块、塑料、金属料、竹木等组成。此分类主要用于建筑废物管理研究，如制订建筑工地管理、建筑渣土运输、处置及废旧物质的回收利用、建筑废物的再生利用办法等。具体建筑废物按产源地分类见表8-2。

表8-2　建筑废物产源分类

类别	特征物质	特点	管理研究重点
基坑弃土	弃土分为表层土和深层土	产生量大，物理组成相对简单，产生时间集中，污染性小	工地和运输的组织，防扬尘、防抛洒和防污染路面等
道路及建筑等拆除物	沥青混凝土、混凝土、旧砖瓦及水泥制品、破碎砌块、瓷砖、石材、废钢筋、各种废旧装饰材料、建筑构件、废弃管线、塑料、碎木、废电线、灰土等	其物理组成与拆除物的类别有关，成分复杂，具有可利用性和污染性强双重属性	如何利用市场机制，做好源头废旧物资的回收利用和建筑固废的再生利用

（续）

类别	特征物质	特点	管理研究重点
建筑弃物	主要为建材弃料，有砂石、砂浆、混凝土、碎砌块、碎木、金属、废弃建材包装等	建材弃料的产生伴随整个施工过程，其产生量与施工管理和工程规模有关	如何科学合理地组织建筑施工，最大限度地减少建材弃料的产生及开展废旧物质的回收和再生利用
装修弃物	拆除的旧装饰材料、旧建筑拆除物及弃土、建材弃料、装饰弃料、废弃包装等	成分复杂，可回收和再生利用物较多，污染性相对较强	需合理组织施工、做好工地管理，积极开展废旧物质的回收和再生利用，减少排放
建材废品废料	建材生产及配送过程中生产的废弃物料、不合格产品等	其物理组成与产品相关，可通过优化生产工艺和提高生产管理水平减少产生量	需分类收集、处理、再生利用

（2）物理成分分类　根据建筑废物的物理成分进行分类，共分为 12 类，主要用于建筑废物污染治理和综合利用研究，具体建筑废物按物理成分分类见表 8-3。

表 8-3　建筑废物按物理成分分类

类别	污染特性	处置和利用
弃土	扬尘和占用大量土地，影响市容	可采用直接填埋处置法，多用于填坑、覆盖、造景等
混凝土碎块	有一定化学污染，有扬尘，影响市容	不可用直接填埋法处置，可再生利用
废混凝土	有一定化学污染，有扬尘，影响市容	不可用直接填埋法处置，可再生利用
废砂浆	有一定化学污染	不可用直接填埋法处置
沥青混凝土碎块	有一定化学污染，有扬尘，影响市容	不可用直接填埋法处置，可再生利用
废砖	扬尘和占用土地，影响市容	可采用直接填埋处置法，可再生利用
废砂石	扬尘和占用土地，影响市容	可采用直接填埋处置法，也可集中存放，作为工程备料
木材	有一定的生物污染，影响市容	焚烧处理或利用
塑料、纸	混入农田影响耕种和农作物生长，影响市容	焚烧处理，可再生利用
石膏和废灰浆	化学污染严重，影响市容	不可用直接填埋法处置
废钢筋等金属	有一定的化学污染性	可再生利用
废旧包装	有一定的化学污染性	可回收利用和再生利用

（3）可利用性分类　根据建筑废物的原有功能和可利用性进行分类，共分为 4 类，主要为建立建筑废物回收利用市场机制及开展综合利用研究服务，具体建筑废物按可利用性分类见表 8-4。

表 8-4　建筑废物按物理成分分类

类别	特征物质	研究重点
无机非金属类可再生利用建筑废物	混凝土碎块、废混凝土、废砂浆、废砂石、沥青混凝土、废旧砖瓦、破碎砌块、灰土、石膏、废瓷砖、废石材等	产品的开发和推广、相关技术标准的制定、政策保护等
有机类可再生利用建筑废物	废旧塑料、纸、碎木等	源头废旧物质的回收机制
金属类建筑废物	废钢筋等	源头废旧物质的市场回收机制
废旧物品	旧电线、门窗、各类管线、钢架、木材、废电器等	建立市场回收利用机制

（4）其他分类方法　根据材料类型，建筑废物可分成三类，即直接利用的建筑废物、可作为材料再生或可以用于回收的建筑废物、没有利用价值的建筑废物。建筑废物按成分分为

金属类建筑废物（钢铁、铜、铝等）和非金属类建筑废物（混凝土、砖、竹木材、装饰装修材料等）；按燃烧性分为可燃建筑废物和不可燃建筑废物；按强度分为强度等级大于 C10 的混凝土和块石，命名为Ⅰ类建筑废物；强度等级小于 C10 的废砖块和砂浆砌体，命名为Ⅱ类建筑废物；Ⅰ类建筑废物可进一步细分为Ⅰ$_{\mathrm{A}}$类和Ⅰ$_{\mathrm{B}}$类，Ⅱ类建筑废物可进一步细分为Ⅱ$_{\mathrm{A}}$类和Ⅱ$_{\mathrm{B}}$类。建筑废物按强度分类标准及用途见表 8-5。

表 8-5　建筑废物按强度分类标准及用途

大类	亚类	强度等级	标志性材料	用途
Ⅰ	Ⅰ$_{\mathrm{A}}$	C20	4 层以上建筑的梁、板、柱	C20 混凝土骨料
	Ⅰ$_{\mathrm{B}}$	C10～C20	混凝土垫层	C10 混凝土骨料
Ⅱ	Ⅱ$_{\mathrm{A}}$	C5～C10	砂浆或砖	C5 砂浆或再生砖骨料
	Ⅱ$_{\mathrm{B}}$	C5	低标号砖	回填土

8.2　建筑废物减量化的措施

建筑废物减量化是指减少建筑废物的产生量和排放量。其方法和手段很多，具体措施如下。

（1）优化建筑设计以及采用耐久性材料　许多研究表明，设计阶段的疏忽和建筑材料的性能低下是产生大量建筑废物的主要原因之一。因此，可以通过工程设计阶段对设计概念的改变和建筑材料的选择来实现建筑废物减量化。例如，在设计时注意尺寸配合和标准化，尽量采用标准化的灵活建筑设计，以减少切割产生的废料；保证设计方案的稳定性，提供更详细的设计，尽量避免对设计方案进行频繁更改而产生不必要的剔凿；注重长远规划设计、提高耐久性设计、合理选购材料和构件，尽量采用可修理、可重新包装的耐用建筑材料，以及考虑延长建筑物的使用寿命。

（2）采用适当的分包合同　分析了不同分包合同所导致的材料浪费的程度，指出包工不包料形式的分包合同材料浪费量最大，而包工包料形式的分包对材料的浪费最小。因此，在工程开始之前应合理选择分包合同的形式；对于无法选择的合同类型，应在合同条款中规定建筑废物管理的责任及奖惩措施。

（3）采用先进的施工工艺　施工工艺落后是造成大量建筑废物产生的又一主要原因。采用先进的施工技术可减少由于施工工艺落后导致的建筑废物。一种方法是采用预制技术以减少施工现场所产生的建筑废物，但是预制技术的使用会受到一些限制；另一种方法是采用选择性拆毁技术，即与建设过程相反的拆除方式来减少产生的建筑废物，但是要方便地实行选择性拆毁首先要有足够的场地贮存可回收的材料，其次要有足够的时间和资源（劳动力资源和资金），最后要有一个成熟的二手材料市场。

（4）加强对材料的控制　对材料处理不当是产生大量建筑废物的主要原因之一，包括不妥当的装卸、运输、贮存、采购过多以及施工过程中由于工人的不小心等造成的材料浪费等。因此，应加强对材料的管理，加强对工人的培训，选择合适的材料贮存地点。同时，提出将条形码技术与 GPS、GIS 以及 WAN 技术结合起来，加强基于员工的激励回报计划（IRP）来对建筑材料进行管理，同时减少建筑材料的浪费。虽然这种方法可以减少不必要的材料损耗，但是也存在一些问题，如导致工人的偷工减料等。另外，提出将精益生产中的"零浪费"思想应用到建筑材料的管理中，从而减少由于材料浪费导致的建筑废物。

（5）加强对施工现场的管理　目前建筑工地上的施工人员普遍缺少培训，常会出现质量不合格需要返工的情况，导致建筑废物的产生。因而，管理人员应加强对施工现场的管理，提高施工质量；提高房屋建筑物结构施工的精度，避免剔凿或修补而产生的建筑废物；在成本、资源及施工现场空间满足条件的情况下，采用适当方式对产生的建筑废物进行现场分拣，以减少填埋的建筑废物数量，有效地减少建筑废物数量。

8.3 建筑废物的收集和运输

8.3.1 建筑废物的收集

1. 建筑废物的收集现状

在新建施工单位，一般在施工现场就地收集和暂时堆放多种类混杂在一起的建筑废物，等待运输车运走。对于一些已建成小区，一些地区对于建筑废物采取了"一条龙"服务，即实行建筑废物上门收集、分类管理和有序处理一条龙服务，并指定一处或几处地点作为建筑废物临时堆放点，方便居民堆放建筑废物。

建筑废物在收集中常存在以下几点问题：

1）建筑废物的种类较多，施工单位的人员难以明确地分类堆放，不便于后续运输、处理和消纳。

2）建筑废物产生之后，因缺乏细化的收集暂存地点，常出现随意堆放现象。

3）一些小区用户在装修时产生的建筑废物，由于用户无意识去分类和处理，加之物业公司的管理疏忽，导致建筑废物随意堆放。

2. 建筑废物收集管理的建议

（1）推行建筑废物上门收集开放式小区全覆盖　各街道、社区将落实专人，对辖区内开放式小区的调查摸底工作，建立健全信息资料库，包括所辖居民情况、建筑废物收集情况和清运情况，确保建筑废物随时清理。同时，以发放告知书、宣传资料等形式使居民了解并自觉参与建筑废物上门收集工作，确保居民知晓率达到100%，建筑废物上门收集率达到100%。

（2）推行建筑废物上门收集有偿服务制度　建筑废物上门收集将适当采取收费的方式，由建筑废物清运公司按照物价部门核定的收费标准收费；对纳入建筑废物上门收集的开放式社区，建筑废物清运公司按照"服务、有偿、合理"的原则，通过降低或减免的方式收取建筑废物管理、清运费。

（3）推行建筑废物上门收集"三定"管理制度　实行上门收集和定点收集相结合，建筑废物上门收集的开放式小区要指定一处地点，堆放建筑废物，方便居民堆放；实行定时收集制度，建筑废物清运公司根据各小区的实际情况，在一天内至少对建筑废物收集一次以上，确保建筑废物滞留时间不超过24h；实行定人管理，各街道和开放式小区所属社区，都要配备1～2名专（兼）职人员，及时联系并协助建筑废物清运单位，做好建筑废物的清运工作。

（4）推行建筑废物上门收集财政补贴制度　对纳入建筑废物上门收集范围内的开放式社区，按照每车（满$4m^3$或满4t）给予60元的财政补贴，不足部分由建筑废物清运公司通过向居民收费解决或自筹解决。

（5）推行建筑废物分类处理制度　建筑废物上门收集时，由建筑废物清运单位实行分类处理，对其中能实现二次利用的，由建筑废物清运公司自行处理，对不能实现二次利用的，由建筑废物清运公司统一运送到环卫处垃圾中转站或建筑废物填埋场集中处理。

8.3.2 建筑废物的运输

1. 建筑废物的运输现状

一般政府根据城市建筑市场实际，确定城市建筑废物运输经营权发放数量，采取公开拍卖、招标等方式确定经营者，并向社会公布。具体程序、标准、经营期限等事项经政府批准后实施。然后，市环卫管理机构向取得建筑废物运输经营权的单位发放城市建筑废物运输处置核准。市环卫管理机构应当制定城市建筑废物运输行业标准，加强日常监管，维护运输市场秩序。

我国建筑废物运输存在的问题：

（1）产生建筑废物的单位不重视　从主观上说，产生建筑废物的单位自身没有较强的建筑废物规范化运输意识，往往只重视将建筑废物及时清运出工地，保证施工现场安全，而对其管辖或委托的运输单位是否使用合格车辆，是否按规定的时间路线行驶，是否按指定地点消纳等漠不关心。从客观上说，现有法律法规只涉及车辆违规处罚，如无密闭装置的车辆、挂靠它车准运证的车辆、外地车、套牌车、个体车辆等，而没有对建设或施工单位的处罚措施，导致产生建筑废物的单位对建筑废物的管理不够。

（2）建筑废物运输市场混乱　目前建筑废物既没有实行统一收集清运，更谈不上集中处置或资源化利用。首先，对具备什么条件才能从事建筑废物运输没有实质性规定。目前的运输市场主要由环境卫生事业性单位、经营性运输企业和个体经营老板承担。这些承担者都是自负盈亏，为获取利润，互相之间常故意压低运费，从而导致恶性竞争。其次，现有的管理规定主要针对单位或企业，即使涉及个人，惩罚力度也很轻，这样很难形成竞争有序的建筑废物运输市场，且常出现超载运输、超速运输、车容车貌不洁和污染环境现象。

（3）建筑废物偷运乱卸现象普遍，导致环境问题　虽然有关部门不断加大对建筑废物的监管力度，但仍然无法遏制偷运乱卸现象。尤其在城乡结合部或管辖不明确的地区，这种现象更是随处可见。有的乡镇领导把接纳建筑废物视为一项财政收入，只顾眼前利益，于是大片土地被建筑废物侵占，一方面给周边生态环境造成极大危害，大气、土壤、地下水均受到不同程度污染，另一方面给今后的治理也带来极大困难。

（4）监督管理不到位、缺乏力度　建筑废物的运输管理涉及多个部门，有市政、建设、规划、环保、交通运输、公安、城管等。各部门职责难免会有交叉，有时会造成管理上的漏洞。虽然有部门联合检查制度，但相对建筑废物运输频率，仅靠偶尔的联合检查是远远不够的。另外，现有的行政处罚手段仅限于罚款，且额度较低，最高只有5万元，无法起到警示和威慑作用。

2. 建筑废物运输管理的建议

（1）严格市场准入，实行特许经营制度　规范建筑废物运输企业，从事城市建筑废物运输的企业应符合以下条件：依法注册的企业法人；专用运输车辆（单台载质量5t以上）不少于8辆；具有合法的道路运输经营许可证，车辆具有行驶证和道路运输证，驾驶员具有与准驾车型相符的驾驶证和从业资格证；有固定的办公场所和与经营规模相适应的停车场；运输车辆按照规定实施密闭改装，具备全密闭运输条件；运输车辆安装 GPS 监控设备，纳入市级数字化监控平台进行统一监控；具有健全的运输车辆运营、安全、质量、保养和行政管理制度并得到有效执行。建筑废物运输特许经营权授予由招标决定，具体招标程序如下：发布招标公告；运输企业从市政公用局政务网站下载申请表，编制投标文件，在规定的期限内提报投标文件；组成评标委员会进行评审，选定运输企业；拟授予特许经营权的企业在限期内加装 GPS，实施车厢密闭改装，并验收合格；拟授予特许经营权的企业名单向社会公示；公示期内无异议，运输企业提供履约保函，签订特许经营协议，授予特许经营权；向社会公示授予特许经营权的企业。

（2）强化处置审批，加强源头管理　建设单位在办理工程开工前，建筑物拆除单位在办理拆除备案手续前，应与获得特许经营权的运输企业签订运输合同，制定处置计划，办理城市建筑废物处置核准手续。

（3）建筑废物运输实行联单管理　城市建筑废物运输实行四联单管理，由建设单位、建筑物拆除单位办理建筑废物处置核准手续时领取。联单流程为：建设单位、建筑物拆除单位根据核准的建筑废物处置（综合利用、工程回填、填埋处置）方案，填写四联单，第一联留存审批部门备查，其余三联交给运输企业；运输企业将建筑废物运输至处置场所后，由处置场所填写实际接收量，并加盖公章，第二联留存运输企业，第三联留存处置场所，第四联由主管部门审核后作为运输监管考核的依据。

（4）建筑废物车辆实行密闭运输　按照国家有关技术规范规定，运输企业应对建筑废物运输车辆实行密闭改装，定期维护，确保密闭运输。凡未实施车辆密闭改装的，公安部门不予核发检验合格标志，市政公用局不予授予特许经营权。市质监部门负责密闭改装企业认定和车辆改装后检验合格证核发，定期检查改装车辆的设施完好情况。

（5）建筑废物运输实行电子化（GPS）监控　建立建筑废物运输市级数字化监控平台，与城管执法部门和公安部门的数字化系统联网，形成联合执法监管平台，实现全市建筑废物运输及监管考核信息共享，全程监控。有关部门统一组织安装 GPS 监控设备。运输企业应当按规定安装电子监控终端设备，负责本企业运输车辆的管理和监控。

（6）加大对违法违规行为的查处力度　按照各自职责，对建筑废物运输过程中的违法违规行为进行查处。对违反建筑废物运输管理规定，违反治安管理处罚条例的，依法给予治安管理处罚；构成犯罪的，依法追究刑事责任。如市政公用部门负责定期组织相关部门联合执法，查处建筑废物运输过程中的违法行为；城管执法部门负责查处未经许可擅自从事建筑废物运输业务、运输撒漏、乱倒乱卸等行为；公安部门负责道路交通安全监管工作，查处不按规定时段、路线行驶和超速、超载运输及套牌、无牌或号牌不全以及车辆放大号、反光标志、防护装置不合格的建筑废物运输车辆上路行驶等交通违法行为；城乡建设部门负责建筑工地文明施工监管，查处运输车辆带泥驶离工地等行为；负责告知建设单位、建筑物拆除单位按规定办理建筑废物处置相关手续；交通运输部门负责查处未取得道路运输经营许可，擅自从事道路运输经营、未经密闭改装或密闭不严密造成货物脱落、扬撒等行为。对上述交通违法行为公安部门依法处罚的同时，对违法车辆、驾驶员及其所属企业的违法信息、交通责任事故情况等建立台账，根据其违章率、事故率，定期对运输企业进行等级评定，并将评定结果上传联合执法监管平台，供市相关部门采集应用。

(7) 加强对建筑废物运输企业的监管考核 制定建筑废物运输企业管理考核办法，加强运输企业日常监管和考核。公安部门依据道路交通安全法，对重点车辆及运输单位实行安全状况等级评定，对建筑废物运输企业、运输车辆及驾驶员的交通责任事故、交通违法、车辆源头管理情况进行考核，并将安全状况评定结果和考核结果定期上传至联合执法监管平台。运输企业违反特许经营规定的，根据有关法律法规规章和特许经营协议给予处罚，并扣除相应的分值；运输企业年度考核结果低于规定的分值的，视为不合格，取消其特许经营权，责令退出建筑废物运输市场，并向社会公示。

(8) 加强对建筑废物运输管理工作的组织领导 建立建筑废物运输管理联席会议制度，由市政府分管领导任召集人，市政管理部门、城管执法、公安、城乡建设、交通运输、质监等部门和各区政府为成员。联席会议负责研究解决建筑废物运输管理工作中遇到的问题，建立联合执法机制，定期开展联合执法行动，及时查处建筑废物运输过程中的违法行为。联席会议办公室设在市政公用局。

8.4 建筑废物的管理

8.4.1 建筑废物的管理现状

1. 发达国家或地区建筑废物的管理现状

(1) 日本 由于国土面积小、资源相对匮乏，日本的构造原料价格比欧洲都要高。因此，日本人将建筑废物视为“建筑副产品”，十分重视将其作为可再生资源而重新开发利用。比如港埠设施，以及其他改造工程的基础设施配件，都可以利用再循环的石料，代替相当数量的自然采石场砾石材料。在日本，建筑行业所使用的资源量约占到了各行业所使用的资源总量中的一半，并且在建设过程中所产生的建筑废物总量约占到了各行业产生的垃圾总量的五分之一，且在所有行业垃圾的非法抛弃量中，约有九成是建筑废物。为了建立“资源循环型社会”，日本政府规定：在公共工程中，当施工现场和在资源化设施的距离在一定范围内时，不管经济与否，一定要将建筑废物运往再资源化中心进行处理，加以重复利用。1977年，日本政府就制定了《再生骨料和再生混凝土使用规范》，并相继在各地建立了以处理混凝土废弃物为主的再生加工厂，生产再生水泥和再生骨料。1990 年以来，随着日本建设的发展，虽然建筑废物的产量在不断增加，但从调查结果来看，1991 年，日本政府又制定了《资源重新利用促进法》，规定建筑施工过程中产生的渣土、混凝土块、沥青混凝土块、木材、金属等建筑废物，必须送往“再资源化设施”进行处理。此后，日本政府又制定了《建设再循环指导方针》(1998 年)、《推进建筑副产物正确处理纲要》(1998 年)、《建筑工程用资材再资源化》和《由国家来推进采购环保产品》等有关法律 (2000 年)、《促进再生资源利用法》(2000 年)、《推进形成循环型社会基本法》(2001 年)、《(改进) 废弃物处理法》(2001 年)、《促进废弃物处理指定设施配备》、《资源有效利用促进法》(2001 年)、《建筑再利用法》(2002 年)、《建筑工程资材再资源化法》、《绿色采购法》、《废弃物处理法》等。日本对于建筑废物的主导方针是：尽可能不从施工现场排出建筑废物，建筑废物要尽可能重新利用，对于重新利用有困难的则应适当予以处理。在 1990～1995 年期间，建筑废物的利用率大大提高，有些垃圾的利用率，如混凝土块、沥青等已经超过了 65%。

(2) 美国　美国作为西方发达的工业大国，在建筑废物资源化领域起步较早，在政策法规和实际应用方面都形成了一套符合自身情况的体系。美国政府在1980年制定通过的《超级基金法》中就明文规定："任何生产有工业废弃物的企业，必须自行妥善处理，不得擅自随意倾卸"。美国1965年制定的《固体废弃物处理法》经过1976年、1980年、1984年、1988年、1996年五次修订，完善了包括信息公开、报告、资源再生、再生示范、科技发展、循环标准、经济刺激与使用优先、职业保护、公民诉讼等固体废物循环利用的法律制度。美国在建筑废物管理政策方面，在建筑废物的"减量化""资源化""无害化""产业化"等领域有显著的成效。首先，美国十分重视建筑废物的减量化管理，鼓励从源头上加强对建筑废物排放量的控制，奖励建筑废物的"零"排放。并认为源头控制方式比长期实施的各种末端治理更为有效，可以减少对资源开采、节约制造成本、减少运输和对环境的破坏；其次，针对不能避免的建筑废物，实施资源化管理。即通过回收利用，使垃圾变成再生资源。美国政府部门要求建设施工单位利用先进的资源化技术对产生的城市建筑废物进行适当处理，并得到了有关环境组织的支持。在法律规范方面，美国颁布实施了《资源保护回收法》，提出"没有垃圾，只有放错地方的资源"这一概念；美国政府还制定了《超级基金法》规定："任何生产有工业废弃物的企业，必须自行妥善处理，不得擅自随意倾卸"，该法规从源头上限制了建筑废物的产生量，促使各企业自觉寻求建筑废物资源化利用途径。美国还建立了建筑废物运输准入制度、《建筑废物填埋场设计规范》、处理建筑废物行政许可制度等一系列制度和规范。近一段时间以来，美国住宅营造商协会开始推广一种"资源保护屋"，其墙壁就是用回收的轮胎和铝合金废料建成的，屋架所用的大部分钢料是从建筑工地上回收来的，所用的板材是锯末和碎木料加上20%的聚乙烯制成，屋面的主要原料是旧的报纸和纸板箱。这种住宅不仅积极利用了废弃的金属、木料、纸板等回收材料，而且比较好地解决了住房紧张和环境保护之间的矛盾。

(3) 德国　德国是世界上最早大量利用建筑废物的国家。在二战后的重建期间，德国通过循环利用建筑废物有效地降低了现场清理费用，缓解了建材供应的压力。直至1955年，一共循环再生了废砖集料约1150万m^3，并利用这些再生集料建造了住房约16.4万套。在德国，建筑废物按照来源分成土地开挖、碎旧建筑材料、道路开挖和建筑施工工地垃圾。工程承包商要负责将建筑废物进行分类、清理和运走。德国是世界上最早开展循环经济立法的国家，1978年推出了"蓝色天使"计划后制定了《废物处理法》等。进入可持续发展时代后，1994年制定了在世界上有广泛影响的《循环经济和废物清除法》(1998年被修订)；1999年制定了《垃圾法》和《联邦水土保持与旧废弃物法令》，2001年制定了《社区垃圾合乎环保放置及垃圾处理场令》，2002年制定了包括推进循环经济在内的《持续推动生态税改革法》等。此外欧洲的一些有关废弃物循环利用的指令，也对德国产生直接约束力。可见，德国的循环经济立法层次分明、体系完备。

(4) 瑞士　早在1986年6月，瑞士就发布了《瑞士垃圾经济发展的指导意见》，对建立符合生态和经济原则的循环经济提出建议和规划。为了使将来做到能及时实现与环境相容的垃圾处置和利用，正确发展垃圾经济，在上述《指导意见》中，提出了以下应遵循的原则：

1) 预防性原则。建筑废物除应按环保要求进行处置和堆放外，应致力于建筑废物的避免(其产生)、减少和利用。

2) 产生者原则。建筑废物的处置费用及为此进行符合环保要求处置的费用，一般情况下应由产生者承担。

3）整体性原则。垃圾经济是国民经济的一部分。建筑产品的生产、消费（使用）和建筑废物处置之间存在着因果关系。在整体性原则的要求下，不仅要考虑建筑废物在利用或处置时对环境的影响，而且要考虑产品的生产和运输，甚至最终在堆场中堆放时对环境的影响。

4）合作性原则。解决建筑废物的问题，一方面要求联邦政府、州政府及地方县市的合作，另一方面同样要求公共社会和私人的合作。

5）辅助性原则。垃圾问题应尽可能在最基层处解决，即首先是由单个公民、私营组织和经济行业来解决，其次是通过乡或地方性协会解决，最终才是由州或联邦政府解决。

根据以上原则，确定了建筑废物管理的基本要求和具体措施，见表 8-6。

表 8-6　建筑废物管理的基本要求和具体措施

次序	基本要求	具体措施
1	要避免建筑废物的产生	应用与环境相容的材料；减少材料的使用量；材料使用时就考虑到今后的处置
2	减少建筑废物的产生	在源头上分拣；单一品质和干净地收集；（各有关单位应）共同思考，小心工作
3	尽可能利用建筑废物	尽可能地进行预处理；（利用建筑废物）生产出新产品；推广应用使用次生建材
4	焚烧处理建筑废物	只针对不可再利用的建筑废物，经焚烧减少其体积
5	在堆场堆放	不可焚烧的建筑废物方可堆放。堆放时应符合环保要求

瑞士 ARV（土方、拆除和循环建材）协会出版了有关建筑废物处置利用的导则和规定，着重区分特种垃圾（指有毒有害垃圾，例如，受化工或油污污染的混凝土或地坪）和问题垃圾（指复合材料，例如，水泥木屑板、与泡沫塑料复合的石膏板或水泥板等），具体流程如图 8-1 所示。

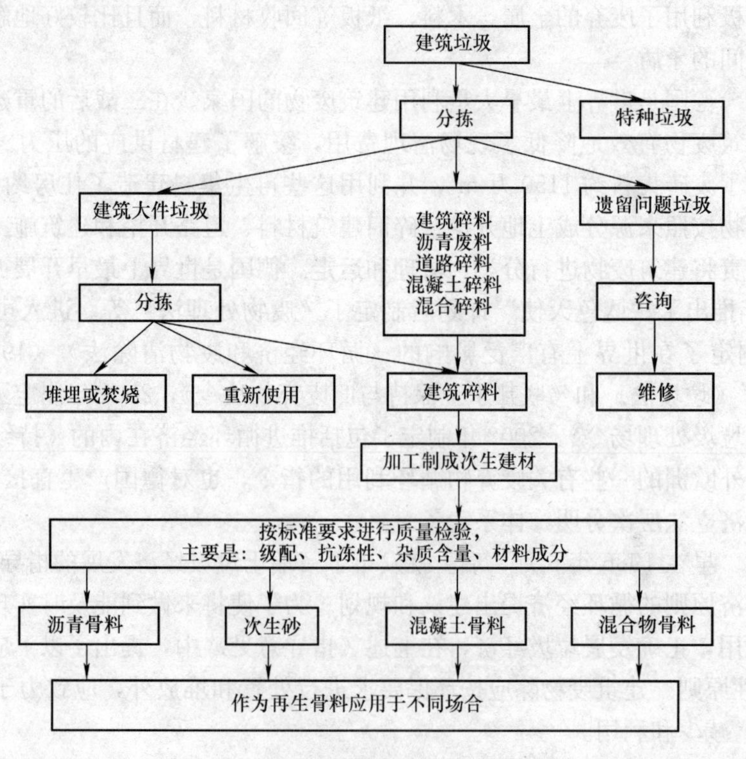

图 8-1　瑞士建筑废物处置利用流程

近年来，瑞士每年产生约1110万t建筑废物。其处置方式是：

1）在建筑工地直接使用。建筑废物中的主要部分（如道路垃圾）是在工地上直接使用，这部分占42%（约470万t）。由此可以计算出剩余的、要运输的建筑废物量为640万t。

2）循环使用。建筑废物中的约430万t垃圾，在得到一定的处理后可以再次使用。主要的处理方式是废混凝土制成的骨料（170万t），混合碎料制成的骨料（130万t），沥青制成的骨料（50万t）及砂石料制成的骨料（50万t）。其余的30万t是由可燃材料、金属、玻璃、陶瓷和石膏等组成。

3）堆场填埋。约170万t的建筑废物是在堆场中填埋。大约其中一半（80万t）是有矿物类的剩余料（玻璃、陶瓷、石膏等）。其余的是混合杂物（40万t）、混凝土碎料（20万t），沥青碎料（10万t），道路碎料（10万t）以及其他垃圾（10万t）。

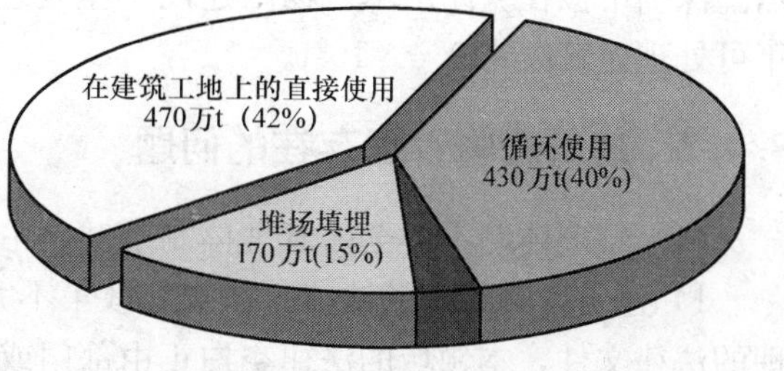

图8-2 瑞士循环利用的数量

4）焚烧。可燃建筑废物不到40万t。其中的2/3是建筑木材（27万t）。对建筑废物的总量来说，可燃材料是微不足道的，但对垃圾焚烧炉的功率设计来说，这部分的量却是非常重要的，具体如图8-2所示。

2. 国内建筑废物的管理现状

21世纪，我国部分大、中城市根据管理的实际需要，相继颁布了建筑废物或工程渣土管理规定，初步建立了建筑废物申报及审批制度，收运车辆也得以初步规范化。少数城市还建设了建筑废物资源化处理厂和建筑废物填埋场等消纳设施。现对国内典型城市的建筑废物管理现状进行介绍。

（1）北京　北京市垃圾渣土管理处负责全市渣土日常管理工作，受理跨区、县工程以及国家和市级重点工程渣土的消纳（回填）申请等；区、县渣土管理部门主要负责管辖区内渣土消纳申报管理、渣土消纳场管理等。2006年12月起，北京市规定渣土、砂石运输车辆必须持有绿色环保标志，并安装符合《流散物体运输车辆全密闭装置通用技术条件》规定的机械式全密闭装置，施工单位要优先选用有绿色环保标志的车辆承担渣土、砂石等的运输工作。北京市每年设置20～30个建筑废物消纳场。这些消纳场大部分设在五环以外，主要是将现有大坑、窑地等经过整理，设置照明等设施，消纳场由企业经营，并按照市场化的物价标准向运输单位收取费用。

（2）上海　1992年，上海市人民政府第10号令发布了《上海市建筑废物和工程渣土处置管理规定》，并于1997年以市人民政府第53号令进行了修正。2005年起，建筑废物的日常管理和监管由区（县）负责，市渣土管理部门主要负责全市建筑废物的规划、协调、政策研究、检查考核等宏观管理。上海市建筑废物运输以车辆运输为主、船舶转运为辅，车、船均采用了GPS定位、IC智能卡监控技术，有效实施建筑废物运输车船作业状态监控管理。建筑废物末端处理通常采取回填标高、围海造田、堆山造景等方式。2003～2005年，以标高回填、工程回填、绿化用土等方式处理的建筑废物约占年产生量的60%；以围海造田方式处理的建筑废物占年产生量的30%；其余10%以临时堆放、弃置等方式处理，还有1座利用废弃混凝土块制作砌块和骨料的资源化处理厂，年处理能力20万t。

（3）深圳　深圳市环境卫生管理部门主要负责制定建筑废物管理的具体实施办法，并指导、协调、监督检查各区建筑废物的管理等工作；区环境卫生管理部门主要负责清理辖区内市政道路及小区范围内的无主建筑废物。深圳市在强化渣土运输规范管理方面，率先对近5000辆泥头车实施了密闭加盖；在防止道路污染方面，深圳对全市施工工地实行地毯式、24h监督管理，规定运输车辆运行线路和运输时间，实行全过程管理。深圳市建筑废物管理方式大体分两类：一是未经任何处理直接填埋，约占98%；二是轻度分拣出废金属、废混凝土，约占2%。现有3个建筑废物填埋场即将填满封场，其余建筑废物由各街道自行消纳。深圳市拟在塘朗山填埋场内建设1座处理能力为1600 t/d的建筑废物制砖厂，预计每年可处理建筑废物0.4×10^6t。

8.4.2 建筑废物管理存在的问题

(1) 管理体制不健全　管理体制不健全主要体现在三方面：

1) 建筑废物管理的法律、法规、政策不完善。我国至今尚无一部国家关于建筑废物管理的法律文件，本领域的法律空白正由部门或地方法规、规章填补，一定程度上削弱了法律的权威性。

2) 行业技术规范和标准较为缺乏。目前，还没有针对建筑废物管理形成全面性和系统化的技术规范和标准，仅有少量大中城市或企业根据实际情况自行编写了少数零星的标准、规范，定量执法的依据尚不充分。

3) 管理职能部门多头，约束机制尚不健全。建筑废物监管部门存在多头现象。建筑废物处置的监管责任在市、区各绿化和市容管理局，其日常申报管理在绿化和市容管理机构的下属废弃物管理部门。关于建筑废物和工程渣土可能带来的环境质量影响（主要指扬尘污染治理）的监管部门是市、区各环境保护局。关于建筑废物和工程渣土的产出源头的工地监管部门是市区各建委系统下的监管办。关于建筑废物和工程渣土运输过程中的交通违法现象（主要指超速、超载等违法驾驶）的执法部门是交警；而没有运输处置证从事运营、偷倒、乱倒渣土或者车容车貌不洁的执法部门是城管大队。渣土违法乱倒后，暴露在道路上渣土的清除又属绿化和市容管理机构下的环卫作业部门的职能范围。此外，建设工程项目还涉及规划、房地、市政等管理部门，在这种情况，会导致一个简单的乱倒渣土案件管理、执法、处置费时费力，管理、执法成本和效率不成正比。

(2) 源头控制不力，建筑废物受控处理量远小于实际排放量　目前，国内大部分城市建筑废物受纳量远低于排放量。广州市中心城区1990～2004年建筑废物的总受纳量只占总排放量的32.78%，其他的主要通过偷倒、乱倒的途径处理，不仅占用了大量土地资源，而且阻碍交通，危害人体健康。此外，建筑废物收集点设置不合理或与生活垃圾中转站合建也导致部分建筑废物没有进入受纳程序。

(3) 中转、运输系统设置不规范，环境污染较严重　中转、运输系统主要问题在于：

1) 市区域内建筑废物的回填、消纳点较远，导致运输成本急剧上升。

2) 建筑废物运输过程中渣土等飞扬撒落，影响了市容与大气环境。

3) 清运市场混乱。建筑废物运输市场最低价中标的规则使价格恶性争夺市场的现象相当严重，有的企业甚至以偷倒、乱倒建筑废物等违法行为弥补成本，赚取非法利润。

此外，夜间由于管理执法人员人数相对较少，力量相对较弱，不少渣土运输违规车辆成群结队，当其中一辆因乱倒渣土被执法人员查获时，其他车辆则四窜逃走，即便执法人员数量较多也无法将这些车辆全部处理，且考虑到安全原因，也不能对逃窜的车辆进行追击，因此，执法查处工作困难极大。

(4) 处理方式较为落后，“三化”处理率较低 目前，我国建筑废物最终处置以回填为主。绝大部分建筑废物未经任何处理，直接运往郊外或乡村，采用露天堆放或填埋的方式处理。除少数几个城市外，大部分城市没有专门的建筑废物填埋场。这种简易堆填耗用大量土地征用等费用。此外，堆放过程中产生的粉尘、污水污染等问题又会造成严重的环境污染。

(5) 管理内容不全面

1) 对建筑废物的再生资源回收市场存在失管现象，尚未形成建筑废物循环经济产业链，无法真正从源头控制建筑废物的产生，无法在源头形成建筑废物分类收集，各类建筑渣土混装混运，导致最终的处置成本高、回收利用率低。

2) 政府管理的重心主要放在对违法偷运、乱倒渣土及违法运输行为的查处，而不是在建筑废物产生的源头减量及处置终端的循环再生利用。

(6) 未形成系统性的监管平台 建筑废物从出土→运输→处置的全过程的系统性的监管平台尚未形成，监管手段往往还是依靠执法队员执法管理，科技含量相对较低。

综上所述，国内建筑废物无害化、减量化和资源化处理水平远低于发达国家。

8.4.3 建筑废物管理系统分析

建筑废物管理系统是由收集、中转、运输、处置4个子系统组成的从垃圾产生源头到最终处置的多元化系统。系统核心部分是建筑废物的归宿——处置系统，收运、中转、运输系统是与之协调，为之服务的。

处置系统通常包括中间处理和最终处置，垃圾的中间处理设施主要包括资源化处理厂，最终处置设施一般指填埋场。整个建筑废物管理系统要达到的最终目标是建筑废物的无害化、减量化和资源化。

优化的建筑废物管理系统必须遵循三个原则：一是投资和运行费用应符合当地经济发展水平的承受能力，尽量做到费用最省（费用最小原则）；二是系统的运作能达到建筑废物的无害化和减量化，并且使垃圾处置对环境和社会的影响程度最小，从而保证环境、社会、经济相协调的可持续发展（风险最小原则）；三是资源化程度高，经济、环境和社会效益较高（收益最大原则）。

根据以上原则，建筑废物应采取全过程处理模式，从源头抓起，将源头、中转、运输、处理、处置每个环节整体考虑，最终实现减量化、无害化和资源化目标。

(1) 全过程处理模式分析

1) 源头收集模式。应加强源头控制，逐步实现分流与分类，力争实现源头减量，节约建筑废物收运和处理费用，降低后续处理难度。源头控制模式设置应遵循如下原则：

① 从设计和施工开始，抓源头减量。一方面提高设计和施工质量，保证建筑物耐久性，延长拆除年限；另一方面改进和采用先进施工工艺，减少建筑废物产生量；此外，注意建筑渣土的就地利用。

② 按产生源不同，建筑废物应采取大分流的收集措施。建筑渣土、装修垃圾、拆违垃圾和泥浆应分流收运。

③ 根据末端处理方式不同，应逐步实现建筑废物的分类收集。卫生填埋收集区域可分

为有害垃圾、其他垃圾两类；回填收集区域可分为渣土垃圾、有害垃圾和其他垃圾三类；资源化处理收集区域可分为可回填垃圾、有害垃圾、可回收垃圾、其他垃圾四类。

2）转运模式分析。影响转运模式的主要因素是收集强度和运输距离。此外，交通、环境等也对转运系统有一定的影响。一般来说，收集强度小于 10t/(d · km^2)，运输距离在 10km 以内的地区可利用 5～15t 级汽车直接运输；收集强度大于 10t/(d · km^2)，运输距离在 10km 以上的地区应设置中转调配场转运，收集车辆将建筑废物运往中转调配场，中转调配场主要起到中转和就近平衡消纳的作用。也可附设分选设施，实现部分可利用组分的回收。

为了解决运输途中的环境污染问题，首先应根据建筑废物产生源及物理特性等的差异，应用不同车型的车辆运输建筑废物。工程渣土宜采用载质量大于 10t 的渣土运输车，装修和拆违垃圾可采用载质量为 5～15t 的渣土运输车，工程泥浆则宜采用罐车运输。陆上运输应密闭运输，非密闭车辆应进行加盖改装；尚未进行加盖改装的车辆应限制其运输路线（不得进入城市中心区域）。水上运输则推荐采用集装箱运输形式，利于密封。

3）处理模式分析。建筑废物资源化处理方式分为三类：一是“低级利用”。如分选处理、一般性回填等。建筑废物分选主要将砖瓦、混凝土、沥青混凝土、渣土、金属、木材、塑料、生活垃圾、有害垃圾分离。其中，砖瓦、混凝土、沥青混凝土可进行中级和高级利用，金属、木材、塑料也可以回收利用。一般性回填主要利用砖瓦、混凝土、沥青混凝土、渣土等惰性且土力学特性较好的建筑废物。二是“中级利用”。如加工成骨料生产新型墙体材料等。新型墙体材料的生产工序主要包括粗选、破碎、筛分、磁选、风选等。主要骨料产品，包括 0～15mm 砖再生集料，0～5mm 混凝土再生砂，5～15mm、15～25mm、25～40mm 的混凝土再生集料。这些骨料具有空隙率高的特点，适合生产混凝土砌块，建筑隔声、保温、防火、防水墙板及建筑装饰砖等墙体材料。三是“高级利用”。如日本等发达国家已将建筑废物还原成水泥、沥青等再利用，由于其成本较高，技术成熟度一般，目前还不宜在国内推广应用。

建筑废物最终处置主要指填埋。由于组分特性不同，建筑废物填埋场与生活垃圾填埋场具有一定的差异性。建筑废物填埋场设计要点如下：

① 工程泥浆、有害垃圾不宜进入建筑废物填埋场填埋。

② 建筑废物填埋场宜针对可直接利用物质较多，含水率较低的装修、拆违垃圾设置分选预处理设施。

③ 建筑废物填埋场宜根据组分不同设置填埋分区。填埋区可分为建筑渣土填埋区和其他垃圾填埋区。建筑渣土填埋区主要填埋砖瓦、混凝土、沥青混凝土、渣土等惰性物质。其他垃圾填埋区主要填埋以装修、拆违垃圾为主的建筑废物，这部分垃圾中掺混了较多生活垃圾。

④ 建筑渣土填埋区设计不需考虑人工防渗及雨污分流等措施，但应考虑雨水导排、易于开挖等方面内容，开挖后还可作为建筑工地的回填料。

⑤ 其他垃圾填埋区中污水具有一定的污染性，填埋区设计应参照生活垃圾卫生填埋场规范要求，设置人工防渗，污水、雨水导排，雨污分流等措施。此外，还需设置污水处理系统。

⑥ 建筑废物填埋场（包括中转调配场）可以根据条件设置建筑废物资源化处理系统。

（2）体制与机制分析 建筑废物“三化”管理目标应以完善的法律（法规）为保障，以全面、细化的标准（规范）为依据，通过建立全过程管理的机制、市场化的运作体系得以实现。

1）完善法律、法规。应制定建筑废物管理及资源化再生利用的法律，将建筑废物全过程处理以法律的形式确定，引导和鼓励建筑废物源头减量和资源化处理。凡利用垃圾生产出的材料和产品，国家应在税收政策上给予优惠。

2）编制行业技术规范和标准。目前，住房和城乡建设部正委托上海环境卫生设计院等单位编写《建筑废物管理技术规范》。在此基础上，还可进一步细化建筑废物收运、中转、资源化处理和卫生填埋场等各个环节的技术规范，并针对不同的新型再生材料制定相应的产品标准，最终形成一个完整的建筑废物管理类的系列标准规范。

3）实现市场规范和政府监管建设施工单位、运输单位、资源利用单位和消纳处置单位是市场的主体。各企业应遵纪守法，按规定办理申报手续，规范运作，同时充分认识到建筑废物管理的公益性，应坚持社会效益最大化、经济效益合理化的原则。政府也应做好监管工作，市场监管应遵循“市场准入、市场选择、市场规范、严格执法”等原则，保证建筑废物全过程处理的落实。

4）加强宣传，提高建筑废物全程管理意识。实现建筑废物减量化、资源化、无害化，是将建筑废物管理由过去清运加填埋的“末端”处理，扩大到生产、流通、消费、收集和处理的整个过程。应通过宣传使“全程管理”的观念深入人心，通过群众配合监督，从而紧扣建筑废物全程管理各个环节，使得建筑废物管理有序进行。

8.4.4 建筑废物管理的政策措施

（1）技术政策

1）建筑废物减量化。建筑废物减量化是指从源头减少建筑废物的产生量和排放量，是对建筑废物的数量、体积、种类、有害物质的全面管理，即开展清洁生产。它不仅要求减少建筑废物的数量和体积，还包括尽可能地减少其种类、降低其有害成分的含量、减少或消除其危害特性等。减量化是防止建筑废物污染环境优先考虑的措施。对我国而言，应当鼓励和支持开展清洁生产，开发和推广先进的施工技术和设备，充分合理利用原材料等，通过这些政策措施的实施，达到建筑废物减量化的目的。

2）建筑废物资源化。建筑废物资源化是指采取管理和技术从建筑废物中回收有用的物质和能源。它包括以下三方面的内容：物质回收，指从建筑废物中回收二次物质不经过加工直接使用，如从建筑废物中回收废塑料、废金属、废竹木、废纸板、废玻璃等；物质转换，指利用建筑废物制取新形态的物质，如利用混凝土块生产再生混凝土骨料，利用房屋面沥青作沥青道路的铺筑材料等；能量转换，指从建筑废物管理过程中回收能量，如通过建筑废物中废塑料、废纸板和废竹木的焚烧处理回收热量。

3）建筑废物无害化。建筑废物无害化是指通过各种技术方法对建筑废物进行处理处置，使建筑废物不损害人体健康，同时对周围环境不产生污染。建筑废物的无害化主要包括两方面的内容：分选出建筑废物中的有毒有害成分；建造专用的建筑废物填埋场对分选出有毒有害成分后的建筑废物进行填满处置。对于无害的建筑废物，石家庄市配合城市市容建设，在柏林公园、时光公园、滹沱河贮灰厂和滹太新区南高基村等地利用建筑废物堆山造景，既节约土地资源又美化了环境，取得了良好的效果。

(2) 经济政策

1)“排污收费”政策。“排污收费”是根据固体废物的特点，征收总量排污费和超标排污费。固体废物产生者除需承担正常的排污费外，如超标排放废物，还需额外负担超标排污费。目前，我国尚未对不同建筑类所产生的建筑废物和排放量进行统计和分析，缺乏建筑废物产出和排放标准。

2)“生产者责任制”政策。“生产者责任制”是指产品的生产者（或销售者）对其产品被消费后所产生的垃圾的管理负有责任。建筑施工垃圾中废包装材料占25%～30%，由此可见，如果严格实行“生产者责任制”，建筑废物尤其是建筑施工垃圾的产量可以大大减少。

3)“税收、信贷优惠”政策。“税收、信贷优惠”政策就是通过税收的减免、信贷的优惠，鼓励和支持从事建筑废物管理规划和资源化的企业，促进环保产业长期稳定的发展。建筑废物资源化是无利或微利的经济活动，政府要建立政策支持鼓励体系，一方面，对从事垃圾资源化的投资和产业活动免除一切税项，以增强垃圾资源化企业的自我生存能力；另一方面，政府对从事垃圾资源化投资经营活动的企业给予贷款贴息的优惠。

4)“建筑废物填埋收费”政策。“建筑废物填埋收费”政策是指对进入建筑废物最终处置的建筑废物进行再次收费，其目的在于鼓励建筑废物的回收利用，提高建筑废物的综合利用率，以减少建筑废物的最终处置量，同时也是为了解决填埋土地短缺的问题。目前我国的建筑废物处置收费普遍过低，如上海市建筑废物处置收费标准为1～2元/t；北京市收费标准为1.5元/t。如此低廉的排污收费标准，很难达到鼓励建筑废物回收利用、提高建筑废物综合利用率的目的，因此，提高建筑废物填埋处置收费标准是当务之急。

8.4.5 建筑废物消纳

建筑废物倾倒一般由政府统一规划消纳场，一般分为建筑废物专用消纳场和建筑废物临时消纳场。建筑废物专用消纳场是指用政府统一规划、管理的，用于消纳建筑废物的场所；建筑废物临时消纳场是经市规划主管部门批准临时受纳建筑废物的建设工地、规划开发用地及其他需要回填建筑废物的水塘、基坑洼地等场地，并由环卫管理部门向有建筑废物处置权的建筑公司缴纳一定的费用，但为了省掉这笔处置费，很多建筑工地跳过申报建筑废物处置证的环节，直接开工，而最终将建筑废物运往空地，偷偷倒掉。

8.4.6 建筑废物管理建议

绿色设计是运用生态思维，在产品整个生命周期内以产品环境属性为主要设计目标，强调在满足环境目标的同时，保证产品应有的基本功能、使用寿命和经济性等。它既满足人的需要，又注重生态环境保护与可持续发展原则，实现了社会价值和保护自然价值，是促进人类自身发展与自然发展和谐统一的一种设计方法。

从哲学高度看，建筑废物管理需施行可持续发展的战略，落实到方法论需在建筑业中引入“绿色设计”概念。首先需将传统的建筑产品生命周期从产品制造到投入使用的各个阶段，延伸到产品使用结束后的回收重用及处理过程，再者考虑的建设方案应是个闭环系统，设计过程中还需充分分析和考虑产品的环境属性，最后应保证系统设计。

发达地区或国家采取“建筑废物源头削减战略”的建筑废物管理方式，加强施工现场的管理，不断改善施工工艺。有关部门应抓紧开展以下两个方面的工作：一是国家和建筑施工企业应投入资金，立项开展建筑废物综合利用的深入研究与开发；二是国家有关部门应在全国建筑施工企业中，对每万平方米建筑在施工过程中产生的建筑废物的数量状况，进行一次大范围的定量定性综合调查统计，依此制定相应的建筑废物允许产生数量和排放数量标准，并将其作为衡量建筑施工企业管理水平和技术水平高低的一个重要考核指标。这样建筑废物大量产生的源头才有可能得到有效地控制。

由于建筑废物的产生涉及资源利用、能源消耗、生产建设、社会管理等诸多领域，因此，其治理属于“公共治理”范畴，需要由政府和企业、个人充分发挥各自的资源、技能优势，共同合作组成一个体系，制定和遵守科学、完善、有效的治理规则，才能达到建筑废物管理的目的。

（1）系统规则　建筑废物治理是一个系统工程，涉及面广，行为者众多。因此，必须在法律、行政管理和技术相结合的基础上建立科学、完整的系统规则，以协调治理过程中各行为者之间的关系，明确权利与责任，减少恶性竞争，提高治理效率。系统规则由相关法律、法规、政策、规划和标准组成。

1）相关法律、法规的制定。国家及地方政府均应制定相关法律、法规，以保护环境、合理使用各类资源为目标，对资源的开采和建筑废物的排放进行限制，鼓励建筑废物再利用。其内容应覆盖政府、相关企业及经营者的责、权、利，建材资源的开采，建材生产，建设项目的设计、施工、管理，建筑废物的利用，建筑废物回收利用及再生利用技术的研究，产品的开发、推广及保护，建筑废物的运输和处理，征收建筑废物超标排放费等。

2）相关政策的制定。针对建筑废物产源地、运输、处置、利用等环节出台管理措施；建立相关业务的审批制度；建立、引导和规范建筑废物市场交易机制；提供建筑废物再利用的优惠和保护措施；在城市道路等公共设施建设中，满足施工质量要求的再生产品具有优先使用权等。

3）相关规划和标准的制定。建筑废物的产生与城市的规模、社会经济发展状况、区域地位、自然环境、资源等因素密切相关，因此，每个城市都应根据具体情况制定建筑废物治理规划，内容包括相关资源的开采和来源、行业管理、产生量和成分预测、运输和处理设施、利用措施等。为了实现建筑废物产源地、运输、处理、利用等环节的规范化管理，使之产业化，必须制定相关的管理和技术标准，特别是再生利用产品的推广和利用必须有生产和产品质量标准作保障。具体标准包括建筑废物产源地和运输管理质量标准、建筑废物处置场建设标准、建筑废物各种再生利用产品的生产和质量标准、建筑废物再生利用生产设备标准等。

（2）系统框架　建筑废物治理必须根据系统分工建立一个系统组织框架，具体由国家和地方政府、相关企业和个人、民间组织等行为者构成，采取项目建设、社会公用、市场化等多种方式消纳利用。国家和地方政府负责相关法律、法规、政策、规划、标准的制定，利用法律手段和行政资源对行业行为进行授权、引导、协调和规范管理；相关企业和个人利用资本、技术等资源优势开展建筑废物的收集、运输、处置、利用等生产经营活动；相关民间组织（行业协会等）在行业内开展协调、自律、交流探讨、学习等促进行业发展的活动。

（3）技术支持　建筑废物治理技术支持表现在建材资源利用的最大化、产源地管理的精细化及建筑废物排放的减量化、运输的密闭化、处理的无害化等，即以优异的生产工艺和产品性能提高资源利用率和减少排放，在节能减排方针指导下进行建设项目的设计、建设和管理，在国家标准控制下建立建筑废物回收利用和再生利用的研究、生产、应用体系，以先进的设施设备开展建筑废物的运输、处置等。要实现上述目标，国家和企业必须开展系统的基础理论、新技术、新工艺、新产品、新设备的研究、开发、应用和推广等，为建筑废物治理提供全方位的技术支持。

8.4.7 地震灾区建筑废物的管理

8.4.7.1 地震灾区建筑废物的特点

我国是地震多发地区，新中国成立后发生 7 级以上的地震达 20 多次。每次地震后，由于建筑物的倒塌、受损而产生成千上万吨的建筑废物。震后需处理的建筑废物具有数量庞大、构成复杂、时间紧迫等特点，同时考虑能源、交通、水等支持不足，因此，一般的建筑废物管理办法不适合地震灾区的特殊情况。地震灾害具有突发特性，在地震中形成的建筑废物往往在几天时间内数量剧增，一次地震中处理的建筑废物总量往往巨大。例如，我国唐山 1976 年 7 月 26 大地震后，仅市中心区就产生约 2000 万 m^3 建筑废物，直到 1986 年底清理工作才基本完成，这场浩大工程持续将近 10 年。2008 年 5 月 12 日，四川汶川发生里氏 8 级强烈地震，位于龙门山脉的许多城镇遭受了严重的生命和财产损失，四川省汶川、茂县、理县、黑水、青川、平武、北川、安县、绵竹等重灾区无数房屋垮塌或损毁，倒塌房屋 680 万间，受损房屋 2350 万间，倒塌房屋产生 2 亿 t 建筑废物。如果受损房屋按拆除 50%计算，灾区建筑废物产生量将超过 5 亿 t，见表 8-7。此外，道路受损严重，产生数千万吨的建筑废物，见表 8-8。

表 8-7 四川地震若干灾区的房屋倒塌率（据雷达数据评估）

地区	茂县县城	理县全县	青川县全县	北川县老县城	北川县新	安县 8 个乡镇	安县县城	绵竹山区县城
房屋倒塌率(%)	60	40～80	80 以上	80	60 以上	80 以上	60～80	80

表 8-8 阿坝藏族自治州公路损毁情况

公路类型	国道	县道	农村公路	村道
受损里程/km	1841	1028	736	2438
受损里程总计/km	6043			

地震灾区倒塌和需拆除的建筑多属多层砖混结构（少量为框架结构）。城镇建筑废物成分为红砖（烧结黏土砖、页岩空心砖）、混凝土制品（砌块、预制板等）、砂浆（砌筑粘结层、内外墙抹灰层等），少量钢筋、碎玻璃、瓷砖等。农村建筑多为单层或二层砖木结构，建筑废物主要成分为烧结黏土砖、砂浆及木材等。根据我国已有的建筑废物资源化处理的成熟经验，这些建筑废物完全可以再生利用。

汶川地震发生后两周左右，中华人民共和国住房和城乡建设部为指导地震灾区建筑废物管理与资源化利用工作，出台了《地震灾区建筑废物管理技术导则》（试行），用于指导地震灾区及时清运、妥善处理建筑废物，促进建筑废物在灾后重建中的资源化利用。

8.4.7.2 地震灾区建筑废物的分类和前期分离

地震灾区的建筑废物，并不是简单的单纯的建筑废物，倒塌的住宅、厂房、医院等建筑物里面往往还含有大量的生活垃圾、生产设备、工业废物甚至危险物等。因此，灾区建筑废物管理的关键是垃圾的分类和收集。地震灾区的建筑废物主要包括渣土、砖瓦碎块、碎石块、废砂浆、混凝土块、废金属、沥青块、废塑料、废木（竹）材等。其中废金属、沥青块、废塑料、废木（竹）材的处理已有比较完善的处理方法，灾区建筑废物的处理主要需要将垃圾渣土、砖瓦碎块、碎石块、废砂浆、混凝土块等分类和收集。

(1) 地震灾区建筑废物分类　根据地震灾区建筑废物种类、组成、分布、质量、数量等情况，结合灾区重建规划，处理方式、应用技术、设备、建筑废物管理厂规模与布局，可将灾区建筑废物分为A、B、C三类，并按类进行处理。

1) A类：地震时相对分散的建筑倒塌形成的建筑废物。这种建筑多为公共建筑、低层建筑或经救人等活动已翻过的建筑，如图8-3所示。此类垃圾含杂质较少，当地群众已自发将钢筋、木材、整砖等分拣，剩下只是碎砖瓦等。这类垃圾可以直接再生利用，适合做再生砖（砌块）等建材。

2) B类：地震后被鉴定为危房需拆除的建筑，如图8-4所示。由于地震时建筑并未倒塌，拆除前可将室内的物品全部清理干净，所以产生的建筑废物杂质含量很少，与A类垃圾基本相同。

图8-3　地震灾区A类建筑废物

图8-4　地震灾区B类建筑废物

3) C类：以多层住宅为主，地震时集中成片损坏的建筑产生的建筑废物，以绵竹市汉旺镇汉王街最为典型，如图8-5所示。这种建筑废物量大，含有机物等杂质很多，成分非常复杂，无法直接再生利用。为避免造成二次污染和增加运输成本，此类垃圾应就地处理；为避免造成长期污染，也不应简单填埋。对此类建筑废物再生利用的关键在于前期将杂质分离出去，为后期的再生利用创造条件。分离后的建筑废物与A、B类垃圾一样可以再生利用。

(2) C类建筑废物前期分离处理　C类建筑废物成分复杂，含大量杂质，简单填埋不仅会造成地下水资源的污染，而且还会对长期的土地利用带来不利影响。该类建筑废物应采用就近处理的做法，异地搬运不仅成本高，且运输过程中产生的二次污染对环境可能带来不利影响。处理方法是先用挖掘机将木材、钢筋等大体分离出来，对大于1m的大块物料需预破成小于1m的规格。根据建筑废物具体情况，确定是先分离还是先破碎，或两种方案并行；再考虑工艺及设备，若建筑废物中有较多易造成破碎机堵塞的物料，不宜直接破碎；若含有较多有机杂质，则不宜先破碎，可先送入传送带由人工分拣再进入破碎机。体积大的可破物料宜先入破碎机破碎，然后辅以人工分拣或进入分离机分类。破碎宜用颚式破碎机，分离宜用风力滚筒分离机，建议设备均采用半移动式。经简单分离、破碎后，C类建筑废物就成为

图8-5　地震灾区C类建筑废物

相对洁净、尺寸小于200mm的块状建筑废物，为后期的再生利用打下基础。

8.4.7.3 地震灾区建筑废物的管理

据调查，城镇灾后住房加固和重建过程中产生的建筑废物一般是在建设过程中或旧建筑物维修、拆除过程中产生的。随着城镇灾后住房加固和重建工程项目的普遍开工，不少地方的相当一部分建筑废物在未经任何处理的前提下，便被施工单位运往郊外或乡村，采用露天堆放或填埋的方式处理，这样不仅耗用大量的征用土地费、垃圾清运等建设经费，同时又在清运和堆放过程中遗撒大量粉尘和灰砂，又造成了严重的环境污染问题。此外，由于一些重建项目的建筑废物无处堆放，而影响了这些重建项目的进程。因此，有必要通过以下方面切实搞好对重建建筑废物的处置及其综合利用工作：

(1) 高度重视，切实加强组织领导　重建住房建筑废物的处理和回收利用是一个系统工程，涉及社会的各个层面，该如何处理就需要政府有组织地进行协调解决，各重建建筑施工有关单位要站在讲政治、讲大局、讲稳定的高度，进一步统一思想，提高认识，分工负责，齐抓共管；要建立健全渣土设置与管理专项方案，对工地内建筑渣土的产生、防尘措施、处置等实行统一规划、统一清运、统一管理。

(2) 提高灾区重建住房建筑废物的技术处理水平　城镇重建住房建筑废物一般采用直接填埋的处理方式，尚缺乏对其进行有效的技术处理。为此，灾区城镇相关部门应尽快帮助协调并依靠企业技术研发解决在城镇重建住房建筑废物管理等方面存在的技术问题。

(3) 要降低灾区城镇住房建筑废物对环境的污染　灾区城镇住房建筑废物管理技术及回收利用率较低，大部分被运往垃圾填埋场堆放或填埋，不但占用了大量宝贵的耕地，而且对土壤、水源、植被等自然环境造成了相当大的危害。同时，在其运输过程中给灾区城镇环境造成了严重污染，严重影响了灾区城镇环境的形象。所以，对于那些分拣出来不能利用的建筑废物要合理处置，把对环境的污染降到最低。

(4) 政府要为灾区城镇住房建筑废物管理提供资金保障　建筑废物废料不是商品，本身是没有价值的，只有经过加工处理再利用后才会产生新的价值。在建筑废物的回收处理利用过程中，相关单位常因无利可图而缺少了积极性，直接影响利用工作的进行，因此，必须由政府通过某种渠道在利用过程中给予经济补助。为贯彻落实《国务院关于印发节能减排综合性工作方案的通知》精神，切实推动再生节能建筑材料的生产与利用，目前，财政部出台了《再生节能建筑材料财政补助资金管理暂行办法》。

(5) 对拟建建筑工程排放的建筑废物收取处理费　在建筑废物再生加工企业渐入正轨的同时，由政府牵头，要求建筑企业将拟建工程排放的建筑废物的清运、处理工程，包干给建筑废物再生加工企业，这就构成了建筑废物处理费。处理费宜采用定额形式，按吨计取。经对砖混结构、全现浇结构和框架结构等建筑的施工材料损耗的粗略统计，每新建10000m^2的建筑，将产出500～600t的建筑废物。建筑废物处理费可以该数据为基准，按拟建工程建筑面积施行定额收费，政府同样应对收费额度施行监管，以保障市场的公平性和合理性。该方式有利于提高建筑废物再生加工企业的经济效益，提高再生加工企业的生存能力，同时，也能避免建筑企业虚报、漏报处理量的情况出现。

(6) 鼓励拟建建筑工程建筑废物减排　鼓励拟建建筑工程的建筑废物减排，应先制定建筑废物减排指标，政府可视建筑企业对减排指标的完成情况，对其建筑废物处理费应缴金额施行一定比例的优惠，以调动建筑企业进行建筑废物减排的积极性，进而有利于建筑企业提高设计施工管理水平，减小建筑废物对生态环境的威胁。建筑工程建筑废物的减排指标应与其建筑废物产生量成正比关系，而建筑废物产生量又与工程建造规模、工程结构选型、施工管理情况等有直接关系。因此，建筑废物减排指标应分别对不同的工程结构类型以平均社会生产力水平为标准规定单位建筑面积需减排的建筑废物最低量，考虑到概预算工作的顺利开展，减排指标宜以 t/($10^n m^2$ 或 $m^3/(10^n m^2)$ 为单位，并以拟建建筑工程建筑面积作为参数，从而计算拟建建设项目的建筑废物最低减排量。

（7）灾区城镇住房建筑废物管理有必要坚持走循环之路 若其实现由传统的“建筑原料—建筑物—建筑废物”向“建筑原料—建筑物—建筑废物—再生利用”方向转变，不仅能够保护环境，而且还可节省大量的建设资金和资源。

8.4.7.4 地震灾区建筑废物资源化的方式

灾区要实现建筑废物资源化，首先应解决建筑废物的分类问题，而垃圾的分拣技术、资金投入、分拣效果等直接影响到建筑废物资源化处理方式的选择。建筑废物资源化处理分为集约型和粗放型两种方式：集约型是指加工高质量、高等级、高强度的再生产品；粗放型是指生产低标准、低强度的再生产品。

（1）集约型的建筑废物的资源化处理方式 高性能再生混凝土骨料、再生水泥、再生高强度砌块等再生产品，以及用于主体结构的再生木料均属于集约型资源化处理产品。集约型处理方式虽然再生产品附加值较粗放型高，但要求具备有效的建筑废物分选技术和设备，以提高回收材料的回收率和纯度。灾区除大体积的废木料、废混凝土块能做到高纯度回收外，要提高其他混合建筑废物的分选纯度需投入大量的资金和技术，目前，可根据建筑废物的物理和化学性质，综合利用筛分、重力分选、磁选、光电分选、摩擦与弹力分选、人工分选等方式实现高纯度分拣。人工分选是最经济简单的方式，但由于灾区建筑废物成分复杂，分选种类多，人工分选周期长、效率较低，跟不上灾区重建工作的速度；若采用其他效率较高的分选方式，则需要更多的资金技术投入，进而激化经济效益与环境效益的矛盾。因此，从垃圾分拣的经济性考虑，只有大体积的废木料和废混凝土适用于集约型处理方式。但从心理重建的角度考虑，由于建筑倒塌给灾区同胞带来巨大的精神创伤，在缺乏对再生建材了解和信任的情况下，对建筑主体结构采用再生木料或再生骨料，必然会加剧灾区同胞的不安全感，不利于灾后心理重建工作，社会响应度低。因此，无论从经济技术角度还是从灾后心理重建角度考虑，采用集约型的建筑废物处理方式都难以实现经济效益、社会效益、环境效益的平衡，不适于灾区的恢复重建。

（2）粗放型的建筑废物的资源化处理方式 混凝土填充砌块、抹灰砂浆的再生骨料、用于路基或室内垫层的再生填充材料、刨花板及人造木板等，均属于建筑废物粗放型资源化处理的产品。大体积的废木料回收纯度较高，可直接加工为各种人造木板，实现良好的经济效益。其他混合建筑废物的粗放型利用工艺，是将以水泥基材料、烧结制品、天然石材为主的建筑废物经过消毒后破碎，再筛分成不同直径的颗粒作为路基或室内垫层的再生填充材料。该工艺对建筑废物分选的纯度要求不高，摆脱了建筑废物精分拣和精加工的技术和投资的瓶颈，有利于环境效益、社会效益和经济效益的平衡。

8.4.7.5 地震灾区建筑废物资源化的实施策略

在灾区建筑废物处置过程中，要摆脱传统建筑废物管理的观念，树立和强化建筑废物资源化处置利用的意识。为建筑废物资源化利用，即保护环境、资源再利用、节能减排，应从以下几个方面开展和实施。

(1) 制定系列建筑废物循环利用的扶持政策　由于建筑废物资源利用是一个系统工程，建筑废弃物的收集、中转、运输、建筑再生产品的生产、应用、管理等均需多部门的协同配合才能有效推进。在灾后重建的特殊条件下，大量建筑废物的集中处理与再生更需要制定相关的特定政策，包括财政上的支持和税收上的优惠，以及各部门的配套政策，以促进灾后重建过程中建筑废物再利用的创新性发展。由于灾后建筑废物往往不能短期内消化和利用，政府应该出台优惠政策，并实行政府绿色采购，引导和鼓励房地产开发及其他建设机构采用建筑废物再生建材。

(2) 建立建筑废物信息化管理　借鉴日本等处理建筑废物的经验，筹建具有我国特色的"建筑废物信息化管理"中心，利用网络技术收集和整理国内外建筑废物资源化的相关应用技术和已经制定的相关法规，构建建筑废物分类处理与资源化利用相关企业、组织及人员的信息网络平台，确立建筑废物总体控制机制，确保震后能快速调查出建筑废物产出的相关信息如位置、时间、数量、种类、流向等，实现有效管理和资源利用建筑废物的目的。

(3) 生产墙材制品　灾后建筑废物可采用筛分、水洗、消毒等手段进行无害化处理，再将建筑废物粉碎，进而可制成标准砖、空心砌块及市政用的地砖等。例如，邯郸市"全有生态建材有限公司"2004年底投资1000万元建成国内首家实质性利用建筑废物制砖企业，每年生产普通砖、多孔砖、砌块等墙材产品折标砖1.5亿块，此项可减少取土24万m^3，利用建筑废物超过40万t。利用建筑废物生产墙材制品，既可解决地震灾后重建急需的建筑材料，又免除了垃圾清运填埋等费用开支，是一条切实可行的途径。

(4) 研发推广混凝土再生骨料　利用建筑废物中的混凝土，采用清洗、破碎、分级和按一定比例相互配合后得到的"再生骨料"，部分或全部骨料代替天然骨料配制的混凝土，生产再生混凝土。再生骨料可以解决天然骨料资源的紧缺，保护骨料产地的生态环境，可以部分解决建筑废物的堆放、占地和对环境污染等问题，具有显著的社会效益、经济效益和环保效益。

8.4.7.6 地震灾区建筑废物资源化应注意的问题

(1) 重视质量控制　我国建筑废物资源化处于起步阶段，目前市场尚未形成规模。人们对建筑废物资源化处理技术的系统性和复杂性了解很少。目前建筑废物生产线比较简单，特别是生产再生砖，常以牺牲环境污染为代价。建筑废物作为资源，其复杂程度和不稳定性要远大于天然骨料。因此，建筑废物再生企业要重视处理技术，采用比天然骨料更强的质量控制手段，才能保证建筑废物原材料及再生产品的质量。

(2) 争取政府支持　建筑废物资源化处理是一个系统工程，涉及建设、拆迁、运输、施工、生产处理、产品应用等多个环节，不但涉及国土、环保、市政、建设、交通、发展与改革委员会、税务等多个行政管理部门，还涉及卫生、防疫、公安等部门，没有政府的统一管理，就无法协调这些部门间的关系。建筑废物资源化处理应按市场化模式进行，政府要从以下几方面给予有效的支持。

1) 规定运到建筑废物管理厂的建筑废物需经简单处理（如A、B类的垃圾）并免费提供，否则处理厂因处理成本高而无法进行市场价格竞争。先进国家的经验表明，建筑废物管理收费，不是向处理厂收，而是向产生单位收。我国《城市建筑废物管理规定》也明确"谁产生、谁承担处置责任"的原则，但目前这个环节没有有效控制，导致我国建筑废物资源化工作开展缓慢。

2）解决建筑废物的运输成本问题。从目前我国状况来看，前期分离问题已基本解决，但运输成本很高。灾区的建筑废物应由政府投入，如对A类的垃圾要解决运输，对C类的垃圾要解决前期分离和运输，对B类的垃圾要解决拆除和运输等问题。

3）制定促进建筑废物再生产品使用的政策。任何新产品都有一个市场接受的过程，对灾区建筑废物再生产品的接受则更困难，如需解决使用者心理障碍等问题。因此，在加强科学宣传的同时，政府要有强制使用的相关政策，特别要求在政府出资的公用建筑或构筑物中需使用建筑废物再生产品，以起导向作用。

8.5 建筑废物的资源化利用及工程实例

8.5.1 国外建筑废物资源化利用的现状

国外建筑废物大多施行的是“建筑废物源头消减策略”，即在建筑废物形成之前就通过科学管理和有效的控制措施将其减量化。对于已经产生的建筑废物则采用科学的手段使其具有再生资源的功能。

1. 德国

德国是世界上最早推行环境标志的国家，每个地区都有大型的建筑废物再加工综合工厂，仅在柏林就建有20多个。德国利用建筑废物制备再生骨料领域处于世界领先水平，经过长期的实际运作和不断的改进，已经形成一套先进完善的制作工艺，并科学合理的配套了相应的机械设备。至2002年，在德国国内已经分布了2290座再生骨料加工厂见图8-6所示。

图8-6 德国再生骨料加工厂实例

（1）德国建筑废物回收利用数量及特点 在德国，建筑废物被定义为：在建筑建造和拆除过程中产生的，没有被污染和被污染的开挖土、建筑废物（惰性材料），以及其他大件废料和特殊废料。具体分类为：建筑废物（混凝土、砖、地面砖、陶器及混合物）、道路破碎物（沥青等混合物）、开挖土（土石混合物、挖掘土、道砟等）、施工现场垃圾（木料、玻璃、合成材料，不含污染物的金属、隔热材料，木料和玻璃等混合物）、含有石膏的废料。

德国的城市改造和工业发展已经进入稳定时期，因此，近几年德国建筑废物的数量波动不大。根据德国行业协会组织ARGE KWTB统计显示：在1996～2006年期间，2000年德国的建筑废物数量最大，达到25200万t，之后逐年下降，见表8-9。

表 8-9 德国 1996～2006 年建筑废物数量统计

年份	1996	1998	2000	2002	2004	2006
建筑废物/万 t	22000	20500	25200	21400	20100	18900

德国国家统计局统计统计结果，从 2004～2006 年，德国约 87%的建筑废物被重新利用，见表 8-10。

表 8-10 德国 2004～2006 年建筑废物数量和回收利用情况

年份	总计/万 t	重新利用	
		10^4t	所占比例（%）
2004	18900	16300	86
2005	18500	16000	86
2006	19600	17300	88

德国建筑废物中，数量最大的是开挖土，占建筑废物的 60%以上，其次是建筑物垃圾。见表 8-11 为德国 2004 年建筑废物包含种类及所占百分比。德国建筑废物回收利用，主要集中在矿山回填、垃圾场修建、政府指定使用等方面。德国 2004 年建筑废物利用情况见表 8-12。

表 8-11 德国 2004 年建筑废物的种类和具体数量

建筑废物种类	数量/10^4t	所占比例（%）	建筑废物种类	数量/10^4t	所占比例（%）
开挖土	12830	63.9	施工现场垃圾	190	0.9
道路垃圾	1970	9.8	含有石膏的建筑废物	30	0.2
建筑物垃圾	5050	25.2	总计	20070	100

表 8-12 德国 2004 年建筑废物重新使用统计

建筑废物种类	再次利用动向	数量/10^4t	所占百分比
开挖土	露天矿山使用	6800	53.0
	垃圾场修建	720	5.6
	堆积	1570	12.2
	处理后循环利用	910	6.1
	政府指定使用	2830	22.1
道路废物	露天矿山使用	30	1.5
	垃圾场修建	10	0.5
	堆积	20	1.0
	处理后循环利用	1840	93.4
	政府指定使用	70	3.6
建筑物废物	露天矿山使用	840	16.6
	垃圾场修建	260	5.2
	堆积	406	8.1
	处理后循环利用	3110	61.6
	政府指定使用	380	6.4

（续）

建筑废物种类	再次利用动向	数量/10^4t	所占百分比
施工现场废物	露天矿山使用	40	21.0
	堆积	140	73.7
	处理后循环利用	10	5.3
含有石膏的建筑废物	露天矿山使用	21	74.8
	垃圾场修建	0.056	0.2
	堆积	7	25.0

从表8-12可以看出，德国道路废物的重新使用率非常高，而施工现场废物被堆放的比例较高；德国建筑废物管理的特点是政府参与；多数建筑废物被直接利用于矿山回填；建筑废物再次利用的技术含量不高，即使经过处理后再次循环利用的建筑废物，多数也是用于道路基础层及其他土工项目，被用于制成再生混凝土骨料的比例很低。

（2）德国建筑材料回收利用的法规和标准　垃圾处理和回收法规在德国颁布比较晚，1972年第一部垃圾处理法颁布，1986年修订完毕，1994年被欧洲循环经济和垃圾处理法所替代。根据德国环保部网站统计，从20世纪70年代至今德国已经制定了与垃圾处理有关的法规180多个。

根据德国的法规要求和研究的结果，德国有关学会又制定了一系列关于建筑废物管理和回收利用的指导、规定和标准，如从建筑技术的角度对混凝土中使用循环骨料出台的规定，见表8-13。

表8-13　德国关于混凝土再生利用的指导规定和标准

时间	规定名称	规定核心内容
1998	（德国钢筋混凝土协会）关于使用回收骨料的混凝土规定，第一部分和第二部分	确定骨料的成分和混凝土中可使用回收骨料的最高含量
2001	欧洲标准206-1：混凝土，第一部分	没有新的关于回收骨料使用的规定，但是引用了德国关于回收骨料使用的规定
2001	德国标准1045-2	修订德国钢筋混凝土协会1998年颁布的指导方针
2002	德国标准4226-100：混凝土和砂浆骨料，可循环利用骨料	定义4种可循环利用骨料标准
2003	钢筋混凝土协会方针：根据标准206-1，1045-2和4226-100：回收骨料在混凝土中的应用	基于标准206-1和1045-2及有关碱性规定：回收骨料使用标准1和2必须依赖于混凝土暴露环境分类
2003	欧洲标准12620：混凝土骨料。代替德国工业标准4226-1和4226-2	提示了再生混凝土骨料的不利因素
2004	欧洲标准206-1/A1：混凝土部分一：补充和勘正	—
2004	欧洲标准12620：混凝土骨料，勘正1	—
2005	德国工业标准1045-2/A1：混凝土。欧洲标准206-1的应用规则。	可循环混凝土使用标准1和2要符合钢筋混凝土学会规定

在德国，有关混凝土回收骨料的规范主要有德国工业标准1045-2、欧洲标准206-1和德国工业标准4226-100。根据德国工业标准4226-100，回收骨料包含混凝土垃圾、建筑碎块、砌砖碎块和混合碎块四种类型，并对其作为混凝土骨料的具体成分要求作了规定，见表8-14。

表 8-14　根据德国工业标准 4226-100 所规定的四种混凝土回收骨料的具体成分要求

<table>
<tr><th rowspan="2">成分</th><th colspan="4">成分含量（%）</th></tr>
<tr><th>类型一</th><th>类型二</th><th>类型三</th><th>类型四</th></tr>
<tr><td>德国工业标准 4226-1 所要求的混凝土及骨料</td><td>≥90</td><td>≥70</td><td>≤20</td><td rowspan="2">≥80</td></tr>
<tr><td>非多孔砖块</td><td rowspan="2">≤10</td><td rowspan="2">≤30</td><td>≥80</td></tr>
<tr><td>灰砂砖</td><td>≤5</td><td></td></tr>
<tr><td>别的矿物材料 a</td><td>≤2</td><td>≤3</td><td>≤5</td><td rowspan="2">≤2</td></tr>
<tr><td>沥青</td><td>≤1</td><td>≤1</td><td>≤1</td></tr>
<tr><td>其他少量的成分 b</td><td>≤0.2</td><td>≤0.5</td><td>≤0.5</td><td>≤1</td></tr>
</table>

注：a　其他的垃圾成分：多孔砖，轻混凝土，多孔混凝土，砂浆等。

　　b　其他少量成分包括：玻璃，陶瓷，块状石膏，橡胶，合成材料，金属，木材，纸张等。

除了对回收混凝土骨料的成分作了规定外，德国工业标准对建筑废物作为回收骨料的密度和吸水性以及一些元素的含量也作了规定，见表 8-15。

表 8-15　根据德国工业标准 4226-100 要求建筑废物作为混凝土骨料的密度和 10min 吸水性要求

密度和吸水性	成分含量/%			
	类型一	类型二	类型三	类型四
最小密度/$kg \cdot m^{-3}$	2000	2000	1800	1500
密度波动范围/$kg \cdot m^{-3}$	±150	±150	±150	没有要求
最大 10min 吸水性（%）	10	15	20	没有要求

在德国，每个城市对建筑废物场收费价格不同，大城市相对比较高，而且未分类的建筑废物比经过分类的建筑废物收费高，受到污染的建筑废物收费也比未受到污染的高。表8-16是德国几个城市建筑废物的收费价格。

表 8-16　德国几个城市建筑废物堆积收费价格

<table>
<tr><th>城市</th><th>垃圾种类</th><th>收费单位</th><th>收费价格/欧元</th></tr>
<tr><td rowspan="7">柏林</td><td>砂土，地面覆盖材料，黏土</td><td>每垃圾箱（$2m^3$）</td><td>119.00</td></tr>
<tr><td rowspan="2">混凝土，砖，地面砖，陶瓷</td><td>每垃圾箱（$2m^3$）</td><td>106.10</td></tr>
<tr><td>每垃圾箱（$2.5m^3$）</td><td>136.85</td></tr>
<tr><td rowspan="2">未经分类的建筑废物（不含危险材料，油毡纸，窗户木头等）</td><td>每垃圾箱（$2m^3$）</td><td>172.55</td></tr>
<tr><td>每垃圾箱（$3m^3$）</td><td>214.20</td></tr>
<tr><td rowspan="2">没上油漆的木头</td><td>每垃圾箱（$2m^3$）</td><td>119.00</td></tr>
<tr><td>每垃圾箱（$3m^3$）</td><td>130.90</td></tr>
<tr><td rowspan="3">Hoelschberg</td><td>混凝土等可重新利用的建筑废物</td><td>$1m^3$</td><td>8.20</td></tr>
<tr><td>不能回收利用的建筑废物</td><td>$1m^3$</td><td>15.30</td></tr>
<tr><td>开挖土</td><td>$1m^3$</td><td>6.10</td></tr>
<tr><td rowspan="3">Helvesier-Rehr</td><td>建筑废物</td><td>1t</td><td>23.00</td></tr>
<tr><td>开挖土（轻微污染）</td><td>1t</td><td>37.00</td></tr>
<tr><td>开挖土（未被污染）</td><td>1t</td><td>5.00</td></tr>
</table>

建筑废物高收费为建筑废物被再次回收利用提供经济基础，保障了建筑废物回收企业的经济利益。经过回收处理后的建筑材料价格比原生建筑材料的价格低，使其具有竞争力。表 8-17 是建筑废物经过处理后回收建材价格和原生建筑材料价格比较。

表 8-17 德国某建筑材料公司 2008 年向顾客提供的产品（税前价格）

回收建材	颗粒级别/mm	价格/欧元	原生建材	颗粒级别/mm	价格/欧元
砂	0～4	4.00	砂	0～4	7.90
碎石	4～16	2.50	混合砾石	0～16	7.25
碎石	16～45	2.50	混合砾石	0～32	8.75
碎石	>45	2.50	砾石	8～16	9.00
碎石	0～45	2.50	砾石	16～32	9.00
未经分选的碎石	0～32	2.00	砾石	>32	6.90
砖颗粒	0～4	10.00	碎石	16～32	8.40
砖颗粒	4～16	12.00	碎石	0～32	10.0

2. 日本

在 20 世纪 90 年代初，日本就制定规范，要求建筑施工过程中的渣土、混凝土块、沥青混凝土块、木材与金属等建筑废物，必须送往“再生资源化设施”进行处理。日本于 1997 年制定了《再生集料和再生混凝土使用规范》，此后相继在全国各地建立了以处理拆除混凝土为主的再生工厂，生产再生水泥与再生骨料，有些工厂的规模达到 100t/h。日本建设省于 1997 年 10 月 7 日作出规定，在施工中建设工地所产生的混凝土块和污泥土等建筑废物要实现资源再利用，并制定了“建设资源再利用推进计划”和“建设工程材料再生资源化法案”。根据这项“法案”的规定，在规定的建筑面积以上的建筑物，拆除解体时要把混凝土、木材、玻璃等建筑材料在现场分类收集，然后资源再生利用，并把其作为建筑物业主及拆除解体商的附加义务。日本的建筑废弃物资源再利用率已超过 50%，其中废弃混凝土利用率更高。如 1998 年，东京都的建筑废物再生利用率已达到 56%。目前，在住宅小区的改造过程中，已能实现建筑废物就地消化，经济效果显著。总之，日本对建筑废物的主导方针是：尽可能不从施工现场排出建筑废物；建筑废物要尽可能的重新利用；对于重新利用有困难的则应予以适当处理。

目前，日本已经形成成熟的建筑废物管理技术，从建筑工地运来的垃圾经过磅后，采用机械和人工方法，按木材、纸片、混凝土、塑料、金属等进行分类，分为粗选和细选两个过程。粗选过程比较简单，主要是用人工分选法拣出大块的木材及包装纸箱等，用铲车等挑选出大块混凝土。将粗选后的建筑废物混合物用铲车送入机械流水线，以进一步细分，其生产流程如图 8-7 所示。

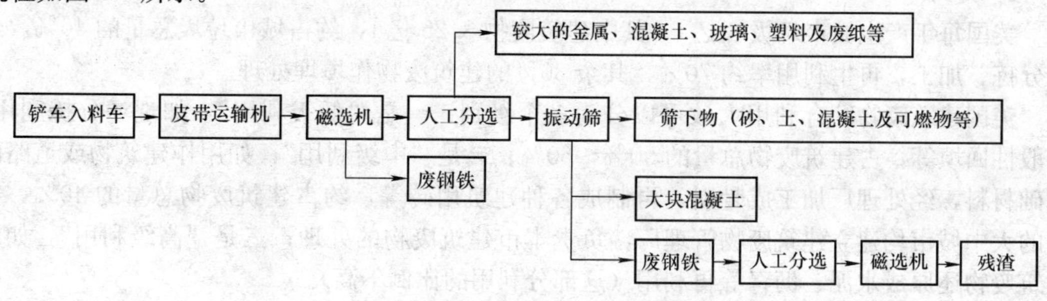

图 8-7 建筑废物细分机械流程图

用抓斗将大块混凝土敲碎，回收其中的钢筋，混凝土用破碎机进行破碎，经筛分除去砂土，清洗干净的碎混凝土可作为铺路基的材料，还可用作混凝土的集料。根据日本建设省对74万项工程建筑废物的调查结果（见表8-18），再生利用率最高的是混凝土块和沥青混凝土块，而经过中间处理后，减少率最高的是混合废弃物与建设污泥。此外，从处理方法上看，建筑废物产生量约为6700万t/a（除去建设废土），其中再生利用率为35.2%，中间处理减少率为19.7%，最终处理率为59.7%。

表8-18 日本工程建筑废物的处理状况

项目种类	排出量	再生利用率（%）	中间处理后减少率(%)	最终处理率（%）
建筑废土	$45041m^3/a$	27.6	—	72.4
建筑污泥	$14.41\times10^6t/a$	7.9	12.6	78.5
混凝土块	$25.44\times10^6t/a$	47.1	—	51.9
沥青混凝土块	$17.57\times10^6t/a$	50.4	—	49.6
混合废弃物	$9.46\times10^6t/a$	13.9	17.0	68.1
小计	$66.88\times10^6t/a$	35.2	19.7	59.7

当前，日本建筑废物加工处理的生产工艺流程的基本思路与德国采用的工艺是基本一致的，但其独到之处在于每个步骤的深入细化程度较高，配备设备的所属功能也更为先进专业，在建筑废物分选这个环节体现十分突出。除了常规的诸如振动筛分设备和电磁分选设备之外，还包括可燃物回转式分选设备（见图8-8）、不燃物精细分选设备（见图8-9）、比重差分选设备等其他先进设备。通过科学合理的工艺，再配套先进完善的设备，从而有效地确保了最终再生骨料产品的优良品质，为产品的广泛应用提供了必要的保障。

图8-8 可燃物回转式分选设备

图8-9 不燃物精细分选设备

3. 美国

美国每年产生城市垃圾8亿t，其中建筑废物3.25亿t，约占城市垃圾总量的40%。经过分拣、加工，再生利用率约70%，其余30%的建筑废物作填埋处理。

美国建筑废物综合利用大致可以分为三个级别：一是“低级利用”，如现场分拣利用、一般性回填等，占建筑废物总量的50%～60%；二是“中级利用”，如用作建筑物或道路的基础材料，经处理厂加工成骨料，再制成各种建筑用砖等，约占建筑废物总量的40%，美国的大中城市均建立建筑废物管理厂，负责本市建筑废物的处理；三是“高级利用”，如将建筑废物还原成水泥、沥青等再利用（这部分利用的比例不高）。

美国是较早提出环境标志的国家，美国政府制定的《超级基金法》规定“任何生产有工业废弃物的企业必须自行妥善处理不得擅自随意倾卸”。美国一家建筑公司利用回收的废混凝土、金属、纸板、木材等建筑废物建造房屋被称之为“资源保护屋”，俗称“垃圾屋”，并荣获了美国住宅营造商协会颁发的“住宅风格奖”，较好地解决了建筑废物综合利用和环境保护问题。美国的 CYCLEAN 公司采用微波技术，可以回收 100%利用再生旧沥青路面料，其质量与新拌沥青路面料相同，而成本可降低 1/3。

4. 新加坡

新加坡在建筑领域广泛采用绿色设计、绿色施工理念，优化建筑流程，大量采用预制构件，减少现场施工量，延长建筑设计使用寿命并预留改造空间和接口，以减少建筑废物产生。同时，对建筑废物收取 77 新加坡元/t 的堆填处置费，增加建筑废物排放成本，以减少建筑废物排放。

为减少建筑废物管理费用，承包商一般在工地内就将可利用的废金属、废砖石分离，自行出售或用于回填和平整地面，其余则付费委托给建筑废物管理公司。在建筑废物综合利用场所内，对建筑废物实施二次分类：已拆卸的建筑施工防护网、废纸等将被回收打包，用于再生利用；木材用于制作简易家具或肥料；混凝土块被粉碎后加工用于制作沟渠构件；粉碎的砂石出售用于工程施工。未进入综合利用厂的其他建筑废物被用于铺设道路或运送至堆填区填埋。新加坡对建筑废物管理实行特许经营制度。新加坡有 5 家政府发放牌照的建筑废物管理公司，专责承担全国建筑废物的收集、清运、处理及综合利用工作。

建筑废物处置公司须遵守有关环境法规。未达到服务标准的，国家环境局可处以罚金，严重的吊销牌照。如非法丢弃建筑废物，最高被罚款 50000 新加坡元或监禁不超过 12 个月或两者兼施，建筑废物运输车辆也被没收。

在综合利用与处理过程中，新加坡建设局等部门也介入管理。如建设管理部门在工程竣工验收时，将建筑废物处置情况纳入验收指标体系范围，建筑废物管理未达标的，则不予发放建筑使用许可证；在绿色建筑标志认证中，也将建筑废物循环利用纳入考核范围。

8.5.2 国内建筑废物资源化利用的现状

近些年来，北京、上海、天津等地区的一些建筑公司对建筑废物的回收利用作了一些有益的尝试。

(1) 北京 1992 年 6 月，北京城建（集团）一公司先后在 9 万 m^2 不同结构类型的多层和高层建筑的施工过程中，回收利用各种建筑废渣超过 840t，用于砌筑砂浆、内墙和顶棚抹灰、细石混凝土楼地面和混凝土垫层，使用面积超过 3 万 m^2，节约资金 3.5 万余元。通过建筑废物的综合利用，这家建筑施工企业不仅获得了可观的经济收益，同时还促进了施工现场的文明化、规范化和标准化管理。在施工现场只需配置一台或数台粉碎机，即可将建筑废物中的废渣就地处理、就地使用，大大减轻了外运负担。

(2) 上海 1990 年 7 月，上海市第二建筑工程公司在市中心的“华亭”和“霍兰”两项工程的 7 幢高层建筑（总建筑面积 13 万 m^2，均为剪力墙或框剪结构）的施工过程中，将结构施工阶段产生的建筑废物分拣、剔除并把有用的废渣碎块粉碎后，与普通砂按 1∶1 的比例混合作为细骨料，用于抹灰砂浆和砌筑砂浆，砂浆强度可达 5MPa 以上。共计回收利用建筑废渣 480t，节约砂子材料费 1.44 万元和垃圾清运费 3360 元，扣除粉碎设备等购置费，净收益超过 1.24×10^4 元。2002 年上海成立了国内最大的建筑废物制砖厂，利用建筑废物来生产渣土砖。

(3) 天津　天津市最大规模的人造山（见图 8-10），占地约 40 万 m^2，利用建筑废物 500 万 m^3。该市用 3 年时间完成了一个“山水相绕、移步换景”的特色景观，如今垃圾山已成为天津市民游览休闲的大型公共绿地。

(4) 安徽　合宁高速公路（图 8-11）全长 133.43km，水泥混凝土路面，1991 年通车，由于交通量和使用年限的增加，混凝土路面出现了不同程度的病害，每年路面的维修工程量为 9 万～10 万 m^2，产生旧混凝土 3 万～4 万 m^3，因此在此路面维修中，就地和就近利用废弃混凝土再生骨料代替天然骨料配制再生混凝土用于道路，废弃混凝土的利用率达到了 80%，节约骨料的运输费用为 117 万～130 万元，节省废混凝土占用土地费用 67 万～75 万元。

图 8-10　天津市最大的利用建筑废物堆造的人造山

图 8-11　合宁高速公路

(5) 河北　河北工专新兴科技服务总公司开发成功一种“用建筑废物夯扩超短异型桩施工技术”，如图 8-12 所示。该项技术是采用旧房改造、拆迁过程中产生的碎砖瓦、废钢渣、碎石等建筑废物为填料，经重锤夯扩形成扩大头的钢筋混凝土短桩，并采用了配套的减振、隔振技术，具有扩大桩端面积和挤密地基的作用。单桩竖向承载力设计值可达 500～700kN。经测算，该项技术较其他常用技术可节约基础投资 20%左右。

2006 年，河北邯郸 32 层金世纪商务中心（见图 8-13）所用的砖全部采用邯郸市全有建筑废物制砖有限公司（全有生态建材有限公司）利用建筑废物制造的环保砖。该工程不仅是邯郸市的标志性建筑，也是我国建筑废物综合利用的里程碑。

图 8-12　用建筑废物夯扩超短异型桩施工技术

图 8-13　河北邯郸 32 层金世纪商务中心用环保砖

(6) 福建　一种用建筑废物生产的具有强度高、密度小又保温的环保墙砖在厦门获得推广，该产品属福建首创，在国内也处于领先地位，这项科研成果已被厦门市垦鑫新型建材有限公司采纳，现已投资 800 多万元建立两条生产线，初步形成日消纳建筑废物 200t、日产 10 万块标准砖的生产能力，部分产品如图 8-14 所示。

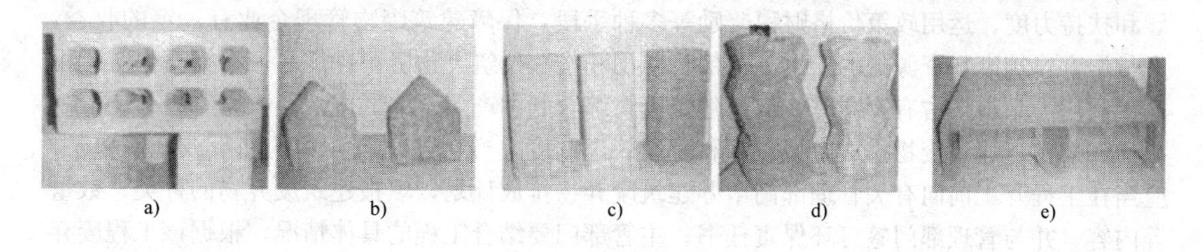

图 8-14 各种环保墙砖
a）kp1 型多孔 b）地砖 c）芬兰人行步道砖 d）荷兰地砖 e）屋面隔热空心板

由此可见，从技术角度来说，在我国实现建筑废物资源化是完全可行的。今后的工作重点在于巩固并继续加强推广现有的建筑废物资源化技术，在此基础上，积极吸收消化国外的发达工艺技术，开发并推广应用更高层次的专业工艺技术，从而推动实现我国建筑废物资源化工作的进一步发展。

8.5.3 建筑废物资源化利用的方式和指导思想

1. 建筑废物资源化利用的方式

（1）无机物的利用 建筑废物中的石块、混凝土块及碎砖经处理后，可作为混凝土或砂浆的集料使用。建筑废物中的石块、混凝土块及碎砖也可直接用于加固软土地基。其原理是利用建筑废物中的无机材料形成散状材料桩，通过重锤冲击使桩与桩间相互作用，形成复合地基，进而达到提高地基承载力的作用。废砖石和砂浆与普通水泥混合，再添加辅助材料，可生产轻质砌块；废旧水泥、砖、石、砂等经配置处理，可制成空心砖、实心砖、孔砖等，其产品与黏土砖相比，具有抗压强度高、耐磨、吸水性小、质轻、保温、隔声效果好等优点。

（2）废品的利用 废钢筋、钢丝、电线和各种钢配件等金属，经分拣、集中、重新回炉后，可加工制造成各种规格的钢材；废木材除了作为模板和建筑用材再利用外，通过木材破碎机，粉碎成碎屑后可作为造纸原料或作为燃料使用；废竹木、木屑等则可用于制造各种人造板材；废塑料可采用减压法提炼成油，作为燃料使用，或再生加工成排水管，还可代替某些水泥制品；碎玻璃可以加工成再生玻璃或某些装饰材料。

2. 建筑废物资源化的指导思想

建筑废物资源化的指导思想是采取有效的建筑废物资源化的措施，保证建筑行业的可持续发展。

（1）加强建筑废物资源化的科研，加大政策扶持力度，加快再生技术研究 科学技术研究工作是建筑废物资源化的基础，没有合适的技术方案，建筑废物资源化就无从谈起。所以，在国内尚没有大力开展建筑废物资源化工作的时候，就应该首先花大力气进行建筑废物资源化的科研工作。实施符合我国实际的建筑废物资源化战略和技术方案，仍需要有针对我国实际的科研工作基础。科研工作主要应集中于建筑废物减量化的方法、建筑废物收集和利用的方法，再生建筑材料的市场化措施，开发简单的分析方法用于鉴别再生材料与环境的相容性等方面。遵循经济发展规律，将建筑废物推向市场，走出一条适合我国国情运作路线，鼓励国内外投资经营者参与建筑废物的处理和经营。与此同时，各级政府要从政策上加大引导和扶持力度，运用政策价格财税奖励等多种手段，保障建筑废物管理企业有一定的收益，力争培育建筑废物资源化的产生，并带头使用和推广建筑废物资源化产品，在提高建筑废物再生利用产品市场占有率同时，促进建筑废物综合利用产业化的形成。

（2）实行建筑废物排放申报管理和流向管理制度　产生建筑废弃物的建设或施工单位，应当在工程开工前向有关管理部门申办建筑废弃物排放计划，填报建筑废弃物的种类、数量等内容，并与管理部门签订环保责任书。主管部门要结合工程的具体情况，根据该工程废弃物的回收利用价值，实施废弃物分类管理，并提出工程中各种建筑废物允许的排放种类、数量、运输路线、排放地点以及各类垃圾的收费标准和超量处罚标准，对各种建筑废物实施流向管理与控制。这样不仅从源头上为废弃物今后的分类处理和有效利用奠定了基础、提供了条件，有效解决了建筑废弃物乱堆、乱倒的问题，而且扩展了各种废弃物的利用途径，更有利于实现建筑废弃物的无害化处理。

（3）控制建筑废物源头，实现综合归口管理　源头控制即实现建筑废物的减量化，具体地讲要做好五个方面的工作：第一是从工程设计、材料选用等源头上控制好，减少施工现场建筑废物的产生和排放数量；第二是加强施工过程中的组织管理，确保施工质量，提高建筑物的耐久性，减少或杜绝不必要的返工、维修、加固甚至重建工作；第三是尽量在施工现场，使用施工过程产生的废料，减少转移的建筑废物量；第四是大力发展建筑工业化，努力实行标准化，尽量使用预制构配件、预拌混凝土和预拌砂浆等技术；第五是采用先进的施工工艺，倡导整体浇筑、整体脱模，以减少施工期间建筑废物的产生。建筑废物资源化是一个系统工程，涉及各个层面，只有加强归口管理，明确各部门职责分工，合理组织协调，才能真正将建筑废物的产生、收集、堆放、再生、利用全过程管理落到实处，抓出效果来。因此，在制定管理体制与运行机制时，应努力避免某一部门权力过度集中，在明确市政、规划、环保、土地、交运、稽查、公安等部门各自职责与权限的前提下，使各部门既能各司其职，又能相互合作，而且不存在职能上的相互重叠与干扰，使各部门充分发挥各自的职能管理作用，为加强建筑废弃物的合理合法排放管理、积极促进我国废弃资源的再利用以及经济建设的可持续发展提供保障。

（4）建立健全的建筑废物的分类回收利用制度　建筑废物资源化是一个复杂的废物循环利用过程，在此过程中，需同时处理好建筑废物分类回收和回收后再利用两个重要的环节。这两大环节既相互促进又相互制约，缺一不可。建筑废物不进行分类回收也就无法利用，分类回收后不进行相应的利用也就失去了分类的意义，同样也不能进行资源化。在建筑废物的资源化方面，应禁止填埋还可利用的建筑废物，有义务的单位必须设置相应的设备或者委托第三方来利用其建筑废物。要强调产生垃圾的单位首先自己要有解决资源化利用的条件，或支付较高的处置费用委托其他单位处置。凡利用垃圾生产出的材料和产品，国家应在税收政策上给予优惠。

（5）提高建筑废物的排污收费标准　提高建筑废物排放费，可在一定程度上刺激建筑业主和拆除商加强对建筑废弃物的管理，减少建筑废弃物的产生，实现建筑废物的减量化。收费标准可由各物价局会同有关部门核定。收取的专项费用可用于建筑废物处置、管理和相关科研工作，也可补贴到建筑废物的开发和生产上，降低废物的开发成本，使建筑废物资源化利用走上良性循环的发展轨道。对于建筑废物的收费，应根据废物不同的种类和数量采取不同的收费标准，对于未进行分类的混合废物应采用高收费，积极鼓励建筑废物的源头分类、收集和再利用，通过经济杠杆的调节手段和相应的措施来促使建筑废物循环再利用。

（6）完善法律法规体系，制定再生利用规划　《中华人民共和国固体废物污染环境防治法》在原则上确定了垃圾收费制度，较多的考虑了工业固体废物、城市生活垃圾、危险废物的收集、贮存、运输、利用、处置，缺乏对建筑废物控制和再生利用的针对性和强制性。建筑废物资源化工作是一项政府行为，就目前情况而言，首要的任务就是在现有的基础上尽快制定和完善建筑废物循环利用的法律法规，建立规范科学的建筑废物减排指标体系、监测体系，强化建筑废物的源头管理，提高条款的可操作性，避免指标的空泛。与此同时，建立与之相适应的管理制度，实行建筑废物环境许可、处理申报批准、限量生产等，做到有法可依、执法必严，坚决杜绝建筑废物大量排放、随意排放和低水平再生利用，使建筑废物资源化由行政强制执行逐渐过渡到社会的自觉行动。在对建筑废物资源化工作的管理上，要根据我国具体国情和地区区情，由相关行政主管部门牵头制定出相应的管理办法与实施意见，制订本地区的建筑废物综合利用规划，以指导全国和地区有计划、有步骤地进行建筑废物综合利用，并列入各级政府的议事日程，真正落到实处。

（7）大力推进建筑废物资信化管理　政府建设主管部门应成立建筑废弃物信息中心，汇集建筑废弃物产出区域、种类、数量与流向等相关信息，其目的：一是可作为制定相关政策的实证性依据；二是可给有关单位提供资源再利用的信息；三是有利于节能减排宣传工作的开展，通过对有关政策、制度的宣传以及对违章的企业的通告，使有关建筑企业提高资源节约意识和责任感，并可充分发挥社会各方面对建筑废弃物合法排放的社会化监督作用；四是便于宣传和推广建筑废弃物回收再利用的有关知识与经验，提高废弃物循环再利用的效益。

（8）加强国际交流合作，建立标准示范工程　我国建筑废物资源化再生利用起步较晚，各项技术和法规与世界先进水平相比有较大差距。要实现我国建筑废物的资源化，必须有选择性地学习和引进适合我国建筑废物再生特点的技术和再生设备，力争早日和国际接轨，赶上和超过国际水平。因此，结合我国的具体国情，参考国外建筑废物利用的先进理念、技术和设备，探索一条适合我国实际的建筑废物再生模式，实现垃圾再利用的标准化，并利用再生产品建设一系列示范工程，全面发挥示范工程的典型示范作用，将建筑废物资源化利用推向更多的领域，更深层次，实现可持续发展。

8.5.4　建筑废物资源化利用的循环产业链

1. 建筑废物资源化产业的内部核心构建

我国建筑废物资源化实践还处于起步阶段，为了解决我国建筑废物难题，首先必须由各地区政府支持引导建立建筑废物循环利用企业。企业建立以后需考虑的是企业的原材料（建筑废物）来源问题或者谁会接受用建筑废物生产的产品的问题。所以，在建立了循环利用企业的基础上，为了能够保证企业平稳运转，必须再以企业为核心建立起建筑废物资源化循环产业链。

建筑废物资源化产业就是在建筑废物产生之后，不是将其直接填埋或进行非资源化处理，而是运往专业的建筑废物资源化企业，由企业里的专业工人采用科学方式和先进设备来处理建筑废物，然后，将建筑废物资源化产品再出售给建筑公司的一个循环过程。所以，建筑废物资源化产业主要涉及两个方面：生产建筑废物和消费生态建材的建筑公司；消费建筑废物和生产生态建材的资源化公司。建筑废物资源化循环产业链就是在建筑公司与资源化公司之上构建起来的，如图8-15所示。

由于考虑到要尽量减少运输成本和尽量避免运输过程中产生的二次污染，产业包括“小循环”与“大循环”。“小循环”是相对于离资源化公司较远、垃圾不便运输的工地，资源化公司应派遣技术人员和设备去工地现场对建筑废物进行资源化处理，然后将资源化产品出售给该工地的建筑公司。到工地现场加工的“小循环”模式需依赖国际上先进的移动式破碎筛分机组，该设备移动方便，可以在工地现场进行加工，将建筑废物制成各类建筑骨料。“大循环”是相对于建筑废物方便运到资源化公司的工地，由专门运输队把建筑废物运输到资源化公司，进行资源化处理后将资源化产品再出售给该建筑公司。对于“大循环”模式，我国河北省邯郸市全有生态建材有限公司是个典型的成功案例。该公司是以建筑废物制砖为主的资源化企业，在政府的大力扶持下取得成功，其成功的实践已被总结为“邯砖”经验在全国宣传推广。

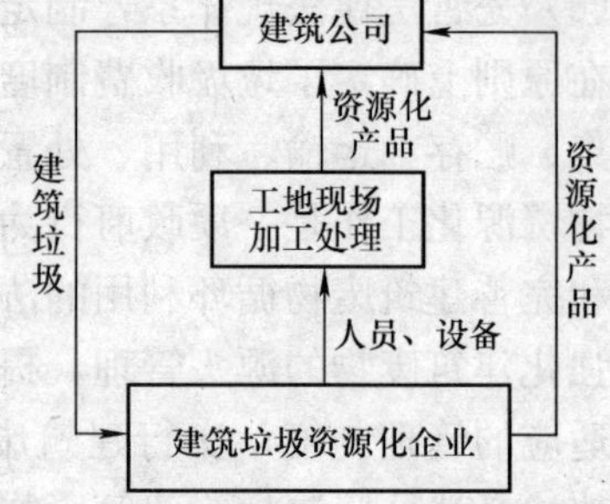

图 8-15　资源化产业的内部核心构建

2. 产业运作的外部推动作用

循环产业链构建起来以后其运行必然需要外部的推动作用，其中主要是政府的推动作用，政府的大力扶持是建筑废物资源化产业运行的关键，如果没有政府的相关政策引导，资源化产业难以运作。

1）要对建筑公司实施严格的政策限制。例如，严格监管建筑公司对于其产生的建筑废物的处理情况，鼓励建筑公司无偿把建筑废物提供给资源化企业进行处理；限制其使用自然资源生产的建材或对自然资源类建材收取使用费；要求或鼓励建筑公司使用资源化产品。

2）大力扶持建筑废物资源化企业。例如，组织专业的运输车队帮助企业运输建筑废物，尽量减少资源化企业的生产成本；提出对资源化企业进行减税的措施或其他政策上的方便措施。

3）要对社会大众进行宣传教育，增强他们对资源化产业以及资源化产品的认可度。

4）增加相关科研机构的经费，加大相关科研机构的科研力度，强化资源化产业的生产工艺及设备。

3. 适合建筑废物资源化产业的管理模式构建

目前，我国对于建筑废物的处理大多可以概括为“一线式”的处理模式。所谓“一线式”就是在建筑废物产生以后，不对其进行资源化处理，而是直接填埋或者露天堆放。在这种“一线式”处理模式之上必然也有一套相对应的管理模式，将其概括为“一线式”的管理模式，如图 8-16所示。

目前的这种“一线式”管理模式的优点在于注重了建筑废物的源头管理，具体包括两个方面，第一，在原料选择

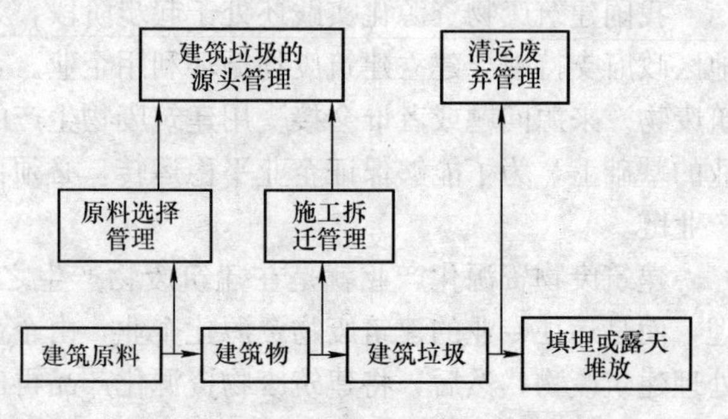

图 8-16　建筑废物“一线式”管理模式

管理方面，尽量做到了督促建筑公司使用环境污染小、寿命长，并且回收再利用率高的建筑材料；第二，在施工拆迁管理方面，要求建筑公司施工之前对建筑物进行评测，对将会产生多少建筑废物事先作出估算，以便处理，并且要求拆除过程中尽量减少垃圾的产生。这两个方面都是对建筑废物产量进行源头控制，尽量减少建筑废物的产生。目前虽然注重了建筑废物的源头管理，尽量使建筑废物的产量达到最小的程度，但是在城市化进程加速的情况下，我国的未来必将更快的发展，所以对于建筑废物的源头控制策略只能适当地而不能完全地依赖。从目前的情况来看，应该把管理的重点放在建筑废物的循环再利用上，而这也正是目前我国对于建筑废物管理缺少的部分，应当对目前的线性管理模式加以改进，构建一种适合建筑废物资源化产业的循环管理模式，如图8-17所示。

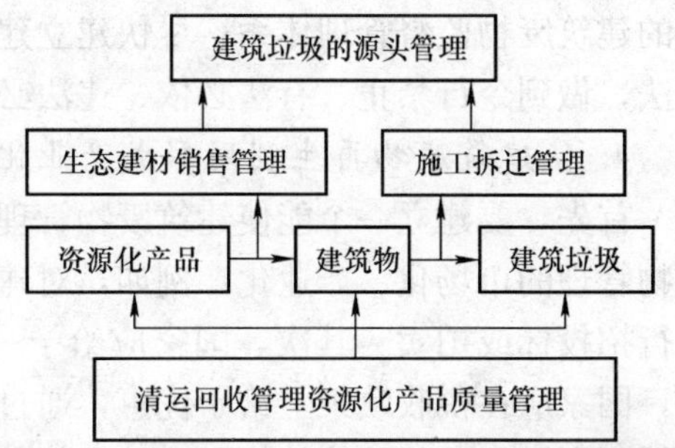

图8-17　适合建筑废物资源化产业的管理模式

循环管理模式是建立在建筑废物的循环处理模式之上产生的。首先，在建筑废物的源头管理方面应该继承并加强传统管理模式中的施工拆迁管理；另外，对于原料选择管理方面有所改变，鼓励建筑公司使用资源化产品，而非自然资源类建材，即管理部门大力推广资源化产品，加强资源化产品的销售管理，同时限制自然资源类建材的使用。具体措施包括：由政府引导支持，对建筑资源化产品举办一些宣传活动；对采用资源化产品的工程项目在其建设过程中给予优惠或政策上的倾斜；同时限制使用自然资源类建材，可以直接进行政策上的干预或者提高自然资源类建材的有偿使用费等。其次，对于传统的清运弃置管理转变为清运回收管理，即继承并加强传统的建筑废物清运管理，另外转变弃置为回收利用；同时要注重资源化产品质量管理，对资源化企业进行定期审查。具体措施如严格实施建筑废物分类回收管理，最好在工地现场安排好各类建筑废物的放置地点，以供运输或当场加工；大力加强相关的科研投入，逐步强化资源化产品的质量。

推行源头分类收集和建筑废物集中处置制度。源头分类就是要求产生建筑废物的施工单位在现场按垃圾成分的不同进行分类，对能现场回收利用的建筑废物就地消化，对不可利用的垃圾运送到指定地点。从源头对建筑废物进行分类，在很大程度上能增加对垃圾的回收利用率。建议对未分类的建筑废物的回收费用远高于已分类的建筑废物的回收费用，从而促使施工单位从源头就重视对建筑废物的分类处理。建筑废物资源化管理主要应注意以下几点：

（1）适当提高建筑废物处置费用　建筑废物从产生源头到最终消纳场所，不但要缴纳一定的消纳费，还涉及建筑废物运输费用的问题。由于消纳场所大多设在郊区，离市区较远，而目前运输费用不高导致很多从事垃圾运输的单位获利少，乱扔乱倒现象时有发生；另外，消纳场收取的消纳费也远不能满足其日常运营及维护。有关部门应颁布相关规定，一是明确规定建筑废物运输费用下限值；二是提高建筑废物消纳费。

（2）推动建筑废物资源化技术的研究　建筑废物研究重点应是提高建筑废物的分类收集、筛分工艺，进一步发展建筑废物生产小型混凝土砌块技术，再生骨料配制混凝土技术，提高相应质量检测技术并完善检测程序，制定相应的技术规范。建议各级部门采取积极措施，鼓励建筑废物再利用。在采取措施减少建筑废物源头产出的同时，应大力扶持创办建筑废物加工企业，逐步实现建筑废物再加工；同时采取各项优惠政策，大力开发和推广再生材料产品。

(3) 完善相关政策法规，建立监督管理机制　国家及地方政府均应制定相关法律、法规，以保护环境、合理使用各类资源为目标，对资源的开采和建筑废物的排放进行限制，应禁止填埋具有再生价值的建筑废物，规定建筑废物必须分类回收和堆放，排放单位必须配置相应的处理设施或支付较高的处置费委托专业机构处理和利用其建筑废物。完善相关政策法规的内容应覆盖政府、相关企业及经营者的责、权、利，建材资源的开采，建材生产，建设项目的设计、施工、管理，建筑废物的利用，建筑废物回收利用及再生利用技术的研究，产品的开发、推广及保护，建筑废物运输和处理，征收建筑废物超标排放费等。目前，对建筑废物的管理还比较混乱，各部门管理职能不明确。应改变过去部门分割的管理体制，建立专门的建筑废物监督管理体系；尽快建立建筑废物资源化方面的法律并颁布实施，并严格监督执法，做到令行禁止、有法必依、违法必究。

4. 使建筑废物再生利用形成产业化

首先，要建立一个能使建筑废物管理、加工再利用企业可以良性运行的机制，实现建筑废物管理的市场化、产业化。例如，对建筑废物的收集、分拣、贮运、处理、利用和经营等进行招投标或拍卖。其次，国家应给予一定的经济扶持，凡利用建筑废物生产的材料或产品，国家应在税收政策上给予优惠，通过拨款、低息和无息贷款等优惠政策，加大对建筑废物循环利用企业的政策扶持。对于专门的建筑废物再生机构，国家应给予相应的财政补贴，保证企业正常运营；制定相关税费、价格、投资等政策予以扶持，形成建筑废物回收、加工再利用的综合治理体系，保障建筑废物资源再生产业的社会效益、经济效益和环境效益。

8.5.5　建筑废物的资源化利用

建筑废物资源化的途径有三种：可直接利用的废物，如旧建筑废物中的门窗、砖、梁等；可作为材料再生或可用于回收的废物，如未处理过的金属、木材、废旧塑料、玻璃等；再加工可重新利用的废物，如尺寸较大的木料等。国内外对建筑废物再生利用的研究成果表明，建筑废物经破碎、筛分、分选等处理后，作为再生骨料重新应用于混凝土制成品、工程结构件和路用基础材料是可行的。具体如图 8-18～图 8-20 所示。

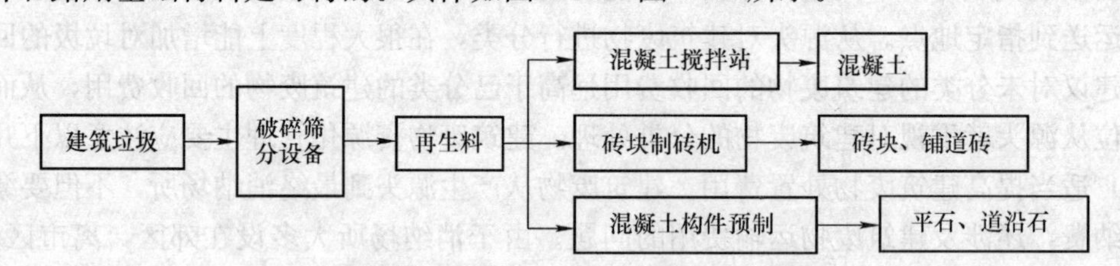

图 8-18　建筑废物再生利用示意图

图 8-19　各种建筑废物再生砖制品

图 8-20　利用建筑废物再生骨料修筑的黑白路面

1. 用建筑废物配制再生骨料混凝土

建筑废物再生利用的途径是生产再生骨料混凝土。将建筑废物经破碎、清洗、分级后，按一定比例混合形成再生骨料，利用再生骨料作为部分或全部骨料配制的混凝土，形成再生混凝土。

（1）再生骨料　再生骨料主要由独立成块的和表面附着老水泥砂浆的天然粗骨料组成，因而其表面粗糙，棱角较多，导致再生骨料与天然骨料存在一定的差异。用再生骨料部分或全部代替天然骨料配制得到的混凝土称为再生混凝土（Recycled Concrete，RC）。再生混凝土技术被认为是解决建筑废物问题最有效的方式。各种规格的再生骨料成品如图 8-21 所示。

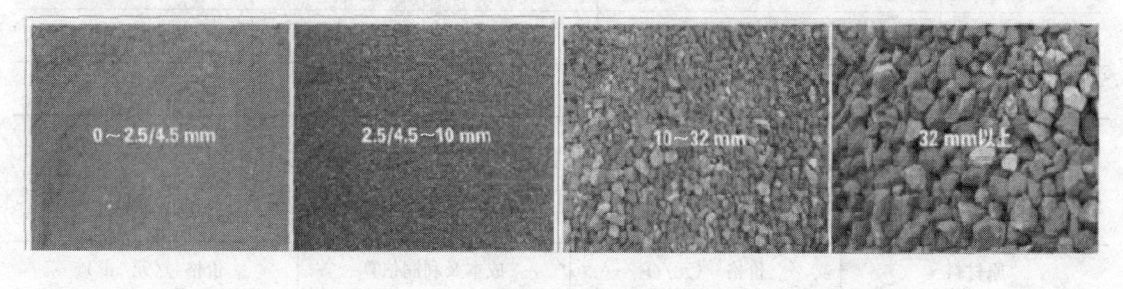

图 8-21　各种规格的再生骨料成品

图 8-21 中，粒径为 0～2.5mm 的再生骨料可用作抹墙灰浆的主要原料或代替河砂；粒径为 0～4.5mm 的再生骨料可用作砌砖灰浆的主要原料；粒径为 2.5～10mm 或 4.5～10mm 的再生骨料可用作制砖的主要原料；粒径 10～32mm 的再生骨料可用作筑路原料；粒径大于 32mm 的再生骨料需重新进破碎机破碎或用于填筑路堤。如果是以混凝土路面板、楼房混凝土梁柱、桥涵混凝土面板、路缘石或防撞护栏等材料为主的更高等级建筑废物，则经处理后的再生骨料可以用于水泥混凝土及沥青混凝土生产，应用在市政工程和建筑工程领域。因此，再生骨料是一种可持续发展的绿色建材。

（2）提高再生骨料混凝土强度途径　提高再生骨料混凝土强度的途径有采用高效减水剂，降低水胶比；采用高强度等级水泥，并适当增大水泥用量，提高水泥浆的胶结作用；掺用高活性超细矿物质掺合料，缩小水泥浆中空隙，改善混凝土的工作性和耐久性；利用塑化剂来提高再生骨料混凝土的强度。从再生骨料混凝土的抗压强度上看，再生骨料混凝土性能是完全可以满足工程建设要求的，再生骨料混凝土目前广泛应用于道路建设中的路基、路面、路面砖等工程；在建筑工程中再生骨料混凝土主要用于基础垫层、底板、台子、填充墙和非结构构件等抗压强度要求不是很高的部位。

（3）工程实例　在德国 LowerSaxong 的一条双层混凝土的公路工程中采用了再生骨料混凝土，该混凝土路面总厚度 260mm，底层 190mm，混凝土采用再生混凝土；面层 70mm，混凝土采用天然集料配制的混凝土。底层再生集料的组成粒径如下：0～2mm 用量占 30%，2～8mm 用量占 14%，10～20mm 用量占 30%，20～36mm 用量占 6%，水泥用量 350kg/m^3，混凝土重度为 2310kg/m^3，抗压强度 48.9～63.9N/mm^2。此后，再生混凝土又应用于一单层混凝土公路路面，其再生集料组成粒径如下：0～2mm 用量占 27%，2～8mm 用量占 10%，8～16mm 用量占 28%，16～22mm 用量占 35%，水泥用量 350kg/m^3，混凝土重度为 2373kg/m^3，抗压强度 50.5～54.9N/mm^2。

1）效益分析。以年产 4×10^6m^3 再生混凝土的生产规模为例，其投资构成估算见表 8-19。

表 8-19　投资构成　　　　（单位：万元）

建筑工程	设备	安置工程	其他	合计
200	6000	100	4000	10300

再生混凝土采用表 8-20 所示配合比计算。

表 8-20　再生混凝土配比单

原材料	水	水泥	砂	WCA	外加剂
配合比	0.6	1	2.58	4.8	0.08
组分用量	160	267	690	1283	21.36

根据建材市场调查资料，原材料的价格及再生混凝土生产成本见表 8-21。

表 8-21　建材市场调查中再生混凝土生产成本

原材料	价格/（元/t）	成本及利润估算	价格/（元/m^3）
水	1	原材料费	143
水泥	230	工资	4
砂	50	动力	20
碎石	30	管理费	12.5
外加剂	2200	维修费	5
		折旧费	15
—		不可预见费	5
		总成本	204.5
		预期售价	250

经分析估算，再生混凝土年产值为 96×10^6 元，年利税可达 14.2×10^6 元，其中税金 48×10^5 元，利润 94×10^5 元，投资利税率为 17.67%，利润率为 12.82%，投资回收期约为 6.7 年（不包括建设期，按税后利润加折旧计算），经济效益显著。这里企业的工商统一税按销售收入的 5%提取，由于企业为利废企业，对企业所得税享受免税待遇。再生骨料混凝土的开发应用将基本解决城市废弃混凝土的处理问题，同时也解决了城市固体废弃物的污染

问题，并可安排数百个就业机会，社会效益十分可观。

2）市场分析。再生混凝土与现阶段使用的商品混凝土相比较，有着绝对的优势。首先，从价格上看，C25 商品混凝土的价格大致为每吨 266 元左右，而再生混凝土价格仅设在每吨 250 元左右上。其次，从骨料来源看，城市商品混凝土厂家所需的粗骨料价格每 t 在 30 元左右，此外，厂家还需大笔运费和骨料来源的季节限制。而再生粗骨料为废弃混凝土，费用近乎不计，且来源不受季节限制，唯一支付的就是废弃混凝土的破碎费用。又据了解，为得到混凝土中的钢筋，大部分大块混凝土已被粉碎，其实已省去部分破碎费用。显然，再生混凝土有着现阶段商品混凝土无法比拟的优越性，十分富有竞争力，市场前景广阔。

2. 废旧砖瓦的综合利用

砖瓦是传统建筑工程中不可或缺的建材，随着建筑行业的不断发展，普通的黏土砖使用量越来越少，但是目前废旧建筑拆除的建筑废物中砖瓦的含量还很大。因此，废旧砖瓦的资源化也是减少建筑废物，减少资源浪费的有效办法。废旧砖瓦资源化中所用的原料主要包括拆除旧建筑中的墙体砖、砖瓦生产时产生的废砖瓦、运输和施工中产生的废砖等。

（1）碎砖块生产混凝土砌块　目前，研究开发利用的碎砖块和碎砂浆生产多空轻质砌块各原材料的配比大致如下：水泥 10%～20%；建筑废物（饱和面干状态）60%～80%；辅助材料 10%～20%。试验表明，废砖容易破碎，极易产生细粉，颗粒级配中小于 0.16mm 粉末含量较多，其对混凝土强度的影响不容忽视。在低强度等级混凝土中粉末含量约为 20%，粉末对混凝土起一种惰性矿物粉的填充作用，可以改善混凝土的和易性，增加其密实度，对强度较为有利。但粉末含量大于 25%，则混凝土强度会明显下降。砌块的强度与体积密度、吸水率、干缩率存在下列关系：强度的等级越高，砌块的吸水率和干缩率越低，体积密度则越高，砌块的保温隔热性能较好。

（2）废砖瓦替代骨料配置再生轻骨料混凝土　红砖颗粒密度为 900kg/m^3，基本具备作轻骨料的条件，再辅以密度较小的细骨料或粉体，用其可制成具有承重、保温功能的结构轻骨料混凝土板、混凝土砌块。根据 JGJ 51—2002《轻骨料混凝土技术规程》，结构保温轻骨料混凝土的强度等级为 LC5.0～LC15，密度等级为 800～1400kg/m^3；结构轻骨料混凝土的强度等级为 LC15～LC60，密度等级为 1400～1900kg/m^3。用再生轻骨料混凝土制成的构件或制品强度等级达 LC30，平均密度为 2070kg/m^3，因此，称之为类结构轻骨料混凝土，经过努力，有希望将密度降至 1900kg/m^3 以下。

（3）废砖瓦生产建筑墙体砖和铺地砖　我国已规定不允许使用黏土砖，故用废砖瓦为原料生产建筑墙体砖可代替原黏土砖，而且不会对环境造成破坏；生产的铺道砖具有很强的透水性及防滑性。作铺地砖，目前国内主要采用的铺道砖存在无透水性，质量低，裂缝较大，防滑性能差等缺点，雨雪天气时给行人造成了极大的不便。用废砖瓦生产铺道砖不仅克服了以上这些缺点，而且还能达到调节大气循环及改善环境的效果。

1）废砖瓦生产的墙体砖的性能特点。具有很好的保温性、隔热性、隔声性、耐火性及抗冻融循环性能。根据用途的不同，可以调整其强度与重量，如作承重墙材料时具有强度高，作填充墙材料时具有质量轻的特点。施工方便，速度快，工期短，成本低。原料以废砖瓦为主，其色彩美观，作为外装修贴面材料，可美化环境。由于减少施工中辅助材料的使用量，同时不产生有害物质，对社区环境的改善及生态环境的保护十分有益。

2）废砖瓦生产的铺道砖的性能特点。具有很强的透水性，有利于增加地表水和地下水的循环，减少水土流失；同时具有很好的防滑性，以增加行人走路的安全感。具有耐磨性、耐蚀性及抗冻融循环性能。施工方便，速度快，工期短，成本低。根据用途的不同，可以调整其形状、颜色、强度等指标，可美化环境。施工时不产生有害物质，能保护环境及改善生态平衡。

（4）经济效益分析　以年产10～20万方建筑材料规模的企业为例分析废旧砖瓦资源化的经济效益。

1）投资估算，见表8-22、表8-23。

表8-22　固定资产费统计

设备种类	设备数量	资金/万元
运输设备	2	60
破碎机	1	2
筛选设备	1	3
分拣设备	1	2
带式运输机	1	3
搅拌机	1	10
上料机	1	10
成型机	1	150
叉车机	2	15
蒸养设备	1	80
检测设备	1	20
系统控制	1	25
设备费用合计		380

注：其中蒸养设备可不选取。

表8-23　每年需流动资金

名称	厂房租用费用	能源	人工费		原料费				
		电力，水，气	工程师	操作工费用	建筑废物及运输费	水泥	砂料	添加剂	水
数量	3000m²		2名	50名	1×10^5t	2×10^4t	1×10^4t	50t	5000t
费用/(万元/年)	12	12	12	48	500	500	50	3	0.5

注：1. 原材料总计1053.5万元/年，即每月88万元。

2. 表中未注包装费用为12万元/年，管理费为60万元/年，财务费为30万元/年。

2）成本估算。生产成本：100万/月×12月＝1200万元/年；销售成本：10万/月×12月＝120万元/年；固定成本：2.5万/月×12月＝30万元/年；总成本：（1200＋120＋30）万元/年＝1350万元/年；单位成本：1350/5880元/块＝0.23元/块；（总投资：固定资本300元＋流动资本500元＝800元）。

3）效益估算。生产建筑墙体砖：产品尺寸按240mm×120mm×60mm计算。一条生产线8h工作的年产量＝10万m³＝5880万块；销售单价按0.35元/块（空心砖市场最低价格为0.5元左右）。

项目完成时产品年销售收入：0.35元/块×5880万块＝2058万元；年利润总额：[2058－1350－60(管理费)]＝648万元；年交税总额：（2058－1200）×17%×1.12万元＝163万元；

年净利润：(648－163)万元＝485万元；回报率：485/800＝61%，经济效益分析如图8-22所示。

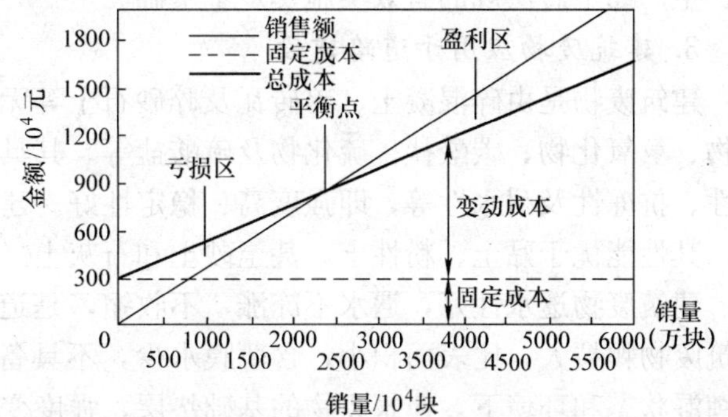

图8-22 生产建筑墙体砖经济效益分析（价格为0.35元/块）

生产透水性铺道砖：产品尺寸按240mm×120mm×60mm计算。一条生产线8h工作的年产量＝8万m^3＝4704万块；销售单价按0.45元/块（铺道砖市场最低价格为0.57元左右），0.45元/块×4704万块＝2116万元；年利润总额：[2116－1350－60(管理费)]万元＝706万元；年交税总额：(2116－1200)/17%×1.12万元＝174万元；年净利润：(706－174)万元＝532万元；回报率：532/800＝67%。经济效益分析图8-23所示。

通过上述废旧砖瓦资源化生产建筑材料的经济分析发现，此类建筑材料具有低于普通建筑材料的价格，较高的性能，具有较好的市场前景，从经济效益方面分析，废旧砖瓦资源化生产建筑材料是可行的。

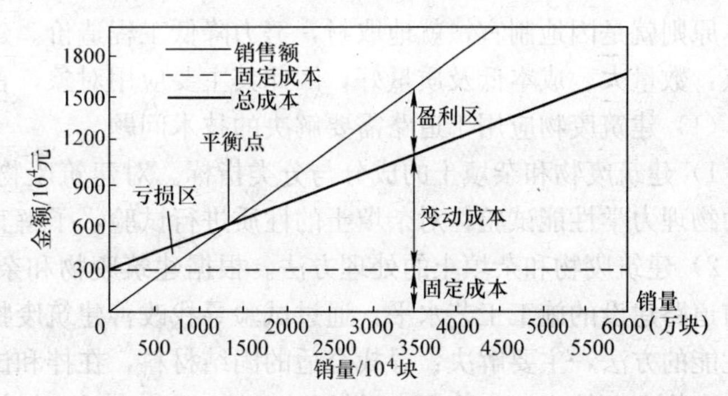

图8-23 生产透水性铺道砖经济效益分析（价格为0.45元/块）

将废旧砖破碎的较细，最大粒度5mm，其中小于0.1mm的颗粒不少于30%。然后，与石灰粉拌和，压力成形，蒸汽养护，形成蒸养砖。生产工艺流程如图8-24所示。所得砖的体积密度约1500kg/m^3，强度、耐久性和变形性与红砖基本接近。

目前，实心黏土砖仍是一些小城镇最主要的建筑材料，生产这种砖需要不断毁田取土，浪费了宝贵的土地资源；黏土砖的烧制不仅耗煤量大，事实上利用建筑废物中的渣土可制成渣土砖；利用废砖石和砂浆与新鲜普通水泥混合再添加辅助材料可生产轻质砌块；利用废旧水泥、砖、石、砂、玻璃等经过配制处理，可制作成空心砖、实心砖、广场砖和建筑废渣混凝土多孔砖等，其产品与黏土砖相比，具有抗压强度高、抗压性能强、耐磨、吸水性小、质轻、保温、隔声效果好等优点。建筑废物制砖作

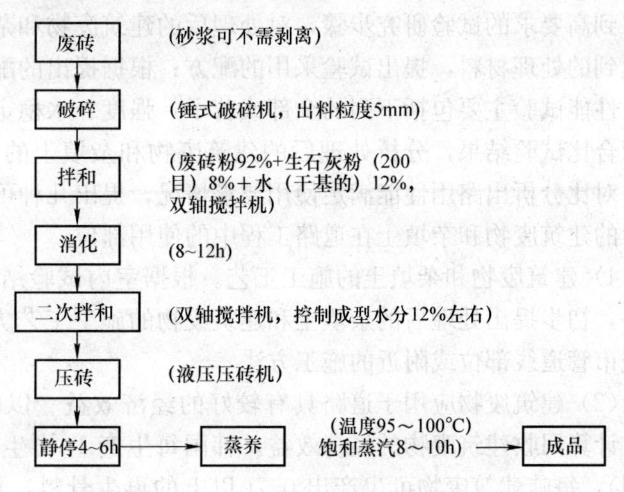

图8-24 废砖的生产工艺流程图

为黏土砖替代产品之一，有着广阔的销售市场，潜在的发展前景，同时也为确保政府禁止使用、生产黏土砖法规的有效实施奠定了基础。

3. 建筑废物应用于道路建设

建筑废物是由碎混凝土、碎砖瓦及碎砂石土等无机物类构成。其化学成分是硅酸盐、氧化物、氢氧化物、碳酸盐、硫化物及硫酸盐等。其具有相当好的强度、硬度、耐磨性、冲击韧性、抗冻性及耐水性等，即强度高、稳定性好。建筑废物又具有相当好的物理和化学稳定性，其性能优于黏土、粉性土，甚至砂土和石灰土。

建筑废物透水性好，遇水不冻涨，不收缩，是道路工程难得的水稳定性好的建筑材料。建筑废物颗粒大，比表面积小，含薄膜水少，不具备塑性。透水性好能够阻断毛细水上升，在潮湿状态和环境下，建筑废物的基础垫层，强度变化不大，是理想的强度高、稳定性好的路用材料，如利用废弃建筑混凝土和废弃砖石生产的粗细骨料，可用于生产相应强度等级的混凝土、砂浆或将粗细骨料添加固化类材料后，也可用于道路路面基层。道路工程，具有工程数量大、耗用建材多的特点，而耗材决定着道路工程的基本造价。因此，道路设计的一项基本原则就是因地制宜，就地取材，努力降低工程造价。建筑废物具备其他建材无可比拟的优点：数量大、成本低及质量好，因此其主要应用对象，首选应该是道路工程。

(1) 建筑废物应用于道路需要解决的技术问题

1) 建筑废物和杂填土的成分与分类指标。对建筑废物种类进行分类，进行各类建筑废物的物理力学性能试验；对杂填土的性质进行试验，了解其成分，进行指标分类。

2) 建筑废物和杂填土的处理方法。根据建筑废物和杂填土的分类性质划分结果，结合目前道路建设的施工工艺水平，通过试验寻找改善建筑废物和杂填土的性能，特别是适合路用性能的方法，主要解决：寻找合适的固结材料，在拌和试验合格的基础上，进行处理后的建筑废物和杂填土初步物理力学性能试验；寻找合适已知的路用材料，在拌和试验合格的基础上，进行处理后的建筑废物和杂填土的初步物理力学性能试验；总结试验结果，提出处理后的建筑废物和杂填土的路用性能室内试验方案。

3) 建筑废物和杂填土的路用性能试验。根据室内试验的处理方法，按照路用性能由低要求到高要求的试验研究步骤，对处理后的建筑废物和杂填土的路用性能进行试验研究：根据找到的处理材料，提出试验采用的配方；根据提出的配方，进行多配方的路用性能比较试验，性能试验主要包括下列的全部或若干：强度、水稳定性及温度稳定性等项技术指标；根据配合比试验结果，分析处理后的建筑废物和杂填土的性质改变情况，对试验结果进行评价，对比分析出路用性能满足使用要求情况，提出几种可采用的配合比和设计参数，确定处理后的建筑废物和杂填土在道路工程中的使用部位。

4) 建筑废物和杂填土的施工工艺。根据室内试验结果，结合目前道路建设的施工工艺水平，初步提出处理后的杂填土和建筑废物的施工工艺方案（包括质量控制方法），重点突出城市管道线部位或附近的施工方法。

(2) 建筑废物应用于道路具有较好的经济效益　以韩国再生建筑废物中的骨料生产为例，计算回收建筑废物的经济效益。韩国每生产 1t 再生骨料的费用为 15 元（以人民币计，下同），每吨建筑废物可生产出 0.7t 以上的再生骨料，再生骨料的售价根据骨料强度的不同，每吨约为 30～80 元（这里以最低价 30 元/t 计算），再生骨料生产商每处理 1t 建筑废物要向建筑商收取约 10～20 元人民币的处理费（按最低收费 10 元人民币/t 计算），这样在再生骨料生产中每处理1t建筑废物带来的利润为（0.7×30＋10－15×0.7）元（人民币）＝20.5元。由此可见，再生骨料的生产和利用，除了对环境保护具有明显的现实意义外，经济效益也较好。

（3）应用案例一：习友路　习友路是贯穿合肥市政务文化新区和高新技术产业开发区的一条城市一级主干道，该路西起合九铁路，东至金寨路，全长3.7km。道路设计红线宽度100m，其中，中央分隔带宽度8.0m，机动车道宽11.25m，机动车道与非机动车道之间的分隔带宽4.25m，非机动车道宽5.5m，人行道宽5.0m，景观绿化带控制宽度20.0m。道路为沥青混凝土路面，土质路基压实度要求见表8-24。

表8-24　习友路土质路基压实度要求

填挖类型	深度范围 /cm	压实度（%）		
		机动车道	非机动车道	人行道
填方 挖方	0～80	95	93	93
	>0	93	90	90
	0～30	95	93	93

道路沿线地势起伏较大，鱼塘、沟渠密布，地质情况比较复杂。鱼塘淤泥厚度0.5～1.0m，底下淤泥质土层在5.0m左右。习友路路基最大填土高度为5.0m。该路是合肥市政务文化新区首批开工建设的道路，工期紧，任务重，对路基的处理是施工中特别重要的一环。

合肥市政务文化新区地处江淮之间的平原微丘区，地形起伏较大，高差为10.0～30.0m。习友路开工建设时，合肥市政务文化新区内的拆迁工作基本结束，区内建筑废物堆积如山。针对这种情况，指挥部决定用建筑废物作路基的深层填料。因规范上找不到依据，为慎重起见，决定先做100m试验段，视试验结果再决定下一步处理措施。在做试验段时，先将鱼塘里的水排干，晾晒2～3d，再用大块的建筑废物（直径不小于25cm）挤淤，然后，做首层厚度约50～60cm建筑废物垫层，采用斗容为$1m^3$挖机进行碾压，反复碾压5～6遍，碾压速度按《14～16t振动压路机规范》允许范围控制；碾压完成后做第二层建筑废物，填筑厚度约50cm，粗细料比为3∶7，面层采用细料找平，采用斗容为$1m^3$挖掘机先进行碾压后采用16～18t振动压路机碾压3～4遍（采用低幅高频）；碾压后用挖机将面层找平；最后，在路床顶面以下2m，做素土基层，根据土质情况，该素土层加入3%～5%石灰作为改性土，施工工艺按10%灰土层工艺施工，作用是防止建筑废物层向上反渗的地下水；该封水改性层做完后，上部按路基填方正常工序施工。习友路路床验收时，除进行了压实度检测外，还进行了弯沉检测。检测的机动车道所有点的压实度均不小于95%，弯沉检测数据表明，用建筑废物回填段与未用建筑废物回填段的弯沉值差异不大，用建筑废物回填段的弯沉值一般在（200～270）$\times10^{-2}$mm，未用建筑废物回填段的弯沉值一般在（185～240）$\times10^{-2}$mm，均小于设计最大弯沉值。

习友路在金寨路高架桥建设期间，分流了相当大的交通量。目前，道路使用状况良好，路面未出现因路基不均匀沉降而引起的裂纹。

（4）应用案例二：合肥市第八中学体育场　合肥市第八中学体育场位于合肥市政务文化

新区习友路北侧，占地面积约 2.3 万 m^2，设计有塑胶跑道，中间为足球场。跑道结构层为橡胶面层、10cm 厚沥青混凝土中面层、20cm 厚 5%水泥稳定级配碎石基层、20cm 厚 10%石灰土底基层，土基压实度为 96%；足球场结构层为草坪面层、20cm 厚种植土、10cm 厚中粗砂基层、12cm 厚碎石底基层，土基压实度 93%。场地表层为杂填土，厚度在 4.0～5.0m，填筑时间约 4a，土体未完成自重固结，土壤含水量大，空隙水饱和，强度和整体均匀性不能满足体育场的使用要求，如果换填，不但工程量大，工期也不允许，经专家现场勘察、论证，决定对场地进行加固处理。

在体育场施工时，合肥市金寨路高架桥正在施工，破除的水泥混凝土路面板块堆积如山。利用这些废弃的水泥混凝土块对体育场的地基进行处理。在进行地基处理时，先将场地整平到结构层标高以下 50cm 左右，用斗容为 $1m^3$ 挖掘机将水泥混凝土块立起来，压入土中，场地范围内全部压入，用推土机将场地整平，再压入第二层水泥混凝土块。在施工过程中，一般压到第三层就压不进去了。第三层压完后，凿除露出地面的水泥混凝土块的尖角，用挖掘机碾压 5～6 遍，速度按 14～16t 振动压路机规范允许范围控制碾压 2 遍；再铺上 30cm 厚级配砂砾石，用 16～18t 振动压路机碾压，要求压实度不小于 93%。然后，用 20cm 厚 8∶2∶20 泥灰结碎石作为封水层，以提高地基强度和整体均匀性。合肥市第八中学体育场地基检测试验数据也都符合设计要求，其中，跑道是按照高速公路的标准设计的。

4. 废旧建筑木料的综合利用

所谓废旧木材，通常指已失去使用功能的废弃木制品，主要包括废旧木质家具、废旧木质门窗、废旧木质包装材料、废旧木质托盘、废旧木质模板等。废旧木材中通常含有钢钉、连接件等磁性金属杂物，铜、铝等非磁性金属杂物，塑料、漆膜、玻璃、混凝土块、砂石、泥土等非金属杂物。废旧木材也存在被病菌污染的可能性。

废木料是旧建筑物拆除垃圾的一个重要组成部分，虽然所占比例较小，但由于其物理化学性质与建筑废物的主要成分（碎石块、废砂浆、砖瓦碎块、混凝土块等）相差很大，国外一般是将其分选出来另行处理或重新加工利用。废旧建筑木料综合利用途径如下：

1）废木料作为木材重新利用。从建筑物拆卸下来的废旧木材，一部分可以直接作为木材重新利用，如较粗的立柱、椽、托梁以及木质较硬的橡木、梓木、红杉木、雪松。在废旧木材重新利用前，应充分考虑两个因素：木材腐坏、表面涂漆和粗糙程度，木材中尚需拔除的钉子以及其他需清除的物质。废旧木材的利用等级一般需作适当降低。

2）碎木的资源化。旧建筑物拆除垃圾中的碎木，可作为燃料、堆肥原料和侵蚀防护工程中的覆盖物。未经防腐处理和无油漆的废木料不含有毒物质，可直接作为燃料利用。碎木可作为堆肥原料。木料的碳氮比为 200∶1～600∶1，将碎木粉碎至一定粒径的颗粒，掺入堆肥原料中可以调节原料的碳氮比。一些含特殊成分的废木料掺入堆肥原料中，对堆肥化过程有促进作用。如经硼酸盐处理过的木料和石膏护墙板的掺入，能提高原料在堆肥化过程中的持水能力，其中的石膏还能降低堆肥化过程的 pH，使其在 8.0 以下。废木料的掺入率与其清洁度密切相关，清洁未受污染的碎木掺入率较高，受污染的木料则掺入率较低。一般而言，经硼酸盐处理的木料、石膏护墙板和上过不含铅油漆的木料的掺入率应分别不超过 5%、10%和 15%。

3）废木料生产黏土-木料-水泥复合材料。将废木料与黏土、水泥混合可生产出质量轻、热导率小的黏土-木料-水泥复合材料（黏土混凝土），可作特殊的绝热材料使用。由于废木料中含有一定的纤维，废木料的掺入率越大，复合材料的可塑性越好，同时也增大了复合材料的空隙率，从而导致复合材料的热导率和机械强度下降；当废木料的掺入率约为35%时，复合材料的抗压强度大于0.5MPa、热导率小于0.3W/(m·K)，可以作为轻质保温混凝土使用。

5. 废建筑陶瓷的综合利用

废建筑陶瓷和卫生陶瓷一般属于釉质类陶瓷，吸水率较低，坚硬，耐磨，化学性质稳定。将废陶瓷破碎至5～10mm的颗粒，可得到一种优秀的人工彩砂原料。人工彩砂原本是用天然砂或碎石子涂以耐候性有机涂料，或者在表面涂覆低温色釉料，然后燃烧成彩釉，主要用于建筑物的外墙装饰。用天然砂或碎石子作原料存在两个缺点：一是吸油性较差，不易于与有机涂料牢固结合；二是在烧釉时发生相变或分解，成品质量欠佳。废陶瓷粒由于具有一定的孔隙率，且表面粗糙，易于同有机涂料结合；同时，陶瓷粒不存在相变问题，在烧釉温度下也不会分解。

8.5.6 建筑废物资源化利用工程实例—建筑废物在园林景观建设中应用

(1) 原地利用　在对待场地中原有建筑物时，风景园林师往往能够通过设计的力量，使看似已无用的构筑物焕发新的功能和魅力。此举也将提供给人们更多的场地历史与信息。这就需要更有目的性的设计、更有选择性的拆除。

1) 整体保留。将一些旧建筑按现今的需求进行改造，赋予新功能，让其继续在场地中发挥作用，例如，北京的798艺术区成功地从废旧工厂转变为创意产业园区。

2) 部分保留。将建筑部分拆除，使之成为室外景观的一部分。例如，只保留梁柱支撑架构，使之成为攀援植物的花架；保留混凝土墙，将其改为攀岩墙（见图8-29）；保留仓库的墙面，将其内部改造为不同主题的花园或儿童乐园等。

(2) 分类处理　在旧建筑拆除后，从源头就需要按标准进行分类，之后才能进行合理的处理。首先，从建筑废物中剔除不可利用部分，运送至建筑废物管理场，按照国家相关法规做无害化处理（例如，通过钢板、防水混凝土制板等设施密封）方可填埋，这样可以防止建筑废弃物中有毒有害物质扩散，造成“二次污染”。其次，将可以直接利用部分选出，将建筑废物变为建筑材料在场地中进行合理利用。最后将剩下的部分回收重新加工或作为燃料回收。

(3) 直接利用

1) 堆山、造地形。此种方法可利用的原材料包括各类建筑废物。它不仅能消纳大量的建筑废物，重塑生态环境，还能改善过于平坦的地形，增加空间的起伏变化，体现了园林景观对废弃地的更新与提升作用。国际上许多著名的公共景观都是建在建筑废物堆放地上，如拜斯比公园、慕尼黑奥林匹克公园、纽约弗莱士河公园等（见图8-25），上海世博公园在2m厚的覆土下也大量使用了钢铁厂拆除后产生的建筑废物。

2) 回填材料。此种方法可利用的原材料包括碎砖、混凝土块、石块，可用于加固软土地基或作为工程回填材料。利用建筑废物的强度和耐久度，将其置入地基中，形成散状材料桩，通过重锤冲击，使桩与桩间土相互作用形成复合地基，从而使地基承载力提高。大型广场、城市道路、公路、铁路等建筑物、构筑物需要大量的土、石方。开山取石、掘地取土对生态环境造成了严重破坏。将建筑废物破碎、筛分，再按照所需土石方级配要求混合均匀，完

a) b) c) d)

图 8-25 建筑废物堆山造地形

a）混凝土墙改为攀岩墙 b）拜斯比公园的地形塑造图

c）慕尼黑奥林匹克公园的地形塑造 d）2000 年 Graz 园林展中地形塑造

全可以用作工程回填材料。此方法适合多年灌溉、含水量大或石料缺乏的地区，经济又环保。

3）生态墙。此种方法可利用的原材料包括砖块、混凝土块。砖块与混凝土块是建筑废物最主要的组成部分，将大块混凝土打碎成 10～30cm 大小块状，略微加工后即可填充到钢丝笼中，成为钢丝石笼墙，或者是加工成更规整的长方体块，砌筑成干砌石墙。这些都可以将废料转化为适宜的建筑材料，如建筑结构的围护结构，垒砌挡土墙、形成园林护岸等，随着土壤的附着、植物的生长，自然形成“生态墙”（见图 8-26～图 8-27）。

4）土壤基质。此种方法可利用的原材料包括碎砖块、渣土、矿渣、碎木。碎砖块、渣土、矿渣可以部分加入种植土，成为植物的生长介质（见图 8-28）。同时在土壤中掺进腐殖质和其他有机物，以此培植微生物和植物来“吃掉”污染物质，从而逐渐净化土壤，增加肥力。在选择植物方面，也需挑选杨、柳等抗性较强且适应这样特殊生态环境的植物。当植物渐渐丰富起来后自然会形成良性的生态循环系统，如杜伊斯堡风景公园中的炉渣林荫广场。碎木、锯末和木屑可作为堆肥原料和侵蚀防护工程中的覆盖物，如在湖边、溪流的护堤铺一定的厚度，既可防止水土流失，又可增加土壤肥力、减少扬尘、美化造景。

图 8-26 钢丝石笼挡墙

图 8-27 干砌石墙

图 8-28 土壤基质图

5）透水铺装。此种方法可利用的原材料包括砖块、混凝土残渣。利用建筑废物良好的透水性和多孔性质，可以将建筑废物中较小的碎料作为碎石铺地，消纳雨水，补充土壤含水量（见图 8-29），或者是作为渗井的填充料，促进水处理的效率，成为构建人工湿地基质的主要材料。

6）装饰小品。此种方法可利用的原材料包括钢铁、砖块、混凝土、瓦片、木料。建筑废物中的废钢铁、砖、瓦、木料均可设计成各种有创意的装饰或小品，如铺地、雕塑、凉亭等，增加景观的丰富性和趣味性（见图 8-30～图 8-32）。

图 8-29 碎石透水铺地

图 8-30 废钢铁与混凝土组成的景观雕塑

图 8-31 废钢铁建造的凉亭

图 8-32 废砖做的立面装饰

总之，从技术方面看，以园林景观规划用地特点，应开发和使用小型、经济的粉碎机，使施工单位有能力将建筑废物中的废渣就地处理、就地使用，降低建筑废物转运费用；从政策方面看，以手册、互联网等形式加大对园林建设中建筑废物综合处理方式的宣传；从法制方面看，完善相关法律法规，严禁违规倾倒建筑废物，并对生产与使用建筑废物再生品的单位增加环保补贴。从而使建筑废物在园林中变为真正有用的再生资源。

参考文献

[1] 王伟，周华强. 粉煤灰对环境的危害及其综合利用 [J]. 建筑技术与应用，2007 (5)：24—25.

[2] 黄晓军. 粉煤灰的环境危害与新技术利用 [J]. 广东化工，2007 (5)：34—35.

[3] 李锋. 粉煤灰的应用 [J]. 山西能源与节能，2009 (1)：12—13.

[4] 刘关宇. 粉煤灰综合利用现状及前景 [J]. 科技情报开发与经济，2010 (19)：32—33.

[5] 孙建卫，刘海增，闵凡飞. 粉煤灰综合利用现状 [J]. 洁净煤技术，2011 (1)：25—26.

[6] 郭艳玲. 粉煤灰的性质及综合利用分析 [J]. 煤，2008 (1)：46—48.

[7] 周翠红，常红. 煤矸石综合利用技术综述 [J]. 选煤技术，2007 (2)：61—64.

[8] 刘江. 煤矸石的理化性能研究 [J]. 煤炭技术，2008 (5)：21—22.

[9] 王栋民，等. 煤矸石的矿物学特征及建材资源化利用 [J]. 砖瓦，2006 (6)：17—23.

[10] 王沁芳，张朝辉，杨江金. 磷石膏的特性及其建材资源化利用 [J]. 砖瓦，2008 (5)：34—35.

[11] 秦俊芳. 磷石膏综合利用现状探讨 [J]. 中国资源综合利用，2010 (3)：38—39.

[12] 曹广秀，曹广连，马淮凌. 磷石膏一步法制取硫酸钾工艺研究 [J]. 应用化工，2005 (7)：32

[13] 叶学东. 我国磷石膏利用现状、问题及建议 [J]. 磷肥与复肥，2011 (1)：26.

[14] 张朝. 浅析磷石膏的综合利用 [J]. 化工技术与开发，2007 (2)：36—37.

[15] 杜璐杉，明大增，李志祥，李勇辉. 磷石膏的利用和回收 [J]. 化工技术与开发，2010 (4)：39.

[16] 王英华. 中国固体废物处理现状与对策分析 [J]. 中国科技博览，2011 (2)：169—169.

[17] 王伦，伍松林. 中国农村生活垃圾处理的现状与对策 [J]. 中国环境管理，2008 (6)：34—35.

[18] 邹敦强，毛正荣，等. 农村有机固体废物资源化利用与农村沼气工程 [J]. 能源与环境，2010 (3)：34—35.

[19] 肖玮. 从循环经济学的角度浅析我国电子废物现状 [J]. 科技创业月刊，2010 (9)：79—80.

[20] 陈桂琴. 电子废物现状分析及管理对策研究 [J]. 污染防治技术，2009 (3)：42—45.

[21] 翟勇. 对我国电子废物法律法规制的战略思考 [J]. 家电科技，2010 (2)：6—7.

[22] 贾爱玲，王亚亚. 电子废物处置的主体责任 [J]. 辽宁科技大学学报，2011，34 (3)：295—300.

[23] 邹松涛. 上海市电子废物回收处置体系的构建 [J]. 企业经济，2009 (8)：56—58.

[24] 王占华，周兵. 适合我国的电子废物回收模式 [J]. 再生资源与循环经济，2010 (4)：20—23.

[25] 杜靖宇，周蓉蓉. 利用循环经济解决电子废物问题 [J]. 环境污染与防治，2011 (33)：99—102.

[26] 周兵，王占. 我国电子废物资源化处理对策研究 [J]. 吉林建筑工程学院学报，2009 (26)：37—40.

[27] 钱伯章. 国内外电子废物回收处理利用进展概述 [J]. 中国环保产业，2010 (8)：18—23.

[28] 慎义勇，米永红. 电子废物的管理及处置策略 [J]. 污染控制，2007 (4)：23.

[29] 李广兵. 电子废物管理立法研究 [J]. 四川师范大学学报，2006 (5)：71—77.

[30] 王占华，周兵. 适合我国的电子废物回收模式 [J]. 再生资源与循环经济，2010 (3)：20—23.

[31] 张文朴. 我国电子废物综合利用进展 [J]. 中国资源综合利用，2010 (1)：9—12.

[32] 洪流. 浅谈我国电子废物回收管理的立法 [J]. 环境，2008 (5)：96—97.

[33] 李传统，J. -D. Herbell，等. 现代固体废物综合处理技术 [M]. 南京：东南大学出版社，2008.

[34] 纪奎江. 我国废旧橡胶再生利用现状及进展 [J]. 中国资源综合利用，2001 (2)：12—14.

[35] 刘玉强，马瑞刚，等. 废旧橡胶材料及其再资源化利用 [M]. 北京：中国石化出版社，2010.

[36] 郭应臣. 废旧橡胶制备燃料油和炭黑 [J]. 环境污染与防治，2001 (4)：34—36.

[37] 邓海燕. 废旧轮胎综合利用技术进展 [J]. 现代化工，1991 (3)：45—46.

[38] 刘长柏. 废旧橡胶利用现状和加工技术 [J]. 现代化工，1994 (2)：28—29.

[39] 钱伯章. 国外废旧橡胶回收利用技术 [J]. 现代化工，2008 (12)：46—48.
[40] 郑惠平，徐文东，等. 废旧橡胶低温粉碎技术研究进展 [J]. 化工进展，2009 (12)：29—30.
[41] 张倩. 我国废旧橡胶综合利用的现状及发展建议 [J] 中国环保产业，2009 (6)：45—47.
[42] 班午东，李斌. 废旧橡胶的应用和研究概况 [J]. 福建建材，2010 (6)：35—36.
[43] 杨亚莉. 废旧塑料的简易分类方法 [J]. 再生资源与循环经济，2009 (4)：38—41.
[44] 张晓丽，商平，崔崇威. 废旧塑料的环境污染与资源化技术分析 [J]. 炼油与化工，2009 (2)：12—13.
[45] 朱秀华，于丽娜. 生活垃圾中废旧塑料的二次分选技术 [J]. 再生利用，2010 (12)：45—46.
[46] 马正先. 废旧塑料的粉碎研究有色矿冶 [J]. 有色金属，2006 (S1)：25—26.
[47] 孔萍，刘青山. 废旧塑料回收造粒工艺及节能途径 [J]. 资源再生，2008 (12)：34—36.
[48] 杨忠敏. 废旧塑料的再生利用 [J]. 化工科技市场，2007 (11)：27.
[49] 易玉峰，王莹，等. 废旧塑料的回收利用技术 [N]. 北京石油化工学院学报，2004 (4)：18—19.
[50] 刘明，郑典，等. 废旧塑料催化裂解制燃料油的研究 [J]. 江西化工，2006 (1)：32—33.
[51] 彭富昌，邹建新，等. 废旧塑料的复合再生利用新进展 [J]. 中国资源综合利用，2005 (7)：39.
[52] 杨德志，张雄. 建筑固体废物资源化战略研究 [J]. 中国建材，2006 (1)：87—88.
[53] 李小卉. 城市建筑废物分类及治理研究 [J]. 环境卫生工程，2011 (8)：36—38.
[54] 李凯，李双双，等. 我国建筑废物资源化对策探讨 [J]. 循环经济，2011 (5)：67—68.
[55] 冷发光，何更新，等. 国内外建筑废物资源化现状及发展趋势 [J]. 环境卫生工程，2009 (2)：34—35.
[56] 隋玉武. 德国建筑废物高回收率原因简析 [J]. 环球视角，2010 (12)：13—15.
[57] 李南，李湘洲. 发达国家建筑废物再生利用经验及借鉴 [J]. 环球视角，2009 (6)：14—16.
[58] 李广清. 建筑废物在园林建设中的再生利用研究 [J]. 广东林业科技，2010 (4)：56—57.
[59] 周增华. 建筑废物在道路建设中回收利用的可行性分析 [J]. 工程与建设，2009 (5)：67—68.
[60] 夏慧慧，王坚，等. 建筑废物在路基处理中的应用 [J]. 城市道桥与防洪，2009 (7)：78—79.
[61] 林伯伟，熊辉. 建筑废物受纳场总平面设计理念探讨 [J]. 环境卫生工程，2011 (2)：35—38.
[62] 林伯伟. 建筑废物受纳场雨污分流系统的措施探讨 [J]. 中国给水排水，2011 (6)：12—15.
[63] 张海霞. 建筑废物管理的困境 [J]. 合作经济与科技，2010 (1)：89—90.
[64] 诸英霞. 瑞士建筑废物的处置利用 [J]. 上海建材，2009 (3)：59—60.
[65] 罗清海，陈晓明，等. 工程建筑废物处置的调查和分析 [J]. 中国资源综合利，2009 (6)：47—49.
[66] 王丽红，魏红. 地震灾后建筑废物资源化利用的探讨 [J]. 华北科技学院学报，2010 (7)：46—47.
[67] 翟峰. 灾后建筑废物期待规范化处理 [J]. 广西城镇建设，2010 (6)：47—48.
[68] 陈家珑，周文娟，等. 地震灾区建筑废物管理技术研究 [J]. 建筑技术，2009 (9)：22—24.
[69] 黄鹭红，周波，等. 汶川地震灾区建筑废物的资源化方式与管理策略 [J]. 四川建筑科学研究，2010 (8)：67—68.
[70] 李刚. 城市建筑垃圾资源化研究 [D]. 西安：长安大学环境科学与工程学院，2009.
[71] 俞淑芳. 国外建材科技 [J]. 建材世界，2005 (2)：31—33.
[72] 金建英，宋学颖. 固体废物的综合处理与资源化 [J]. 辽宁工程技术大学学报，2007 (8)：61—63.
[73] 黄生琪，周菊花. 谈城市生活垃圾焚烧发电技术现状及发展 [J]. 应用能源技术，2007 (3)：12—13.
[74] 黄润源. 论我国城市生活垃圾焚烧立法的生态化 [J]. 学术论坛，2010 (3)：16—17.
[75] 吕志刚. 我国城市生活垃圾焚烧处理的宏观环境因素分析 [J]. 特区经济，2010 (10)：23—26.
[76] 姚伊乐. 处理垃圾德国怎么做 [J]. 中国环境报，2009 (2)：3.
[77] 邱琦，郭琳琳，等. 城市生活垃圾焚烧案例分析 [J]. 环境与可持续发展，2011 (1)：7—8.
[78] 魏祥礼. 城市生活垃圾焚烧实用技术 [J]. 开发应用，2010 (8)：14—16.

[79] 陈善平，刘开成，等. 城市生活垃圾焚烧厂烟气净化系统及标准分析 [J]. 环境卫生工程，2009 (12)：16—17.
[80] 曾宪平，郝志武，等. 城市生活垃圾焚烧过程中二恶英的生成与控制技术 [J]. 能源与环境，2011 (4)：56—57.
[81] 梁诗雅. 城市生活垃圾焚烧产生二恶英排放控制对策 [J]. 广东化工，2010 (8)：67—68.
[82] 孙路石，李敏，等. 城市生活垃圾焚烧灰渣的特征 [J]. 华中科技大学学报（自然科学版），2009 (8)：78—79.
[83] 王学涛，徐斌，等. 城市生活垃圾焚烧飞灰中重金属污染与控制 [J]. 锅炉技术，2007 (1)：67—69.
[84] 叶海霞. 建立城市生活垃圾焚烧厂的重要性和必要性 [J]. 科技传播，2011 (9)：6—7.
[85] 孙昕，金龙，等. 城市生活垃圾焚烧灰渣资源化利用的研究进展 [J]. 污染防治技术，2009 (2)：35—37.
[86] 董绍兵. 城市生活垃圾焚烧飞灰的固化/稳定化处理技术 [J]. 广西轻工业，2009 (9)：79—80.
[87] 马达君，王国才，等. 城市生活垃圾焚烧底灰的特性研究 [J]. 浙江建筑，2010 (3)：14—16.
[88] 杨迪. 城市生活垃圾堆肥及其在林业上的应用 [J]. 山西林业，2002 年增刊.
[89] 纪涛. 城市生活垃圾堆肥处理现状及应用前景 [J]. 环保前线，2008 (5)：67—69.
[90] 张丙珍，马俊元. 浅谈城市生活垃圾堆肥处理的利用价值 [J]. 科技信息，2008 (22)：76—78.
[91] 刘淑玲，王起，等. 我国城市生活垃圾堆肥技术的工程应用 [J]. 环境卫生工程，2007 (4)：45—46.
[92] 付钟. 国外生活垃圾厌氧发酵技术的工程应用 [J]. 江苏环境科技，2008 (4)：53—55.
[93] 李东等. 城市生活垃圾厌氧发酵处理技术的应用研究进展 [J]. 生物质化学工程，2008 (7)：56—57.
[94] 杨高英，苏爱艳，等. 城市生活垃圾管理及资源化 [J]. 环境科学与管理，2006 (12)：121—123.
[95] 王艾荣，陈刚，等. 浅析城市生活垃圾处理现状与资源化对策 [J]. 广东化工，2010 (7)：42—45.
[96] 赵鹏，王木平. 城市生活垃圾处理技术和资源化应用探讨 [J]. 再生循环与循环经济，2010 (4)：103.
[97] 徐震，章嫣. 杭州市生活垃圾资源化管理 [J]. 江苏环境科技，2008 (9)：121—124.
[98] 王凌云. 秸秆还田概况研究 [J]. 农家参谋（种业大观），2011 (10)：67—69.
[99] 跃进，毛立红，等. 秸秆还田在保护性耕作中的地位和作用 [J]. 特别关注，2011 (11)：47—48.
[100] 胡启山. 秸秆直接还田存在的问题与规避措施 [J]. 农事顾问，2011 (1)：38—40.
[101] 马金芝，刘悦上，等. 浅析作物秸秆还田应用技术 [J]. 现代化农业，2011 (1)：23—25.
[102] 焦翔翔，靳红燕，等. 我国秸秆沼气预处理技术的研究及应用进展 [J]. 中国沼气，2011 (29)：31—33.
[103] 郭永霞. 秸秆沼气技术要点 [J]. 河南农业，2011 (11)：46—48.
[104] 李景茹，林贞蓉. 建筑废物减量化研究综述 [J]. 建筑技术，2011 (3)：78—80.
[105] 王雷，许碧君，等. 我国建筑废物管理现状与分析 [J]. 环境卫生工程，2009 (2)：17—18.
[106] 王建刚. 浅析焚烧秸秆的成因、危害及对策 [J]. 现代园艺，2011 (17)：46—47.
[107] 马兰芳. 玉米秸秆的青贮及利用 [J]. 甘肃农业，2010 (7)：56—57.
[108] 姚伟，曲晓光，等. 我国农村垃圾产生量及垃圾收集处理现状 [J]. 环境与健康杂志，2009 (1)：54—56.
[109] 汪国连，金彦平. 我国农村垃圾问题的成因及对策 [J]. 现代经济，2008 (10)：67—69.
[110] 张贺飞，曾正，等. 中西部农村垃圾收运系统设计与探讨 [J]. 环境工程，2011 (6)：34—35.